환경직

기출문제 정복하기

9급 공무원 환경직
기출문제 정복하기

개정2판 발행   2025년 01월 10일

개정3판 발행   2026년 01월 15일

편 저 자 | 공무원시험연구소

발 행 처 | ㈜서원각

등록번호 | 1999-1A-107호

주　　소 | 경기도 고양시 일산서구 덕산로 88-45(가좌동)

교재주문 | 031-923-2051

팩　　스 | 031-923-3815

교재문의 | 카카오톡 플러스 친구[서원각]

홈페이지 | goseowon.com

PREFACE

이 책의 머리말

모든 시험에 앞서 가장 중요한 것은 출제되었던 문제를 풀어봄으로써 그 시험의 유형 및 출제 경향, 난도 등을 파악하는 데에 있다. 즉, 최단시간 내 최대의 학습효과를 거두기 위해서는 기출문제의 분석이 무엇보다도 중요하다는 것이다.

'9급 공무원 기출문제 정복하기 – 환경직'은 이를 주지하고 그동안 시행된 기출문제를 과목별로, 시행처와 시행연도별로 깔끔하게 정리하여 담고 문제마다 상세한 해설과 함께 관련 이론을 수록한 군더더기 없는 구성으로 기출문제집 본연의 의미를 살리고자 하였다.

9급 공무원 최근 기출문제 시리즈는 기출문제 완벽분석을 책임진다. 그동안 시행된 국가직·지방직 및 서울시 기출문제를 연도별로 수록하여 매년 빠지지 않고 출제되는 내용을 파악하고, 다양하게 변화하는 출제경향에 적응하여 단기간에 최대의 학습효과를 거둘 수 있도록 하였다. 또한 상세하고 꼼꼼한 해설로 기본서 없이도 효율적인 학습이 가능하도록 하였으며, 모의고사 방식으로 구성하여 최종적인 실력점검이 될 수 있도록 하였다.

9급 공무원 시험의 경쟁률이 해마다 점점 더 치열해지고 있다. 이럴 때일수록 기본적인 내용에 대한 탄탄한 학습이 빛을 발한다. 수험생 모두가 자신을 믿고 본서와 함께 끝까지 노력하여 합격의 결실을 맺기를 희망한다.

STRUCTURE
이 책의 특징 및 구성

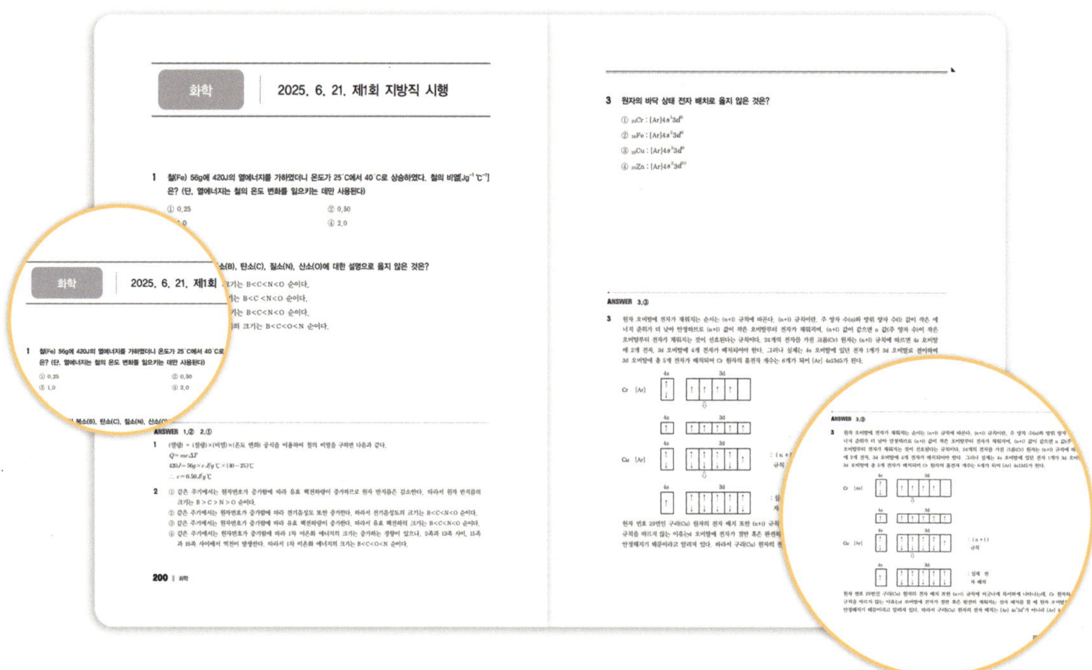

최신 기출문제분석

최신의 최다 기출문제를 수록하여 기출 동향을 파악하고, 학습한 이론을 정리할 수 있습니다. 기출문제들을 반복하여 풀어봄으로써 이전 학습에서 확실하게 깨닫지 못했던 세세한 부분까지 철저하게 파악, 대비하여 실전대비 최종 마무리를 완성하고, 스스로의 학습상태를 점검할 수 있습니다.

상세한 해설

상세한 해설을 통해 한 문제 한 문제에 대한 완전학습을 가능하도록 하였습니다. 정답을 맞힌 문제라도 꼼꼼한 해설을 통해 다시 한 번 내용을 확인할 수 있습니다. 틀린 문제를 체크하여 내가 취약한 부분을 파악할 수 있습니다.

CONTENT
이 책 의 차 례

01

화학

1 끓는점이 가장 높은 화합물은?

① 아세톤
③ 벤젠

② 물
④ 에탄올

2 25°C에서 1.0M의 수용액을 만들었을 때 pH가 가장 낮은 것은? (단, 25°C에서 산 해리상수(K_a)는 아래와 같다)

$C_6H_5OH : 1.3 \times 10^{-10}$	$HCN : 4.9 \times 10^{-10}$
$C_9H_8O_4 : 3.0 \times 10^{-4}$	$HF : 6.8 \times 10^{-4}$

① C_6H_5OH
③ $C_9H_8O_4$

② HCN
④ HF

ANSWER 1.② 2.④

1 끓는점은 분자량과 분자구조에 영향을 받는다. 즉, 구성 분자들 간의 인력이 클수록 화합물의 끓는점이 높다. 물과 에탄올의 경우 분자량이 작지만 수소결합을 하기 때문에 비슷한 분자량을 가진 화합물들보다 높은 끓는점을 갖는다.
① 56.5℃ ② 100℃ ③ 80.1℃ ④ 78.3℃
※ 분자 간의 힘의 크기… 분자 수소결합 > 쌍극자 간 인력 > 쌍극자와 유도 쌍극자 간 인력 > 순간 쌍극자 간 인력(분산력)

2 산 해리상수(K_a) … 산의 이온화 평형의 평형상수이다. 산 해리상수의 값이 클수록 이온화가 잘되는 것이므로 산의 세기가 크다(pH 값이 작다). 임의의 산 HA의 이온화 평형을 $HA \leftrightarrow H^+ + A^-$라 할 때, 산 해리상수 K_a는 $K_a = \dfrac{[H^+][A^-]}{[HA]}$이다.

$H^+ = \sqrt{K_a C}$ (C는 몰농도), $pH = -\log[H^+]$

㉠ $1.14 \times 10^{-5} = -\log[1.14 \times 10^{-5}] = 4.9 \fallingdotseq 5$

㉡ $2.21 \times 10^{-5} = -\log[2.21 \times 10^{-5}] = 4.6$

㉢ $0.017 = -\log[0.017] = 1.77 \fallingdotseq 1.8$

㉣ $0.026 = -\log[0.026] = 1.58 \fallingdotseq 1.6$

3 약염기를 강산으로 적정하는 곡선으로 옳은 것은?

① 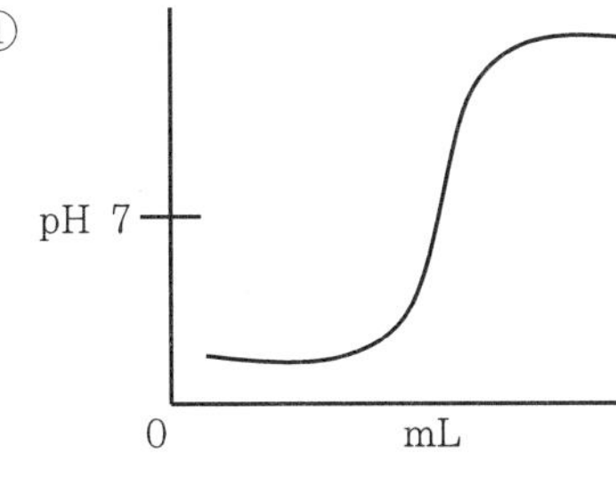

② 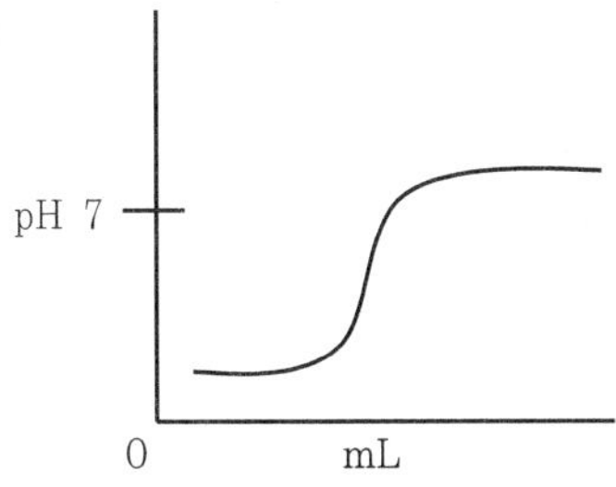

③ 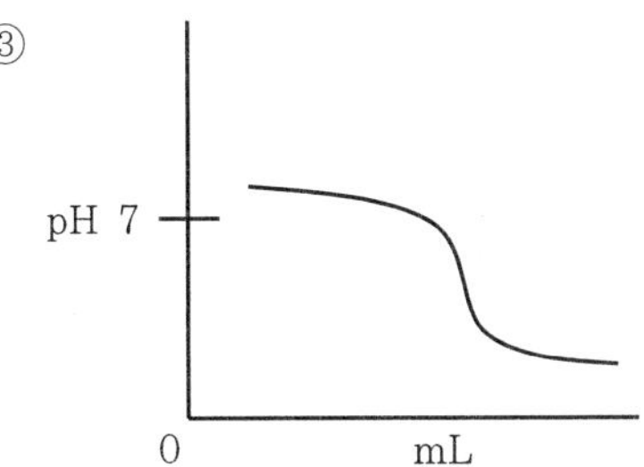

④ 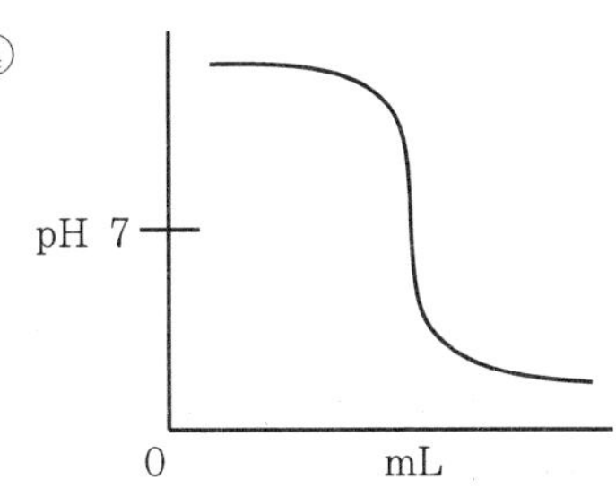

4 0.1M 황산(H_2SO_4) 용액 1.5L를 만드는 데 필요한 15M 황산의 부피는?

① 0.01L

② 0.1L

③ 22.5L

④ 225L

3 수소이온 농도의 지수, 수용액에서 [H^+]나 [OH^-]는 너무 작은 수치로 표현되어 용액의 액성을 나타내는 데 pH를 사용한다. $pH = \log\dfrac{1}{[H^+]}$ 로 나타내며, 중성 용액의 pH값은 7이다. 산성 용액은 $pH < 7$, 염기성 용액은 $pH > 7$ 이다. 약염기의 pH값은 7보다 크지만 7에 가까운 값이고, 강산의 pH값은 7보다 작고 0에 가까운 값이므로 약염기를 강산으로 적정하는 곡선은 ③이다.

4 $MV = M'V'$

$15 \times V = 0.1 \times 1.5$

$V = \dfrac{0.1 \times 1.5}{15}$

$= 0.01L$

5 수소 원자의 선 스펙트럼을 설명할 수 있는 것만을 모두 고른 것은?

> ㉠ 보어의 원자 모형
> ㉡ 러더퍼드의 원자 모형
> ㉢ 톰슨의 원자 모형

① ㉠

② ㉡

③ ㉢

④ ㉠㉡㉢

6 1A족 원소(Li, Na, K)의 성질에 대한 설명으로 옳은 것만을 모두 고른 것은?

> ㉠ 원자번호가 커질수록 일차 이온화 에너지 값이 감소한다.
> ㉡ 25°C에서 원자번호가 커질수록 밀도가 감소한다.
> ㉢ Cl_2와 반응할 때 환원력은 K < Na < Li이다.
> ㉣ 물과 반응할 때 환원력은 K < Li이다.

① ㉠㉡

② ㉠㉣

③ ㉡㉢

④ ㉢㉣

ANSWER 5.① 6.②

5 수소 방전관의 수소기체를 전기방전시키면 선 스펙트럼을 얻을 수 있는데 선 스펙트럼이 나타나는 이유는 수소원자의 전자가 에너지를 흡수하여 불안정한 들뜬 상태로 되었다가 안정한 상태(바닥상태)로 되면서 빛 에너지를 방출하기 때문이다.
　㉠ 보어의 원자 모형에서 전자는 정해진 에너지 상태(궤도)에서만 존재하며, 전자가 궤도를 이동할 때는 두 궤도 사이의 에너지 차이($\triangle E$)만큼의 에너지를 흡수 또는 방출한다. 따라서 선 스펙트럼을 설명할 수 있다.
　㉡ 러더퍼드의 원자 모형 : 원자의 중심에 원자핵이 있고 원자핵과 전자는 정전기적 인력을 극복하기 위해 전자가 원자핵 주위를 돌면서 원심력과 정전기적 인력이 평형을 이루는 모형이다. 이 모형에 의하면 전자가 에너지를 방출하면 전자의 회전속도가 감소되어 방출되는 에너지 스펙트럼은 연속 스펙트럼으로 나타나야 하므로 선 스펙트럼을 설명할 수 없다.
　㉢ 톰슨의 원자 모형 : 양전하를 가지는 물질 속에 전자가 균일하게 분포한다.

6
　㉡ 밀도 $= \dfrac{질량}{부피}$ 이다. 원자번호가 커질수록 원자의 질량과 부피가 모두 증가하므로 원자번호에 대한 밀도의 경향성을 알 수 없다.
　㉢ Cl_2와 반응할 때 환원력은 원자가 전자를 쉽게 잃고 양이온이 잘된다는 것으로 금속성을 나타낸다. 금속성은 같은 족에서 원자번호가 커질수록 크므로 K > Na > Li이다.

7 산화수에 대한 설명으로 옳은 것만을 모두 고른 것은?

> ㉠ 화학 반응에서 산화수가 감소하는 물질은 환원제이다.
> ㉡ 화합물에서 수소의 산화수는 항상 +1이다.
> ㉢ 홑원소 물질을 구성하는 원자의 산화수는 0이다.
> ㉣ 단원자 이온의 산화수는 그 이온의 전하수와 같다.

① ㉠㉡ ② ㉠㉢

③ ㉡㉣ ④ ㉢㉣

8 모든 온도에서 자발적 과정이기 위한 조건은?

① $\triangle H > 0,\ \triangle S > 0$

② $\triangle H = 0,\ \triangle S < 0$

③ $\triangle H > 0,\ \triangle S = 0$

④ $\triangle H < 0,\ \triangle S > 0$

ANSWER 7.④ 8.④

7 ㉠ 산화수가 감소하는 것은 환원이 된다는 의미이며, 이는 산화제로 작용한다.
㉡ Li, Na 등의 알칼리금속과 반응할 때 수소의 산화수는 −1이다.

8 깁스자유에너지($\triangle G$) ··· 평형상태를 설명할 때 사용되는 열역학 변수로 엔트로피 변화($\triangle S$)와 엔탈피 변화($\triangle H$)를 절충한 함수이다. 일정한 온도에서 일어나는 반응의 깁스자유에너지는 $\triangle G = \triangle H - T\triangle S$ (T : 켈빈온도)이다. $\triangle G < 0$일 때, 자발적인 반응이 일어난다.
④ T는 항상 0보다 크므로 모든 온도에서 자발적 반응이 일어나기 위해서는 $\triangle G < 0$이어야 하므로 $\triangle H < 0,\ \triangle S > 0$이어야 한다.

9 다음은 질소(N_2) 기체와 수소(H_2) 기체가 반응하여 암모니아(NH_3) 기체가 생성되는 화학반응식이다.

$$N_2(g) + 3H_2(g) \rightleftharpoons 2NH_3(g)$$

그림은 부피가 1L인 강철용기에 $N_2(g)$ 4몰, $H_2(g)$ 8몰을 넣고 반응시킬 때 반응 시간에 따른 $N_2(g)$의 몰수를 나타낸 것이다.

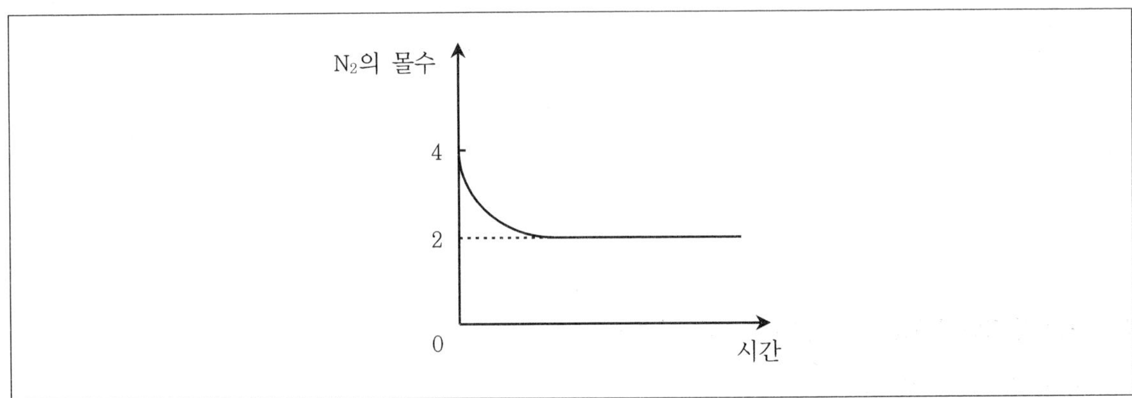

이 반응의 평형상수(K) 값은? (단, 온도는 일정하다)

① 1

② 2

③ 4

④ 8

···

ANSWER 9.①

9 평형상수 ··· 화학반응이 평형을 이룰 때, 반응물과 생성물의 농도관계를 나타낸 상수이며, 초기농도와 상관없이 항상 같은 값을 갖는다.

임의의 반응식이 $aA + bB \rightleftharpoons cC + dD(a, \ b, \ c, \ d$는 계수)일 때, 평형상수는 $K = \dfrac{[C]^c[D]^d}{[A]^a[B]^b}$ 이다.

① 주어진 반응에서 N_2가 2몰이 남았을 때 반응이 평형을 이루었으므로 N_2는 2몰이 반응했다. N_2, H_2와 NH_3의 반응비는 1 : 3 : 2이므로 N_2는 2몰이 반응했을 때, H_2는 6몰 반응하여 2몰이 남고, NH_3는 4몰 생성된다.

$$\therefore K = \frac{[NH_3]^2}{[N_2][H_2]^3} = \frac{4^2}{2 \times 2^3} = 1$$

10 다음 반응에서 28.0g의 NaOH(분자량 : 40.0)이 들어있는 1.0L 용액을 중화하기 위해 필요한 2.0M HCl의 부피는?

$$\text{NaOH}(aq) + \text{HCl}(aq) \longrightarrow \text{NaCl}(aq) + \text{H}_2\text{O}(l)$$

① 150.0mL

② 250.0mL

③ 350.0mL

④ 450.0mL

11 Cr^{3+}의 바닥상태 전자 배치는? (단, Cr의 원자 번호는 24이다)

① $[\text{Ar}]4s^1 3d^2$

② $[\text{Ar}]4s^1 3d^5$

③ $[\text{Ar}]4s^2 3d^1$

④ $[\text{Ar}]3d^3$

ANSWER 10.③ 11.④

10 주어진 반응의 NaOH의 몰수를 구하면 다음과 같다.

$$\frac{28.0\text{g}}{40.0\text{g/mol}} = 0.7\,\text{mol}$$

주어진 NaOH용액을 중화시키기 위해서는 OH^-의 몰수와 H^+의 몰수가 같아야하므로

$$2.0\,\text{mol/L} \times x\,\text{L} = 0.7\,\text{mol}$$

$$\therefore\ x = 0.35\text{L} = 350\text{mL}$$

11 $_{24}\text{Cr} \rightarrow 1s^2 2s^2 2p^6 3s^2 3p^6 4s^2 3d^4$

$\text{Cr}^{3+} \rightarrow$ 전자 3개를 잃음 $\rightarrow 1s^2 2s^2 2p^6 3s^2 3p^6 3d^3 = [\text{Ar}]3d^3$

수소원자와 달리 다전자원자는 $3d$가 아닌 $4s$ 먼저 에너지가 채워진다. 떨어질 때도 또한 같다.

12 다음 표는 원소와 이온의 구성 입자 수를 나타낸 것이다.

	A	B	C	D
양성자 수	6	6	7	8
중성자 수	6	8	7	8
전자 수	6	6	7	6

이에 대한 설명으로 옳은 것은? (단, A~D는 임의의 원소 기호이다)

① A와 D는 동위원소이다.

② B와 C는 질량수가 동일하다.

③ B의 원자번호는 8이다.

④ D는 음이온이다.

13 다음 각 화합물의 1M 수용액에서 이온 입자 수가 가장 많은 것은?

① $NaCl$ ② KNO_3

③ NH_4NO_3 ④ $CaCl_2$

ANSWER 12.② 13.④

12 ② 질량수란 원자핵을 이루는 양성자 수와 중성자 수의 합으로 B와 C의 질량수는 $6+8=14$, $7+7=14$로 동일하다.
　① 동위원소란 양성자 수는 같지만 중성자 수가 달라 질량이 다른 원소로 양성자 수가 다른 A와 D는 동위원소가 아니다. A~
　　D 중 A와 B가 동위원소에 해당한다.
　③ 원자번호는 원자핵 속의 양성자 수이므로 B의 원자번호는 6이다.
　④ D는 양성자 수 8, 전자 수 6으로 전자를 두 개 잃어 2가 양이온이다.

13 ① $NaCl \rightarrow Na^+ + Cl^-$: 2개
　② $KNO_3 \rightarrow K^+ + NO_3^-$: 2개
　③ $NH_4NO_3 \rightarrow NH_4^+ + NO_3^-$: 2개
　④ $CaCl_2 \rightarrow Ca^{2+} + 2Cl^-$: 3개

14 다음 중 무극성 분자는?

① 암모니아 ② 이산화탄소

③ 염화수소 ④ 이산화황

15 다음 중 결합 차수가 가장 낮은 것은?

① O_2 ② F_2

③ CN^- ④ NO^+

16 다음 원자 또는 이온 중 반지름이 가장 큰 것은?

① $_{11}Na^+$ ② $_{12}Mg^{2+}$

③ $_{17}Cl^-$ ④ $_{18}Ar$

ANSWER 14.② 15.② 16.③

14 극성 분자와 무극성 분자의 종류
ㄱ 극성 분자의 종류: 물, 염화수소, 암모니아, 에탄올, 설탕, 이산화황, 이산화질소 등
ㄴ 무극성 분자의 종류: 이산화탄소, 산소, 질소, 아이오딘, 벤젠, 메탄, 사염화탄소, 핵산 등

15
$$결합치수 = \frac{(결합성\ 전자수 - 반결합성\ 전자수)}{2}$$

$$O_2 = \frac{6-2}{2} = 2$$

$$F_2 = \frac{6-4}{2} = 1$$

$$CN^- = \frac{8-2}{2} = 3$$

$$NO^+ = \frac{10-4}{2} = 3$$

16 원자 또는 이온의 반지름은 전자껍질 수가 많을수록 크며, 같은 전자껍질 수를 가지는 원자 또는 이온의 경우 유효 핵전하가 작을수록 반지름이 크다.
ㄱ $_{11}Ns^+$와 $_{12}Mg^{2+}$의 경우 전자껍질 2개를 가지며, $_{17}Cl^-$와 $_{18}Ar$은 3개의 전자껍질을 갖는다.
ㄴ $_{17}Cl^-$와 $_{18}Ar$은 모두 전자가 18개로 동일하므로 양성자의 수가 적은 Cl의 반지름이 가장 크다.
※ 이온 반지름, 원자 반지름의 관계
ㄱ 양이온 < 원자
ㄴ 음이온 > 원자
ㄷ 등전자 이온 반지름 = 양성자 수에 비례

17 다음 표는 반응 $2A_3(g) \rightarrow 3A_2(g)$의 메커니즘과 각 단계의 활성화 에너지를 나타낸 것이다.

반응 메커니즘		활성화 에너지[kJ/mol]
단계 (1)	$A_3 \rightarrow A + A_2$	20
단계 (1)의 역과정	$A + A_2 \rightarrow A_3$	10
단계 (2)	$A + A_3 \rightarrow 2A_2$	50

이에 대한 설명으로 옳은 것만을 모두 고른 것은?

   ⊙ A는 반응 중간체이다.
   ⓒ 반응 속도 결정 단계는 단계 (2)이다.
   ⓒ 전체 반응의 활성화 에너지는 50kJ/mol이다.

① ⊙   ② ⓒ

③ ⊙ⓒ   ④ ⓒⓒ

18 중심원자의 혼성 궤도에서 s-성질 백분율(percent s-character)이 가장 큰 것은?

① BeF_2

② BF_3

③ CH_4

④ C_2H_6

17 ⊙ 반응 중간체란 전체반응식에는 존재하지 않지만 반응의 중간과정에 참여하는 물질로, 주어진 반응에서 A는 반응 중간체이다.
  ⓒ 반응 속도 결정 단계는 전체 반응의 속도에 가장 큰 영향을 주는 반응 단계로, 일련의 반응 중 가장 느리게 일어나는, 즉 활성화 에너지가 가장 큰 단계를 말한다. 따라서 주어진 반응 중 반응 속도 결정 단계는 단계 (2)이다.
  ⓒ 전체 반응의 활성화 에너지 = 정반응의 활성화 에너지 − 역반응의 활성화 에너지
$$= (20+50) - (10) = 60kJ/mol$$

18 ① sp 혼성 구조로 약 50%의 s오비탈 성질과 50%의 p오비탈 성질을 가진다.
  ② sp^2 혼성 구조로 약 33%의 s오비탈 성질과 66%의 p오비탈 성질을 가진다.
  ③④ sp^3 혼성구조로 약 25%의 s오비탈 성질과 75%의 p오비탈 성질을 가진다.

19 대기 중에서 일어날 수 있는 다음 반응 중 산성비 형성과 관계가 없는 것은?

① $O_3(g) \rightarrow O_2(g) + O(g)$

② $S(s) + O_2(g) \rightarrow SO_2(g)$

③ $N_2(g) + O_2(g) \rightarrow 2NO(g)$

④ $SO_3(g) + H_2O(l) \rightarrow H_2SO_4(aq)$

20 광화학 스모그를 일으키는 주된 물질은?

① 이산화탄소

② 이산화황

③ 질소산화물

④ 프레온 가스

ANSWER 19.① 20.③

19 산성비 ··· 수소 이온 지수(pH)가 5.6 미만인 비이다. 주로 질소산화물 또는 황산화물에 의해 발생된다.
① 주어진 식은 오존의 분해식으로 오존층의 파괴와 관계된 반응식이다.

20 광화학 스모그 ··· 공장, 자동차의 배기가스 등에 포함되어 있는 질소산화물이나 탄화수소가 햇빛에 포함된 자외선의 영향으로 화학 반응을 일으켜서, 여기서 생성되는 생물에 유해한 산화물질이 대기 중에 안개같이 머무르는 식으로 형성된다. 자외선이 발생에 영향을 주기 때문에 빛이 강한 날에 잘 발생하며, 또한 대기 중에 머물러야 하기 때문에 바람이 약한 날에 또한 잘 발생한다.

1 다음 중 개수가 가장 많은 것은?

① 순수한 다이아몬드 12g 중의 탄소 원자

② 산소 기체 32g 중의 산소 분자

③ 염화암모늄 1몰을 상온에서 물에 완전히 녹였을 때 생성되는 암모늄이온

④ 순수한 물 18g 안에 포함된 모든 원자

ANSWER 1.④

1

① $C : 12g \times \dfrac{1mol}{12g} \times \left(\dfrac{6.02 \times 10^{23} \text{개}}{1mol} \right) = 6.02 \times 10^{23} \text{개}$

② $O_2 : 32g \times \dfrac{1mol}{32g} \times \left(\dfrac{6.02 \times 10^{23} \text{개}}{1mol} \right) = 6.02 \times 10^{23} \text{개}$

③ $NH_4Cl \longrightarrow NH_4^+ + Cl^-$

염화암모늄(NH_4Cl) 1mol을 물에 녹이면 NH_4^+ 1mol이 생긴다.

$NH_4^+ : 1mol \times \left(\dfrac{6.02 \times 10^{23} \text{개}}{1mol} \right) = 6.02 \times 10^{23} \text{개}$

④ $H_2O : 18g \times \dfrac{1mol}{18g} = 1mol$

H_2O 1mol에는 H 원자 2mol, O 원자 1mol이 들어 있다.

$H : 2mol \times \left(\dfrac{6.02 \times 10^{23} \text{개}}{1mol} \right) = 12.04 \times 10^{23} \text{개}$

$O : 1mol \times \left(\dfrac{6.02 \times 10^{23} \text{개}}{1mol} \right) = 6.02 \times 10^{23} \text{개}$

$\therefore$ 모든 원자의 개수 $= 18.06 \times 10^{23} \text{개}$

2 원소들의 전기음성도 크기의 비교가 올바른 것은?

① C < H

② S < P

③ S < O

④ Cl < Br

3 1 M Fe(NO$_3$)$_2$ 수용액에서 음이온의 농도는? (단, Fe(NO$_3$)$_2$는 수용액에서 100% 해리된다)

① 1M

② 2M

③ 3M

④ 4M

....

ANSWER 2.③ 3.②

2 전기음성도의 크기

ㄱ 같은 주기일 때 : 원자번호가 클수록 전기음성도가 크다.

ㄴ 같은 족일 때 : 원자번호가 작을수록 전기음성도가 크다.

① H는 전기음성도가 2.1, C는 전기음성도가 2.5로 C > H

② S, P는 같은 주기원소로 S가 P보다 원자번호가 크기 때문에 전기음성도 크기는 S > P

③ S, O는 같은 족 원소로 S가 O보다 원자번호가 크기 때문에 전기음성도 크기는 S < O

④ Cl, Br은 같은 족 원소로 Cl이 Br보다 원자번호가 작기 때문에 전기음성도 크기는 Cl > Br

3 $Fe(NO_3)_2(aq) \rightarrow Fe^{2+}(aq) + 2NO_3^-(aq)$

$Fe(NO_3)_2 : NO_3^- = 1 : 2$(몰수비)

음이온인 NO_3^-의 농도

$Fe(NO_3)_2 : NO_3^- = 1 : 2 = 1M : x\,M$

$x = 2\,M$

4 90g의 글루코오스($C_2H_{12}O_2$)와 과량의 산소(O_2)를 반응시켜 이산화탄소(CO_2)와 물(H_2O)이 생성되는 반응에 대한 설명으로 옳지 않은 것은? (단, H, C, O의 몰 질량[g/mol]은 각각 1, 12, 16이다)

$$C_6H_{12}O_6(s) + 6O_2(g) \rightarrow x\,CO_2(g) + y\,H_2O(l)$$

① x와 y에 해당하는 계수는 모두 6이다.

② 90g 글루코오스가 완전히 반응하는데 필요한 O_2의 질량은 96g이다.

③ 90g 글루코오스가 완전히 반응해서 생성되는 CO_2의 질량은 88g이다.

④ 90g 글루코오스가 완전히 반응해서 생성되는 H_2O의 질량은 54g이다.

5 밑줄 친 원자(C, Cr, N, S)의 산화수가 옳지 않은 것은?

① $H\underline{C}O_3^-$, $+4$

② $\underline{Cr}_2O_7^{2-}$, $+6$

③ $\underline{N}H_4^+$, $+5$

④ $\underline{S}O_4^{2-}$, $+6$

ANSWER 4.③ 5.③

4 ① $C : 1 \times 6 = x \times 1$ $\therefore x = 6$

$H : 1 \times 12 = y \times 2$ $\therefore y = 6$

반응식을 완성하면 $C_6H_{12}O_6(s) + 6O_2(g) \rightarrow 6CO_2(g) + 6H_2O(l)$

② 90g 글루코오스 mol수 $= 90g \times \dfrac{1mol}{(6 \times 12 + 12 \times 1 + 16 \times 6)g} = 0.5mol$

완전히 반응하는 데 필요한 O_2 질량 $= 0.5mol$ 글루코오스 $\times \dfrac{6molO_2}{1mol글루코오스} \times \dfrac{32gO_2}{1molO_2} = 96g$

③ 생성되는 CO_2 질량 $= 0.5mol$ 글루코오스 $\times \dfrac{6molCO_2}{1mol글루코오스} \times \dfrac{(1 \times 12 + 2 \times 16)gCO_2}{1molCO_2} = 132g$

④ 생성되는 H_2O 질량 $= 0.5mol$ 글루코오스 $\times \dfrac{6molH_2O}{1mol글루코오스} \times \dfrac{(2 \times 1 + 1 \times 16)gH_2O}{1molH_2O} = 54g$

5 H의 산화수 $= +1$, O의 산화수 $= -2$

① 전체 산화수가 -1이 되려면 C의 산화수 $= -1 - (+1) + [-3 \times (-2)] = +4$

② 전체 산화수가 -2가 되려면 Cr의 산화수 $= \dfrac{-2 - [-7 \times (-2)]}{2} = +6$

③ 전체 산화수가 $+1$이 되려면 N의 산화수 $= +1 - 4 \times (+1) = -3$

④ 전체 산화수가 -2가 되려면 S의 산화수 $= -2 - [-4 \times (-2)] = +6$

6 다음의 화합물 중에서 원소 X가 산소(O)일 가능성이 가장 낮은 것은? (단, O의 몰 질량[g/mol]은 16이다)

화합물	㉠	㉡	㉢	㉣
분자량	160	80	70	64
원소 X의 질량 백분율(%)	30	20	30	50

① ㉠   ② ㉡

③ ㉢   ④ ㉣

7 묽은 설탕 수용액에 설탕을 더 녹일 때 일어나는 변화를 설명한 것으로 옳은 것은?

① 용액의 증기압이 높아진다.

② 용액의 끓는점이 낮아진다.

③ 용액의 어는점이 높아진다.

④ 용액의 삼투압이 높아진다.

ANSWER 6.③ 7.④

6

㉠ $160\text{g/mol} \times 0.3 \times \dfrac{1\text{mol}}{16\text{g}} = 3$

㉡ $80\text{g/mol} \times 0.2 \times \dfrac{1\text{mol}}{16\text{g}} = 1$

㉢ $70\text{g/mol} \times 0.3 \times \dfrac{1\text{mol}}{16\text{g}} = 1.3125$

㉣ $64\text{g/mol} \times 0.5 \times \dfrac{1\text{mol}}{16\text{g}} = 2$

㉢은 정수로 떨어지지 않기 때문에 ㉢의 원소 X가 산소일 가능성이 가장 낮다.

7 용액의 농도가 증가하면, 묽은 용액의 총괄성에 따라 증기압 내림, 끓는점 오름, 어는점 내림, 삼투압 오름 현상이 일어난다.

8 대기 오염 물질인 기체 A, B, C가 〈보기 1〉과 같을 때 〈보기 2〉의 설명 중 옳은 것만을 모두 고른 것은?

―――――――――――― 〈보기 1〉 ――――――――――――

A : 연료가 불완전 연소할 때 생성되며, 무색이고 냄새가 없는 기체이다.

B : 무색의 강한 자극성 기체로, 화석 연료에 포함된 황 성분이 연소 과정에서 산소와 결합하여 생성된다.

C : 자극성 냄새를 가진 기체로 물의 살균 처리에도 사용된다.

―――――――――――― 〈보기 2〉 ――――――――――――

㉠ A는 헤모글로빈과 결합하면 쉽게 해리되지 않는다.

㉡ B의 수용액은 산성을 띤다.

㉢ C의 성분 원소는 세 가지이다.

① ㉠㉡   ② ㉠㉢

③ ㉡㉢   ④ ㉠㉡㉢

9 다음 중 분자 구조가 나머지와 다른 것은?

① $BeCl_2$ ② CO_2

③ XeF_2 ④ SO_2

ANSWER 8.①   9.④

8   A : 일산화탄소(CO)

     B : 아황산가스(이산화황가스 SO_2)

     C : 염소기체(Cl_2)

     ㉠ 일산화탄소는 헤모글로빈과 결합해 쉽게 해리되지 않는다. 이로 인해 산소공급능력을 방해받아 산소부족을 불러온다.

     ㉡ 아황산가스는 물에 녹아 황산을 생성하며 이는 산성을 띤다.

     ㉢ C는 염소기체로 성분 원소는 Cl 하나이다.

9 $BeCl_2$, CO_2, XeF_2는 선형구조, SO_2는 굽은형 구조를 가진다.

10 van der Waals 상태방정식 $P = \dfrac{nRT}{V-nb} - \dfrac{an^2}{V^2}$ 에 대한 설명으로 옳은 것만을 모두 고른 것은? (단, $P,\ V,\ n,\ R,\ T$는 각각 압력, 부피, 몰수, 기체상수, 온도이다)

> ㉠ a는 분자 간 인력의 크기를 나타낸다.
> ㉡ b는 분자 간 반발력의 크기를 나타낸다.
> ㉢ a는 $H_2O(g)$가 $H_2S(g)$보다 크다.
> ㉣ b는 $Cl_2(g)$가 $H_2(g)$보다 크다.

① ㉠㉢
② ㉡㉣
③ ㉠㉢㉣
④ ㉠㉡㉢㉣

11 다음 반응에 대한 평형상수는?

$$2CO(g) \rightleftharpoons CO_2(g) + C(s)$$

① $K = [CO_2]/[CO]^2$

② $K = [CO]^2/[CO_2]$

③ $K = [CO_2][C]/[CO]^2$

④ $K = [CO]^2/[CO_2][C]$

ANSWER 10.④ 11.①

10　㉠ a는 이상기체 상태방정식에서 분자 간 인력의 크기를 고려해 압력을 보정한 값이다.
　㉡ b는 이상기체 상태방정식에서 분자 간 반발력의 크기를 고려해 부피를 보정한 값이다.
　㉢ H_2O는 수소결합을 하므로 H_2S보다 인력이 더 크다. 따라서 a값이 더 크다.
　㉣ Cl_2가 H_2보다 분자크기가 크기 때문에 b값이 더 크다.

11　평형상수는 기체의 경우만 고려한다.
　평형상수 $K = \dfrac{[CO_2]}{[CO]^2}$

12 질량 백분율이 N 64%, O 36%인 화합물의 실험식은? (단, N, O의 몰 질량[g/mol]은 각각 14, 16이다)

① N_2O

② NO

③ NO_2

④ N_2O_5

13 25℃에서 $[OH^-] = 2.0 \times 10^{-5}$ M일 때, 이 용액의 pH값은? (단, $\log 2 = 0.30$이다)

① 2.70

② 4.70

③ 9.30

④ 11.30

14 온도가 400K이고 질량이 6.00kg인 기름을 담은 단열 용기에 온도가 300K이고 질량이 1.00kg인 금속 공을 넣은 후 열평형에 도달했을 때, 금속공의 최종 온도[K]는? (단, 용기나 주위로 열 손실은 없으며, 금속공과 기름의 비열[J/(kg · K)]은 각각 1.00과 0.50으로 가정한다)

① 350

② 375

③ 400

④ 450

12 몰비를 구하면

$$N : O = \frac{64}{14} : \frac{36}{16} = \frac{32}{7} : \frac{9}{4} = 128 : 63 \fallingdotseq 2 : 1$$

13 $pH = -\log[H^+] = 14 - pOH = 14 - (-\log[OH^-]) = 14 + \log(2.0 \times 10^{-5}) \fallingdotseq 9.30$

14 $Q = cm \triangle T$

금속공이 얻은 열량 = 기름이 잃은 열량

$1 \times 1 \times (T - 300) = 0.5 \times 6 \times (400 - T)$

$T - 300 = 1,200 - 3T$

$4T = 1,500$

$T = 375$

15 아래 반응에서 산화되는 원소는?

$$14HNO_3 + 3Cu_2O \longrightarrow 6Cu(NO_3)_2 + 2NO + 7H_2O$$

① H

② N

③ O

④ Cu

ANSWER 15.④

15 산화수가 증가하는 것이 산화되는 원소이다.

H의 산화수 : $+1 \rightarrow +1$ (변함없음)

N의 산화수 : $+5 \rightarrow +5$, $+2$ (변함없음 또는 산화수 감소)

O의 산화수 : $-2 \rightarrow -2$ (변함없음)

Cu의 산화수 : $+1 \rightarrow +2$

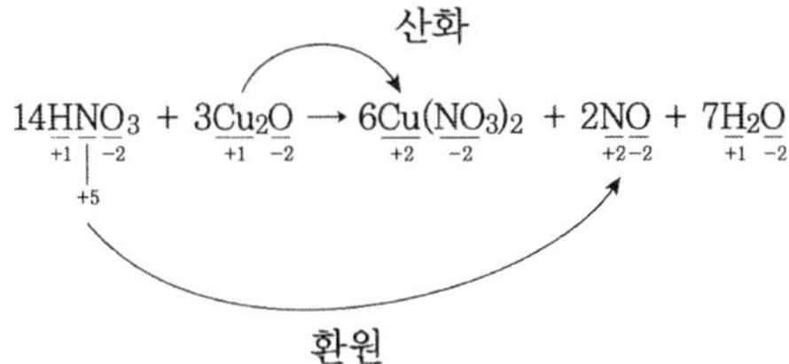

16 다음 그림은 어떤 반응의 자유에너지 변화($\triangle G$)를 온도(T)에 따라 나타낸 것이다. 이에 대한 설명으로 옳은 것만을 모두 고른 것은? (단, $\triangle H$는 일정하다)

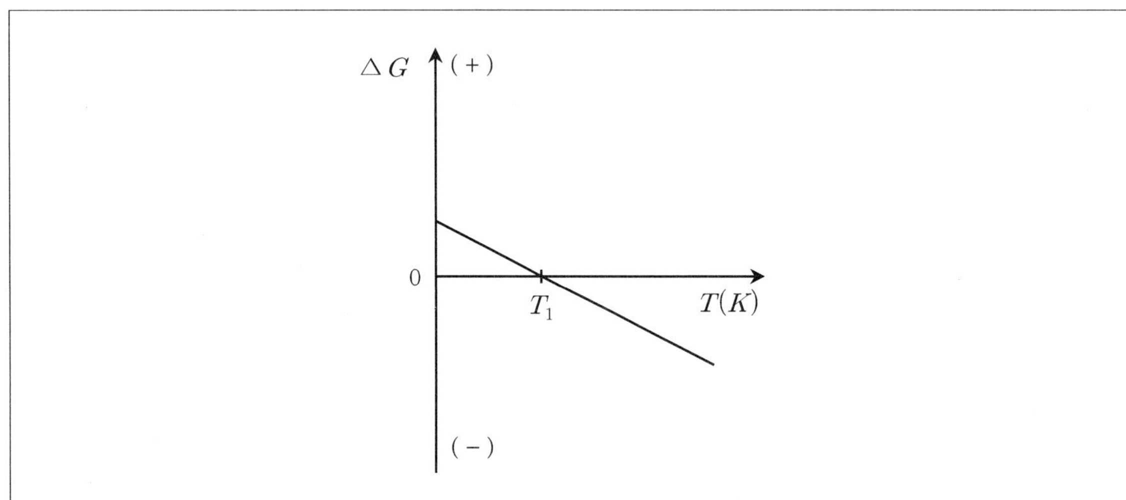

㉠ 이 반응은 흡열반응이다.
㉡ T_1보다 낮은 온도에서 반응은 비자발적이다.
㉢ T_1보다 높은 온도에서 반응의 엔트로피 변화($\triangle S$)는 0보다 크다.

① ㉠㉡
② ㉠㉢
③ ㉡㉢
④ ㉠㉡㉢

ANSWER 16.④

16 ㉠ $\triangle G = \triangle H - T\triangle S$에서 $T = 0$일 때 $\triangle G > 0$이므로 $\triangle H > 0$ (흡열반응)

㉡ T_1보다 낮은 온도에서 $\triangle G > 0$(비자발적인 반응)

㉢ $\triangle G = \triangle H - T\triangle S$에서 온도가 높아질수록 $\triangle G$는 감소하므로 $\triangle S > 0$

17 이온성 고체에 대한 설명으로 옳은 것은?

① 격자에너지는 NaCl이 NaI보다 크다.

② 격자에너지는 NaF가 LiF보다 크다.

③ 격자에너지는 KCl이 $CaCl_2$보다 크다.

④ 이온성 고체는 표준생성엔탈피($\triangle H_f^o$)가 0보다 크다.

18 다음 반응은 300K의 밀폐된 용기에서 평형상태를 이루고 있다. 이에 대한 설명으로 옳은 것만을 모두 고른 것은? (단, 모든 기체는 이상기체이다)

$$A_2(g) + B_2(g) \rightleftharpoons 2AB(g) \quad \triangle H = 150 \text{ kJ/mol}$$

㉠ 온도가 낮아지면, 평형의 위치는 역반응 방향으로 이동한다.
㉡ 용기에 B_2기체를 넣으면, 평형의 위치는 정반응 방향으로 이동한다.
㉢ 용기의 부피를 줄이면, 평형의 위치는 역반응 방향으로 이동한다.
㉣ 정반응을 촉진시키는 촉매를 용기 안에 넣으면, 평형의 위치는 정반응 방향으로 이동한다.

① ㉠㉡
② ㉠㉢
③ ㉡㉣
④ ㉢㉣

<hr>

ANSWER 17.① 18.①

17 격자에너지는 두 이온의 전하량의 곱에 비례하고 이온 간 거리에는 반비례한다.
① 원자 반지름 : Cl < I → 이온 간 거리 : NaCl < NaI → 격자에너지 : NaCl > NaI
② 원자 반지름 : Na > Li → 이온 간 거리 : NaF > LiF → 격자에너지 : NaF < LiF
③ 두 이온의 전하량의 곱 : KCl < $CaCl_2$ → 격자에너지 : KCl < $CaCl_2$
④ 이온성 고체는 발열반응을 하며 표준생성엔탈피는 음수의 값을 가진다.

18 ㉠ $\triangle H > 0$이므로 흡열반응이다.
   온도가 낮아지면, 온도가 높아지는 방향인 역반응 방향으로 평형이 이동한다.
㉡ 반응물의 농도가 높아지면, 반응물의 농도가 낮아지는 방향인 정반응 방향으로 평형이 이동한다.
㉢ 반응식에서 반응물 계수의 합과 생성물 계수가 같기 때문에 부피 변화에 따른 평형의 이동은 없다.
㉣ 촉매는 평형을 이동시킬 수 없고, 단지 반응속도를 빠르게 만들어주는 역할을 한다.

19 철(Fe)로 된 수도관의 부식을 방지하기 위하여 마그네슘(Mg)을 수도관에 부착하였다. 산화되기 쉬운 정도만을 고려할 때, 마그네슘 대신에 사용할 수 없는 금속은?

① 아연(Zn) 　　　　　　　　　　② 니켈(Ni)

③ 칼슘(Ca) 　　　　　　　　　　④ 알루미늄(Al)

20 다음은 화합물 AB의 전자 배치를 모형으로 나타낸 것이다. 이에 대한 설명으로 옳은 것은? (단, A, B는 각각 임의의 금속, 비금속 원소이다)

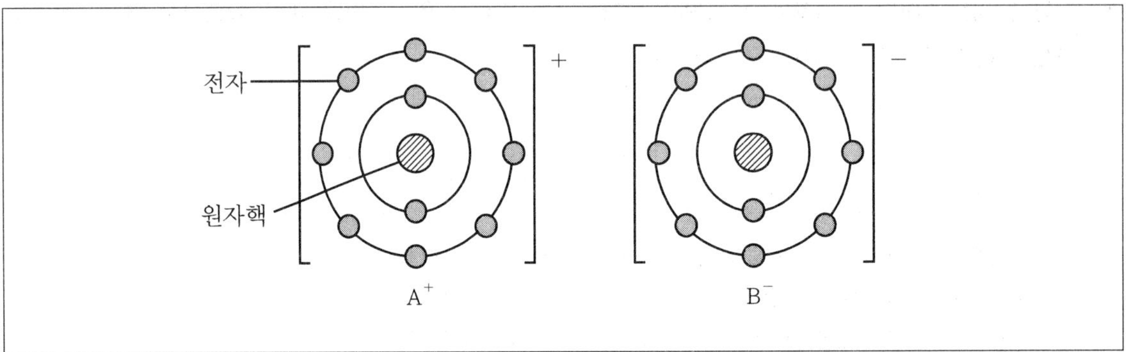

① 화합물 AB의 몰 질량은 20g/mol이다.

② 원자 A의 원자가 전자는 1개이다.

③ B_2는 이중 결합을 갖는다.

④ 원자 반지름은 B가 A보다 더 크다.

ANSWER 19.② 20.②

19 금속의 반응성 … K > Ca > Na > Mg > Al > Zn > Fe > Ni > Sn > …
니켈이 철보다 반응성이 작아서 니켈을 사용하면 철이 산화반응을 해서 부식이 되어버린다.

20 A는 전자를 하나 잃었을 때 전자가 10개이므로, 원래 상태에서는 전자가 11개이다.
즉 A는 원자번호가 11인 Na이다.
B는 전자를 하나 얻었을 때 전자가 10개이므로, 원래 상태에서는 전자가 9개이다.
즉 B는 원자번호가 9인 F이다.
① Na는 원자량 23, F는 원자량 19로, NaF의 분자량(몰질량)은 42g/mol이다.
② Na은 1족 원소로 원자가 전자가 1개이다.
③ F_2는 단일결합이다.
④ 원자 반지름은 F가 Na보다 작다.

1 질량이 222.222g이고 부피가 20.0cm^{3}인 물질의 밀도를 올바른 유효숫자로 표시한 것은?

① 11.1111g/cm^3

② 11.111g/cm^3

③ 11.11g/cm^3

④ 11.1g/cm^3

2 1기압에서 A라는 어떤 기체 0.003몰이 물 900g에 녹는다면 2기압인 경우 0.006몰이 같은 양의 물에 녹게 될 것이라는 원리는 다음 중 어느 법칙과 관련이 있는가?

① Dalton의 분압법칙

② Graham의 법칙

③ Boyle의 법칙

④ Henry의 법칙

ANSWER 1.④ 2.④

1 222.222 → 유효숫자 6개

20.0 → 유효숫자 3개

곱셈, 나눗셈의 계산에서는 가장 적은 유효숫자 개수로 제한한다. → 유효숫자 3개

$\dfrac{222.222}{20.0} = 11.1111 \rightarrow 11.1\text{g/cm}^3$ (유효숫자 3개)

2 ① Dalton의 분압법칙 : 혼합기체에서 각 성분의 분압의 비는 각 성분의 몰분율의 비와 같다.

② Graham의 법칙 : 기체의 확산속도는 기체 분자량의 제곱근에 반비례한다.

③ Boyle의 법칙 : 일정한 온도에서 기체의 부피는 그 압력에 반비례한다.

④ Henry의 법칙 : 일정한 온도에서 용해도(일정 부피의 액체 용매에 녹는 기체의 질량)는 용매와 평형을 이루고 있는 기체의 분압에 비례한다.

3 교통 신호등의 녹색 불빛의 중심 파장은 522nm이다. 이 복사선의 진동수(Hz)는 얼마인가? (단, 빛의 속도는 3.00×10^8m/s)

① 5.22×10^7Hz

② 5.22×10^9Hz

③ 5.75×10^{10}Hz

④ 5.75×10^{14}Hz

4 양자수 중의 하나로서 $m\ell$로 표시되며 특정 궤도함수가 원자 내의 공간에서 다른 궤도 함수들에 대해 상대적으로 어떠한 배향을 갖는지 나타내는 양자수는?

① 주양자수

② 각운동량 양자수

③ 자기양자수

④ 스핀양자수

5 유기 화합물인 펜테인(C_5H_{12})의 구조이성질체 개수는?

① 1

② 2

③ 3

④ 4

ANSWER 3.④ 4.③ 5.③

3 $\lambda n = v$ (λ : 파장, n : 진동수, v : 빛의 속도)

$$\therefore n = \frac{v}{\lambda} = \frac{3.00 \times 10^8}{522 \times 10^{-9}} ≒ 5.75 \times 10^{14} \text{Hz}$$

4 ① 주양자수 : 궤도함수의 에너지를 결정하는 것으로 1, 2, 3 등과 같은 정수 값을 가진다.
알파벳 n으로 나타낸다.
② 각운동량 양자수 : 궤도함수의 모양을 말해주는 것으로 부양자수라고도 한다.
알파벳 l로 나타내고 l값은 0부터 $n-1$까지의 정수 값을 가진다.
③ 자기양자수 : 공간상에서 궤도함수의 방향을 나타내는 것으로 m_l로 표현한다.
각 운동량 양자수에 따라 결정되며 $-l$부터 $+l$까지의 정수 값을 가진다.
④ 스핀양자수 : 전자의 스핀운동(자전운동)을 설명하기 위해 도입한 것으로 m_s로 나타낸다.
$-\frac{1}{2}$ 또는 $+\frac{1}{2}$의 값을 갖는다.

5 펜테인(C_5H_{12})은 다음과 같이 3개의 구조이성질체를 갖는다.
㉠ C - C - C - C - C → n-pentane : 곧은 사슬(pentane)
㉡ C - C - C - C → methylbutane : 가지 달린 사슬(isopentane)
         |
         C
㉢   C   → 2.2-dimethylpropane : 가지 달린 사슬(neopentane)
     |
C - C - C
     |
     C

6 에틸렌은 $CH_2 = CH_2$의 구조를 갖는 석유화학 공업에서 아주 중요하게 사용되는 재료이다. 에틸렌 분자 내의 탄소는 어떤 혼성궤도함수를 형성하고 있는가?

① sp

② sp^2

③ sp^3

④ dsp^3

7 염소산 포타슘($KClO_3$)은 가열하면 고체 염화 포타슘과 산소 기체를 형성하는 흰색의 고체이다. 2atm, 500K에서 30.0L의 산소 기체를 얻기 위해서 필요한 염소산 포타슘의 몰수는? (단, 기체상수 R은 0.08L · atm/mol · K)

① 0.33mol

② 0.50mol

③ 0.67mol

④ 1.00mol

ANSWER 6.② 7.④

6 에틸렌은 s 궤도함수와 p 궤도함수 2개가 혼성화해서 sp혼성화 3개를 만들게 된다. 그리고 p궤도함수가 남게 되어 sp^2이다. 탄소 C 1개가 기준이다. sp궤도함수 2개의 수소와 각각 공유결합을 하고 한 개의 sp는 옆에 있는 C의 sp와 시그마 결합을 한다. 그리고 남은 p궤도함수는 옆에 있는 C와 파이 결합을 이룬다.

7 $2KClO_3 \longrightarrow 2KCl + 3O_2$

산소기체의 몰수를 구하면

$$PV = nRT \rightarrow n = \frac{PV}{RT} = \frac{2 \times 30.0}{0.08 \times 500} = 1.5\,mol$$

$KClO_3 : O_2 = 2 : 3$ (반응비)

1.5mol 산소기체를 얻기 위한 염소산 포타슘의 몰수는 $KClO_3 : O_2 = 2 : 3 = x : 15$

$$x = \frac{1.5 \times 2}{3} = 1\,mol$$

8 Xe는 8A족 기체 중 하나로서 매우 안정한 원소이다. 그런데 반응성이 아주 높은 불소와 반응하여 XeF_4라는 분자를 구성한다. 원자가 껍질 전자쌍 반발(VSEPR) 모형에 의하여 예측할 때, XeF_4의 분자 구조로 옳은 것은?

① 사각평면　　　　　　　　　　② 사각뿔

③ 정사면체　　　　　　　　　　④ 팔면체

9 원소분석을 통하여 분자량이 146.0g/mol인 미지의 화합물을 분석한 결과 질량 백분율로 탄소 49.3%, 수소 6.9%, 산소 43.8%를 얻었다면 이 화합물의 분자식은 무엇인가? (단, 탄소 원자량 = 12.0g/mol, 수소 원자량 = 1.0g/mol, 산소 원자량 = 16.0g/mol)

① $C_3H_5O_2$　　　　　　　　　② $C_5H_7O_4$

③ $C_6H_{10}O_4$　　　　　　　　④ $C_{10}H_{14}O_8$

ANSWER 8.① 9.③

8 Xe는 18족(8A족)으로 최외각전자 8개를 가지는 안정한 원소이고, F는 17족(7A족)원소로 최외각전자 7개를 가지는 원소이다.
XeF_4는 다음과 같은 구조를 갖는다.

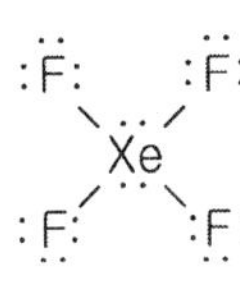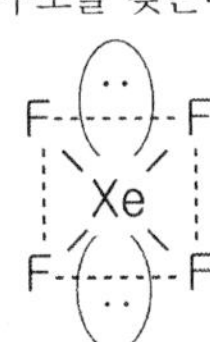

Xe의 원자가 전자는 8개, 이중 F와의 단일결합 4개에서 각각 1개씩 전자를 공유한다고 하면 4개의 전자가 각각 2개씩 쌍을 이루어 2개의 비공유 전자쌍을 형성하게 된다. 중심원자인 Xe는 4개의 결합선과 2개의 비공유 전자쌍을 가지므로 $SN = 6$이고, $SN = 6$인 분자가 2개의 비공유 전자쌍을 가질 경우 세로축에서 위아래 두 개가 빠져 사각평면을 형성하게 된다.

9 화합물 1mol에 대해 각 성분의 몰수를 구하면

㉠ 탄소 : $146.0g \times \dfrac{49.3}{100} \times \dfrac{1}{12.0g/mol} = 6mol$

㉡ 수소 : $146.0g \times \dfrac{6.9}{100} \times \dfrac{1}{1.0g/mol} = 10mol$

㉢ 산소 : $146.0g \times \dfrac{43.8}{100} \times \dfrac{1}{16.0g/mol} = 4mol$

∴ $C_6H_{10}O_4$

10 500℃에서 수소와 염소의 반응에 대한 평형상수 $K_c = 100$이고, 정반응 속도 $K_f = 2.0 \times 10^3 M^{-1}s^{-1}$이며 $\triangle H = 20kJ$의 흡열 반응이라면 다음 설명 중 옳은 것은?

① 역반응의 속도가 정반응의 속도보다 빠르다.

② 역반응의 속도는 $0.05M^{-1}s^{-1}$이다.

③ 온도가 증가할수록 평형상수(K_c)의 값은 감소한다.

④ 온도가 증가할수록 정반응의 속도가 역반응보다 더 크게 증가한다.

11 아래에 나타낸 평형 반응에 대한 평형상수는?

$$CaCl_2(s) + 2H_2O(g) \rightleftharpoons CaCl_2 \cdot 2H_2O(s)$$

① $\dfrac{[CaCl_2 \cdot 2H_2O]}{[CaCl_2][H_2O]^2}$

② $\dfrac{1}{[H_2O]^2}$

③ $\dfrac{1}{2[H_2O]}$

④ $\dfrac{[CaCl_2 \cdot 2H_2O]}{[H_2O]^2}$

....

ANSWER 10.④ 11.②

10

반응식 : $H_2 + Cl_2 \underset{K_r}{\overset{K_f}{\rightleftharpoons}} 2HCl$

평형에서 $K_f[H_2][Cl_2] = K_r[HCl]^2$

평형상수 $K_c = \dfrac{K_f}{K_r} = \dfrac{[HCl]^2}{[H_2][Cl_2]}$

여기서 역반응의 속도상수 $K_r = \dfrac{K_f}{K_c} = \dfrac{2.0 \times 10^3 M^{-1}s^{-1}}{100} = 20M^{-1}s^{-1}$

① 평형에서 역반응의 속도와 정반응의 속도는 같다.

② $K_r = 20M^{-1}s^{-1}$이다.

③ 온도가 증가하면 온도가 감소하는 방향으로 반응이 진행되고(르샤틀리에의 법칙), 흡열반응이기 때문에 온도가 감소하는 방향은 정반응이다. 따라서 K_f가 증가하기 때문에 평형상수 K_c는 증가한다.

④ 평형상수가 1보다 크다는 말은 정반응 속도가 빠르다는 것이며, 흡열반응이므로 온도가 올라가면 평형상수는 커진다. 흡열반응시 농도를 높이면 정반응이 역반응보다 속도가 빠르게 올라간다.

11 반응식이 $aA(g) + bB(g) \rightarrow cC(g) + dD(g)$일 때

평형상수 $= \dfrac{[C]^c[D]^d}{[A]^a[B]^b}$ (기체인 것만 계산)

$\therefore$ 문제에서 구하는 평형상수 $= \dfrac{1}{[H_2O]^2}$

12 다음 2개의 반응식을 이용해 최종 반응식의 반응 엔탈피 ($\triangle H_3$)를 구하면?

$$
\begin{aligned}
&\text{반응식 } 1 : A + B_2 \longrightarrow AB_2 & &\triangle H_1 = -152\text{kJ} \\
&\text{반응식 } 2 : 2AB_3 \longrightarrow 2AB_2 + B_2 & &\triangle H_2 = 102\text{kJ} \\
&\text{최종 반응식} : A + \frac{3}{2}B_2 \longrightarrow AB_3 & &\triangle H_3 = ?
\end{aligned}
$$

① -254kJ

② -203kJ

③ -178kJ

④ -50kJ

13 다음 화합물 중 끓는점이 가장 높은 것은?

① HI

② HBr

③ HCl

④ HF

14 $25℃$에서 $[OH^-] = 2.0 \times 10^{-5} M$ 일 때, 이 용액의 pH 값은? (단, $\log 2 = 0.30$)

① 1.80

② 4.70

③ 9.30

④ 11.20

ANSWER 12.② 13.④ 14.③

12 $\triangle H_3 = \triangle H_1 - \frac{1}{2}\triangle H_2 = (-152) - \left(\frac{1}{2} \times 102\right) = -203\text{kJ}$

13   HF는 수소결합을 하기에 끓는점이 가장 높고 할로겐화 수소는 분자가 커질수록 분산력이 커지기 때문에 HI > HBr > HCl의 순으로 끓는점이 높다.

∴ HF > HI > HBr > HCl

14 $[OH^-] = 2.0 \times 10^{-5} M$

$pOH = -\log[OH^-]$

$pOH = -\log(2.0 \times 10^{-5}) = 4.698 \fallingdotseq 4.7$

$pH = 14 - pOH = 14 - 4.7 = 9.3$

15 진한 암모니아수를 묻힌 솜과 진한 염산을 묻힌 솜을 유리관의 양쪽 끝에 넣고 고무마개로 막았더니 잠시 후 진한 염산을 묻힌 솜 가까운 쪽에 흰 연기가 생겼다. 옳은 설명을 모두 고른 것은?

> ㉠ 흰 연기의 화학식은 NH_4Cl이다.
> ㉡ NH_3의 확산 속도가 HCl보다 빠르다.
> ㉢ NH_3 분자가 HCl 분자보다 무겁다.

① ㉠
② ㉡
③ ㉠㉡
④ ㉢

16 토륨−232($^{232}_{90}Th$)는 붕괴 계열에서 전체 6개의 α입자와 4개의 β입자를 방출한다. 생성된 최종 동위원소는 무엇인가?

① $^{208}_{82}Pb$

② $^{209}_{83}Bi$

③ $^{196}_{80}Hg$

④ $^{235}_{92}U$

17 A에서 B로 변하는 어떠한 과정이 모든 온도에서 비자발적 과정이기 위하여 다음 중 옳은 조건은? (단, $\triangle H$는 엔탈피 변화, $\triangle S$는 엔트로피 변화)

① $\triangle H>0$, $\triangle S<0$

② $\triangle H>0$, $\triangle S>0$

③ $\triangle H<0$, $\triangle S<0$

④ $\triangle H<0$, $\triangle S>0$

18 25℃에서 수산화 알루미늄 [Al(OH)$_3$]의 용해도곱 상수(K_{sp})가 3.0×10^{-34} 이라면 pH 10으로 완충된 용액에서 Al(OH)$_3(s)$의 용해도는 얼마인가?

① 3.0×10^{-22}M

② 3.0×10^{-17}M

③ 1.73×10^{-17}M

④ 3.0×10^{-4}M

ANSWER 17.① 18.①

17 $\triangle G= \triangle H- T\triangle S$

$\triangle G<0$: 자발적인 반응

$\triangle G=0$: 평형상태

$\triangle G>0$: 비자발적인 반응

비자발적인 반응이려면 $\triangle G>0$이어야 하므로, $\triangle H>0$, $\triangle S<0$이어야 한다.

18 이온화될 때 반응식 : $Al(OH)_3 \rightarrow Al^{3+}+3OH^-$

$K_{sp} = [Al^{3+}][OH^-]^3 = 3.0\times10^{-34}$

한편, $pH=-\log[H^+]= 10$에서 $[H^+]= 10^{-10}$

$[H^+][OH^-]= 10^{-14}$이므로 $[OH^-]= 10^{-4}$

이를 K_{sp} 식에 대입하면 $[Al^{3+}]= \dfrac{3.0\times10^{-34}}{(10^{-4})^3}=3.0\times10^{-22}$이고, 이는 Al(OH)$_3$의 용해도와 같다.

(Al(OH)$_3$의 용해도를 s라고 하면 반응식에서 $[Al^{3+}]= s$, $[OH^-]= 3s$이다.)

19 다음 갈바니 전지 반응에 대한 표준자유에너지변화($\triangle G^\circ$)는 얼마인가? (단, $E^\circ(Zn^{2+})=-0.76V$, $E^\circ(Cu^{2+})$
$=0.34V$이고, $F=96,500C/mole^-$, $V=J/C$)

$$Zn(s) + Cu^{2+}(aq) \rightarrow Cu(s) + Zn^{2+}(aq)$$

① $-212.3kJ$

② $-106.2kJ$

③ $-81.1kJ$

④ $-40.5kJ$

20 성층권에서 $CFCl_3$와 같은 클로로플루오로탄소는 다음의 반응들에 의해 오존을 파괴한다. 여기에서 Cl과 ClO의 역할을 올바르게 짝지은 것은?

$$CFCl_3 \rightarrow CFCl_2 + Cl$$
$$Cl + O_3 \rightarrow ClO + O_2$$
$$ClO + O \rightarrow Cl + O_2$$

① (Cl, ClO) = (촉매, 촉매)

② (Cl, ClO) = (촉매, 반응 중간체)

③ (Cl, ClO) = (반응 중간체, 촉매)

④ (Cl, ClO) = (반응 중간체, 반응 중간체)

ANSWER 19.① 20.②

19 위 식에서 주고받는 전자의 수는 2이므로
$\triangle G^\circ = -nFE^\circ$
전자의 표준전위 E° = 환원 전극 − 산화 전극 $= 0.34 - (-0.76) = 1.1V$
표준자유 에너지 변화 $\triangle G^\circ = -2 \times 96,500 \times 1.1 = -212,300J = -212.3kJ$

20 Cl은 반응 전후에 원래대로 남아있는 물질이기 때문에 촉매이고, ClO는 반응물에서 생성물에 이르는 과정에서 생성되는 물질이기 때문에 반응중간체이다.

1 다음 중 산화−환원 반응이 아닌 것은?

① $2Al + 6HCl \longrightarrow 3H_2 + 2AlCl_3$

② $2H_2O \longrightarrow 2H_2 + O_2$

③ $2NaCl + Pb(NO_3)_2 \longrightarrow PbCl_2 + 2NaNO_3$

④ $2NaI + Br_2 \longrightarrow 2NaBr + I_2$

2 주기율표에서 원소들의 주기적 경향성을 설명한 내용으로 옳지 않은 것은?

① Al의 1차 이온화 에너지가 Na의 1차 이온화 에너지보다 크다.

② F의 전자 친화도가 O의 전자 친화도보다 더 큰 음의 값을 갖는다.

③ K의 원자 반지름이 Na의 원자 반지름보다 작다.

④ Cl의 전기음성도가 Br의 전기음성도보다 크다.

ANSWER 1.③ 2.③

1 ③ $2NaCl(aq) + Pb(NO_3)_2(aq) \longrightarrow PbCl_2(s) + 2NaNO_3(aq)$

완전이온 반응식을 구하면

$2Na^+(aq) + 2Cl^-(aq) + Pb^{2+}(aq) + 2NO_3^-(aq) \longrightarrow PbCl_2(s) + 2Na^+(aq) + 2NO_3^-(aq)$

구경꾼 이온을 제거하면 $2Cl^-(aq) + Pb^{2+}(aq) \longrightarrow PbCl_2(s)$

알짜이온반응식을 구하면 $Pb^{2+}(aq) + 2Cl^- \longrightarrow PbCl_2(s)$

산화수의 변화가 없으므로 산화−환원 반응이 아니다.

2 같은 족 원소는 원자번호가 증가할수록 전자껍질수가 증가하므로 원자반지름이 커진다.

K : 1족 원소, 원자번호 19

Na : 1족 원소, 원자번호 11

→ K의 원자 반지름 > Na의 원자 반지름

3 온도와 부피가 일정한 상태의 밀폐된 용기에 15.0mol의 O_2와 25.0mol의 He가 들어있다. 이 때, 전체 압력은 8.0atm이었다. O_2 기체의 부분 압력[atm]은? (단, 용기에는 두 기체만 들어 있고, 서로 반응하지 않는 이상 기체라고 가정한다)

① 3.0   ② 4.0
③ 5.0   ④ 8.0

4 Al과 Br_2로부터 Al_2Br_6가 생성되는 반응에서, 4mol의 Al과 8mol의 Br_2로부터 얻어지는 Al_2Br_6의 최대 몰수는? (단, Al_2Br_6가 유일한 생성물이다)

① 1   ② 2
③ 3   ④ 4

5 이온 결합과 공유 결합에 대한 설명으로 옳지 <u>않은</u> 것은?

① 격자 에너지는 이온 화합물이 생성되는 여러 단계의 에너지를 서로 곱하여 계산한다.
② 이온의 공간 배열이 같을 때, 격자 에너지는 이온 반지름이 감소할수록 증가한다.
③ 공유 결합의 세기는 결합 엔탈피로부터 측정할 수 있다.
④ 공유 결합에서 두 원자 간 결합수가 증가함에 따라 두 원자 간 평균 결합 길이는 감소한다.

ANSWER 3.① 4.② 5.①

3 각각의 몰분율에 전체 압력을 곱한 것이 부분 압력이다.

O_2의 몰분율을 구하면 $\dfrac{15}{15+25}=\dfrac{3}{8}$

O_2의 부분 압력을 구하면 $\dfrac{3}{8}\times 8.0=3.0\mathrm{atm}$

4

반응식	2Al	+ 3Br$_2$	→ Al$_2$Br$_6$
초기 몰수	4mol	8mol	
반응 몰수	4mol	6mol	2mol
남은 몰수	0mol	2mol	2mol

얻어지는 Al_2Br_6의 최대 몰수는 2mol이다.

5 ① 격자 에너지는 이온 화합물이 생성되는 여러 단계의 에너지를 서로 더해서 계산한다.

6 0.100M의 NaOH 수용액 24.4mL를 중화하는 데 H_2SO_4 수용액 20.0mL를 사용하였다. 이 때, 사용한 H_2SO_4 수용액의 몰 농도[M]는?

$$2\text{NaOH}(aq) + \text{H}_2\text{SO}_4(aq) \longrightarrow \text{Na}_2\text{SO}_4(aq) + 2\text{H}_2\text{O}(l)$$

① 0.0410

② 0.0610

③ 0.122

④ 0.244

7 다음 반응은 500℃에서 평형 상수 K = 48이다.

$$\text{H}_2(g) + \text{I}_2(g) \rightleftarrows 2\text{HI}(g)$$

같은 온도에서 10L 용기에 H_2 0.01mol, I_2 0.03mol, HI 0.02mol로 반응을 시작하였다. 이 때, 반응 지수 Q의 값과 평형을 이루기 위한 반응의 진행 방향으로 옳은 것은?

① Q = 1.3, 왼쪽에서 오른쪽

② Q = 13, 왼쪽에서 오른쪽

③ Q = 1.3, 오른쪽에서 왼쪽

④ Q = 13, 오른쪽에서 왼쪽

ANSWER 6.② 7.①

6 $NV = N'V'$

$0.1 \times 24.4 = \text{H}_2\text{SO}_4 \times 20$

$\text{H}_2\text{SO}_4 = \dfrac{0.1 \times 24.4}{20} = 0.122$

황산의 산화수가 2이므로 2로 나누어 주어야 한다.

$\dfrac{0.122}{2} = 0.061$

7 $Q = \dfrac{[\text{HI}]^2}{[\text{H}_2][\text{I}_2]} = \dfrac{(0.02)^2}{0.01 \times 0.03} = 1.33 \fallingdotseq 1.3$

K = 48이므로 $K > Q$(정반응 우세)

∴ 왼쪽에서 오른쪽으로 정반응이 진행된다.

8 다음 알코올 중 산화 반응이 일어날 수 없는 것은?

①

$$H-\overset{\overset{\displaystyle OH}{|}}{\underset{\underset{\displaystyle H}{|}}{C}}-CH_3$$

②

$$H_3C-\overset{\overset{\displaystyle OH}{|}}{\underset{\underset{\displaystyle H}{|}}{C}}-CH_3$$

③

$$H_3C-\overset{\overset{\displaystyle OH}{|}}{\underset{\underset{\displaystyle H}{|}}{C}}-OH$$

④

$$H_3C-\overset{\overset{\displaystyle OH}{|}}{\underset{\underset{\displaystyle CH_3}{|}}{C}}-CH_3$$

9 다음은 어떤 갈바니 전지(또는 볼타 전지)를 표준 전지 표시법으로 나타낸 것이다. 이에 대한 설명으로 옳은 것은?

$$Zn(s) \mid Zn^{2+}(aq) \parallel Cu^{2+}(aq) \mid Cu(s)$$

① 단일 수직선(|)은 염다리를 나타낸다.

② 이중 수직선(∥) 왼쪽이 환원 전극 반쪽 전지이다.

③ 전지에서 Cu^{2+}는 전극에서 Cu로 환원된다.

④ 전자는 외부 회로를 통해 환원 전극에서 산화 전극으로 흐른다.

....

ANSWER 8.④ 9.③

8 3차 알코올은 더 이상 산화 반응이 일어날 수 없다.
　① 1차 알코올은 한 번 산화하면 알데하이드, 두 번 산화하면 카복실산이 된다.
　② 2차 알코올은 산화하면 케톤이 된다.

9 전지에서 $Cu^{2+} + 2e^- \rightarrow Cu$(환원, 질량 증가)
　① 이중 수직선(∥)이 염다리를 나타낸다.
　② 이중 수직선(∥) 왼쪽이 산화 전극, 오른쪽이 환원 전극이다.
　④ 전자는 산화 전극에서 환원 전극으로 흐른다.

10 다음은 25℃, 수용액 상태에서 산의 세기를 비교한 것이다. 옳은 것만을 모두 고른 것은?

㉠ $H_2O < H_2S$	㉡ $HI < HCl$
㉢ $CH_3COOH < CCl_3COOH$	㉣ $HBrO < HClO$

① ㉠㉡   ② ㉢㉣

③ ㉠㉢㉣   ④ ㉡㉢㉣

11 화석 연료는 주로 탄화수소(C_nH_{2n+2})로 이루어지며, 소량의 황, 질소 화합물을 포함하고 있다. 화석 연료를 연소하여 에너지를 얻을 때, 연소 반응의 생성물 중에서 산성비 또는 스모그의 주된 원인이 되는 물질이 아닌 것은?

① CO_2 ② SO_2

③ NO ④ NO_2

12 메테인(CH_4)과 에텐(C_2H_4)에 대한 설명으로 옳은 것은?

① ∠H-C-H의 결합각은 메테인이 에텐보다 크다.

② 메테인의 탄소는 sp^2혼성을 한다.

③ 메테인 분자는 극성 분자이다.

④ 에텐은 Br_2와 첨가 반응을 할 수 있다.

13 다음 원자들에 대한 설명으로 옳은 것은?

		원자 번호	양성자 수	전자 수	중성자 수	질량수
①	$^{3}_{1}H$	1	1	2	2	3
②	$^{13}_{6}C$	6	6	6	7	13
③	$^{17}_{8}O$	8	8	8	8	16
④	$^{15}_{7}N$	7	7	8	8	15

ANSWER 12.④   13.②

12   ① 메테인은 정사면체 구조(109.5도), 에텐은 평면구조(120도)를 갖는다.
② 메테인의 탄소는 단일결합으로 sp^3 혼성구조를 갖는다.
③ 메테인 분자는 무극성 분자이다.

13

	원자번호	양성자수	전자수	중성자수	질량수
$^{3}_{1}H$	1	1	1	2	3
$^{13}_{6}C$	6	6	6	7	13
$^{17}_{8}O$	8	8	8	9	17
$^{15}_{7}N$	7	7	7	8	15

14 다음 화학 반응식을 균형 맞춘 화학 반응식으로 만들었을 때, 얻어지는 계수 a, b, c, d의 합은? (단, a, b, c, d는 최소 정수비를 가진다)

$$a\text{C}_8\text{H}_{18}(l) + b\text{O}_2(g) \longrightarrow c\text{CO}_2(g) + d\text{H}_2\text{O}(g)$$

① 60
② 61
③ 62
④ 63

15 다음은 중성 원자 A~D의 전자 배치를 나타낸 것이다. A~D에 대한 설명으로 옳은 것은? (단, A~D는 임의의 원소 기호이다)

A : $1s^2 3s^1$

B : $1s^2 2s^2 2p^3$

C : $1s^2 2s^2 2p^6 3s^1$

D : $1s^2 2s^2 2p^6 3s^2 3p^4$

① A는 바닥상태의 전자 배치를 가지고 있다.
② B의 원자가 전자 수는 4개이다.
③ C의 홀전자 수는 D의 홀전자 수보다 많다.
④ C의 가장 안정한 형태의 이온은 C^+이다.

ANSWER 14.② 15.④

14 C에 대해 식을 세우면 $8a = c$

H에 대해서 식을 세우면 $18a = 2d$ ∴ $9a = d$

O에 대해서 식을 세우면 $2b = 2c + d = 16a + 9a = 25a$ ∴ $b = \dfrac{25}{2}a$

∴ $\text{C}_8\text{H}_{18} + \dfrac{25}{2}\text{O}_2 \longrightarrow 8\text{CO}_2 + 9\text{H}_2\text{O}$, 간단한 정수비로 고치면 $2\text{C}_8\text{H}_{18} + 25\text{O}_2 \longrightarrow 16\text{CO}_2 + 18\text{H}_2\text{O}$

∴ $a + b + c + d = 2 + 25 + 16 + 18 = 61$

15 ① A는 들뜬 상태의 전자 배치를 가지고 있다.
② B의 원자가 전자 수=5
③ C의 홀전자 수=1, D의 홀전자 수=2

16 0.100M CH_3COOH($K_a = 1.80 \times 10^{-5}$) 수용액 20.0mL에 0.100M NaOH 수용액 10.0mL를 첨가한 후, 용액의 pH를 구하면? (단, $\log 1.80 = 0.255$ 이다)

① 2.875

② 4.745

③ 5.295

④ 7.875

17 다음은 오존(O_3)층 파괴의 주범으로 의심되는 프레온-12(CCl_2F_2)와 관련된 화학 반응의 일부이다. 이에 대한 설명으로 옳지 않은 것은?

> (가) $CCl_2F_2(g) + h\nu \longrightarrow CClF_2(g) + Cl(g)$
>
> (나) $Cl(g) + O_3(g) \longrightarrow ClO(g) + O_2(g)$
>
> (다) $O(g) + ClO(g) \longrightarrow Cl(g) + O_2(g)$

① (가) 반응을 통해 탄소(C)는 환원되었다.

② (나) 반응에서 생성되는 ClO에는 홀전자가 있다.

③ 오존(O_3) 분자 구조내의 π 결합은 비편재화되어 있다.

④ 오존(O_3) 분자 구조내의 결합각 $\angle O\text{-}O\text{-}O$은 $180°$이다.

ANSWER 16.② 17.④

16 약산-강염기의 적정에서

$$pH = pK_a + \log\frac{[염기]}{[산]} = -\log K_a + \log\frac{[CH_3COO^-]}{[CH_3COOH]}$$

CH_3COOH 10mL가 NaOH 10mL와 반응하고, 남은 CH_3COOH의 부피도 10mL로 동일하기 때문에 $[CH_3COO^-]=[CH_3COOH]$이다.

$$\therefore\ pH = -pK_a + \log\frac{A^-}{HA} = -\log(1.80 \times 10^{-5}) + \log\frac{1}{1} = 4.745 + 0 = 4.745$$

17 ④ 오존은 산소 분자에 산소 원자 하나가 배위결합을 한 것으로 비공유전자쌍이 존재한다. 두 원자와 중심원자인 산소가 결합하고 있어 $120°$로 벌어져 있다.

18 몰질량이 56g/mol인 금속 M 112g을 산화시켜 실험식이 M_xO_y인 산화물 160g을 얻었을 때, 미지수 x, y를 각각 구하면? (단, O의 몰질량은 16g/mol이다)

① $x=2$, $y=3$

② $x=3$, $y=2$

③ $x=1$, $y=5$

④ $x=1$, $y=2$

19 H_2와 ICl이 기체상에서 반응하여 I_2와 HCl을 만든다.

$$H_2(g) + 2ICl(g) \longrightarrow I_2(g) + 2HCl(g)$$

이 반응은 다음과 같이 두 단계 메커니즘으로 일어난다.

단계 1 : $H_2(g) + ICl(g) \longrightarrow HI(g) + HCl(g)$ (속도 결정 단계)
단계 2 : $HI(g) + ICl(g) \longrightarrow I_2(g) + HCl(g)$ (빠름)

전체 반응에 대한 속도 법칙으로 옳은 것은?

① 속도 $= k[\mathrm{H_2}][\mathrm{ICl}]^2$

② 속도 $= k[\mathrm{HI}][\mathrm{ICl}]^2$

③ 속도 $= k[\mathrm{H_2}][\mathrm{ICl}]$

④ 속도 $= k[\mathrm{HI}][\mathrm{ICl}]$

ANSWER 18.① 19.③

18 M의 몰수$= \dfrac{112}{56} = 2\,\mathrm{mol}$

산화되면서 더해진 질량$= 160 - 112 = 48g \longrightarrow$ 더해진 산소원자의 질량

더해진 산소원자의 몰수$= \dfrac{48}{16} = 3\,\mathrm{mol}$

$\therefore x = 2,\ y = 3$

19 전체반응의 속도는 속도결정단계의 반응물 농도에 의해서 결정된다.

$H_2 + ICl \longrightarrow HI + HCl$

속도 $= k[\mathrm{H_2}][\mathrm{ICl}]$

20 다음 화합물들에 대한 설명으로 옳은 것은?

$$\text{(가) 알라닌} \qquad \text{(나) 데옥시라이보오스} \qquad \text{(다) 사이토신}$$

① (가)는 뉴클레오타이드를 구성하는 기본 단위이다.

② (가)는 브뢴스테드–로우리 산과 염기로 모두 작용할 수 있다.

③ (나)는 단백질을 구성하는 기본 단위이다.

④ 데옥시라이보핵산(DNA)에서 (다)는 인산과 직접 연결되어 있다.

20 ② (가) 알라닌은 H와 COOH기를 모두 가지고 있기 때문에 브뢴스테드–로우리 산과 염기로 모두 작용할 수 있다.

   ① 뉴클레오타이드 = 염기 + 5탄당 + 인산

   ③ 데옥시라이보오스는 DNA를 구성하는 기본 물질

   ④ DNA에서는 아데닌–티민, 사이토신–구아닌이 직접 연결되어 있다.

1 다음 반응식에서 BC 용액의 농도는 0.200M이고 용액의 부피는 250mL이다. 용액이 100% 반응하는 동안 0.6078g의 A가 반응했다면 A의 물질량은?

$$A(s) + 2BC(aq) \rightarrow A^{2+}(aq) + 2C^{-}(aq) + B_2(g)$$

① 12.156g/mol

② 24.312g/mol

③ 36.468g/mol

④ 48.624g/mol

2 돌턴(Dalton)의 원자론에 대한 설명으로 옳지 않은 것은?

① 각 원소는 원자라고 하는 작은 입자로 이루어져 있다.

② 원자는 양성자, 중성자, 전자로 구성된다.

③ 같은 원소의 원자는 같은 질량을 가진다.

④ 화합물은 서로 다른 원소의 원자들이 결합함으로써 형성된다.

ANSWER 1.②　2.②

1　BC의 몰수 $= 0.200 \times 0.25 = 0.05\,\mathrm{mol}$

반응한 A의 몰수 $= 0.05 \times \dfrac{1}{2} = 0.025\,\mathrm{mol}$

$\therefore$ A의 몰질량 $= \dfrac{0.6078}{0.025} = 24.312\mathrm{g/mol}$

2　돌턴의 원자론 … 모든 물질은 원자라는 더 이상 쪼갤 수 없는 작은 입자들로 구성되어 있다.

3 96g의 구리가 20℃에서 7.2kJ의 에너지를 흡수할 때, 구리의 최종 온도는? (단, 구리의 비열은 0.385J/g·K이고, 온도에 따른 비열 변화는 무시하며, 최종 온도는 소수점 첫째 자리에서 반올림한다.)

① 195K

② 215K

③ 468K

④ 488K

4 다음 물질을 끓는점이 높은 순서대로 옳게 나열한 것은?

$$NH_3, \ He, \ H_2O, \ HF$$

① $HF > H_2O > NH_3 > He$

② $HF > NH_3 > H_2O > He$

③ $H_2O > NH_3 > He > HF$

④ $H_2O > HF > NH_3 > He$

....

ANSWER 3.④ 4.④

3 $Q = cm\triangle T$

$\triangle T = \dfrac{Q}{c \times m} = \dfrac{7.2 \times 10^3}{0.385 \times 96} = 195\,\mathrm{K}$

$\therefore \ T_2 = T_1 + 195 = (20 + 273) + 195 = 488\,\mathrm{K}$

4 수소결합은 쌍극자–쌍극자 힘이며, 이 힘이 가장 크면 끓는점이 가장 높다.
H_2O는 수소결합에 참여할 수 있는 전자쌍 2개와 수소 원자 2개가 존재하므로 한 분자당 동시에 2개의 수소결합이 가능하다. HF 는 개별결합의 수소결합의 세기는 가장 강하지만 분자 전체적인 수소결합의 세기는 H_2O가 가장 강하다.

5 다음 구조식의 탄소화합물을 IUPAC 명명법에 따라 올바르게 명명한 것은?

$$CH_3 - CH - CH_2 - CH - CH_2 - CH_3$$

with substituents CH_3 and CH_2CH_3

① 4-에틸-2-메틸헥세인(4-ethyl-2-methylhexane)

② 2-메틸-4-에틸헥세인(2-methyl-4-ethylhexane)

③ 3-에틸-5-메틸헥세인(3-ethyl-5-methylhexane)

② 5-메틸-3-에틸헥세인(5-methyl-3-ethylhexane)

6 0.5mol/L의 KOH 수용액을 만들기 위해 KOH 15.4g을 사용했다면 이때 사용한 물의 양은? (단, KOH 의 화학식량은 56g이며 사용된 KOH의 부피는 무시한다.)

① 0.55L

② 0.64L

③ 0.86L

④ 1.10L

ANSWER 5.① 6.①

5 ㉠ 가장 긴 탄소사슬의 탄소수에 따른 모체명을 붙인다. → 가장 긴 탄소사슬의 탄소가 6개이므로 모체명은 헥세인(hexane)이다.
㉡ 치환기가 두 개 이상일 경우, 처음 나타나는 치환기가 더 낮은 번호가 되도록 각 탄소원자에 번호를 부여한다. 왼쪽에서부 터 치환기에 번호를 매기면 2, 4번 탄소, 오른쪽에서부터 매기면 3, 5번 탄소에 치환기가 존재하게 되므로 번호가 낮은 왼 쪽부터 번호를 매긴다. → 따라서 2번 탄소에 메틸기가, 4번 탄소에 에틸기가 달려있다.
㉢ 치환기의 알파벳 순서대로 이름을 매긴다. → 에틸기(e)가 메틸기(m)보다 알파벳 순서가 먼저이므로 이름은 '4-에틸-2-메 틸헥세인'이다.

$$CH_3 - CH - CH_2 - CH - CH_2 - CH_3$$
$$\quad 1 \quad\;\; 2 \quad\;\; 3 \quad\;\; 4 \quad\;\; 5 \quad\;\; 6$$

with substituents CH_3 and CH_2CH_3

6 KOH의 몰수 $= \dfrac{15.4g}{56g/mol} = 0.275mol$

물 부피 $= \dfrac{\text{KOH 몰수(mol)}}{\text{KOH 농도(mol/L)}} = \dfrac{0.275mol}{0.5mol/L} = 0.55L$

7 주기율표에서 원소의 주기성에 대한 설명으로 옳지 않은 것은? (단, 원자번호는 Li=3, C=6, O=8, Na=11, Al=13, K=19, Rb=37이다.)

① Na은 Al보다 원자 반지름이 크다.
② Li은 K보다 원자 반지름이 작다.
③ C는 O보다 일차 이온화에너지가 크다.
④ K은 Rb보다 일차 이온화에너지가 크다.

8 다음 그림과 같이 높이는 같지만 서로 다른 양의 물이 담긴 3개의 원통형 용기가 있다. 3번 용기 반지름은 2번 용기 반지름의 2배이고, 1번 용기 반지름은 2번 용기 반지름의 3배이다. 3개 용기 바닥의 압력에 관한 내용으로 옳은 것은?

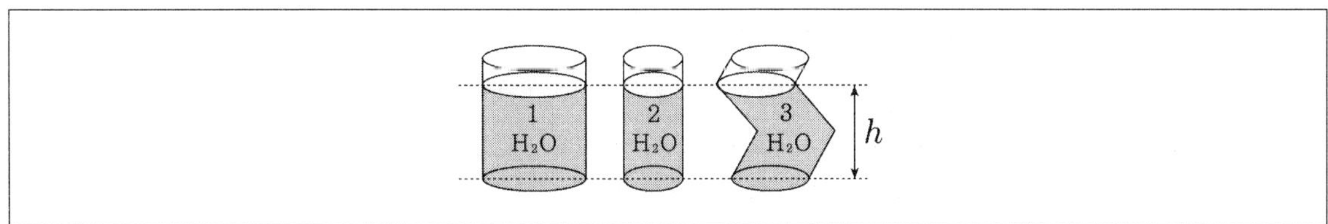

① 1번 용기 바닥 압력이 가장 높다.
② 2번 용기 바닥 압력이 가장 높다.
③ 3번 용기 바닥 압력이 가장 높다.
④ 3개 용기 바닥 압력이 동일하다.

<hr>

ANSWER 7.③ 8.④

7 같은 주기에서 원자번호가 클수록 일차 이온화 에너지가 커진다.
탄소원자 C : 2주기, 원자번호 6 / 산소원자 O : 2주기, 원자번호 8

8 유체의 압력 공식은 $P = \rho g h$ 이다.
㉠ ρ = 물의 밀도 → 일정
㉡ g = 중력 상수 → 일정
㉢ h = 담긴 물의 높이 → 세 경우 모두 동일
따라서 3개 용기 바닥 압력이 모두 동일하다.

9 원자로에서 우라늄$\left(^{235}_{92}\mathrm{U}\right)$은 붕괴를 통해 바륨$\left(^{141}_{56}\mathrm{Ba}\right)$과 크립톤$\left(^{92}_{36}\mathrm{Kr}\right)$ 원소가 생성되며, 이 반응을 촉발하기 위해서 중성자 1개가 우라늄에 충돌한다. 반응의 결과물로 생성되는 중성자의 개수는?

① 1개   ② 2개

③ 3개   ④ 4개

10 다음은 금속나트륨이 염소기체와 반응하여 고체상태의 염화나트륨을 생성하는 반응이다.

$$Na(s) + \frac{1}{2}Cl_2(g) \rightarrow NaCl(s)$$

이 반응의 전체 에너지 변화$(\triangle E)$는?

> $Na(s)$의 승화에너지$(Na(s) \rightarrow Na(g)) = 110\mathrm{kJ/mol}$
> $Cl_2(g)$의 결합 해리에너지$(Cl_2(g) \rightarrow 2Cl(g)) = 240\mathrm{kJ/mol}$
> $Na(g)$의 이온화에너지$(Na(g) \rightarrow Na^+(g)+e^-) = 500\mathrm{kJ/mol}$
> $Cl(g)$의 전자친화도$(Cl(g)+e^- \rightarrow Cl^-(g)) = -350\mathrm{kJ/mol}$
> $NaCl(s)$의 격자에너지$(Na^+(g)+Cl^-(g) \rightarrow NaCl(s)) = -790\mathrm{kJ/mol}$

① $-410\mathrm{kJ/mol}$ ② $-290\mathrm{kJ/mol}$

③ $290\mathrm{kJ/mol}$ ④ $410\mathrm{kJ/mol}$

ANSWER 9.③   10.①

9 중성자 수에 대한 식을 세우면

$(235-92)+1 = (141-56)+(92-36)+x$

$\therefore x = 3$

※ 중성자 1개가 원소기호 $_{92}$U(우라늄)과 결합되면 불안정한 원자는 안정 상태로 되기 위해 원자 2개 즉 크립톤과 바륨으로 쪼개진다. $_{36}$크립톤(Kr)과 $_{56}$바륨(Ba) + 중성자 3개를 배출하면서 굉장한 에너지를 방출한다. 이 중성자 3개가 다른 우라늄을 분열시키고 각각의 중성자 하나가 또 다른 원자 3개를 분열시켜 짧은 시간에 엄청 많은 우라늄 원자가 분열되면서 폭발적인 에너지를 낸다.

10 $\triangle E = 110 + 500 + \frac{1}{2} \times 240 + (-350) + (-790) = -410\mathrm{kJ/mol}$

11 SO_2 분자의 루이스 구조가 다음과 같은 형태로 되어 있을 때, 각 원자의 형식전하를 모두 더한 값은?

① -2

② -1

③ 0

④ 1

12 이산화질소와 일산화탄소의 반응 메커니즘은 다음의 두 단계를 거친다. 이에 대한 설명으로 옳지 않은 것은? (단, 단계별 반응 속도상수는 $k_1 \ll k_2$의 관계를 가진다.)

$$1단계 : NO_2(g) + NO_2(g) \xrightarrow{k_1} NO_3(g) + NO(g)$$

$$2단계 : NO_3(g) + CO(g) \xrightarrow{k_2} NO_2(g) + CO_2(g)$$

① 반응 중간체는 $NO_3(g)$이다.

② 반응속도 결정단계는 1단계 반응이다.

③ 1단계 반응은 일분자 반응이고, 2단계 반응은 이분자 반응이다.

④ 전체반응의 속도식은 $k_1[NO_2]^2$이다.

....

ANSWER 11.③ 12.③

11 중성분자에서 각 원자의 형식전하의 합은 0이다.
형식전하의 전체 합은 그 분자의 산화수와 같다.

12 일분자 반응은 반응속도가 단일 반응물의 1차 반응으로 표시되는 반응으로 분자의 해리나 이성질화 반응 등이 있다.
이분자 반응은 반응 과정에서 두 분자가 관여하는 가장 일반적인 반응이다.
따라서 1, 2단계 반응 모두 이분자 반응이다.

13 옥사이드 이온(O^{2-})과 메탄올(CH_3OH) 사이의 반응은 다음과 같다. 브뢴스테드-로리 이론(Brønsted-Lowry theory)에 따른 산과 염기로 옳은 것은?

$$O^{2-} + CH_3OH \rightleftarrows CH_3O^- + OH^-$$

① 산 : O^{2-}, OH^-, 염기 : CH_3OH, CH_3O^-
② 산 : CH_3OH, OH^-, 염기 : O^{2-}, CH_3O^-
③ 산 : O^{2-}, CH_3O^-, 염기 : CH_3OH, OH^-
④ 산 : CH_3OH, CH_3O^-, 염기 : O^{2-}, OH^-

14 어떤 전이금속 이온의 5개 d 전자궤도함수는 동일한 에너지 준위를 이루고 있다. 이 전이금속 이온이 4개의 동일한 음이온 배위를 받아 정사면체 착화합물을 형성할 때 나타나는 에너지 준위 도표로 옳은 것은?

①
$$\underline{d_{xy}} \quad \underline{d_{yz}} \quad \underline{d_{zx}}$$
$$\underline{d_{x^2-y^2}} \quad \underline{d_{z^2}}$$

②
$$\underline{d_{z^2}} \quad \underline{d_{yz}} \quad \underline{d_{zx}}$$
$$\underline{d_{x^2-y^2}} \quad \underline{d_{xy}}$$

③
$$\underline{d_{x^2-y^2}} \quad \underline{d_{z^2}}$$
$$\underline{d_{xy}} \quad \underline{d_{yz}} \quad \underline{d_{zx}}$$

④
$$\underline{d_{x^2-y^2}} \quad \underline{d_{xy}}$$
$$\underline{d_{z^2}} \quad \underline{d_{yz}} \quad \underline{d_{zx}}$$

ANSWER 13.② 14.①

13 브뢴스테드-로리 이론 ··· 산은 H^+를 내놓는 물질, 염기는 H^+를 받는 물질
H^+가 붙어 있으면 산, H^+가 떨어졌으면 짝염기이다.

14 결정장 이론(Crystal field theory) ··· 금속 리간드 결합 이온의 기술에 기반한 이론으로 전자의 구조, 시각적 형상화, 배위 화합물의 자기적 성질에 대한 간단하고 실용적인 모델을 제공한다.

사면체 :
$$\underline{d_{xy}} \quad \underline{d_{yz}} \quad \underline{d_{zx}}$$
$$\underline{d_{x^2-y^2}} \quad \underline{d_{z^2}}$$

팔면체 :
$$\underline{d_{x^2-y^2}} \quad \underline{d_{z^2}}$$
$$\underline{d_{xy}} \quad \underline{d_{yz}} \quad \underline{d_{zx}}$$

15 n−형 반도체는 실리콘에 일정량의 불순물 원자를 첨가하는 도핑(doping) 과정을 통해 제조할 수 있다. 다음 중 n−형 반도체를 제조하기 위해 사용되기 어려운 원소는 무엇인가?

① $_{15}P$

② $_{33}As$

③ $_{49}In$

④ $_{51}Sb$

16 일정한 압력에서 일어나는 어느 반응에 대해 온도에 따른 Gibbs 자유에너지 변화($\triangle G$)는 다음과 같다. 이 그림에 대한 설명으로 옳지 않은 것은?

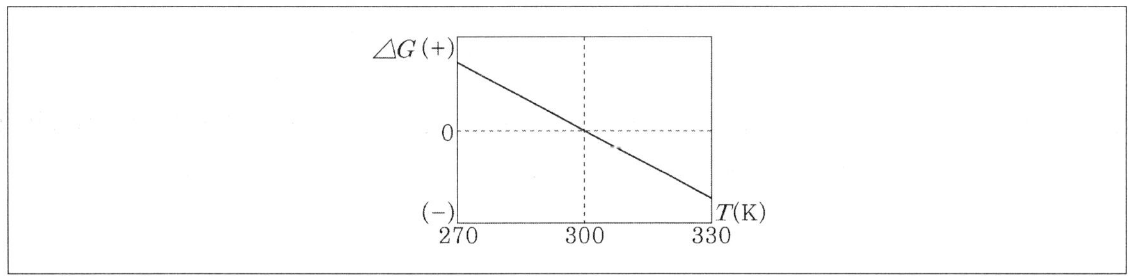

① 엔트로피 변화($\triangle S$)는 양수이다.

② 이 계는 300K에서 평형상태에 있다.

③ 이 반응은 온도가 300K보다 높을 때 자발적으로 일어난다.

④ 이 반응의 엔탈피 변화($\triangle H$)는 음수이다.

15 반도체는 4개의 최외각 전자가 결합을 이루어 만들어지므로 15족은 최외각 전자가 5개이므로 전자 1개가 남아 negative이므로 n−형 반도체이고, 13족은 최외각 전자가 1군데 비어 positive이므로 p−형 반도체이다.

16 열역학에서 상태함수에 대한 관계식은 다음과 같다.

$dU = -PdV + TdS, \ dH = VdP + TdS$

$dA = -PdV - SdT, \ dG = VdP - SdT$

일정한 압력 : $dP = 0$

$\therefore dG = 0 - SdT$

그래프에서 기울기 $= \dfrac{dG_2 - dG_1}{dT} = \dfrac{-S_2 dT + S_1 dT}{dT} = -(S_2 - S_1) = -\triangle S < 0$ 이므로 $\triangle S > 0$

$\therefore dH = VdP + TdS = 0 + TdS > 0$ 이므로 $\triangle H > 0$

17 $25^\circ C$의 물에서 $Cd(OH)_2(s)$의 용해도를 S라고 할 때, $Cd(OH)_2(s)$의 용해도곱 상수(solubility product constant, K_{sp})로 옳은 것은?

① $2S^2$

② S^3

③ $2S^3$

④ $4S^3$

18 양성자 교환막 연료 전지는 수소기체와 산소기체가 만나 물을 얻는 반응을 이용하여 전기를 생산한다. 이때 산화 전극에서 일어나는 반쪽 반응은 다음과 같다.

$$2H_2(g) \longrightarrow 4H^+(aq) + 4e^-$$

다음 중 환원전극에서 일어나는 반쪽 반응으로 옳은 것은?

① $O_2(g) + 4H^+(aq) + 4e^- \longrightarrow 2H_2O(l)$

② $O_2(g) + 2H_2(g) \longrightarrow 2H_2O(l)$

③ $H^+(aq) + OH^-(aq) \longrightarrow H_2O(l)$

④ $2H_2O(l) \longrightarrow 4H^+(aq) + 4e^- + O_2(g)$

ANSWER 17.④ 18.①

17 $Cd(OH)_2 \longrightarrow Cd^{2+} + 2OH^-$

$K_{sp} = [Cd^{2+}][OH^-]^2 = S \times (2S)^2 = 4S^3$

18 환원전극에서는 산소가 환원되어야 하므로, 산소가 반응물질이면서 전자가 반응물질인 것을 찾으면 된다.

환원전극 : $O_2(g) + 4H^+ + 4e^- \longrightarrow 2H_2O(l)$

19 일산화탄소, 수소 및 메탄올의 혼합물이 평형상태에 있을 경우, 화학 반응식은 다음과 같다.

$$CO(g) + 2H_2(g) \rightleftarrows CH_3OH(g)$$

이때 혼합물의 조성이 CO 56g, H_2 5g, CH_3OH 64g이라고 할 때 평형상수(K_c)의 값은? (단, 분자량은 CO = 28g, H_2 = 2g, CH_3OH = 32g이다.)

① 0.046

② 0.16

③ 0.23

④ 0.40

20 $6 \times 10^{-3}M$ H_3O^+이온을 함유한 아세트산 수용액의 pH는? (단, log2 = 0.301, log3 = 0.477이며, 소수점 셋째 자리에서 반올림한다.)

① 2.22

② 2.33

③ 4.67

④ 4.78

ANSWER 19.② 20.①

19
$$K_c = \frac{[CH_3OH]}{[CO][H_2]^2} = \frac{64/32}{(56/28)(5/2)^2} = 0.16$$

20 $\mathrm{pH} = -\log[H^+] = -\log(6 \times 10^{-3}) = 3 - \log 6 = 3 - (\log 2 + \log 3) \fallingdotseq 2.22$

1 산소와 헬륨으로 이루어진 가스통을 가진 잠수부가 바다 속 60m에서 잠수중이다. 이 깊이에서 가스통에 들어 있는 산소의 부분 압력이 1,140mmHg일 때, 헬륨의 부분 압력[atm]은? (단, 이 깊이에서 가스통의 내부 압력은 7.0atm이다)

① 5.0

② 5.5

③ 6.0

④ 6.5

2 다음 각 원소들이 아래와 같은 원자 구성을 가지고 있을 때, 동위원소는?

$^{410}_{186}A$	$^{410}_{183}X$	$^{412}_{186}Y$	$^{412}_{185}Z$

① A, Y

② A, Z

③ X, Y

④ X, Z

ANSWER 1.② 2.①

1 산소와 헬륨으로 이루어진 가스통의 산소의 부분 압력이 1,140mmHg

가스통의 내부 압력은 7.0atm

헬륨의 부분 압력은 산소의 부분 압력의 합과 더해서 7atm이 되면 된다.

산소의 부분압력 1,140mmHg를 atm으로 단위 변환을 하면

1기압이 760mmHg이므로 $\dfrac{1,140}{760} = 1.5\text{atm}$

$7 - 1.5 = 5.5\text{atm}$

2 원자 번호(atomic number, Z)는 같지만, 질량수(mass number, A)가 다른 원자를 의미하는 동위원소는 같은 수의 양성자(proton)를 갖지만, 중성자(neutron)의 수가 다른 원소로도 해석이 가능하다.

A와 Y는 186으로 양성자 수가 같으나 중성자 수가 다르므로 동위원소이다.

3 다음 평형 반응식의 평형 상수 K값의 크기를 순서대로 바르게 나열한 것은?

> ㉠ $H_3PO_4(aq) + H_2O(l) \rightleftarrows H_3PO_4^-(aq) + H_2O^+(aq)$
>
> ㉡ $H_2PO_4^-(aq) + H_2O(l) \rightleftarrows HPO_4^{2-}(aq) + H_3O^+(aq)$
>
> ㉢ $HPO_4^{2-}(aq) + H_2O(l) \rightleftarrows PO_4^{3-}(aq) + H_3O^+(aq)$

① ㉠ > ㉡ > ㉢

② ㉠ = ㉡ = ㉢

③ ㉡ > ㉢ > ㉠

④ ㉢ > ㉡ > ㉠

ANSWER 3.①

3 단계별로 이온화되는 다양성자성 산의 평형상수 값의 크기는 $Ka_1 > Ka_2 > Ka_3$

H_3PO_4의 평형상수

1단계 이온화 : $H_3PO_4(aq) \rightleftarrows H^+(aq) + H_2PO_4^-(aq) \rightarrow Ka_1 = 7.5 \times 10^{-3}$

2단계 이온화 : $H_2PO_4^-(aq) \rightleftarrows H^+(aq) + HPO_4^{2-}(aq) \rightarrow Ka_2 = 6.2 \times 10^{-8}$

3단계 이온화 : $HPO_4^{2-}(aq) \rightleftarrows H^+(aq) + PO_4^{3-}(aq) \rightarrow Ka_3 = 4.6 \times 10^{-13}$

무조건 $Ka_1 > Ka_2 > Ka_3$가 되는 이유는 1단계 이온화는 중성분자인 H_3PO_4에서 양전하를 가진 H^+ 이온이 떨어져 나가는 것이고, 2단계 이온화는 -1가의 음전하를 가진 $H_2PO_4^-$에서 양전하를 가진 H^+ 이온이 떨어져 나는 것이다. 3단계 이온화는 -2가의 음전하를 가진 HPO_4^{2-}에서 양전하를 가진 H^+ 이온이 떨어져 나가는 것이다.

즉, 1단계 이온화는 중성 분자에서 양이온을 하나 떼어내는 것이며, 2단계 이온화는 -1가 음이온에서 양이온을 하나 떼어내는 것이고 3단계 이온화는 -2가 음이온에서 양이온을 하나 떼어내는 것이다. 1단계 이온화는 중성분자와 양이온 사이에는 정전기력 인력이 없다는 것이고, 2단계 이온화는 1가 음이온과 1가 양이온 사이에는 정전기적 인력이 작용하고 이 때문에 2단계가 1단계보다 덜 이온화 되는 것이다. 3단계 이온화는 2가 음이온과 1가 양이온 사이에는 더 강한 정전기적 인력이 작용하므로 3단계가 2단계보다 덜 이온화된다.

그러므로 모체와 H^+ 사이의 정전기적 인력의 크기가 다르기 때문에 단계별로 이온화되는 다양성자성 산의 평형상수 값의 크기는 항상 ㉠ > ㉡ > ㉢이 된다.

4 방사성 실내 오염 물질은?

① 라돈(Rn)

② 이산화질소(NO_2)

③ 일산화탄소(CO)

④ 폼알데하이드(CH_2O)

5 볼타 전지에서 두 반쪽 반응이 다음과 같을 때, 이에 대한 설명으로 옳지 않은 것은?

$$Ag^{+}(aq) + e^{-} \longrightarrow Ag(s) \qquad E° = 0.799 \text{ V}$$
$$Cu^{2+}(aq) + 2e^{-} \longrightarrow Cu(s) \qquad E° = 0.337 \text{ V}$$

① Ag는 환원 전극이고 Cu는 산화 전극이다.

② 알짜 반응은 자발적으로 일어난다.

③ 셀 전압($E°_{cell}$)은 1.261 V이다.

④ 두 반응의 알짜 반응식은 $2Ag^{+}(aq) + Cu(s) \longrightarrow 2Ag(s) + Cu^{2+}(aq)$이다.

ANSWER 4.① 5.③

4 미세먼지, 이산화탄소, 폼알데하이드, 총부유세균, 일산화탄소, 이산화질소, 라돈, 휘발성유기화합물(VOCs), 석면, 오존 등은 실내공기를 위협하는 대표적인 오염물질이다.
토양이나 암석 등에서 자연적으로 발생해 우리의 주변 어디에서나 존재할 수 있는 무색, 무취, 무미의 자연 방사성 물질인 라돈은 밀폐된 공간에서 농도가 높아지기 때문에 수시로 환기하는 것이 좋다.

5 표준 전지 전위＝환원 전극－산화 전극 → 전지 반응이 자발적
$$E°_{cell} = [E° \, 2Ag^{+} + 2e^{-} \longrightarrow 2Ag] - [E° \, Cu^{2+} + e^{-} \longrightarrow Cu]$$
$$= 0.799 - 0.337 = 0.462 \text{V}$$
① Ag는 환원되고, Cu는 산화된다.
② 셀 전압이 양수이면 자발적 반응이다.
④ 두 반응의 알짜 반응식 $2Ag^{+} + Cu \longrightarrow 2Ag + Cu^{2+}$

6 끓는점이 가장 낮은 분자는?

① 물(H_2O)

② 일염화아이오딘(ICl)

③ 삼플루오린화붕소(BF_3)

④ 암모니아(NH_3)

7 산화수 변화가 가장 큰 원소는?

$$PbS(s) + 4H_2O_2(aq) \rightarrow PbSO_4(s) + 4H_2O(l)$$

① Pb

② S

③ H

④ O

ANSWER 6.③ 7.②

6 NH_3도 수소 결합을 하지만 한 분자가 할 수 있는 최대 수소 결합의 개수가 H_2O가 더 높기 때문에 H_2O가 가장 끓는점이 높다.
ICl은 극성 분자이므로 쌍극자 간 힘이 작용하며, BF_3는 무극성 분자이므로 분산력이 작용한다.
분자량이 클수록 분산력이 크며, 분산력이 크면 끓는점도 높다. 그러므로 분자량이 가장 낮은 BF_3가 끓는점이 가장 낮다.

7 $PbS(s) + 4H_2O_2(aq) \rightarrow PbSO_4(s) + 4H_2O(l)$
우선 반응 전을 살펴보면 $PbS(s) + 4H_2O_2(aq)$에서 Pb는 +2가, H는 +1가, S는 -2가, O는 -2가
반응 후를 살펴보면 $PbSO_4$에서 Pb는 +2가, S는 +6가, O는 -2가
$4H_2O$에서 H는 +1가, O는 -2가
가장 많이 변한 것은 S가 된다.

8 다음 중 분자 간 힘에 대한 설명으로 옳은 것만을 모두 고르면?

> ㉠ NH_3의 끓는점이 PH_3의 끓는점보다 높은 이유는 분산력으로 설명할 수 있다.
>
> ㉡ H_2S의 끓는점이 H_2의 끓는점보다 높은 이유는 쌍극자 – 쌍극자 힘으로 설명할 수 있다.
>
> ㉢ HF의 끓는점이 HCl의 끓는점보다 높은 이유는 수소 결합으로 설명할 수 있다.

① ㉠

② ㉡

③ ㉠㉢

④ ㉡㉢

9 원자들의 바닥 상태 전자 배치로 옳지 않은 것은?

① Co : $[Ar]4s^13d^8$

② Cr : $[Ar]4s^13d^5$

③ Cu : $[Ar]4s^13d^{10}$

④ Zn : $[Ar]4s^23d^{10}$

ANSWER 8.④ 9.①

8 ㉠ NH_3는 수소 결합을 하기 때문에 PH_3보다 끓는점이 높다.

㉡ H_2S는 극성분자, H_2는 무극성분자, H_2S는 쌍극자–쌍극자 힘이 작용하고 H_2는 쌍극자–쌍극자 힘이 작용하지 않는다.

㉢ HF는 수소 결합을 하므로 HCl보다 끓는점이 높다는 것은 수소 결합으로 설명할 수 있다.

9 ① Co : $[Ar]4s^23d^7$

② Cr : $[Ar]4s^13d^5$

③ Cu : $[Ar]4s^13d^{10}$

④ Zn : $[Ar]4s^23d^{10}$

10 체심 입방(bcc) 구조인 타이타늄(Ti)의 단위세포에 있는 원자의 알짜 개수는?

① 1

② 2

③ 4

④ 6

11 0.50M NaOH 수용액 500mL를 만드는 데 필요한 2.0M NaOH 수용액의 부피[mL]는?

① 125

② 200

③ 250

④ 500

ANSWER 10.② 11.①

10 체심 입방 구조는 꼭짓점과 중심에 입자가 한 개씩 위치하고 있다. 체심 입방 구조를 단위세포에 맞게 자르게 되면 꼭짓점은 단순 입방 구조와 같이 1/8개로 잘리게 되지만 중심의 입자는 온전히 남게 된다. 그러므로 단위세포 내 입자개수는 $\left(\dfrac{1}{8}\right) \times 8 + 1 = 2$개가 된다. 즉, 단위세포의 꼭짓점은 총 8개, 꼭짓점 한 개당 원자는 1/8씩 자리하므로 꼭짓점에서 원자는 총 1개, 정중앙에 원자 1개 그러므로 단위세포에 있는 원자의 알짜개수는 총 2개가 된다.

※ 체심 입방 구조
    ㉠ 단위세포 내의 입자 개수 : 2개
    ㉡ 배위수 : 8
    ㉢ 체웅률 : 68%
    ㉣ a와 r의 관계 : $\sqrt{3}\,a = 4r$
    ㉤ 실제에서의 예시 : 리튬, 나트륨, 칼륨 등

11 $MV = M'V'$이므로

$0.50 \times 500 = 2 \times V'$

$V' = \dfrac{0.5 \times 500}{2} = 125\,\mathrm{ml}$

12 분자 수가 가장 많은 것은? (단, C, H, O의 원자량은 각각 12.0, 1.00, 16.0이다)

① 0.5mol 이산화탄소 분자 수

② 84g 일산화탄소 분자 수

③ 아보가드로 수만큼의 일산화탄소 분자 수

④ 산소 1.0 mol과 일산화탄소 2.0 mol이 정량적으로 반응한 후 생성된 이산화탄소 분자 수

13 다음에서 실험식이 같은 쌍만을 모두 고르면?

㉠ 아세틸렌(C_2H_2), 벤젠(C_6H_6)
㉡ 에틸렌(C_2H_4), 에테인(C_2H_6)
㉢ 아세트산($C_2H_4O_2$), 글루코스($C_6H_{12}O_6$)
㉣ 에탄올(C_2H_6O), 아세트알데하이드(C_2H_4O)

---

① ㉠㉢   ② ㉠㉣

③ ㉡㉢   ④ ㉢㉣

ANSWER 12.②   13.①

12 ① 0.5몰

② $\dfrac{84}{12+16}=3$몰

③ 아보가드로수는 1몰

④ 1몰의 일산화탄소 + 0.5몰의 산소 →1몰의 이산화탄소
일산화탄소 2몰이 반응했으므로 이산화탄소도 2몰이 생성된다.

13 ㉠ 아세틸렌(C_2H_2) → CH, 벤젠(C_6H_6) → CH

㉡ 에틸렌(C_2H_4) → CH_2, 에테인(C_2H_6) → CH_3

㉢ 아세트산($C_2H_4O_2$) → CH_2O, 글루코스($C_6H_{12}O_6$) → CH_2O

㉣ 에탄올(C_2H_6O) → C_2H_6O, 아세트알데하이드(C_2H_4O) → C_2H_4O

14 0.30M Na_3PO_4 10mL와 0.20M $Pb(NO_3)_2$ 20mL를 반응시켜 $Pb_3(PO_4)_2$를 만드는 반응이 종결되었을 때, 한계 시약은?

$$2Na_3PO_4(aq) + 3Pb(NO_3)_2(aq) \rightarrow 6NaNO_3(aq) + Pb_3(PO_4)_2(s)$$

① Na_3PO_4

② $NaNO_3$

③ $Pb(NO_3)_2$

④ $Pb_3(PO_4)_2$

15 분자식이 C_5H_{12}인 화합물에서 가능한 이성질체의 총 개수는?

① 1   ② 2

③ 3   ④ 4

ANSWER 14.③ 15.③

14 $2Na_3PO_4 + 3Pb(NO_3)_2 \rightarrow Pb_3(PO_4)_2 + 6NaNO_3$

Na_3PO_4의 몰수 $= 0.30 \times 10 = 3.0$몰

$Pb(NO_3)_2$의 몰수 $= 0.20 \times 20 = 4.0$몰

3.0몰의 Na_3PO_4와 화학량론적으로 반응하는 $Pb(NO_3)_2$의 몰수를 계산하면,

$Na_3PO_4 : Pb(NO_3)_2 = 2 : 3 = 3.0 : x$

$x = \dfrac{3.0 \times 3}{2} = 4.5$몰 $Pb(NO_3)_2$

한계 시약은 $Pb(NO_3)_2$

※ 한계 반응물(한계 시약) … 화학 반응에서 다른 반응물들보다 먼저 완전히 소비되는 반응물을 말한다. 생성물의 양을 결정한다.

15 C_6H_{12}의 이성질체

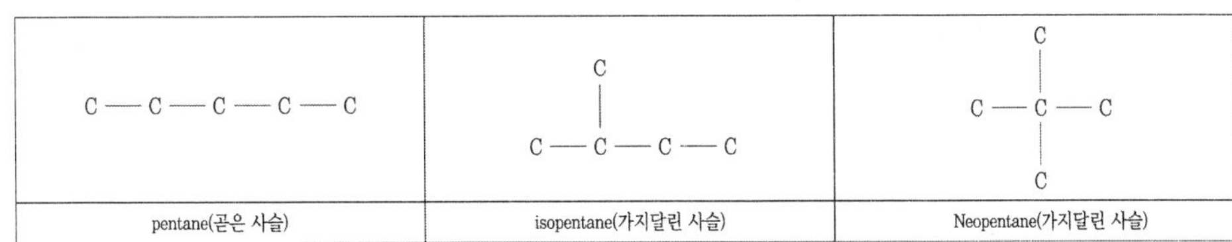

C — C — C — C — C	C — C — C — C (with C above second carbon)	C — C — C (with C above and below center carbon)
pentane(곧은 사슬)	isopentane(가지달린 사슬)	Neopentane(가지달린 사슬)

16 다음 중 산화-환원 반응은?

① $Na_2SO_4(aq) + Pb(NO_3)_2(aq) \rightarrow PbSO_4(s) + 2NaNO_3(aq)$

② $3KOH(aq) + Fe(NO_3)_3(aq) \rightarrow Fe(OH)_3(s) + 3KNO_3(aq)$

③ $AgNO_3(aq) + NaCl(aq) \rightarrow AgCl(s) + NaO_3(aq)$

④ $2CuCl(aq) \rightarrow CuCl_2(aq) + Cu(s)$

17 분자 내 원자들 간의 결합 차수가 가장 높은 것을 포함하는 화합물은?

① CO_2

② N_2

③ H_2O

④ C_2H_4

18 물과 반응하였을 때, 산성이 아닌 것은?

① 에테인(C_2H_6)

② 이산화황(SO_2)

③ 일산화질소(NO)

④ 이산화탄소(CO_2)

- -

ANSWER 16.④ 17.② 18.①

16 $2CuCl(aq) \rightarrow CuCl_2(aq) + Cu(s)$

$CuCl \rightarrow CuCl_2$: 구리의 산화수가 +1에서 +2로 증가하였으므로 산화

$CuCl \rightarrow Cu$: 구리의 산화수가 +1에서 0으로 감소하였으므로 환원

이러한 반응을 불균등화 반응이라 하며 이 반응에서 CuCl은 산화제이자 환원제이다.

17 결합차수$=\dfrac{\text{결합 전자 수} - \text{반결합 전자 수}}{2}$

① 2차 결합

② N_2의 결합차수$=\dfrac{1}{2}\times(6-0)=3 \rightarrow$ 3차 결합

③ 1차 결합

④ 2차 결합

18 H^+ 이온을 생성하는 물질들이 수용액 상태에서 산성을 나타낸다.

O는 높은 전기음성도를 지니고 있으므로 물에 녹게 되면 전자를 강하게 끌어당기게 된다.

산소의 음이온이나 수산화이온과 결합하고 H^+ 이온을 남기게 된다.

① $C_2H_6 + H_2O \rightarrow C_2H_5OH \rightarrow$ 에탄올

② $SO_2 + H_2O \rightarrow SO_3^{2-} + 2H^+ \rightarrow$ 황산

③ $NO + 2H_2O \rightarrow NO_3^- + 4H^+ \rightarrow$ 질산

④ $CO_2 + H_2O \rightarrow CO_3^{2-} + 2H^+ \rightarrow$ 탄산

19 물리량들의 크기에 대한 설명으로 옳은 것은?

① 산소(O_2) 내 산소 원자 간의 결합 거리 > 오존(O_3) 내 산소 원자 간의 평균 결합 거리

② 산소(O_2) 내 산소 원자 간의 결합 거리 > 산소 양이온(O_2^+) 내 산소 원자 간의 결합 거리

③ 산소(O_2) 내 산소 원자 간의 결합 거리 > 산소 음이온(O_2^-) 내 산소 원자 간의 결합 거리

④ 산소(O_2)의 첫 번째 이온화 에너지 > 산소 원자(O)의 첫 번째 이온화 에너지

20 용액에 대한 설명으로 옳은 것은?

① 순수한 물의 어는점보다 소금물의 어는점이 더 높다.

② 용액의 증기압은 순수한 용매의 증기압보다 높다.

③ 순수한 물의 끓는점보다 설탕물의 끓는점이 더 낮다.

④ 역삼투 현상을 이용하여 바닷물을 담수화할 수 있다.

ANSWER 19.② 20.④

19 결합차수가 클수록 원자 간의 결합 거리가 짧다.
① 산소는 2중결합, 오존은 공명구조이므로 결합차수는 산소가 더 크므로 결합 거리는 오존이 더 길다.
② 산소 양이온은 2.5중 결합이므로 산소 내 산소 원자 간의 결합 거리가 더 길다.
③ 산소 음이온은 1.5중 결합이므로 산소 음이온 내 산소 원자 간의 결합 거리가 산소보다 더 길다.
④ 산소 분자는 분자궤도함수 이론에 의해 에너지 준위가 산소 원자보다 높으므로 산소 분자의 경우 전자 하나를 떼어내는 데 필요한 이온화 에너지가 산소 원자보다 더 작다.

20 용액의 총괄성(colligative properties) … 증기압 내림, 끓는점 오름, 어는점 내림, 삼투압
㉠ 증기압 내림 : 순수한 용매와 비교하였을 때 용액의 증기압이 더 낮다.
㉡ 끓는점 오름 : 순수한 용매의 끓는점보다 용액의 끓는점이 더 높다.
㉢ 어는점 내림 : 순수한 용매의 어는점보다 용액의 어는점이 더 낮다.
㉣ 삼투압 : 순수한 용매와 비교하였을 때 용액에서 삼투가 일어난다. 즉, 용매와 용액이 반투막에 의해 분리되어 있을 때 용매 분자들이 반투막을 통과하여 이동한다.

1 $^{90}_{38}Sr$(스트론튬)의 양성자(p) 및 중성자(n)의 수가 바르게 짝지어진 것은?

	양성자(p)	중성자(n)
①	38	52
②	38	90
③	52	38
④	90	38

2 〈보기〉의 괄호에 들어갈 4A족 원소에 해당하는 것으로 가장 옳은 것은?

〈보기〉

(   )(은)는 연한 은빛 금속으로 압연하여 박막으로 만들 수 있으며 수 세기 동안 청동, 땜납, 백랍과 같은 합금에 사용 되어 왔다. 현재 강철의 보호 피막에 사용된다.

---

① 탄소 ② 규소
③ 저마늄 ④ 주석

ANSWER 1.① 2.④

1 $^{90}_{38}Sr$ 을 보면 90은 질량수(양성자 수 + 중성자 수), 38은 원자번호(양성자 수)를 의미한다.
중성자 수는 질량수에서 양성자 수를 차감하면 되므로 $90 - 38 = 52$
양상자 수는 38, 중성자 수는 52가 된다.

2 주석은 원자번호 50번의 원소로, 원소기호는 Sn, 주기율표에서 C(탄소), Si(규소), Ge(저마늄), Pb(납)과 함께 14족(4A족)에 속하는 탄소족 원소의 하나이다. 은백색의 결정성 금속으로 전선과 연성이 좋으며 녹는점은 231.93℃로 비교적 낮다. 대부분의 화합물에서는 +2나 +4의 산화 상태를 갖으며, 공기 중에서 쉽게 산화되지 않으며 물과도 반응하지 않는다. 고온에서는 산소와 반응하여 SnO_2가 되며, 수증기와도 반응하여 SnO_2가 되고 H_2 기체를 내어 놓는다. 묽은 염산이나 황산과는 거의 반응하지 않으나 묽은 질산, 뜨거운 진한 염산이나 황산에는 녹아 +2 상태의 주석염이 된다.

3 이원자 분자 중 p오비탈$-s$오비탈 혼합을 고려해서 분자 오비탈의 에너지 순서를 정하고 전자를 채웠을 때, 분자와 자기성을 나타낸 것으로 가장 옳지 않은 것은?

① B_2, 상자기성

② C_2, 반자기성

③ O_2, 상자기성

④ F_2, 상자기성

ANSWER 3.④

3

이원자 분자 오비탈을 통해 동핵 이원자 분자 중 O_2, F_2(Ne_2)의 경우 시그마 2s < 시그마 2s* < 시그마 2p < 파이 2p(2개) < 파이 2p*(2개) < 시그마 2p* 순이다.

이 외에 Li, Be, B, C, N의 동핵 이원자 분자와 서로 다른 원자 2개로 이루어진 분자의 경우 시그마 2s < 시그마 2s* < 파이 2p(2개) < 시그마 2p < 파이 2p*(2개) < 시그마 2p* 순서이다.

2주기 원소로 이루어진 중성의 동핵 이원자 중 상자기성은 B_2와 O_2이고 나머지 모두 반자기성이다.

4 오존이 분해되어 산소가 되는 반응이 〈보기〉의 두 단계를 거쳐 이루어질 때, 반응 메카니즘과 일치하는 반응속도식은? (단, 첫 단계에서는 빠른 평형을 이루고, 두 번째 단계는 매우 느리게 진행한다.)

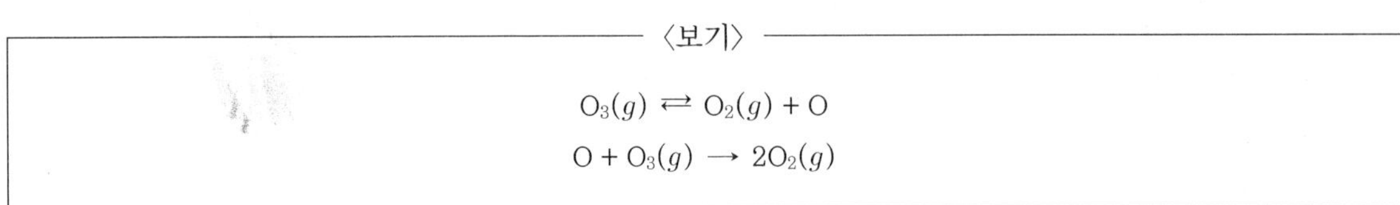

① $k[O_3]$
② $k[O_3]^2$
③ $k[O_3]^2[O_2]$
④ $k[O_3]^2[O_2]^{-1}$

5 백열전구가 켜지는 전기 회로의 전극을 H_2SO_4 용액에 넣었더니 백열전구가 밝게 불이 들어왔다. 이 용액에 묽은 염 용액을 첨가했더니 백열전구가 어두워졌다. 어느 염을 용액에 넣은 것인가?

① $Ba(NO_3)_2$
② K_2SO_4
③ $NaNO_3$
④ NH_4NO_3

ANSWER 4.④ 5.①

4 반응속도식 $v = k[A]^m[B]^n$

$O_3(g) \rightleftharpoons O_2(g) + O$ 빠른 평형

$O + O_3(g) \longrightarrow 2O_2(g)$ 느린 진행

두 반응을 더해주면 전체 반응은 $2O_3 \longrightarrow 3O_2$가 된다.

그러므로 느린 반응이 속도를 결정하기에 반응속도식은 $v = k[O_3][O]$가 된다.

그러나 [O]는 전체반응에는 나타나지 않는 반응 중간에 나타났다가 사라지는 중간체이기에 반응속도식에 넣으면 안 된다.

첫 번째 반응식이 평형반응이므로 정반응 속도 $v_1 = k_1[O_3] =$ 역반응 속도 $v_2 = k_2[O_2][O]$

여기서, k_1은 정반응에서의 반응속도상수, k_2는 역반응에서의 반응속도상수

여기서, $[O] = \dfrac{k_1}{k_2}\dfrac{[O_3]}{[O_2]}$ 가 되며, 이를 $v = k[O_3][O]$에 대입하면

$$v = k\frac{[O_3]^2}{[O_2]} \text{ 가 된다.}$$

5 강산이나 강염기는 물에 녹아 대부분 이온화하여 전류가 강하게 흘러 백열전구의 불빛이 밝지만 약산이나 약염기는 일부만 이온화하여 전류가 약하게 흘러 백열전구의 불빛이 약하다.

6 전자배치 중에서 훈트 규칙(Hund's rule)을 위반한 것은?

① [Ar] $\underset{4s}{\uparrow\downarrow}$ $\underset{3d}{\uparrow\ \uparrow\ \uparrow\ \uparrow\ \uparrow}$

② [Ar] $\underset{4s}{\uparrow}$ $\underset{3d}{\uparrow\downarrow\ \uparrow\downarrow\ \uparrow\downarrow\ \uparrow\downarrow\ \uparrow\downarrow}$

③ [Ar] $\underset{4s}{\uparrow}$ $\underset{3d}{\uparrow\ \uparrow\ \uparrow\ \uparrow\ \uparrow}$

④ [Ar] $\underset{4s}{\uparrow\downarrow}$ $\underset{3d}{\uparrow\downarrow\ \uparrow\ \uparrow\ \_\ \_}$

7 암모니아를 생산하는 하버 프로세스가 〈보기〉와 같을 때, 암모니아 생성을 방해하는 것으로 가장 옳은 것은?

〈보기〉

$$N_2(g)+3H_2(g) \rightleftharpoons 2NH_3(g) \qquad \triangle H^{\circ} = -92.2\text{kj}$$

① 고온   ② 고압

③ 수소 추가   ④ 생성된 암모니아 제거

ANSWER 6.④ 7.①

6 ① Mn $\rightarrow 1s^2 2s^2 2p^6 3s^2 3p^6 4s^2 3d^5 \rightarrow$ [Ar]$4s^2 3d^5$

② Cu $\rightarrow 1s^2 2s^2 2p^6 3s^2 3p^6 4s^1 3d^{10} \rightarrow$ [Ar]$4s^1 3d^{10}$

③ Cr $\rightarrow 1s^2 2s^2 2p^6 3s^2 3p^6 4s^1 3d^5 \rightarrow$ [Ar]$4s^1 3d^5$

④ 전자 배치 상태를 보면 $3d$가 아니라 $4p$에 해당하는 부준위이다. 훈트 규칙을 적용할 수 없다.

7 정반응을 방해하는 요소를 찾으면 된다.

반응 용기 내부의 압력을 높여 주면 르 샤틀리에의 원리에 의해 압력을 감소시키려는 작용이 내부에서 일어나 기체 분자의 총 몰 수가 감소하는 방향, 즉 정반응이 일어나게 되므로 암모니아가 생성된다.

엔탈피 변화량을 보면 정반응이 발열반응이므로 반응 용기 내부의 온도를 낮춰 주면 역시 르 샤틀리에의 원리에 의해 반응 용기 내부의 온도가 높아지는 방향, 즉 정반응이 일어나게 된다.

압력이 높을수록, 온도가 낮을수록 암모니아의 수득률은 높아진다.

8 탄소와 수소로만 이루어진 미지의 화합물을 원소분석한 결과 4.40g의 CO_2와 2.25g의 H_2O를 얻었다. 미지의 화합물의 실험식은? (단, 원자량은 H = 1, C = 12, O = 16이다.)

① CH_2

② C_2H_5

③ C_4H_{12}

④ C_5H_2

9 반응식의 균형을 맞출 경우에, (개)~(대)로 가장 옳은 것은?

$$3NaHCO_3(aq) + C_6H_8O_7(aq) \longrightarrow \text{(개)}CO_2(g) + \text{(내)}H_2O(l) + \text{(대)}Na_3C_6H_5O_7(aq)$$

	(개)	(내)	(대)
①	2	3	2
②	3	3	1
③	2	3	3
④	3	3	3

8 CO_2 속의 C의 질량을 먼저 구하면 CO_2 실제 질량 $\times \dfrac{C의\ 원자량}{CO_2의\ 분자량}$ 이므로

$$4.40 \times \frac{12}{44} = 1.2$$

H_2O 속의 H의 질량을 구하면 H_2O 실제 질량 $\times \dfrac{2 \times H의\ 원자량}{H_2O의\ 분자량}$ 이므로

$$2.25 \times \frac{2 \times 1}{18} = 0.25$$

C : H의 실험식을 구하면

C의 질량 / C의 원자량 : H의 질량 / H의 원자량 $= a : b$

$$\frac{1.2}{12} : \frac{0.25}{1} = a : b$$

$0.1 : 0.25 = 1 : 2.5 = 2 : 5$이므로 C_2H_5

9 $C_6H_8O_7 + NaHCO_3 \longrightarrow NaC_6H_7O_7 + H_2O + CO_2$

$NaC_6H_7O_7 + NaHCO_3 \longrightarrow Na_2C_6H_6O_7 + H_2O + CO_2$

$Na_2C_6H_6O_7 + NaHCO_3$ (가열) $\longrightarrow Na_3C_6H_5O_7 + H_2O + CO_2$

$C_6H_8O_7 + 3NaHCO_3 \longrightarrow Na_3C_6H_5O_7 + 3H_2O + 3CO_2$

10 순수한 상태에서 강한 수소결합이 가능한 분자는?

① $CH_3-C\equiv N\colon$

② H—O—CH_3

③ $F_3C-\underset{F_2}{C}-\underset{F_2}{C}-CF_3$

④ $\underset{|}{N}-\underset{O}{\overset{\parallel}{C}}-\underset{H_2}{C}-CH_3$

11 $[Co(NH_3)_6]^{3+}$, $[Co(NH_3)_5(NCS)]^{2+}$, $[Co(NH_3)_5(H_2O)]^{2+}$는 각각 노란색, 진한 주황색, 빨간색을 띤다. NH_3, NCS^-, H_2O의 분광화학적 계열 순서를 크기에 따라 표시한 것으로 가장 옳은 것은?

① $NH_3 > NCS^- > H_2O$

② $NH_3 < NCS^- < H_2O$

③ $NCS^- > H_2O > NH_3$

④ $NCS^- < H_2O < NH_3$

ANSWER 10.② 11.①

10 중성의 수소원자는 하나의 전자만을 가지고 있는데 이러한 수소에 전기음성도가 큰 원소 F, O, N과 결합하게 되면 수소의 전자는 결합하고 있던 F, O, N쪽으로 쏠리게 되어 반대쪽 부분에는 양성자의 영향을 강하게 받아 강한 부분적($\delta+$)를 가지게 되어 인근의 다른 분자나 화학적 용기에 있는 전기음성도가 큰 원소 간의 인력을 가질 수 있으며, 그러한 인력을 수소결합이라 한다.
수소결합이란 전기음성도가 큰 원소(F, O, N)에 붙어 있는 수소 원자의 원자핵이 전기음성도가 큰 원소의 비공유전자쌍과 상호작용을 하는 것을 의미한다.
② 수소와 산소가 직접적으로 연결되어 있어 가장 강한 수소결합을 한다.

11 리간드의 분광화학적 계열(spectrochemical series) … 리간드가 전이 금속 이온의 d 오비탈을 분리시키는 정도를 순서대로 나열한 것으로 $I^- < Br^- < S^{2-} < SCN^- < Cl^- < NO_3^- < N_3^- < F^- < OH^- < C_2O_4^{2-} < H_2O < NCS^- < CH_3CN < py < NH_3 < en <$ 2,2-bipyridine $< phen < NO_2^- < PPh_3 < CN^- < CO$

12 알칼리 금속에 대한 설명으로 가장 옳지 않은 것은?

① 나트륨(Na)의 '원자가 전자 배치'는 $3s^1$이다.

② 물과 반응할 때, 환원력의 순서는 Li > K > Na이다.

③ 일차 이온화 에너지는 Li < K < Na이다.

④ 세슘(Cs)도 알칼리 금속이다.

13 〈보기〉의 화학반응식의 산화 반쪽반응으로 가장 옳은 것은?

〈보기〉

$$Zn(s) + 2H^+(aq) \longrightarrow Zn^{2+}(aq) + H_2(g)$$

---

① $Zn(s) \longrightarrow Zn^{2+}(aq) + 2e^-$

② $Zn^{2+}(aq) + 2e^- \longrightarrow Zn(s)$

③ $2H^+(aq) + 2e^- \longrightarrow H_2(g)$

④ $H_2(g) \longrightarrow 2H^+(aq) + 2e^-$

ANSWER 12.③ 13.①

12 주기율표상 같은 족 아래로 내려갈수록 알칼리 금속의 1차 이온화 에너지는 감소하고 원자의 반지름은 증가하며, 알칼리 금속의 1차 이온화 에너지와 원자화 에너지를 더한 값은 감소한다. 즉 알칼리 금속의 활성화 에너지 값도 감소하고 화학 반응은 빨라지며 반응성은 증가하게 된다.
알칼리 금속의 반응성은 Li < Na < K < Rb < Cs이므로 1차 이온화 에너지는 반대가 된다.

13 $Zn(s) + 2H^+(aq) \longrightarrow Zn^{2+}(aq) + H_2(g)$ →알짜 이온 반응[볼타 전지]
㉠ 산화 전극(−) : $Zn \longrightarrow Zn^{2+} + 2e^-$ →질량감소
㉡ 환원 전극(+) : $2H^+ + 2e^- \longrightarrow H_2$ →질량변화 없음
  총 반응식 $Zn + 2H^+ \longrightarrow Zn^{2+} + H_2$

14 VSEPR(원자가 껍질 전자쌍 반발이론)에 근거하여 가장 안정된 형태의 구조가 삼각쌍뿔인 분자는?

① $BeCl_2$

② CH_4

③ PCl_5

④ IF_5

15 〈보기〉 중 끓는점이 가장 높은 것은?

<table>
<tr><td colspan="2" align="center">〈보기〉</td></tr>
<tr><td>㉠ H_2O</td><td>㉡ H_2S</td></tr>
<tr><td>㉢ H_2Se</td><td>㉣ H_2Te</td></tr>
</table>

① ㉠

② ㉡

③ ㉢

④ ㉣

---

14 입체수(SN) = 비공유전자쌍의 수 + 결합한 원자의 수로 정의하며, SN=2일 때 직선형, SN=3일 때 평면정삼각형, SN=4일 때 정사면체, SN=5일 때 삼각쌍뿔, SN=6일 때 정팔면체로 기본구조를 정의하고 있다.

① $BeCl_2 \rightarrow$ SN = 2 + 0 $\rightarrow$ 직선형

② $CH_4 \rightarrow$ SN = 4 + 0 $\rightarrow$ 사면체형

③ $PCl_5 \rightarrow$ SN = 5 + 0 $\rightarrow$ 삼각쌍뿔

④ $IF_5 \rightarrow$ SN = 6 + 0 $\rightarrow$ 정팔면체

15 끓는점의 크기는 $H_2O \gg H_2Te > H_2Se > H_2S$

H_2O 같은 경우 수소결합을 하기 때문에 분산력은 H_2Te보다 작지만 끓는점이 훨씬 높다.

H_2O, H_2S, H_2Se, H_2Te에서 모두 작용하는 반데르발스 힘은 분자량이 커지는 순서대로 $H_2O < H_2S < H_2Se < H_2Te$가 된다.

쌍극자–쌍극자 힘은 그 반대 순서가 되며, H_2S, H_2Se, H_2Te 분자에서는 그 쌍극자–쌍극자 힘의 차이보다 분산력의 차이가 더 크기 때문에 끓는점이 $H_2S < H_2Se < H_2Te$의 순서로 나타난다.

그러나 H_2O의 경우 작용하는 수소결합은 다른 분자(H_2S, H_2Se, H_2Te)에는 없으며, 그 크기가 매우 크므로 물의 끓는점이 매우 높게 나타나는 것이다.

16 프로판올(C_3H_7OH)이 산소와 반응하면 물과 이산화탄소가 생긴다. 120.0g의 프로판올이 완전 연소될 때 생성되는 물의 질량은? (단, 수소의 원자량은 1.0g/mol, 탄소의 원자량은 12.0g/mol, 산소의 원자량은 16.0g/mol이다.)

① 36.0g

② 72.0g

③ 144.0g

④ 180.0g

17 주양자수 $n = 5$에 대해서, 각운동량 양자수 l의 값과 각 부 껍질 명칭으로 가장 옳지 않은 것은?

① $l = 0, 5s$

② $l = 1, 5p$

③ $l = 3, 5f$

④ $l = 4, 5e$

18 전자기파의 파장이 증가하는(에너지가 감소하는) 순서대로 바르게 나열한 것은?

① 마이크로파 < 적외선 < 가시광선 < 자외선

② 마이크로파 < 가시광선 < 적외선 < 자외선

③ 자외선 < 가시광선 < 적외선 < 마이크로파

④ 자외선 < 적외선 < 가시광선 < 마이크로파

ANSWER 16.③ 17.④ 18.③

16 $C_3H_7OH + O_2 \rightarrow CO_2 + H_2O$

$2C_3H_7OH(l) + 9O_2(g) \rightarrow 6CO_2(g) + 8H_2O(l)$

생성되는 물의 질량은 $8 \times 18 = 144g$이다.

17 각운동량 양자수=주양자 수-1이므로

$l = 0, 1, 2, 3, 4$

부껍질

0	1	2	3	4	5
s	p	d	f	g	h

18 전자기파에서 파장과 진동수가 나오는데 파장이 짧을수록 진동수는 커진다.

㉠ **진동수가 큰 순서**: 우주선 > 감마선 > X선 > 자외선 > 가시광선 > 적외선 > 마이크로파 > 라디오파

㉡ **파장이 큰 순서**: 우주선 < 감마선 < X선 < 자외선 < 가시광선 < 적외선 < 마이크로파 < 라디오파

 〈보기〉 중 반지름이 가장 큰 이온은?

〈보기〉

㉠ $_{38}Sr^{2+}$

㉡ $_{34}Se^{2-}$

㉢ $_{35}Br^{-}$

㉣ $_{37}Rb^{+}$

---

① ㉠

② ㉡

③ ㉢

④ ㉣

ANSWER 19.②

19 이온 반지름

㉠ 양이온의 반지름 : 금속 원소가 전자를 잃고 양이온이 될 때 전자껍질 수가 감소하므로 반지름이 작아진다.

㉡ 음이온의 반지름 : 비금속 원소가 전자를 얻어 음이온이 될 때 전자 사이의 반발력이 증가하므로 반지름이 커진다.

㉢ 등전자 이온의 반지름 : 전자 수가 같은 이온의 반지름은 핵 전하가 클수록 핵과 전자 사이의 인력이 증가하므로 반지름이 작아진다.

※ 원자와 그 이온의 크기

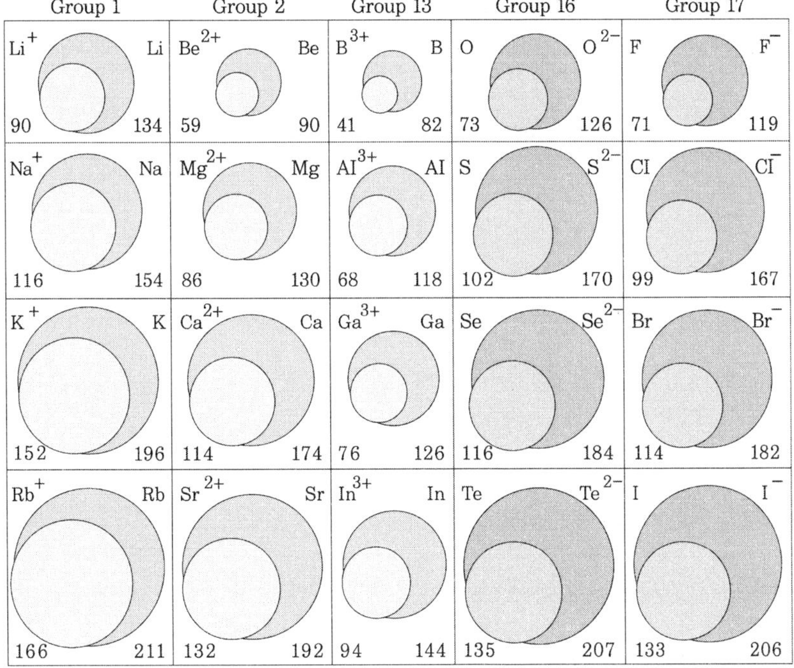

20 과망간산칼륨($KMnO_4$)은 산화제로 널리 쓰이는 시약이다. 염기성 용액에서 과망간산 이온은 물을 산화시키며 이산화망간으로 환원되는데, 이때의 화학 반응식으로 가장 옳은 것은?

① $MnO_4^-(aq) + H_2O(l) \longrightarrow MnO_2(s) + H_2(g) + OH^-(aq)$

② $MnO_4^-(aq) + 6H_2O(l) \longrightarrow MnO_2(s) + 2H_2(g) + 8OH^-(aq)$

③ $4MnO_4^-(aq) + 2H_2O(l) \longrightarrow 4MnO_2(s) + 3O_2(g) + 4OH^-(aq)$

④ $2MnO_4^-(aq) + 2H_2O(l) \longrightarrow 2Mn^{2+}(aq) + 3O_2(g) + 4OH^-(aq)$

20 반응물 : MnO_4^-, H_2O

생성물 : MnO_2, O_2($H_2O \longrightarrow H_2$와 $H_2O \longrightarrow O_2$ 중 물이 산화된다고 했으므로)

반응물과 생성물로 반응식을 정리해 보면

$MnO_4^- + H_2O \longrightarrow MnO_2 + O_2$ [미완성 반응식]

→ 반쪽 반응으로 나누면

- 산화 : $H_2O \longrightarrow O_2$ [O의 산화수는 −2에서 0으로 증가함 →산화]
- 환원 : $MnO_4^- \longrightarrow MnO_2$ [Mn의 산화수는 +7에서 +4로 감소함 → 환원]

→ 질량 균형

- 산화 : $2H_2O \longrightarrow O_2 + 4H^+$
- 환원 : $MnO_4^- + 4H^+ \longrightarrow MnO_2 + 2H_2O$

→ 전하 균형

- 산화 : $2H_2O \longrightarrow O_2 + 4H^+ + 4e^-$
- 환원 : $MnO_4^- + 4H^+ + 3e^- \longrightarrow MnO_2 + 2H_2O$

→ 이동한 전자 수를 같게 만들어 주면

- 산화 : $2H_2O \longrightarrow O_2 + 4H^+ + 4e^- \longrightarrow$ 여기에 3을 곱하여 주면

     $6H_2O \longrightarrow 3O_2 + 12H^+ + 12e^-$

- 환원 : $MnO_4^- + 4H^+ + 3e^- \longrightarrow MnO_2 + 2H_2O \longrightarrow$ 여기에 4를 곱하여 주면

     $4MnO_4^- + 16H^+ + 12e^- \longrightarrow 4MnO_2 + 8H_2O$

→ 반쪽 반응을 더하여 주면

$4MnO_4^- + 4H^+ \longrightarrow 4MnO_2 + 3O_2 + 2H_2O$

→ H^+를 OH^-로 변경하면 (문제에서 염기성 용액에서라고 했으므로)

$4MnO_4^- + 4H^+ + 4OH^- \longrightarrow 4MnO_2 + 3O_2 + 2H_2O + 4OH^-$

$4MnO_4^- + 4H_2O \longrightarrow 4MnO_2 + 3O_2 + 2H_2O + 4OH^-$

$4MnO_4^- + 2H_2O \longrightarrow 4MnO_2 + 3O_2 + 4OH^-$

$4MnO_4^-(aq) + 2H_2O(l) \longrightarrow 4MnO_2(s) + 3O_2(g) + 4OH^-(aq)$

1 〈보기 1〉는 임의의 원소 A ~ C의 바닥상태인 원자 또는 이온의 전자 배치를 모형으로 나타낸 것이다. 이에 대한 설명으로 옳은 것을 〈보기 2〉에서 모두 고른 것은?

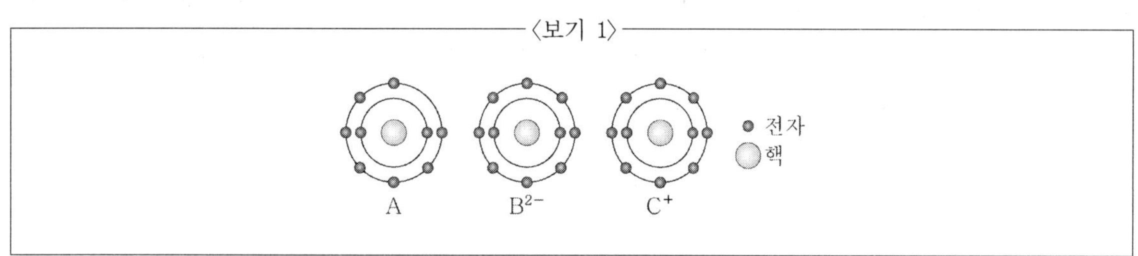

〈보기 2〉

㉠ 원자 반지름은 C가 가장 크다.
㉡ 전기 음성도는 A가 B보다 크다.
㉢ 이온 반지름은 A^{-}가 B^{2-}보다 크다.

① ㉠㉡
② ㉠㉢
③ ㉡㉢
④ ㉠㉡㉢

ANSWER 1.①

1 양성자 수가 9이고, 전자 수는 10이므로 음이온이다.
A → 원자번호 9인 F이다.
B^{2-} → 원자번호 8인 O^{2-}이다. B는 O이다.
C^{+} → 원자번호 11인 Na^{+}이며, C는 Na이다.
㉠ 원자 반지름은 원자번호가 클수록(아래쪽으로 갈수록) 전자껍질의 수가 증가하므로 원자 반지름은 커진다. 그러므로 원자 반지름은 C가 가장 크다.
㉡ 전기 음성도는 주기율표상 오른쪽, 위로 갈수록 커지므로 기본적으로 F > O > N > C > H이다.
㉢ 이온 반지름은 금속원소가 전자를 잃고 양이온이 될 경우 전자껍질 수가 감소하므로 이온 반지름은 작아지게 된다. (Na > Na^{+})
비금속원소가 전자를 얻어 음이온이 될 경우 전자 사이의 반발력이 증가하므로 이온 반지름은 증가한다. (O < O^{2-})
전자수가 같은 이온의 반지름은 핵전하가 클수록 핵과 전자 사이의 인력이 증가하므로 이온 반지름은 작아진다. (O^{2-} > F^{-})
그러므로 이온 반지름은 A^{-}가 B^{2-}보다 작다.

2 25℃에서 0.1M 약산 HA 수용액의 이온화도가 0.01 일 때 pH의 값은?

① 1

② 2

③ 3

④ 4

3 묽은 염산(HCl)과 마그네슘(Mg)이 반응하면 〈보기〉와 같이 수소기체(H_2)가 발생한다. 0℃, 1기압에서 HCl 73g을 충분한 양의 마그네슘(Mg)과 반응시킬 때 발생하는 수소(H_2) 기체의 부피[L]는? (단, 원자량은 H = 1.0, Cl = 35.5이다.)

〈보기〉

$$Mg(s) \ + \ 2HCl(aq) \ \longrightarrow \ MgCl_2(aq) \ + \ H_2(g)$$

---

① 5.6

② 11.2

③ 22.4

④ 33.6

ANSWER 2.③ 3.③

2

$$이온화도 = \frac{[H^+]_{평형}}{[HA]_{초기}}$$

$$0.01 = \frac{[H^+]}{0.1M} \quad \longrightarrow \quad [H^+] = 0.01 \times 0.1M = 0.001M$$

0.1M의 HA 수용액을 만들면 이중 0.001M만큼만 이온화된다.

$$HA(aq) \rightleftharpoons H^+(aq) + A^-(aq)$$

수용액 중 H^+ 이온의 농도는 0.001M이고 나머지 0.099M은 HA, 분자형태로 존재

$$pH = -\log[H^+] = -\log(0.001) = 3$$

3 발생한 수소의 부피를 x 라고 하면

몰수비 $= 2HCl : H_2 = 1 : 1$이므로

$$2 \times 36.5g : 22.4L = 73g : x$$

$$x = 22.4$$

4 〈보기〉는 다섯 가지 원자의 전자 배치를 나타낸 것이다. 두 원자가 결합할 때 이온결합을 형성할 수 있는 것을 모두 고른 것은?

원자	전자배치			
	K	L	M	N
㉠	2	6		
㉡	2	8	1	
㉢	2	8	5	
㉣	2	8	7	
㉤	2	8	8	2

① ㉠ − ㉡, ㉣ − ㉤

② ㉠ − ㉢, ㉡ − ㉣

③ ㉡ − ㉣, ㉢ − ㉣

④ ㉡ − ㉤, ㉢ − ㉣

ANSWER 4.①

4 이온 결합이란 화학 결합의 한 형태로 전하를 띤 양이온과 음이온 사이의 정전기적 인력에 기반을 둔 결합이다.

수소 원자(H), 산소 원자(O) 등 모든 원자는 전기적으로 중성이다. 전기적으로 중성인 원자가 전자(e^-)를 잃거나 얻으면 이온이 된다. 즉, 중성 원자에서 전자를 잃거나 얻어서 전하를 띤 물질을 이온이라 한다.

중성인 원자 또는 원자단이 전자를 잃으면, 양(+)전하를 띤 물질이 되는데, 이 물질을 양이온(cation)이라 하며. 중성인 원자 또는 원자단이 전자를 얻으면, 음(−)전하를 띤 물질이 되는데, 이 물질을 음이온(anion)이라 한다.

• 양이온의 종류 : H^+, Li^+, Na^+, K^+, Be^{2+}, Mg^{2+}, Ca^{2+}, Ag^+, Ba^{2+} 등

• 음이온의 종류 : F^-, Cl^-, Br^-, I^-, O_2^-, S_2^- 등

문제에서 보면

㉠ $1s^2 2s^2 2p^4$ → 원자번호 8인 O

㉡ $1s^2 2s^2 2p^6 3s^1$ → 원자번호 11인 Na

㉢ $1s^2 2s^2 2p^6 3s^2 3p^3$ → 원자번호 15인 P

㉣ $1s^2 2s^2 2p^6 3s^2 3p^5$ → 원자번호 17인 Cl

㉤ $1s^2 2s^2 2p^6 3s^2 3p^6 4s^2$ → 원자번호 20인 Ca

이온결합을 형성할 수 있는 것으로는 Na_2O, $CaCl_2$, NaCl이 있다.

5 25℃, 1기압에서 기체의 부피가 5.6L이다. 이 기체의 부피가 2배가 될 때의 온도[℃]는? (단, 기체의 양 과 압력은 일정하고, 절대온도 = 섭씨온도 + 273이다.)

① 50

② 148

③ 273

④ 323

6 〈보기〉의 물질에서 밑줄 친 원자의 산화수를 모두 합한 값은?

〈보기〉

$$Mg\underline{H}_2 \qquad \underline{O}F_2 \qquad \underline{S}O_3^{2-}$$

---

① +3

② +4

③ +5

④ +6

7 0.2M 염산(HCl) 40mL가 완전히 중화되는 데 필요한 0.05M 수산화칼슘(Ca(OH)$_2$) 수용액의 부피[mL] 는?

① 40

② 80

③ 120

④ 160

....

ANSWER 5.④ 6.③ 7.②

5 이상기체 방정식 $PV = nRT$에서 기체, 몰수, 압력이 동일하다고 가정하면
$V \propto T$라는 식을 도출할 수 있다.
여기서 부피가 2배가 되면 온도 또한 2배가 된다.
문제에서 제시한 온도는 25℃인데 2배를 하면 50℃가 된다.
그러나 T는 절대온도를 의미하므로 273 + 섭씨온도로 나타내야 한다.
그러므로 구하는 답은 273 + 50 = 323

6 MgH$_2$ → 산화수 변화는 Mg는 +2를 수소는 −1를 가진다.
OF$_2$ → 산화수 변화는 F는 −1을 산소는 +2를 가진다.
SO$_3^{2-}$ → 산화수 변화는 O는 −2이므로 S + 3(O) = −2 → S + 3(−2) = −2를 구하면
황은 +4를 가진다.
문제의 산화수를 모두 합하면 −1 + 2 + 4 = +5가 된다.

7 $MV = n$, $MV = M'V'$의 식을 이용하여 구한다.
산과 염기의 중화반응이므로 수산화이온의 수와 수소이온의 수가 같아야 한다.
$0.2M \times 40mL = 0.05M \times 2x$

$$x = \frac{0.2 \times 40}{0.05 \times 2} = 80mL$$

8 〈보기〉는 구리 전극과 은 전극의 표준 환원 전위이다. 두 전극을 연결하여 전지를 만들었을 때, 이 전지의 표준 전지 전위의 값[V]은?

─── 〈보기〉 ───

$$Cu^{2+}(aq) + 2e^- \rightarrow Cu(s), \quad E^\circ = +0.34V$$
$$Ag^+(aq) + e^- \rightarrow Ag(s), \quad E^\circ = +0.80V$$

① −1.14

② −0.46

③ +0.46

④ +1.14

9 용액의 농도에 대한 설명으로 가장 옳은 것은?

① 퍼센트 농도(%농도)는 온도에 따라 달라진다.

② ppm 농도는 용액 1,000,000g 속에 녹아 있는 용질의 몰수를 나타낸다.

③ 몰농도는 용액 1L 속에 녹이 있는 용질의 몰수를 니디낸 농도이며, 단위로는 m를 사용힌다.

④ 용액의 몰랄농도와 용매의 질량을 알면 용액에 녹아 있는 용질의 몰수를 구할 수 있다.

ANSWER 8.③ 9.④

8 기전력 = 큰 쪽 전극전위 − 작은 쪽 전극전위 표준 = 산화전위 − 표준 환원전위로 구하면 된다.
$CuSO_4$ 용액에 Ag를 넣은 경우의 표준 전지 전위를 계산해 보면
$$2Ag + Cu^{2+} \rightarrow 2Ag^+ + Cu$$
$$Ag \rightarrow Ag^+ + e^-, \quad E^\circ = -0.80V$$
$$Cu \rightarrow Cu^+ + 2e^-, \quad E^\circ = -0.34V$$
$$Cu^{2+}(aq) + 2e^- \rightarrow Cu(s), \quad E^\circ = +0.34V$$
$$Ag^+(aq) + e^- \rightarrow Ag(s), \quad E^\circ = +0.80V$$
$$E^\circ = E^\circ_1 - E^\circ_2 = +0.80 - (+0.34) = +0.46V$$

9 ① 퍼센트 농도 : 단위 질량의 용액 속에 녹아 있는 용질의 질량을 백분율로 나타낸 농도이다. 부피에 관계없는 값이므로 온도나 압력이 변하여도 농도가 바뀌지 않는다는 장점이 있다.

② ppm 농도 : 용액 10^6g 속에 녹아 있는 용질의 질량을 나타낸 것으로 온도와 압력이 변하여도 용매와 용질의 질량이 일정하므로 ppm 농도는 온도나 압력 변화의 영향을 받지 않는다.

③ 몰농도 : 용액 1리터 속에 녹아 있는 용질의 몰수로 나타내는 농도로 mol/l 또는 M으로 표시한다.

④ 몰랄농도 : 용액의 농도를 나타내는 단위로 용매 1kg에 녹아 있는 용질의 몰수로 나타낸 농도(mol/kg)이다. 기호는 m으로 표시하며 부피를 기준으로 하는 몰농도와 달리 몰랄농도는 질량을 기준으로 하므로 온도 변화에 영향을 받지 않는 장점이 있다.

10 〈보기〉는 공유 결합 화합물에서 공유 전자쌍과 비공유 전자쌍을 구별하여 나타낸 것이다. 화합물 중에서 비공유 전자쌍의 개수가 가장 많은 것은?

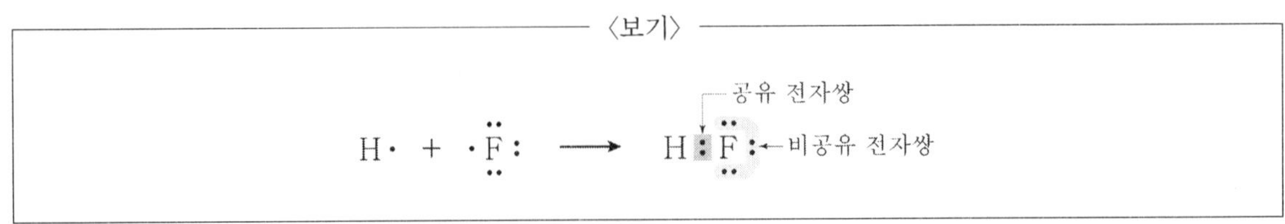

① OF_2

② NF_3

③ $H_3N : BF_3$

④ C_2H_4

11 분자 사이에 수소결합을 하지 않는 분자는?

① HCHO

② HF

③ C_2H_5OH

④ CH_3COOH

ANSWER 10.② 11.①

10

$OF_2 \rightarrow$:F : O : F :

$NF_3 \rightarrow$:F : N : F : / :F :

$H_3N : BF_3 \rightarrow$ H : F : / H : N : B : F : / H : F :

$C_2H_4 \rightarrow$ H H / C :: C / H H

11 수소결합은 전기 음성도 차이가 수소량 큰 원소(F, O, N 등)가 수소와 결합하여 전기적인 성질을 띠어 다른 분자와 결합하는 형태를 말한다.

HCHO는 H—C(=O)—H 이런 식으로 수소가 탄소랑 연결되어 있어 수소와 탄소의 전기음성도 차이는 거의 없다.

즉 HCHO 자체는 전기적인 성질을 띠긴 하지만 수소결합은 하지 못한다.

12 〈보기 1〉은 중성 원자 A~E의 질량수와 양성자수를 나타낸 것이다. 이에 대한 설명으로 옳은 것을 〈보기 2〉에서 모두 고른 것은? (단, A~E는 임의의 원소 기호이다.)

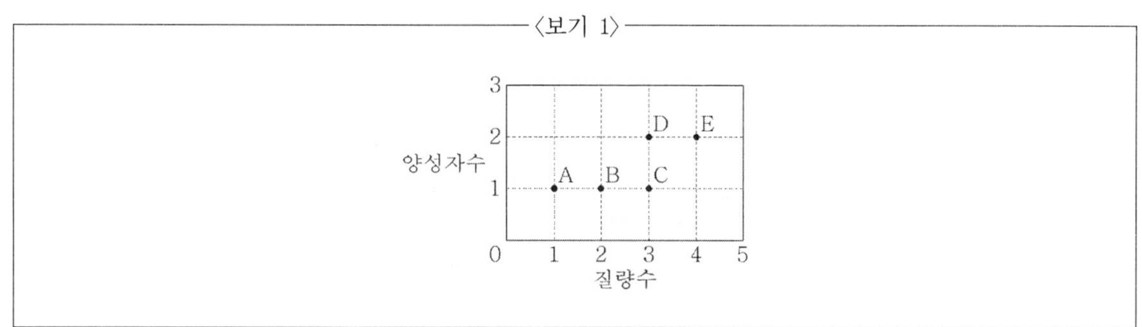

〈보기 2〉

㉠ $\dfrac{\text{전자수}}{\text{질량수}}$ 는 B와 E가 같다.

㉡ A와 C는 동위원소이다.

㉢ 1g에 들어 있는 원자수는 D가 C보다 크다.

① ㉠㉡

② ㉠㉢

③ ㉡㉢

④ ㉠㉡㉢

....

ANSWER 12.①

12 동위원소는 원자번호는 동일하고 질량수가 다른 원소를 말하므로 A와 B와 C는 동위원소, D와 E가 동위원소이다.

질량수 = 양성자수 + 중성자수

원자번호 = 양성자수 = 중성 원자의 전자수

원자번호는 A = B = C = 1, D = E = 2이다.

$\dfrac{\text{전자수}}{\text{질량수}}$ 를 구해보면 A= $\dfrac{1}{1}$, B= $\dfrac{1}{2}$, C= $\dfrac{1}{3}$, D= $\dfrac{2}{3}$, E= $\dfrac{2}{4}$ = $\dfrac{1}{2}$

1g에 들어 있는 원자수는 즉 1g에 원자 하나당 질량으로 나누어 구하면 된다. 즉, $\dfrac{1}{\text{원자량}}$

원자수= $\dfrac{\text{질량}}{\text{원자량}}$

13 〈보기 1〉은 수소(H_2) – 산소(O_2) 연료 전지의 구조와, 각 전극에서 일어나는 화학 반응식을 나타낸 것이다. 이에 대한 설명으로 옳은 것을 〈보기 2〉에서 모두 고른 것은? (단, 반응식의 계수는 기록하지 않았다.)

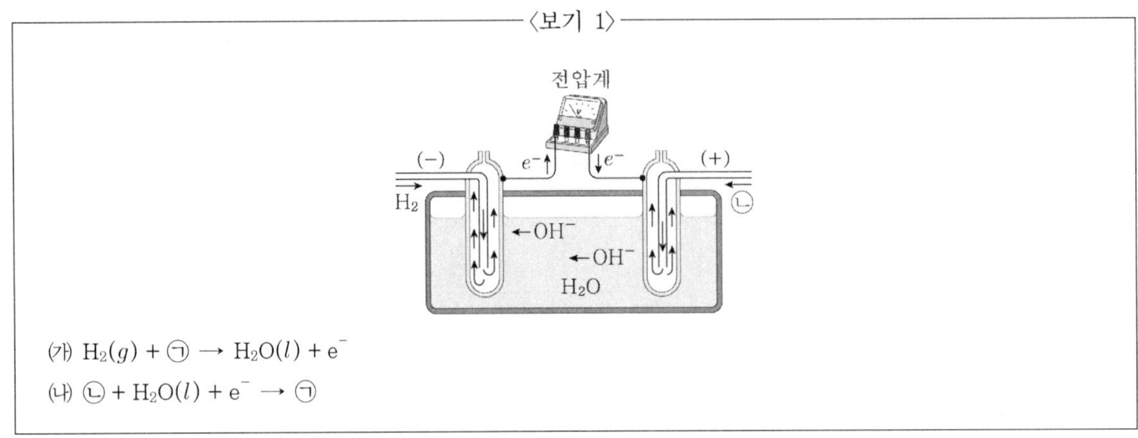

① ㉠㉡ ② ㉠㉢

③ ㉡㉢ ④ ㉠㉡㉢

ANSWER 13.②

13 〈보기〉는 알칼리 전해액을 이용하여 물을 전기 분해하는 기술로 단위전지의 각 전극에서 발생하는 반응을 보면 다음과 같다.

- 음극 : $2H_2O + 2e^- \rightarrow 2OH^- + H_2$

- 양극 : $2OH^- \rightarrow H_2O + \dfrac{1}{2}O_2 + 2e^-$

문제의 화학 반응식을 살펴보면

(가) $H_2(g) + ㉠ \rightarrow H_2O(l) + e^-$

(나) $㉡ + H_2O(l) + e^- \rightarrow ㉠$

(가), (나)의 식을 완성해 보면

(가) $H_2 + 2OH^- \rightarrow 2H_2O + 2e^-$ [음극]

(나) $O_2 + 2H_2O + 4e^- \rightarrow 4OH^-$ [양극]

㉠은 수산화이온이다.

㉡ (나)는 (+)극에서 일어나는 반응이다.

㉢ ㉡ 1몰이 반응하는 동안 전자 4몰이 도선을 따라 흘러간다.

14 〈보기 1〉은 뉴클레오타이드의 구조를 나타낸 것이다. 이에 대한 설명으로 옳은 것을 〈보기 2〉에서 모두 고른 것은?

〈보기 1〉

〈보기 2〉

㉠ 몸 속 DNA의 액성은 중성이다.
㉡ DNA가 음전하를 띠는 것은 인산 때문이다.
㉢ 뉴클레오타이드는 인산, 당, 염기로 이루어져 있다.

① ㉠
② ㉠㉡
③ ㉡㉢
④ ㉠㉡㉢

ANSWER 14.③

14 핵산은 여러 개의 뉴클레오타이드가 결합한 폴리뉴클레오타이드로 구성된다. 뉴클레오타이드는 인산-당-염기로 구성되고 이 중 당과 염기가 결합한 구조를 뉴클레오시드라고 한다.

인산은 중앙에 인을 가지며, 5탄당의 5번 탄소와 연결되어 있다. 인산기로 인해 DNA가 산성을 띠기 때문에 핵산이라고 한다. DNA의 양쪽 바깥으로 보면 인산기가 있는데 에스테르 결합에 의하여 당들이 연결되어 있는 것을 알 수 있다. 인산은 산이므로 수소가 이온화한다. DNA에서 PO_4는 2개의 산소가 앞뒤로 염기와 결합하고 2개의 산소에서 수소가 떨어져 나가 음전하를 띠게 된다.

15 〈보기〉는 300℃에서 A와 B로부터 C가 생성되는 반응의 열화학 반응식이다. 이에 대한 설명으로 가장 옳은 것은? (단, 평형상태에서의 농도(mol/L)는 [A]=3, [B]=1, [C]=3이다.)

─── 〈보기〉 ───

$$A(g) + 2B(g) \rightleftarrows 2C(g), \quad \triangle H < 0$$

① 평형상수는 1이다.

② 평형상태에서 온도를 높이면 평형은 정반응 쪽으로 이동한다.

③ 평형상태에서 반응 용기의 부피를 증가시켜 압력을 감소시키면 평형은 정반응 쪽으로 이동한다.

④ 300℃에서 $A(g)$, $B(g)$, $C(g)$의 농도(mol/L)가 [A]=2, [B]=1, [C]=2이면 정반응이 진행된다.

16 0℃, 1기압에서 22.4L의 일산화탄소(CO) 기체와 충분한 양의 일산화질소(NO) 기체를 〈보기〉와 같이 반응시켜 질소(N_2) 기체를 얻었다. 얻은 질소(N_2) 기체를 20L 강철용기에 넣고 온도를 127℃로 올렸을 때의 기압으로 가장 옳은 것은? (단, 기체 상수(R)는 0.08L · atm/mol · K이고, 절대온도 = 섭씨온도 + 273이다.)

$$2CO(g) + 2NO(g) \rightarrow 2CO_2(g) + N_2(g)$$

① 0.25기압　　　　　　　　② 0.8기압

③ 1.6기압　　　　　　　　④ 7.1기압

ANSWER 15.④ 16.②

15 ① 평형상수는 $\dfrac{[C]^2}{[A][B]^2} = \dfrac{3^2}{3 \times 1^2} = 3$이다.

② 평형상태에서 온도를 높이면 평형은 역반응 쪽으로 이동한다.

③ 평형상태에서 반응 용기의 부피를 증가시켜 압력을 감소시키면 평형은 역반응 쪽으로 이동한다.

16 $2CO(g) + 2NO(g) \rightarrow 2CO_2 + N_2(g)$

일산화탄소와 질소의 계수비가 2 : 1

0℃, 1기압에서 22.4L의 일산화탄소가 완전 반응하려면 0℃, 1기압에서 11.2L의 질소가 생성되어야 한다.

이렇게 생성된 질소를 20L의 강철용기에 넣고 127℃로 온도를 올리면 보일-샤를의 법칙에 의해

$\dfrac{PV}{T} = k$가 성립된다.

이 식에 대입하여 구하면 $\dfrac{11.2}{273} = \dfrac{x \times 20}{273 + 127}$

x를 구하면 $x = \dfrac{11.2 \times 400}{273 \times 20} = 0.82$기압

17 〈보기〉는 아연(Zn)판과 구리(Cu)판을 묽은 황산에 담그고 도선으로 두 금속판을 연결한 전지이다. 이에 대한 설명으로 가장 옳은 것은?

―――――――― 〈보기〉 ――――――――

$$Zn(s) \mid H_2SO_4(aq) \mid Cu(s)$$

① 다니엘 전지이다.

② (−)극에서 아연판 질량은 일정하다.

③ 분극 현상이 일어난다.

④ (+)극에서 구리판 질량이 증가한다.

....

ANSWER 17.③

17 **볼타전지**… 아연판과 구리판을 묽은 황산에 담가 도선을 연결한 전지를 말한다. 반응성이 큰 아연판은 산화되어 전자를 내놓는 음극이 되고, 반응성이 작은 구리판은 양극이 되어 수소 이온이 전자를 얻고 환원된다.

전지식 : (−)Zn ∣ H₂SO ∣ Cu (+)

- Zn극 반응 : $Zn(s) \rightarrow Zn^{2+}(aq) + 2e^-$ 산화반응
- Cu극 반응 : $2H^+(aq) + 2e^- \rightarrow H_2(g)$ 환원반응
- 전체반응 : $Zn(g) + 2H^+(aq) \rightarrow Zn^{2+}(aq) + H_2(g)$
- 전극변화 : 아연판은 Zn^{2+}가 되어 용액 속으로 녹아 들어가므로 아연판의 질량은 감소하며, 구리판에서는 H^+가 H_2 기체가 되어 발생하므로 구리판의 질량은 변하지 않는다.
- 분극작용 : 볼타전지의 기전력이 곧 떨어지는 현상이 일어나는 것은 (+)극인 구리 표면에 발생한 수소 기체가 전극을 둘러싸 용액 중의 수소 이온이 전자를 받아들이는 환원작용을 방해하기 때문이다. 전극에 생성된 물질 때문에 기전력이 감소되는 현상을 분극작용이라 한다.

18 〈보기〉에 대한 설명으로 가장 옳은 것은?

〈보기〉

(개) $C(s) + O_2(g) \rightarrow CO_2(g)$, $\triangle H_1 = -393.5\text{kJ}$

(내) $C(s) + \dfrac{1}{2}O_2(g) \rightarrow CO(g)$, $\triangle H_2 = -110.5\text{kJ}$

(대) $CO(g) + \dfrac{1}{2}O_2(g) \rightarrow CO_2(g)$, $\triangle H_3 = (\ \bigcirc\ )$

---

① (개) 반응은 흡열 반응이다.

② $C(s)$의 연소 엔탈피($\triangle H$)는 $\triangle H_2$이다.

③ $CO_2(g)$의 분해 엔탈피($\triangle H$)는 $\triangle H_1$이다.

④ $\bigcirc$은 -283.0kJ이다.

ANSWER 18.④

18 • 탄소가 산소와 직접 연소해서 이산화탄소가 되는 반응 [경로 1]

$C(s) + O_2(g) \rightarrow CO_2(g)$, 엔탈피 변화($\triangle H$)$= -393.5\text{kJ}$

• 탄소가 일산화탄소로 바뀐 후에 이산화탄소가 되는 반응 [경로 2]

$C(s) + \dfrac{1}{2}O_2(g) \rightarrow CO(g)$, 엔탈피 변화($\triangle H$)$= -110.5\text{kJ}$

$CO(g) + \dfrac{1}{2}O_2(g) \rightarrow CO_2(g)$, 엔탈피 변화($\triangle H$)$= -393.5 - (-110.5) = -283\text{kJ}$

위 두 식은 반응물과 생성물이 종류와 상태가 같고 [경로 2]에서 두 엔탈피 변화를 더해보면 [경로 1]의 엔탈피 변화와 같은 것을 알 수 있다.

〈 경로 1 〉 $C(s) + O_2(g) \rightarrow CO_2(g)$, $\Delta H_1 = -393.5\text{ kJ}$

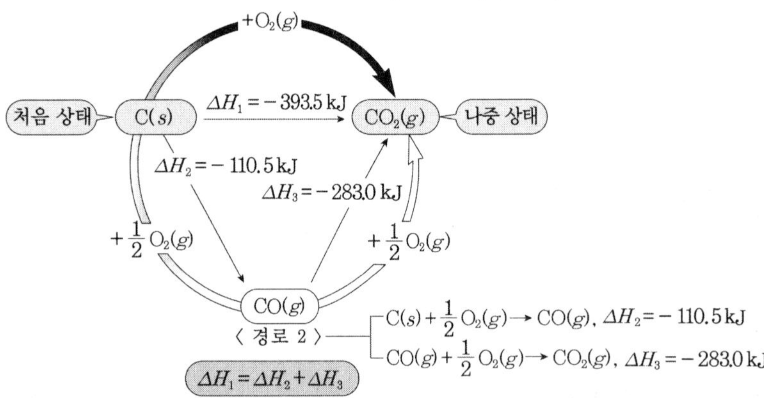

① (개) 반응은 발열반응이다.

② $C(s)$의 연소 엔탈피($\triangle H$)는 $\triangle H_1$이다.

③ $CO_2(g)$의 분해 엔탈피($\triangle H$)는 $\triangle H_3$이다.

④ $\bigcirc$은 -283.0kJ이다.

19 〈보기〉 실험에 대한 설명으로 가장 옳은 것은?

〈보기〉

[실험 과정]

㈎ 삼각 플라스크에 100g의 물을 넣은 후 물의 온도(t_1)를 측정한다.

㈏ 고체 질산암모늄(NH_4NO_3) 8g을 완전히 녹인 후 수용액의 온도(t_2)를 측정한다.

[실험 결과]

t_1은 23.8℃이고, t_2는 17.3℃가 되었다.

---

① 질산암모늄의 물에 대한 용해 반응은 발열 반응이다.

② 주위의 엔트로피는 감소한다.

③ 계의 엔탈피는 감소한다.

④ 반응이 자발적으로 일어나므로 계의 엔트로피는 감소한다.

ANSWER 19.②

19 실험 결과 수용액의 온도가 감소하였으므로 NH_4NO_3의 용해 반응은 흡열 반응이다.

NH_4NO_3가 수용액에 녹아서 이온화되므로 계의 엔트로피는 증가한다.

반응이 자발적으로 일어났으므로 전체 엔트로피는 증가하였다.

수용액의 온도가 감소한 것으로 보아 주위에서 열을 흡수하는 흡열 반응($\triangle H > 0$)이 일어났으므로 계의 엔탈피는 증가하고 주위의 엔탈피는 감소하였다.

20 분자 중 모양이 삼각뿔형인 것은?

① BeH_2

② BF_3

③ SiH_4

④ NH_3

ANSWER 20.④

20 ①
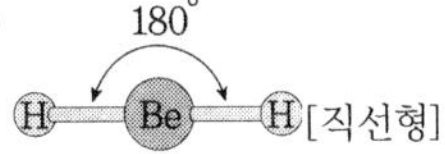

②
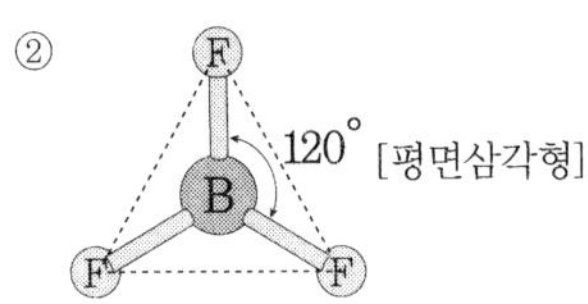

③
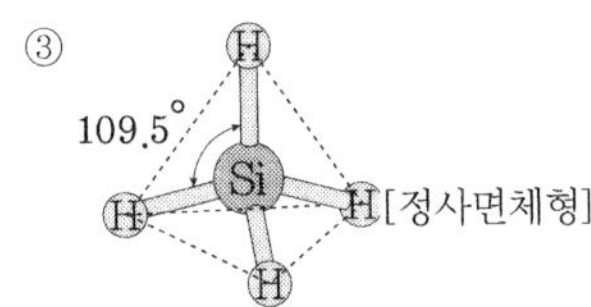

④ 비공유
전자쌍
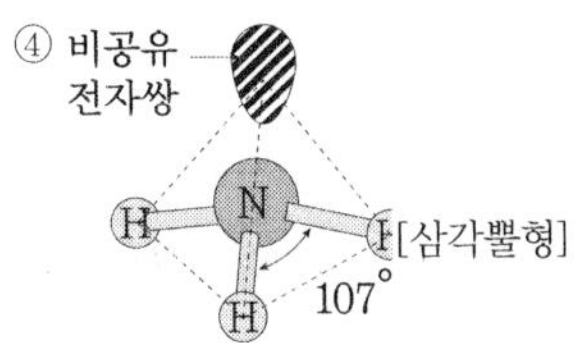

1 유효 숫자를 고려한 $(13.59 \times 6.3) \div 12$의 값은?

① 7.1

② 7.13

③ 7.14

④ 7.135

2 다음 바닥상태의 전자 배치 중 17족 할로젠 원소는?

① $1s^2 2s^2 2p^6 3s^2 3p^5$

② $1s^2 2s^2 2p^6 3s^2 3p^6 3d^7 4s^2$

③ $1s^2 2s^2 2p^6 3s^2 3p^6 4s^1$

④ $1s^2 2s^2 2p^6 3s^2 3p^6$

ANSWER 1.① 2.①

1 유효숫자를 고려한 사칙 연산의 기본은 '가장 작은 소수점 이하 자릿수'에 맞추는 것이다.

여기서 보면 13.59 → 4자리, 6.3 → 2자리, 12 → 2자리이므로 결과는 2자리까지만 맞추면 된다.

$(13.59 \times 6.3) \div 12 = 7.13475$

2자리로 맞춰야 하므로 7.1이 된다.

2 ① 17족 염소

② 27족 코발트

③ 19족 칼륨

④ 18족 아르곤

3 결합의 극성 크기 비교로 옳은 것은? (단, 전기 음성도 값은 H = 2.1, C = 2.5, O = 3.5, F = 4.0, Si = 1.8, Cl = 3.0이다)

  ① C－F > Si－F   ② C－H > Si－H

  ③ O－F > O－Cl   ④ C－O > Si－O

4 샤를의 법칙을 옳게 표현한 식은? (단, V, P, T, n은 각각 이상 기체의 부피, 압력, 절대온도, 몰수이다)

  ① $V = 상수/P$ ② $V = 상수 \times n$

  ③ $V = 상수 \times T$ ④ $V = 상수 \times P$

5 4몰의 원소 X와 10몰의 원소 Y를 반응시켜 X와 Y가 일정비로 결합된 화합물 4몰을 얻었고 2몰의 원소 Y가 남았다. 이때, 균형 맞춘 화학 반응식은?

  ① $4X + 10Y \longrightarrow X_4Y_{10}$

  ② $2X + 8Y \longrightarrow X_2Y_8$

  ③ $X + 2Y \longrightarrow XY_2$

  ④ $4X + 10Y \longrightarrow 4XY_2$

ANSWER 3.②   4.③   5.③

3 결합 원자 간의 전기 음성도 차이가 클수록 극성이다.
  ① C－F(1.5) < Si－F(2.2)
  ② C－H(0.4) > Si－H(0.3)
  ③ O－F(0.5) = O－Cl(0.5)
  ④ C－O(1.0) < Si－O(1.7)

4 샤를의 법칙은 기체의 부피가 기체의 온도에 비례한다는 법칙으로 기체의 압력이 일정할 때 기체의 부피가 기체의 절대온도에 비례한다는 것이다.

$$\frac{V}{T} = k$$ 여기서, V는 부피, T는 절대온도이고, k는 상수이다.

5 4몰의 원소 X, 10몰의 원소 Y를 반응시켜 XY화합물 4몰 얻음, 2몰의 원소 Y가 남음
10몰의 Y 중 2몰이 남았으므로 총 8몰이 반응했음을 알 수 있다.
생성물은 4몰을 얻었으니 원소 Y와 생성물의 계수비는 8 : 4가 된다.
정리하면 2 : 1이 되므로 X가 1, Y가 2인 것을 찾으면 된다.

6 온실 가스가 아닌 것은?

① $CO_2(g)$

② $H_2O(g)$

③ $N_2(g)$

④ $CH_4(g)$

ANSWER 6.③

6 온실 가스의 종류

㉠ **수증기(H_2O)** : 지구 온실가스의 가장 많은 부분을 차지하는 수증기는 주로 태양 복사열에 의해 바다에서 만들어 진다.

㉡ **이산화탄소(CO_2)** : 자연발생적 이산화탄소의 양은 지구 대기 중 미미한 수준이며, 다른 온실 가스에 비해 온실효과에 대한 영향이 크지 않았다. 하지만 1750년 산업혁명 이후 급증한 화석연료의 사용으로 인위적으로 발생되는 온실가스 중 이산화 탄소는 80%를 차지한다.

㉢ **메탄(CH_4)** : 대기 중에 존재하는 메탄가스는 이산화탄소에 비해 200분에 1에 불과하지만, 그 효과는 이산화탄소에 비해 20 배 이상 강력하다고 알려져 있다. 메탄가스는 미생물에 의한 유기물질의 분해과정을 통해 주로 생산되며, 화석연료 사용, 폐기물 배출, 가축 사육, 바이오매스의 연소 등 다양한 인간 활동과 함께 생산된다.

㉣ **아산화질소(N_2O)** : 자연계에 존재하는 온실 가스 중 하나이나 화석연료의 연소, 자동차 배기가스, 질소비료의 사용으로도 생산된다. 이산화탄소에 비해 존재양은 매우 작으나, 지구온난화지수로 보면 300배 이상의 적외선 흡수 능력을 가진 온실가스이다.

㉤ **수소불화탄소(HFCs)** : 자연계에 존재하지 않으며 인위적으로 발생되는 온실가스로 에어컨, 냉장고의 냉매로 사용량이 급증하면서 온실가스를 일으키는 주범으로 지목받고 있다. 전체온실가스 배출량의 1%를 차지하며 매년 8~9% 증가되는 수소불화탄소는 이산화탄소보다 1,000배 이상의 온실효과를 가진다고 알려져 있다.

㉥ **과불화탄소(PFCs)** : 자연계에 존재하지 않으나 인위적으로 발생되는 온실가스로 반도체 제작공정과 알루미늄 제련 과정에서 발생한다. 지구온난화지수로 보면 과불화탄소는 이산화탄소에 비해 6,000~10,000 배 이상 강력한 온실가스이다.

㉦ **육불화황(SF_6)** : 수소불화탄소나 과불화탄소처럼 인간에 의해 생산 배출되는 온실가스로, 반도체나 전자제품 생산 공정에서 발생한다. 그 효과는 이산화탄소보다 20,000 배 이상 강력하며 자연적으로 거의 분해되지 않아 대기 중에 3천년 이상의 존재시간이 예측되어 누적 시 지구온난화에 적지 않은 영향을 끼칠 것으로 예상된다.

7 용액의 총괄성에 대한 설명으로 옳은 것만을 모두 고르면?

> ㉠ 용질의 종류와 무관하고, 용질의 입자 수에 의존하는 물리적 성질이다.
> ㉡ 증기 압력은 $0.1\,\text{M}$ NaCl 수용액이 $0.1\,\text{M}$ 설탕 수용액보다 크다.
> ㉢ 끓는점 오름의 크기는 $0.1\,\text{M}$ NaCl 수용액이 $0.1\,\text{M}$ 설탕 수용액보다 크다.
> ㉣ 어는점 내림의 크기는 $0.1\,\text{M}$ NaCl 수용액이 $0.1\,\text{M}$ 설탕 수용액보다 작다.

① ㉠㉡   ② ㉠㉢
③ ㉡㉣   ④ ㉢㉣

7 ㉠ 총괄성의 정의에 대한 설명이므로 옳은 설명이다.
㉡ 증기 압력은 NaCl 수용액의 반트호프계수는 2, 설탕 수용액이 반트호프계수는 1이다. 그러므로 설탕 수용액이 더 크다.
㉢ 끓는점 오름은 NaCl의 반트호프계수가 더 크므로 NaCl 수용액이 더 크다.
㉣ 어는점 내림은 NaCl의 반트호프계수가 더 크므로 NaCl 수용액이 더 크다.
※ 총괄성이란 용질 입자의 종류와 무관하고 수에 의존하는 용액의 물리적 성질을 말한다.
　㉠ 증기 압력 : 증발 속도와 응축 속도가 같을 때 액체에 증기가 미치는 압력, 증기 압력을 나타내는 물질을 휘발성이 있다고 한다. 용질-용매 분자간 인력 때문에 비휘발성 용질의 농도가 클수록, 용매가 증기 상태로 탈출하는 것을 어렵게 만듦으로 용액의 증기압은 순수한 용매의 증기압보다 낮다.
　㉡ 끓는점 오름 : 용액의 끓는점은 순수한 용매의 끓는점보다 더 높다. 용액은 순수한 용매보다 낮은 증기 압력을 가지므로 1atm의 증기 압력에 도달하기 위해 더 높은 온도가 필요하다.
　㉢ 어는점 내림 : 순수한 용매에 용질을 첨가하여 용액을 만들면, 용액의 어는점이 용매의 어는점보다 낮아지는데, 이 현상을 말한다.
　㉣ 삼투압 : 서로 다른 농도의 용액을 반투막 사이에 두면 삼투 현상이 발생하게 되는데, 이때 반투막에 발생하는 압력을 삼투압이라고 한다. 삼투현상을 멈추게 하는 데 필요한 압력을 의미한다.

8 고분자(중합체)에 대한 설명으로 옳은 것만을 모두 고르면?

> ㉠ 폴리에틸렌은 에틸렌 단위체의 첨가 중합 고분자이다.
> ㉡ 나일론−66은 두 가지 다른 종류의 단위체가 축합 중합된 고분자이다.
> ㉢ 표면 처리제로 사용되는 테플론은 C−F 결합 특성 때문에 화학약품에 약하다.

① ㉠
② ㉠㉡
③ ㉡㉢
④ ㉠㉡㉢

9 팔전자 규칙(octet rule)을 만족시키지 않는 분자는?

① N_2
② CO_2
③ F_2
④ NO

ANSWER 8.② 9.④

8 ㉠ 첨가 중합이란 단위체의 이중 결합이 끊어지면서 연속적으로 첨가 반응을 하여 고분자 화합물이 만들어진다. 단위체의 탄소 원자 사이에 이중 결합이 존재하며, 중합 반응이 일어나는 동안 빠져나가는 분자는 없다.

$$n \quad \overset{H \quad\quad H}{\underset{H \quad\quad H}{C = C}} \quad \xrightarrow{\text{첨가 중합}} \quad \left[\overset{H \quad H}{\underset{H \quad H}{-C - C-}} \right]_n$$

에틸렌   폴리에틸렌

폴리에틸렌의 합성

㉡ 나일론−66은 두 가지 다른 종류의 단위체가 탈수 축합 중합반응을 통해 만들어지며 사용되는 시약은 Hexa nediamine과 Adipoyl chloride이다.

㉢ 테플론은 불소와 탄소의 강력한 화학적 결합으로 인해 매우 안정된 화합물을 형성함으로써 거의 완벽한 화학적 비활성 및 내열성, 비점착성, 우수한 절연 안정성, 낮은 마찰계수 등을 가지므로 화학약품에 강하다.

9 NO는 옥텟 규칙 예외 화합물로 홀수 개의 전자를 가진 분자와 이온은 옥텟 규칙 예외에 해당된다.

우선 최외각전자를 전부 더해보면 $5+6=11$

질소와 산소를 단일결합으로 연결시킨 후 최외각전자의 총합에서 단일결합에 쓰인 전자수를 빼면

$11-2=9$

나머지 전자를 전기 음성도가 큰 순서대로 옥텟을 만족하도록 배치해 보면 최외각전자가 홀수 개인 질소는 옥텟 규칙을 만족할 수 없다.

$$\overset{\cdot}{\underset{\cdot\cdot}{N}} = \overset{\cdot\cdot}{\underset{\cdot\cdot}{O}}$$

→NO 화합물은 총 원자가전자 11개이므로 모든 원자가 옥텟 규칙을 만족할 수 없다.

10 수용액에서 $HAuCl_4(s)$를 구연산(citric acid)과 반응시켜 금 나노입자 $Au(s)$를 만들었다. 이에 대한 설명으로 옳은 것만을 모두 고르면?

> ㉠ 반응 전후 Au의 산화수는 +5에서 0으로 감소하였다.
> ㉡ 산화－환원 반응이다.
> ㉢ 구연산은 환원제이다.
> ㉣ 산－염기 중화 반응이다.

① ㉠㉡   ② ㉠㉢
③ ㉡㉢   ④ ㉡㉣

······

ANSWER 10.③

10 우선 문제에서 나타내는 식을 세워보면 다음과 같다.

$$2HAuCl_4 + 3C_6H_8O_7 \rightarrow 2Au + 3C_5H_6O_5 + 8HCl + 3CO_2$$

- 산화 : $HAuCl_4 \rightarrow Au$

C의 산화수는 +1에서 +4로 증가, $C_6H_8O_7$은 산화되었다.

- 환원 : $C_6H_8O_7 \rightarrow CO_2$

Au의 산화수는 +3에서 0으로 감소, $HAuCl_4$는 환원되었다.

- 환원 : $C_6H_8O_7 \rightarrow C_5H_8O_5$

C의 산화수는 +1에서 $+\dfrac{4}{5}$로 감소, $C_6H_8O_7$은 환원되었다.

㉠ 반응 전후 Au의 산화수는 +3에서 0으로 감소하였다.
㉡ 산화－환원 반응이다.
㉢ 구연산은 환원제이다.
㉣ 산과 염기가 만나 물을 형성하는 반응이 아니므로 산－염기 중화 반응과는 관계가 없다.

11 전해질(electrolyte)에 대한 설명으로 옳은 것은?

① 물에 용해되어 이온 전도성 용액을 만드는 물질을 전해질이라 한다.

② 설탕($C_{12}H_{22}O_{11}$)을 증류수에 녹이면 전도성 용액이 된다.

③ 아세트산(CH_3COOH)은 KCl보다 강한 전해질이다.

④ NaCl 수용액은 전기가 통하지 않는다.

12 $CH_2O(g) + O_2(g) \rightarrow CO_2(g) + H_2O(g)$ 반응에 대한 $\Delta H°$ 값[kJ]은?

$$CH_2O(g) + H_2O(g) \rightarrow CH_4(g) + O_2(g) : \Delta H° = +275.6\text{kJ}$$

$$CH_4(g) + 2O_2(g) \rightarrow CO_2(g) + 2H_2O(l) : \Delta H° = -890.3\text{kJ}$$

$$H_2O(g) \rightarrow H_2O(l) : \Delta H° = -44.0\text{kJ}$$

① -658.7 ② -614.7

③ -570.7 ④ -526.7

ANSWER 11.①   12.④

11 ① 전해질 : 물에 용해되어 이온 전도성 용액을 만드는 물질

② 물에 용해되기는 하나 전기 전도성이 전혀 없거나 전기 전도성이 매우 작은 용액을 만드는 물질을 비전해질이라 한다. 예를 들면, 설탕($C_{12}H_{22}O_{11}$)이나 자동차 유리 세정액인 methanol(CH_3OH)은 비전해질인데, 둘 다 분자성 물질이며, 이들 분자들은 물 분자와 섞일 수 있으므로 녹지만, 분자들이 전기적으로 중성이므로 전류를 통할 수 없다.

③ 아세트산(CH_3COOH)은 KCl보다 약한 전해질이다.

④ NaCl 수용액은 강전해질이므로 전기가 잘 통한다.

12
$$CH_2O(g) + H_2O(g) \rightarrow CH_4(g) + O_2(g) \qquad \Delta H° = +275.6\text{kJ}\cdots\cdots①$$
$$CH_4(g) + 2O_2(g) \rightarrow CO_2(g) + 2H_2O(l) \qquad \Delta H° = -890.3\text{kJ}\cdots\cdots②$$
$$H_2O(g) \rightarrow H_2O(l) \qquad \Delta H° = -44.0\text{kJ}\cdots\cdots③$$

문제에 주어진 반응식을 위와 같이 ①②③이라고 하면

헤스의 법칙을 이용하여 문제에서 제시한 $CH_2O(g) + O_2(g) \rightarrow CO_2(g) + H_2O(g)$ 반응에 대한 $\Delta H°$를 구할 수 있다.

① $CH_2O(g) + H_2O(g) \rightarrow CH_4(g) + O_2(g) \qquad \Delta H° = +275.6\text{kJ}$

② $CH_4(g) + 2O_2(g) \rightarrow CO_2(g) + 2H_2O(l) \qquad \Delta H° = -890.3\text{kJ} \qquad (①+②)$

③ $H_2O(l) \rightarrow H_2O(g) \qquad \Delta H° = -44.0\text{kJ} \qquad (-2\times③)$

(역변환을 하면 $-$부호를 붙이며, 각 변에 n을 곱하면 $\Delta H°$에도 n을 곱해야 한다.)

$$\Delta H° = \Delta H_1 + \Delta H_2 - 2 \times \Delta H_3$$
$$= 275.6 + (-890.3) - (2 \times -44.0)$$
$$= -526.7\text{kJ}$$

13 화학 반응 속도에 영향을 주는 인자가 아닌 것은?

① 반응 엔탈피의 크기

② 반응 온도

③ 활성화 에너지의 크기

④ 반응물들의 충돌 횟수

14 다음 설명 중 옳지 않은 것은?

① CO_2는 선형 분자이며 C의 혼성오비탈은 sp이다.

② XeF_2는 선형 분자이며 Xe의 혼성오비탈은 sp이다.

③ NH_3는 삼각뿔형 분자이며 N의 혼성오비탈은 sp^3이다.

④ CH_4는 사면체 분자이며 C의 혼성오비탈은 sp^3이다.

ANSWER 13.① 14.②

13 반응 속도에 영향을 주는 인자
  ㉠ 활성화 에너지 : 활성화 에너지가 높으면 반응이 일어나기 힘들어 반응 속도가 느리고 활성화 에너지가 낮으면 반응이 일어나기 쉬워 반응 속도가 빨라진다.
  ㉡ 촉매 : 촉매를 사용하면 활성화 에너지에 변화를 주며, 화학 반응 시 소모되지 않고 반응 속도에 영향을 준다. 정촉매는 활성화 에너지를 낮춰 반응 속도를 빠르게 한다.
  ㉢ 온도 : 온도가 높으면 반응 속도가 빨라진다.
  ㉣ 농도 : 반응물의 농도가 높으면 반응 속도가 빨라진다. 농도가 크면 충돌수가 증가하고 유효충돌수가 증가하여 반응 속도가 빨라지는 것이다.

14 XeF_2의 분자 구조는 결합원자만으로 판별을 하므로 선형이며, Xe는 8개의 원자가 전자를 가지고 있으며 F는 7개의 전자를 갖고 있어 XeF_2는 총 22개의 최외각 전자를 가지고 있다. 이것은 두 F가 모두 Xe 분자에 결합되어 Xe 분자에 3개의 공유되지 않은 쌍과 2개의 결합된 쌍을 제공해야 함을 의미한다.
비공유전자쌍이 들어갈 오비탈도 혼성오비탈임을 숙지하여야 한다.
Xe는 원자가전자수가 8개라서 F와 두 결합을 형성하면 공유전자 2쌍 외에도 3쌍의 비공유전자가 존재하게 된다. 6개의 공유/비공유 전자쌍을 가지게 되고 6개의 오비탈이 섞여서 sp^3d^2혼성오비탈을 가지게 된다.

15 다음 열화학 반응식에 대한 설명으로 옳지 않은 것은?

$$2Mg(s) + O_2(g) \longrightarrow 2MgO(s) \qquad \Delta H^\circ = -1,204kJ$$

① 발열 반응

② 산화－환원 반응

③ 결합 반응

④ 산－염기 중화 반응

16 $KMnO_4$에서 Mn의 산화수는?

① $+1$

② $+3$

③ $+5$

④ $+7$

17 아세트산(CH_3COOH)과 사이안화수소산(HCN)의 혼합 수용액에 존재하는 염기의 세기를 작은 것부터 순서대로 바르게 나열한 것은? (단, 아세트산이 사이안화수소산보다 강산이다)

① $H_2O < CH_3COO^- < CN^-$

② $H_2O < CN^- < CH_3COO^-$

③ $CN^- < CH_3COO^- < H_2O$

④ $CH_3COO^- < H_2O < CN^-$

ANSWER 15.④ 16.④ 17.①

15 ① 반응물과 생성물이 가지는 엔탈피의 크기에 따라 정해진다. → 발열 반응은 '－' 부호를 가지고, 흡열 반응은 '+' 부호를 가진다.

② 전자의 이동이 있어야 산화－환원 반응으로 볼 수 있다.

$$2Mg(s) + O_2(g) \longrightarrow 2MgO(s)$$

여기서 Mg는 전자 2개를 내어주고 Mg^{2+}가 되고, O_2는 전자 2개를 얻어 O^{2-}가 되어 서로 결합이 되었으므로 Mg는 산화되고, O_2는 환원된 것이다.

③ 두 원자 사이에 새로운 결합이 생성되는 반응은 발열 반응이고 결합 에너지만큼의 에너지가 방출된다.

④ 산－염기 중화 반응은 산성 물질과 염기성 물질이 반응하여, 일반적으로 염과 물이 형성되는 반응을 말한다.

16 $KMnO_4(aq) \longrightarrow K^+(aq) + MnO_4^-(aq)$

MnO_4 원자단 전체의 산화수 $=$ 이온전하 $=-1$이므로

산화수를 계산하면

$Mn + 4(-2) = -1$

$Mn = +7$

17 산의 세기와 염기의 세기

㉠ 산의 세기 : $H_3O^+ > HF > CH_3COOH > HCN > H_2O > NH_3$

㉡ 염기의 세기 : $NH_2^- > OH^- > CN^- > CH_3COO^- > F^- > H_2O$

18 다음 그림은 $NOCl_2(g) + NO(g) \rightarrow 2NOCl(g)$ 반응에 대하여 시간에 따른 농도 $[NOCl_2]$와 $[NOCl]$를 측정한 것이다. 이에 대한 설명으로 옳은 것만을 모두 고르면?

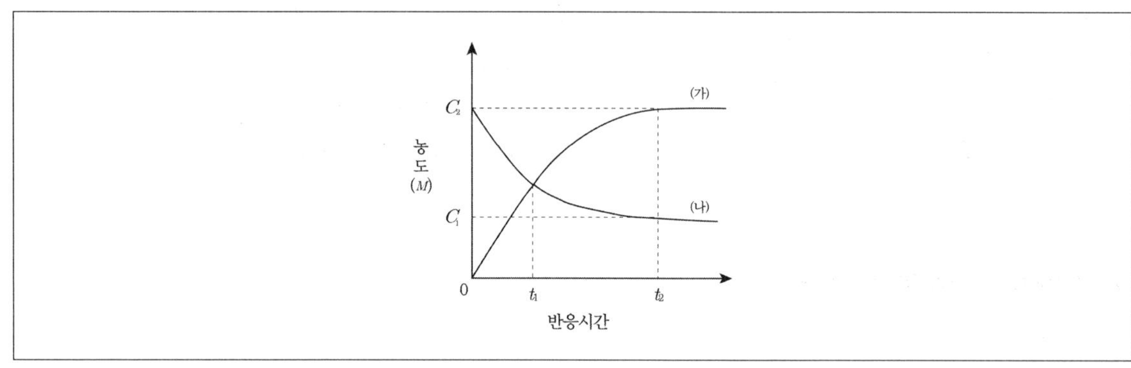

㉠ (가)는 $[NOCl_2]$이고 (나)는 $[NOCl]$이다.
㉡ (나)의 반응 순간 속도는 t_1과 t_2에서 다르다.
㉢ $\Delta_t = t_2 - t_1$ 동안 반응 평균 속도 크기는 (가)가 (나)보다 크다.

① ㉠　　　　　　　　　　　　　　② ㉡

③ ㉢　　　　　　　　　　　　　　④ ㉡㉢

ANSWER 18.④

18 ㉠ $NICl_2(g) + NO(g) \rightarrow 2NOCl(g)$의 반응이 진행되면 반응물은 감소하고 생성물은 증가한다.
(가)의 그래프는 시간이 경과할수록 농도가 증가하고, (나)의 그래프는 시간이 지날수록 농도가 감소한다.
그러므로 (가)는 생성물인 $[NOCl]$이고 (나)는 반응물인 $[NOCl_2]$이다.
㉡ 반응 순간 속도는 그래프에서 볼 때 접선의 기울기이다. 접선의 기울기를 보면 t_1과 t_2에서의 기울기가 다름을 알 수 있다. 그러므로 t_1과 t_2에서의 반응 순간 속도는 다르다.
㉢ 반응 평균 속도는 t_1과 t_2일 때의 농도를 연결한 선의 기울기로 찾을 수 있다. 동일한 시간동안 (가)가 (나)보다 농도 변화가 더 큼을 알 수 있다. 또는 농도를 연결한 선의 기울기를 보면 (가)가 (나)보다 큼을 알 수 있다.

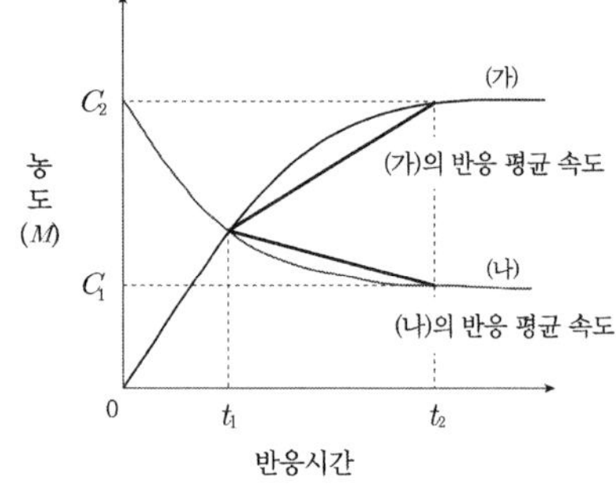

19 구조 (개)~(다)는 결정성 고체의 단위세포를 나타낸 것이다. 이에 대한 설명으로 옳은 것만을 모두 고르면?

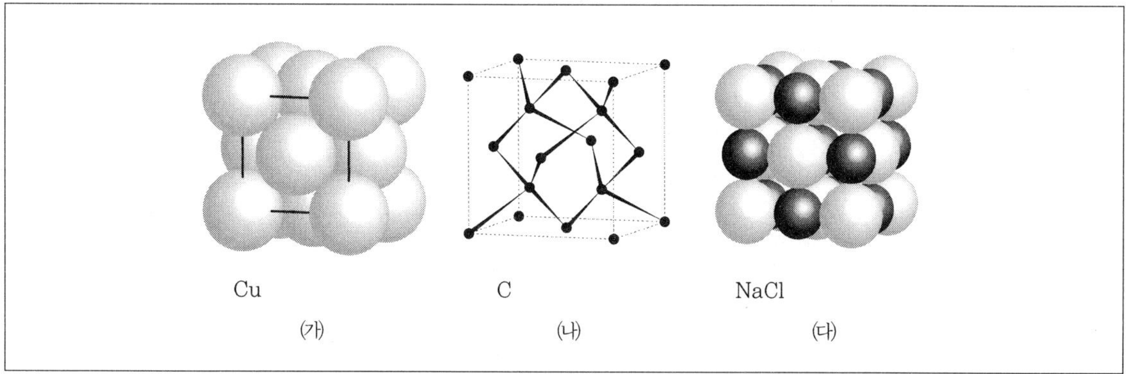

㉠ 전기 전도성은 (가)가 (나)보다 크다.

㉡ (나)의 탄소 원자 사이의 결합각은 CH_4의 H−C−H 결합각과 같다.

㉢ (나)와 (다)의 단위세포에 포함된 C와 Na^+의 개수 비는 1 : 2이다.

① ㉠

② ㉢

③ ㉠㉡

④ ㉠㉡㉢

ANSWER 19.③

19 (가) Cu → 금속결정

(나) C → 원자결정, 공유결합, 정사면체 모양, 1개의 탄소 원자가 4개의 탄소 원자와 결합, 결합각은 109.5도

(다) NaCl → 이온결정, 면심입방 단위세포, 4개의 Cl^-와 4개의 Na^+로 결합

㉠ 금속결정은 전기 전도성을 띠나 공유결합은 전기 전도성을 띠지 않는다.

㉡ CH_4 분자에서 네 개의 수소 원자는 정사면체를 이루며 이 정사면체의 중심에 탄소 원자가 자리를 잡게 된다. 이 분자에서 결합각(H−C−H)은 109.5°이다. (나)는 다이아몬드로 결합각은 109.5°이다.

㉢ (나)의 단위세포를 보면 꼭짓점에 8개, 면 중앙에 6개, 단위세포 안에 4개가 존재한다. 꼭짓점에 있는 것은 구 전체가 들어있는 것이 아니라 1/8만큼 포함되어 있다는 것이므로 1/8의 구에 8개가 있으므로 탄소는 1개가 된다. 면 중앙에 위치하는 것 또한 구 전체가 아닌 1/2만큼이므로 1/2의 구에 6개가 있으므로 탄소는 총 3개가 된다. 단위세포에 안에 구 전체로 들어있는 것은 4개이므로 총 탄소의 개수는 8개이다.

(다)의 단위세포를 보면 나트륨이온은 모서리에 12개, 정중앙에 1개가 있다. 모서리에 있는 것은 구 전체가 들어있는 것이 아니라 1/4만큼 포함된 것이므로 1/4의 구에 12개가 있으므로 나트륨이온은 3개이다. 정중앙에 있는 것이 1개 있으므로 총 나트륨이온의 개수는 4개이다.

그러므로 개수 비는 2 : 1이 된다.

20 팔면체 철 착이온 $[Fe(CN)_6]^{3-}$, $[Fe(en)_3]^{3+}$, $[Fe(en)_2Cl_2]^+$에 대한 설명으로 옳은 것만을 모두 고르면?
(단, en은 에틸렌다이아민이고 Fe는 8족 원소이다)

> ㉠ $[Fe(CN)_6]^{3-}$는 상자기성이다.
> ㉡ $[Fe(en)_3]^{3+}$는 거울상 이성질체를 갖는다.
> ㉢ $[Fe(en)_2Cl_2]^+$는 3개의 입체이성질체를 갖는다.

① ㉠

② ㉡

③ ㉢

④ ㉠㉡㉢

20 ㉠ 철의 전자배치

$_{26}Fe \rightarrow 1s^2 2s^2 2p^6 3s^2 3p^6 4s^2 3d^6$

$_{26}Fe^{3+} \rightarrow 1s^2 2s^2 2p^6 3s^2 3p^6 3d^5$

여기서 철의 전자배열을 보면 $4s$ 오비탈의 전자 개수는 2개, $3d$ 오비탈의 전자 개수는 6개이다.

그런데 철의 산화수가 +3이므로 d 오비탈에는 5개의 전자만 남게 된다.

CN^-는 강한장 리간드이므로 low spin 배치에 따르게 되어 1개의 홀전자만 남는다.

그러므로 상자기성이다.

㉡ $[Fe(en)_3]^{3+}$은 M(en)₃으로 이 착이온은 단 1개의 시스 형태의 이성질체를 가지게 되어 광학 이성질체 즉, 거울상 이성질체를 갖는다.

㉢ $[Fe(en)_2Cl_2]^+$는 M(en)₂A₂이므로 이 착이온은 염소원자가 트랜스 배치인 경우, 염소원자가 시스 배치인 경우, 염소가 시스 배치인 경우의 거울상 이성질체 이렇게 3개의 입체 이성질체를 갖는다.

1 $^{19}_{9}F^{-}$의 양성자, 중성자, 전자 수가 바르게 적힌 것은?

① 양성자 : 9, 중성자 : 10, 전자 : 9

② 양성자 : 10, 중성자 : 9, 전자 : 9

③ 양성자 : 10, 중성자 : 9, 전자 : 10

④ 양성자 : 9, 중성자 : 10, 전자 : 10

2 물에 1몰이 녹았을 때 1몰의 A^{2+}와 2몰의 B^{-} 이온으로 완전히 해리되는 미지의 고체 시료 AB_2를 생각해 보자. AB_2 15g을 물 250g에 녹였을 때 물의 끓는점이 1.53K 증가함이 관찰되었다. AB_2의 몰질량 [g/mol]은 얼마인가? (단, 물의 끓는점 오름 상수(K_b)는 0.51K · kg · mol^{-1}로 한다.)

① 30

② 40

③ 60

④ 80

ANSWER 1.④ 2.③

1 $^{A}_{Z}X^{M}$으로 놓고 보면 A는 질량수(= 양성자 수 + 중성자 수), Z는 원자번호 = 양성자 수, M은 이온이 되었을 때의 전하를 나타낸다.

문제에서 제시된 $^{19}_{9}F^{-}$를 보면 우선 19는 질량수, 9는 양성자 수

그러므로 중성자 수는 $19-9=10$

전자 수는 1가 음이온이므로 양성자 수에 +1를 해주면 된다.

양성자 수는 9, 중성자 수는 10, 전자 수는 10이 된다.

2 $AB_2 \rightarrow A^{2+} + 2B^{-}$

몰랄 오름 상수와 끓는점 오름을 비교해 보면 $0.51K : 1.53K = 1 : 3$

위 식을 살펴보면 1몰이 이온화될 경우 3몰을 효과가 나타나므로

$$m = \frac{\frac{15}{M}}{250} = \frac{15}{250M}$$

$$\triangle T_b = K_b \times m \times i$$

$$1.53 = 0.51 \times \frac{15}{250M} \times 3$$

$M = 0.06$kg이므로 변환하면 60g

3 〈보기〉는 수소와 질소가 반응하여 암모니아를 만드는 화학 반응식이다. 이에 대한 설명으로 가장 옳은 것은? (단, 수소 원자량은 1.0g/mol, 질소 원자량은 14.0g/mol이다.)

─── 〈보기〉 ───

$$3H_2(g) + N_2(g) \rightarrow 2NH_3(g)$$

① 암모니아를 구성하는 수소와 질소의 질량비는 3 : 14이다.

② 암모니아의 몰질량은 34.0g/mol이다.

③ 화학 반응에 참여하는 수소 기체와 질소 기체의 질량비는 3 : 1이다.

④ 2몰의 수소 기체와 1몰의 질소 기체가 반응할 경우 이론적으로 2몰의 암모니아 기체가 생성된다.

4 25℃에서 어떤 수용액의 $[H^+] = 2.0 \times 10^{-5}$M일 때, 이 용액의 $[OH^-]$ 값[M]으로 옳은 것은?

① 2.0×10^{-5}

② $3.0 \times 10^{-}$

③ 4.0×10^{-8}

④ 5.0×10^{-10}

· ·

ANSWER 3.① 4.④

3 $3H_2(g) + N_2(g) \rightarrow 2NH_3(g)$

반응식을 보면 N_2 1몰당 H_2 3몰이 반응하여 NH_3 2몰을 생성한다.

암모니아를 구성하는 수소와 질소의 질량비는 $NH_3 \rightarrow$ 14 : 3에서 3 : 14이다.

암모니아의 몰질량은 14＋3＝17g/mol이다.

화학 반응에 참여하는 수소 기채와 질소 기체의 질량비는 3 : 14이다.

2몰의 수소 기체와 1몰의 질소 기체가 반응할 경우 생성되는 암모니아는 $\dfrac{4}{3}$ 몰이다.

($N_2 = \dfrac{2}{3}$ 몰, $H_2 = 2$몰이 반응하므로)

4 해리상수 K_a는 주어진 일정량의 산이 물에서 해리될 때 방출되는 수소 이온의 양을 말한다.

공식으로 나타내면 $K_a = [H^+][OH]^- = 10^{-14}$

문제에서 주어진 $[H^+] = 2.0 \times 10^{-5}$M이라고 하였으므로

구해야 하는 $[OH^-] = \dfrac{K_a}{[H^+]} = \dfrac{10^{-14}}{2.0 \times 10^{-5}} = 5 \times 10^{-10}$

5 $-d[W]/dt=k[W]^2$로 반응속도가 표현되는 화학종 W를 포함하는 화학 반응에 대하여, 가장 반감기를 짧게 만들 수 있는 방법으로 옳은 것은?

① W의 초기 농도를 3배로 높인다.

② 속도상수 k를 3배로 크게 한다.

③ W의 초기 농도를 10배로 높인다.

④ 속도상수 k와 W의 초기 농도를 각각 3배로 크게 한다.

6 외벽이 완전히 단열된 6kg의 철 용기에 담긴 물 23kg이 20℃의 온도에서 평형상태에 존재한다. 이 물에 온도가 70℃인 10kg의 철 덩어리를 넣고 평형에 도달하게 하였을 때 물의 최종 온도[℃]는? (단, 팽창 또는 수축에 의한 영향은 무시한다. 모든 비열은 온도에 무관하다고 가정하며, 물의 비열은 4kJ · kg^{-1} · ℃$^{-1}$, 철의 비열은 0.5kJ · kg^{-1} · ℃$^{-1}$로 한다.)

① 20

② 22.5

③ 25

④ 27.5

ANSWER 5.③ 6.②

5 $V=\dfrac{-d[W]}{dt}=k[W]^2 \rightarrow$ 2차 반응

2차 반응은 적분해서 나온 농도의 역수 값이 1차 함수로 나온다.

반감기는 $[W]_t=\dfrac{1}{2\times[W]_0}$를 넣고 정리를 하면

$$\dfrac{d[W]}{[W]^2}=-kdt \rightarrow -\dfrac{1}{[W]_t}+\dfrac{1}{[W]_0}=-kt$$

$t=\dfrac{1}{k[W]_0}$, 초기 농도에 반비례한다.

초기 농도를 증가시키면 반감기는 감소하므로 초기 농도가 가장 큰 것은 ③이 된다.

6 열량＝비열×질량×온도변화이므로 $Q=cmt$

문제에서 보면 열평형상태라고 하였으므로 $Q_1+Q_2=Q_3$

대입하여 계산하면

$0.5\times60\times(t-20)+4\times23\times(t-20)=0.5\times10\times(70-t)$

$100t=2,250$

$t=22.5℃$

7 암모니아의 합성 반응이 〈보기〉에 제시되었으며, 특정 실험 온도에서 K값이 6.0×10^{-2}으로 알려져 있다. 해당 온도에서 초기 농도가 $[N_2] = 1.0M$, $[H_2] = 1.0 \times 10^{-2}M$, $[NH_3] = 1.0 \times 10^{-4}M$일 때, 평형에 도달하기 위해 화학 반응이 이동하는 방향을 예측한다면?

〈보기〉

$$N_2(g) + 3H_2(g) \rightleftarrows 2NH_3(g)$$

---

① 정반응과 역반응 모두 일어나지 않는다.

② 정반응 방향

③ 역반응 방향

④ 정반응과 역반응의 속도가 같다.

ANSWER 7.②

7 문제에서 제시한 식을 정리해 보면

$N_2 + 3H_2 \rightleftarrows 2NH_3$

$N_2 = 1.0M$, $H_2 = 1.0 \times 10^{-2}M$, $NH_3 = 1.0 \times 10^{-4}M$

평형상수 $K = 6.0 \times 10^{-2} = 0.06$

반응지수 Q를 구해보면

$$aA + bB \rightleftarrows cC + dD \rightarrow K_c = Q = \frac{[C]^c[D]^d}{[A]^a[B]^b} = \frac{[NH_3]^2}{[N_2][H_2]^3}$$

$$= \frac{(1.0 \times 10^{-4})^2}{1.0 \times (1.0 \times 10^{-2})^3} = \frac{1.0 \times 10^{-8}}{1.0 \times 1.0 \times 10^{-6}} = \frac{1}{100} = 0.01$$

$0.06 > 0.01 = K > Q$이다.

$K > Q$이므로 정반응 방향으로 이동한다.

※ 온도가 일정하게 유지되었을 때 평형상수는 같으므로 평형상수 K와 평형상수 식에 처음 농도를 대입해서 계산한 반응지수 Q를 비교하면 반응의 진행방향을 알 수 있다.

　㉠ 평형 농도 대입 → 평형상수 K

　㉡ 현재 농도 대입 → 반응지수 Q

$Q < K$	평형상태 > 임의의 농도	정반응	정반응 속도 > 역반응 속도
$Q = K$	평형상태 = 임의의 농도	평형 유지	정반응 속도 = 역반응 속도
$Q > K$	평형상태 < 임의의 농도	역반응	정반응 속도 < 역반응 속도

8 KOH(aq)와 Fe(NO$_3$)$_2$(aq)의 균형이 맞추어진 화학 반응식에서 반응물과 생성물의 모든 계수의 합은?

① 3

② 4

③ 5

④ 6

9 〈보기〉의 물질 중 입체수(SN, steric number)가 다른 물질은?

〈보기〉

ㄱ SF$_4$	ㄴ CF$_4$
ㄷ XeF$_2$	ㄹ PF$_5$

① ㄱ

② ㄴ

③ ㄷ

④ ㄹ

ANSWER 8.④ 9.②

8 KOH(aq)와 Fe(NO$_3$)$_2$(aq)의 균형 맞춘 화학 반응식은 다음과 같다.

$$Fe(NO_3)_2(aq) + 2KOH(aq) = Fe(OH_2)(s) + 2KNO_3(aq)$$

$$Fe^{2+} + 2NO_3^- + 2K^+ + 2OH^- = Fe(OH)_2 + 2K^+ + 2NO_3^-$$

반응물과 생성물의 모든 계수의 합은 6이다.

※ $Fe(NO_3)_2 + KOH \rightarrow Fe^{+3} + 3(OH)^{-1} \rightarrow Fe(OH_3)(s)$

　여기서 NO_3^{-1}과 K^{+1}은 구경꾼 이온이다.

9 SF$_4$, CF$_4$, XeF$_2$, PF$_5$의 비교

물질명	결합원자의 수	비공유전자쌍 수	결합형태
SF$_4$	4	1	시소형
CF$_4$	4	0	정사면체
XeF$_2$	2	3	선형
PF$_5$	5	0	삼각쌍뿔

※ SN … 중심 원자에 결합되어 있는 원자 수 + 중심 원자의 고립 전자쌍 수

10 완충 용액에 대한 설명 중 가장 옳지 않은 것은?

① 완충 용액은 약산과 그 짝염기의 혼합으로 만들 수 있다.

② 완충 용액은 약염기와 그 짝산의 혼합으로 만들 수 있다.

③ 완충 용액은 센 산(strong acid)이나 센 염기(strong base)가 조금 가해졌을 때 pH가 잘 변하지 않는다.

④ 완충 용량은 pH가 완충 용액에서 사용하는 약산의 pK_a에 근접할수록 작아진다.

11 〈보기〉에 제시된 이상 기체 및 실제 기체에 대한 방정식을 설명한 것으로 가장 옳지 않은 것은?

〈보기〉

이상 기체 방정식 : $PV = nRT$

실제 기체 방정식 : $[P + a(n/V)^2] \times (V - nb) = nRT$

---

① 실제 기체 입자들 사이에서 작용하는 인력을 고려할 때, 일정한 압력에서 온도가 낮을수록 실제 기체는 이상 기체에 가까워진다.

② 실제 기체 입자들 사이에서 작용하는 인력을 보정하기 위해 P대신 $[P + a(n/V)^2]$를 사용한다.

③ 실제 기체는 기체 입자가 부피를 가지고 있으므로 이를 보정하기 위해 V대신 $V - nb$를 사용한다.

④ 실제 기체는 낮은 압력일수록 이상 기체에 근접한다.

ANSWER 10.④ 11.①

10 완충 용액은 약산과 짝염기의 혼합, 약염기와 짝산의 혼합으로 만들 수 있다.

완충 용량은 외부로부터 들어오는 산, 염기에 대해 저항(pH 변화가 작게)할 수 있는 정도를 말한다.

부피가 일정할 경우 농도가 높을수록 완충 용량은 커지며, 약산과 짝염기의 농도가 같을 때 완충 용량은 최대가 된다.

$pK_a = pH$일 때 최대완충용량을 나타낸다.

$$pH = pK_a + \log\frac{[염기]}{[산]}$$

완충 범위는 완충 효과를 나타내는데 최대 완충 용량을 나타내는 $pK_a = pH$인 지점에 가까울수록 완충 용량은 커진다.

※ 완충 용액이 효과적으로 작용할 수 있는 pH의 범위 … $pH = pK_a \pm 1$

11 ① 압력이 크게 높아져 분자간 거리가 가까워지는 경우, 온도가 크게 낮아져 분자의 운동속도가 아주 낮아지는 경우, 분자량이 아주 큰 경우에는 이상기체에서 벗어나게 된다.

② $\left(P + \dfrac{an^2}{V^2}\right)$은 보정항인 $+a\left(\dfrac{n^2}{V^2}\right)$을 가산하여 보정한 보정된 압력을 말한다.

③ $V - nb$는 보정항인 $-nb$를 가산하여 보정한 보정된 체적을 말한다.

④ 실제 기체가 이상 기체 방정식에 잘 적용되는 조건 : 실제 기체의 온도가 높을수록, 압력이 낮을수록, 분자 간 인력이 작을수록, 분자량이 작을수록 이상 기체 상태 방정식에 잘 적용된다.

12 HSO_4^- ($K_a = 1.2 \times 10^{-2}$), HNO_2($K_a = 4.0 \times 10^{-4}$), $HOCl$($K_a = 3.5 \times 10^{-8}$), NH_4^+($K_a = 5.6 \times 10^{-10}$) 중 1M의 수용액을 형성하였을 때 가장 높은 pH를 보이는 일양성자산은?

① HSO_4^-

② NH_4^+

③ $HOCl$

④ HNO_2

13 약산인 아질산(HNO_2)은 0.23M의 초기 농도를 갖는 수용액일 때 2.0의 pH를 갖는다. 아질산의 산 이온화 상수(acid ionization constant)인 K_a는?

① 1.8×10^{-5}

② 1.7×10^{-4}

③ 4.5×10^{-4}

④ 7.1×10^{-4}

ANSWER 12.② 13.③

12 K_a의 값이 높을수록 pH가 작을수록 강산에 해당한다.
그러므로 K_a값이 가장 작은 것이 pH가 높은 것이 되므로 암모늄이온이 해당된다.

13 약산 HNO_2 수용액의 초기 농도 $0.23\,M$, $pH = 2.0$이므로
$$HNO_2 \rightleftharpoons H^+ + NO_2^-$$

$$K_a = \frac{[H^+][NO_2^-]}{[HNO_2]} = \frac{x \times x}{0.23 - x}$$

평형상수 식에서 $x = H^+$이므로

$$pH = -\log[H^+] = 2.0$$

$$[H^+] = 10^{-2.0} = 0.01$$

$$0.23 - x = 0.23 - 0.01 = 0.22$$

$$K_a = \frac{(0.01)^2}{0.22} = 4.545 \times 10^{-4} = 4.5 \times 10^{-4}$$

※ 또 다른 풀이

$$0.23\,M$$

| HA | $\rightarrow$ | H^+ | $+$ | A^- |

$$0.23 - x \rightarrow x \quad\quad x$$

$$pH = -\log x = 2.0 \rightarrow x = 10^{-2.0} = 0.01$$

$$[HA] = 0.23 - x = 0.23 - 0.01 = 0.22$$

$$K_a = \frac{[H^+][A^-]}{[HA]} = \frac{(0.01)^2}{0.22} = 4.5454 \times 10^{-4} = 4.5 \times 10^{-4}$$

14 어떤 동핵 이원자 분자(X_2)의 전자 배치는 〈보기〉와 같다. 이 분자의 결합 차수는 얼마인가?

〈보기〉

$$(\sigma_{2s})^2(\sigma^*_{2s})^2(\sigma_{2p})^2(\pi_{2p})^4(\pi^*_{2p})^4$$

① 1

② 1.5

③ 2

④ 2.5

15 PCl_3 분자의 VSEPR 구조와 PCl_3 분자에서 P 원자의 형식 전하를 옳게 짝지은 것은?

① 삼각평면 /+1

② 삼각평면 / 0

③ 사면체 / +1

④ 사면체 / 0

....

ANSWER 14.① 15.④

14 $(\sigma_{2s})^2(\sigma^*_{2s})^2(\sigma_{2p})^2(\pi_{2p})^4(\pi^*_{2p})^4$

결합 차수 $= \dfrac{1}{2}$(결합 전자수 $-$ 반결합 전자수)

$\quad\quad\quad = \dfrac{1}{2} \times (8-6) = 1$

15

비공유전자쌍 1개, 공유전자쌍 3개

입체수가 4개이므로 사면체 구조이다.

원자가전자 수의 합 $= 5+(3\times7) = 26$

원자가전자 수의 합에서, 단일 결합 1개당 전자 2개씩을 빼면 $26-(3\times2) = 20$

위의 남은 원자가전자 수의 합에서 전자쌍만큼 전자수를 빼면 $20-(3\times6) = 2$

형식전하 $=$ 원자가전자 수 $-$ (공유전자의 수/2 $+$ 비공유전자 수)

$5 - \left(\dfrac{6}{2}+2\right) = 0$

16 다음 중에서 가장 작은 이온 반지름을 가지는 이온은?

① F^-

② Mg^{2+}

③ O^{2-}

④ Ne

17 S^{2-} 이온의 전자 배치를 옳게 나타낸 것은?

① $1s^2 2s^2 2p^6 3s^2 3p^4$

② $1s^2 2s^2 2p^6 3s^2 3p^6$

③ $1s^2 2s^2 2p^6 3s^2 3p^4 3d^2$

④ $1s^2 2s^2 2p^6 3s^2 3p^4 4s^2$

ANSWER 16.② 17.②

16 • 같은 족 : 원자번호가 클수록 전자껍질 수가 증가하므로 이온 반지름은 증가한다.
• 같은 주기 : 전하의 종류가 같으면 원자번호가 커질수록 이온 반지름은 감소한다. 원자번호가 커질수록 전자껍질의 수가 증가 없이 원자핵의 양전하가 커지기 때문이다.
문제에서 보면 O^{2-}, F^-, Ne, Mg^{2+}를 제시하였으므로
O^{2-} : 원자번호 8, 전자를 1개 얻었으므로 전자 수는 10개
F^- : 원자번호 9, 전자를 1개 얻었으므로 전자 수는 10개
Ne : 원자번호 10. 아무것도 없으므로 전자 수는 10개
Mg^{2+} : 원자번호 12, 전자를 2개 잃었으므로 전자 수는 10개
양성자의 수가 가장 작은 O^{2-}가 반지름이 가장 크고, 가장 많은 Mg^{2+}가 반지름이 가장 작다.

원자반지름		원자반지름 → 감소							
	주기＼족	1	2	13	14	15	16	17	18
↓	1	$_1$H							$_2$He
	2	$_3$Li	$_4$Be	$_5$B	$_6$C	$_7$N	$_8$O	$_9$F	$_{10}$Ne
증가	3	$_{11}$Na	$_{12}$Mg	$_{13}$Al	$_{14}$Si	$_{15}$P	$_{16}$S	$_{17}$Cl	$_{18}$Ar
	4	$_{19}$K	$_{20}$Ca						

17 S 원소의 전자배치 ⋯ $1s^2 2s^2 2p^6 3s^2 3p^4$
S^{2-} 이온의 전자배치는 전자를 2개 얻었으므로 $3p$ 버금준위를 2개 채워야 한다.
$1s^2 2s^2 2p^6 3s^2 3p^6$

18 탄소[C(s)], 수소[H$_2$(g)], 메테인[CH$_4$(g)]의 연소 반응(생성물은 기체 이산화탄소와 액체 물 또는 두 물질 중 하나임.)은 각각 순서대로 390kJ/mol, 290kJ/mol, 890kJ/mol의 열을 방출하는 반응이다. 〈보기〉 반응에서 방출하는 열[kJ/mol]은?

〈보기〉

$$C(s) + 2H_2(g) \rightarrow CH_4(g)$$

---

① 80

② 210

③ 1,570

④ 1,860

19 미지의 화학종 A가 포함된 두 가지 반쪽반응의 표준환원 전위($E°$)는 각각 $E°$(A^{2+}|A) = +0.3V와 $E°$(A$^+$|A) = +0.4V이다. 이를 바탕으로 계산한 $E°$(A^{2+}|A$^+$) 값[V]은?

① +0.2

② +0.1

③ −0.1

④ −0.2

18 제시된 탄소[C(s)], 수소[H$_2$(g)], 메테인[CH$_4$(g)]의 연소 반응식을 각각 ①②③으로 정리하면

① $C(s) + O_2(g) \rightarrow CO_2(g)$ $Q_1 = 390\,kJ/mol$

② $H_2(g) + \dfrac{1}{2}O_2(g) \rightarrow H_2O(l)$ $Q_2 = 290\,kJ/mol$

③ $CH_4(g) + 2O_2(g) \rightarrow CO_2(g) + 2H_2O(l)$ $Q_3 = 890\,kJ/mol$

$C(s) + 2H_2(g) \rightarrow CH_4(g)$의 반응열을 구하면

①은 그대로, ②에는 반응식에 2를 곱하므로 엔탈피도 곱하기 2하여야 하며, ③은 역반응이므로 부호가 −로 변경된다.

그러면 $Q_1 + 2 \times Q_2 - Q_3$가 된다.

$390 + 2 \times 290 - 890 = 80\,kJ/mol$

18 $A^{2+} + 2e^- \rightarrow A$ $E° = +0.3\,V$ G_1

$A^+ + e^- \rightarrow A$ $E° = +0.4\,V$ G_2

두 식을 계산하면

$A^{2+} + 2e^- \rightarrow A$

$A \rightarrow A^+ + e^-$ (−로 변경)

$A^{2+} + e^- \rightarrow A^+$

$\triangle G° = -nFE°$ 전지에서 n은 전자반응에서 이동하는 전자의 수이므로 각각 2와 1이 된다.

$G = G_1 - G_2$

$-nFE° = (-2 \times F \times 0.3) - (-1 \times F \times 0.4)$

$-FE° = -0.6F + 0.4F = -0.2F$

$E° = 0.2$

20 강산인 0.10M HNO_3용액 0.5L에 강염기인 0.12M KOH용액 0.5L를 첨가하였다. 반응이 완료된 후의 pH는? (단, 생성물로 생기는 물의 부피는 무시한다.)

① 6

② 8

③ 10

④ 12

20 $HNO_3 + KOH \longrightarrow KNO_3 + H_2O$

$H^+ + OH^- \longrightarrow H_2O$

$M^\circ(V + V') = nMV - n'M'V'$

여기서, n, n'는 산, 염기의 가수, M, M'는 산, 염기의 몰농도, V, V'는 산, 염기의 부피이다.

$M^\circ(0.5 + 0.5) = 1 \times 0.1 \times 0.5 - 1 \times 0.12 \times 0.5$

$M^\circ = -0.01$

$HNO_3 < KOH$이므로 $M^\circ = [OH^-]$

$pOH = -\log[OH^-] = -\log[10^{-2}] = 2$

$pH = 14 - pOH = 14 - 2 = 12$

1 〈보기〉는 몇 가지 입자를 모형으로 나타낸 것이다. (가)~(다)에 대한 설명으로 가장 옳은 것은?

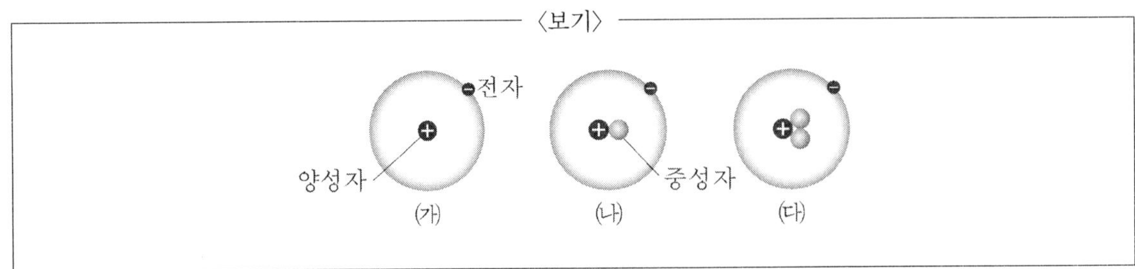

① (가)는 양이온이다.

② (나)의 질량수는 1이다.

③ (가)와 (다)의 물리적 성질은 같다.

④ (가)~(다)는 서로 동위 원소 관계이다.

2 0.3M 황산(H_2SO_4) 수용액 200mL를 완전히 중화시키는 데 수산화칼륨(KOH) 수용액 300mL가 사용되었다. 사용된 수산화칼륨(KOH) 수용액의 몰 농도 값[M]은?

① 0.25M

② 0.3M

③ 0.35M

④ 0.4M

ANSWER 1.④ 2.④

1 (가) $_1H$ → 수소

(나) $_1^2H$ → 중수소

(다) $_1^3H$ → 삼중수소

(가)(나)(다)는 양성자 수는 같으나 중성자 수가 달라 질량수가 다른 원소인 동위 원소에 해당한다.

2 $MV = M'V'$

H^+의 몰수 = OH^-의 몰수

H_2SO_4는 이양성자산으로 H^+의 농도는 산 농도의 2배이다.

구하고자 하는 수산화칼륨의 몰 농도는 x로 하여 위 식에 대입을 해 보면

$2 \times 0.3 \times 200 = x \times 300$

$x = 0.4$

3 1족인 알칼리 금속의 성질에 대한 설명으로 가장 옳은 것은?

① 알칼리 금속은 반응성이 커서 기체 상태의 금속 원자가 전자를 방출하고 양이온이 되는 발열반응을 보인다.

② 주기가 큰 알칼리 금속일수록 핵전하들 사이의 반발력이 증가하여 원자반지름이 작아진다.

③ 같은 주기의 다른 원소들과 비교하여 원자반지름이 큰 것은 전자 간 반발력이 크기 때문이다.

④ 원자가 전자와 핵과의 거리가 먼 알칼리 금속일수록 이온화 에너지 값이 감소한다.

4 암모니아(NH_3) 수용액에 염화암모늄(NH_4Cl)을 첨가하면, 첨가하기 전보다 그 양이 감소하는 분자(또는 이온)는? (단, 온도는 일정하다.)

① NH_3

② NH_4^+

③ OH^-

④ H_3O^+

ANSWER 3.④ 4.③

3 1족(알칼리금속) 원소(Li, Na, K)에서 원자가 전자 1개를 떼어낼 때 필요한 이온화 에너지는 해당 원소의 주기가 증가할수록 작아진다. 그러한 경향성을 갖는 가장 주요한 이유는 원소를 이루는 전자껍질(주양자수)의 수가 클수록, 핵과 원자가 전자 사이의 거리가 증가하여 서로의 인력이 줄어들기 때문이다.

※ 알칼리 금속의 성질

    ㉠ 원자번호가 클수록(주기가 커질수록) 반응성이 크다.

    ㉡ 공기 중 산소와 반응할 때 열이 발생(발열반응, 전자기파 방출)하는데, 5주기 이상의 원소들은 반응성이 워낙 커 높은 에너지의 전자기파를 방출하므로 불꽃이나 폭발의 형태로 보인다.

    ㉢ 전자 하나를 잃어 +1가의 양이온이 되기 쉽다.

    ㉣ 공기 중에서 쉽게 산화되며, 물과 폭발적 반응을 한다.

    ㉤ 주기율표상 1족 원소이다.

4 $NH_3 - NH_4Cl$

$NH_4^+ \rightarrow$ 약염기, NH_3의 짝산

$Cl^- \rightarrow$ 강산, HCl의 음이온

$NH_4Cl \rightarrow$ 짝산 + 강산의 음이온으로 된 염

$NH_3 + H_2O \rightleftharpoons NH_4^+ + OH^-$

$NH_4Cl \rightarrow NH_4^+ + Cl^-$

$H^+ + NH_3 \rightarrow NH_4^+$

$NH_3 + H_sO \leftarrow NH_4^+ + OH^-$

르샤틀리에의 원리에 따라 약염기의 이온화반응의 역반응이 일어나 OH^-가 소모된다.

5 〈보기〉의 물질에서 밑줄 친 원자의 산화수를 모두 합한 값은?

〈보기〉

$Li_2\underline{C}O_3$ $\quad Ca\underline{H}_2$ $\quad \underline{K}_2O$ $\quad H_2\underline{O}_2$ $\quad Cu(\underline{N}O_3)_2$

① +7

② +8

③ +9

④ +10

ANSWER 5.②

5 $Li_2CO_3 \rightarrow$ Li의 산화수 +1, O의 산화수 −2이므로

$2(Li) + (C) + 3(O) = 0$

$2(1) + (C) + 3(-2) = 0$

$\therefore C = +4$

$CaH_2 \rightarrow$ Ca의 산화수 +2이므로

$Ca + 2(H) = 0$

$2 + 2(H) = 0$

$\therefore H = -1$

$K_2O \rightarrow$ O의 산화수 −2이므로

$2(K) + (O) = 0$

$2(K) - 2 = 0$

$\therefore K = +1$

$H_2O_2 \rightarrow$ H의 산화수 +1이므로

$2(H) + 2(O) = 0$

$2(1) + 2(O) = 0$

$\therefore O = -1$

$Cu(NO_3)_2 \rightarrow$ Cu의 산화수 +2, NO_3의 산화수 −1이므로

$Cu + 2(NO_3) = 0$

$Cu + 2(-1) = 0$

$Cu = +2$

$NO_3^- \rightarrow$ O의 산화수 −2이므로

$N + 3(O) = -1$

$N + 3(-2) = -1$

$\therefore N = +5$

모든 산화수를 다 합하면

$+4 - 1 + 1 - 1 + 5 = +8$

6 〈보기〉는 주기율표의 일부를 나타낸 것이다. 이에 대한 설명으로 가장 옳은 것은? (단, A ~ D는 임의의 원소기호이다.)

〈보기〉

주기 \ 족	1	2	13	14	15	16	17	18
1	A							
2			B				C	
3	D							

① 전기 음성도는 B가 C보다 크다.

② 끓는점은 화합물 AC가 DC보다 높다.

③ BC_3에서 B는 옥텟 규칙을 만족하지 않는다.

④ C와 D는 공유 결합을 통해 화합물을 형성한다.

ANSWER 6.③

6 ① 주기율표 상 각 원소들의 전기음성도는 주기율표의 오른쪽, 위로 갈수록 크다. 그러므로 C가 더 크다.

② 끓는점은 주기가 증가할수록 원자량이 증가하고, 수소화합물의 분자량도 증가하게 된다. 분산력은 분자량에 비례하므로 분자량이 클수록 끓는점은 증가한다. DC가 AC보다 높다.

④ C와 D는 공유 결합이 아닌 이온 결합으로 화합물을 생성한다.

    A : H, B : B, C : F, D : Na이다.

7 이상 기체 상태 방정식에 잘 맞는 기체 일정량을 부피가 변하지 않는 밀폐된 용기에 담고 절대 온도를 2배로 올렸다. 이 기체에서 일어나는 변화로 가장 옳지 않은 것은?

① 기체의 압력이 2배로 증가한다.

② 기체의 분자 간 평균거리가 1/2로 줄어든다.

③ 기체의 평균운동에너지가 2배로 증가한다.

④ 기체 분자의 평균운동속도는 증가한다.

8 〈보기〉와 같이 요소(NH_2CONH_2)는 물(H_2O)과 반응하여 암모니아(NH_3)와 이산화탄소(CO_2)를 생성한다. 암모니아 10몰이 생성되었을 때 반응한 요소의 질량(g)은? (단, H, C, N, O의 원자량은 각각 1, 12, 14, 16이다.)

〈보기〉

$$NH_2CONH_2 + H_2O \rightarrow 2NH_3 + CO_2$$

① 60g

② 150g

③ 300g

④ 600g

ANSWER 7.② 8.③

7 $PV = kT$ (P : 압력, V : 부피, k : 상수, T : 절대 온도)

절대 온도가 2배가 되면 압력은 2배로 증가한다.

기체 분자의 평균운동에너지는 기체의 종류에 관계없이 절대 온도에 비례한다.

여기서 절대 온도를 2배로 하였으므로 평균운동에너지도 2배가 된다.

기체의 절대 온도가 2배가 되면 운동에너지는 2배가 되며, 평균운동에너지 $E = \frac{1}{2}mv^2$이므로 온도가 2배가 되더라도 질량은 변화가 없으므로 평균운동속도는 $\sqrt{2}$ 배가 된다.

분자 간 평균거리는 부피당 입자수로 구하므로 부피가 일정하고 몰수의 변화가 없으므로 분자간 평균거리는 동일하다.

8 질소 기체와 수소 기체와의 반응에서의 암모니아 생성 화학식

$N_2 + 3H_2 \rightarrow 2NH_3$

암모니아와 이산화탄소와의 반응에서 요소와 물의 생성 화학식

$2NH_3 + CO_2 \rightarrow NH_2CONH_2 + H_2O$

3몰의 수소로부터 1몰의 요소를 얻을 수 있다.

문제에서 제시한 식을 보면

$NH_2CONH_2 + H_2O \rightarrow CO_2 + 2NH_3$

2몰의 암모니아로부터 1몰의 요소를 얻을 수 있다.

요소의 분자량은 60이므로

$\frac{1}{2} \times 60 \times 10 = 300\,g$

반응한 요소의 질량은 300g이다.

9 〈보기〉의 물에 대한 설명으로 옳은 것을 모두 고른 것은?

〈보기〉

ⓐ 이온화 상수 값이 $K_w = 10^{-15}$인 물의 pH는 7보다 크다.

ⓑ H^+를 만나면 비공유 전자쌍을 공유하여 H^+와 결합할 수 있다.

ⓒ 순수한 물에는 H^+와 OH^-가 같은 수만큼 들어 있다.

---

① ⓐⓑ

② ⓐⓒ

③ ⓑⓒ

④ ⓐⓑⓒ

10 〈보기〉의 실험 과정에 대한 설명으로 가장 옳은 것은?

〈보기〉

(가) $CuSO_4$ 수용액이 담긴 비커에 금속 A를 넣었더니 Cu가 석출되었다.

(나) (가)비커에서 금속 A를 꺼내고 금속 B를 넣었더니 Cu와 금속 A가 석출되었다.

(다) (나)비커에서 금속 B를 꺼내고 금속 C를 넣었더니 금속 A와 금속 B가 석출되었다.

---

① 과정 (가)에서 금속 A는 산화제이다.

② 과정 (나)에서 Cu와 금속 A의 이온은 환원된다.

③ 과정 (다)에서 금속 B는 금속 C보다 금속의 반응성이 크다.

④ 과정 (가) ~ (다)에서 가장 산화되기 쉬운 것은 금속 B이다.

ANSWER 9.④ 10.②

9 물

ⓐ 브뢴스테드 · 로우리 정의에 의해 수소 이온을 내놓기도 하고 받을 수도 있는 양쪽성 물질이다.

ⓑ 물이 일정 온도에서 자동 이온화하여 동적 평형을 이루었을 경우 H_3O^+와 OH^- 농도의 곱은 항상 같다.

$K_w = [H_3O^+][OH^-]$

ⓒ 25℃에서 항상 1.0×10^{-14}이다.

ⓓ 온도가 높아지면 물의 이온화상수는 커지게 된다.

ⓔ 물의 pH = 7이다.

ⓕ 물 분자는 다른 물 분자에게 수소 이온을 줄 수 있다.

10 $CuSO_4$ 수용액에서 금속 A를 넣었더니 Cu가 석출되었다.

이는 Cu보다 이온화 경향이 큰 금속이 들어가야 산화되고 Cu^{2+}는 Cu로 환원되어 석출되는 것이다.

반응성의 크기를 비교하면 금속 C > B > A > Cu순이다.

금속 A는 환원제이고 Cu가 산화제이다.

11 〈보기〉 4가지 원자의 전자 배치 중 바닥 상태인 것을 옳게 짝지은 것은? (단, A ~ D는 임의의 원소 기호이다.)

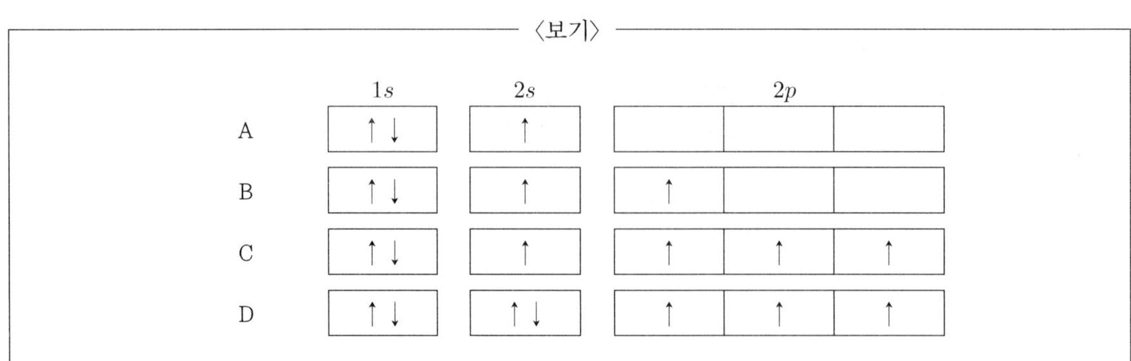

① A, B

② A, D

③ B,

④ C, D

11 바닥상태 전자배치란 원자 오비탈에 전자를 채우는 방법에 따라 전자가 채워져 있는 상태를 말한다.

A, D는 각각 Li와 N으로 바닥상태 전자배치에 해당한다.

$A = Li \rightarrow 1s^2 2s^1$

$D = N \rightarrow 1s^2 2s^2 2p^3$

※ 오비탈 에너지 준위 ⋯ $1s < 2s < 2p < 3s < 3p < 4s < 3d < 4p < 4d < 4f < \cdots$

12 〈보기〉는 질소 기체와 수소 기체가 만나 암모니아를 만드는 화학 반응식을 나타낸 것이다. 25℃, 1기압에서 암모니아 34g을 생성하기 위해 충분한 양의 수소(H_2)와 반응하는 질소(N_2) 기체의 최소 부피[L]는? (단, H, N의 원자량은 각각 1, 14이고 25℃, 1기압에서 기체 1몰의 부피는 25L이다.)

〈보기〉

$$N_2(g) + 3H_2(g) \rightarrow 2NH_3(g)$$

---

① 1L

② 12.5L

③ 25L

④ 50L

ANSWER 12.③

12 $N_2 + 3H_2 \rightarrow 2NH_3$

1몰 3몰 2몰 → 계수비

모두 상온의 기체라고 하였으므로 아보가드로 법칙에 의해 계수비 = 몰비로 볼 수 있다.

암모니아의 분자량은 17g이고 문제에서 34g을 생성하였으므로

NH_3의 부피를 구하면 우선 몰수는 $\dfrac{34}{17} = 2$ 몰

1몰에 25L이므로 $2 \times 25 = 50$ L이다.

몰비가 계수비랑 동일하므로 질소는 1몰이 된다. 1몰의 부피는 25L이다.

13 〈보기 1〉은 어떤 기체 A_2와 B_2가 반응하여 기체가 생성되는 것을 모형으로 나타낸 것이다. 이에 대한 설명으로 옳은 것을 〈보기 2〉에서 모두 고른 것은?

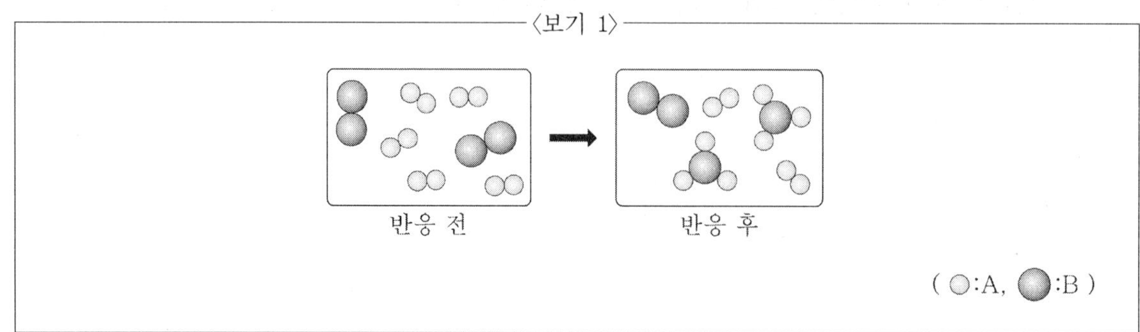

〈보기 2〉

㉠ 반응 후 분자의 총 수는 감소한다.
㉡ A_2와 B_2는 $3:1$의 분자 수 비로 반응한다.
㉢ 반응 후 생성된 화합물의 화학식은 AB_3이다.

① ㉠㉡

② ㉠㉢

③ ㉡㉢

④ ㉠㉡㉢

ANSWER 13.①

13 $3A_2 + B_2 \rightarrow 2A_3B$
㉠ 반응 후 분자의 총 수는 7개에서 5개로 감소하였다.
㉡ A_2와 B_2는 $3:1$의 분자 수 비로 반응하였다.
㉢ 반응 후 생성된 화합물의 화학식은 A_3B이다.

14 〈보기〉와 같이 농도가 서로 다른 NaOH(aq) ㈎와 ㈏를 같은 부피 플라스크에 넣은 후, 증류수를 가하여 1L 의 수용액 ㈐를 만들었다. 수용액 ㈐의 몰 농도 값[M]은? (단, NaOH의 화학식량은 40이다.)

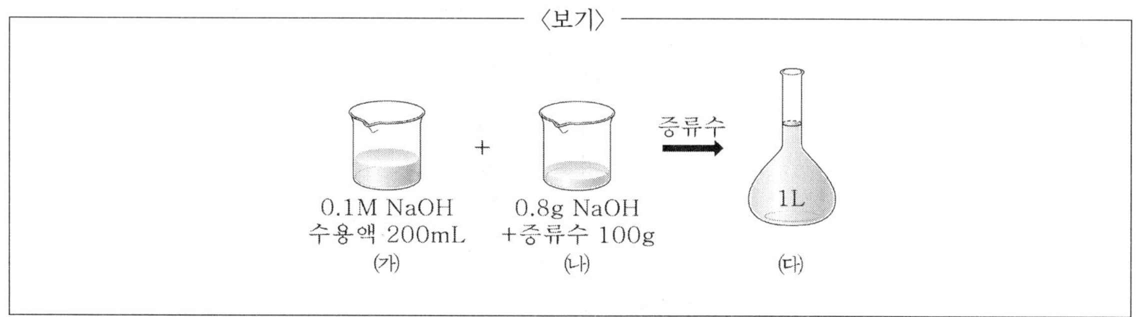

① 0.01M

② 0.02M

③ 0.04M

④ 0.10M

··

ANSWER 14.③

14 ㈎ 0.1M NaOH 수용액 200mL를 먼저 계산하면

몰농도×부피×몰질량 $= 0.1 \times 0.200 \times 40 = 0.8\,\mathrm{M}$

㈏ 0.8g NaOH + 증류수 100g을 계산하면

0.8g NaOH는 $\dfrac{0.8}{40} = 0.02$

증류수 100g를 더하므로 $\dfrac{0.02}{0.100} = 0.2\,\mathrm{M}$

㈐ ㈎와 ㈏를 합하면 1M이므로 1L 수용액 ㈐의 몰 농도는 $\dfrac{40}{1{,}000} = 0.04\,\mathrm{M}$

15 〈보기〉는 황산나트륨(Na_2SO_4)을 소량 녹인 증류수에 전류를 흘려주었을 때 전기 분해가 일어나 기체 A 와 B가 발생한 것을 나타낸 것이다. 이에 대한 설명으로 가장 옳은 것은?

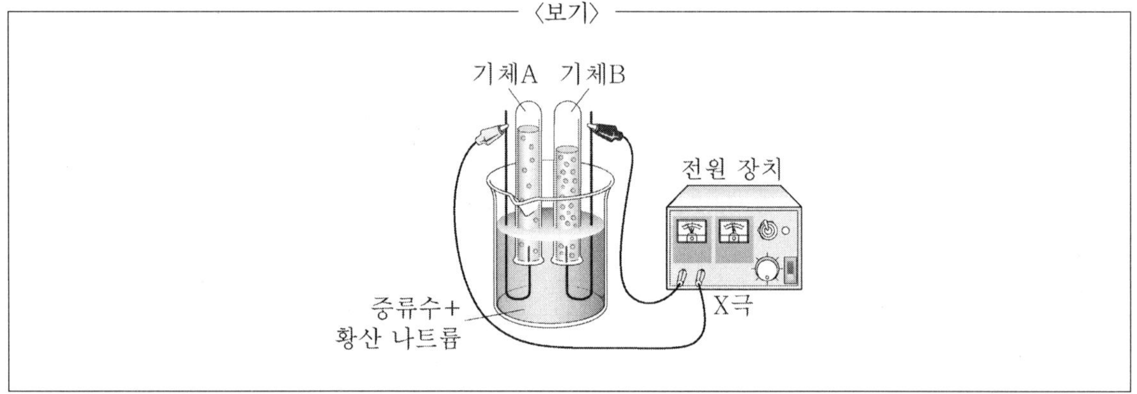

① X극은 (+)극이다.

② Na_2SO_4은 산화제이다.

③ 기체 A는 수소(H_2)이다.

④ X극에서 환원 반응이 일어난다.

ANSWER 15.①

15 (−)극에서는 양이온 + 전자 → 환원

(+)극에서는 홑원소물질 + 전자 → 산화

$Na_2SO_4 + H_2O \rightarrow 2Na^+ + SO_4^- + H^+ + OH^-$

• (+)극 : SO_4^-, OH^- 두 이온 중 전자를 잃는 이온은 홑원소물질이 전자를 잃게 된다.

$$2OH^- \rightarrow H_2O + \frac{1}{2}O_2 + 2e^-$$

산소 발생

• (−)극 : Na^+, H^+ 두 이온 중 전자를 받을 수 있는 이온은 이온화경향서열이 낮은 이온이 전자를 받게 된다.

$2H^+ + e^- \rightarrow H_2$

수소 발생

• 전해질 : Na_2SO_4

① X극은 (+)극이다.

② Na_2SO_4은 전해질이다.

③ 기체 A는 산소(O_2)이다.

④ X극에서는 산화 반응이 일어난다.

16 〈보기〉는 1기압에서 몇 가지 물질의 엔탈피를 나타낸 것이다. 산소(O)와 수소(H)의 결합 에너지(O-H)는?

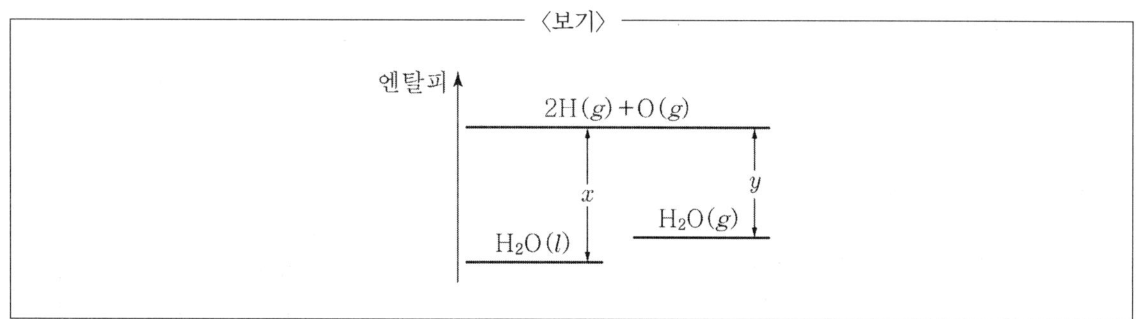

① $x - y$

② x

③ $0.5y$

④ $0.5(x + y)$

ANSWER 16.③

16 $O-H$ 결합 에너지를 구하기 위한 화학반응식은 $H_2O(g) \rightarrow 4H(g) + 2O(g)$이다.

$H_2O(g) \rightarrow 4H(g) + 2O(g)$에 필요한 총에너지는 y이다.

H_2O 2분자에는 4개의 $O-H$ 결합이 존재하며, H_2O 1분자에는 2개의 $O-H$ 결합이 존재하므로 결합을 끊기 위해서는 $\frac{y}{2}$가 필요하다.

$H_2(g) + \frac{1}{2}O_2(g) \rightarrow H_2O(l)$에 필요한 에너지는 $-x$이다.

17 〈보기〉는 같은 질량의 메테인(CH_4)과 산소(O_2)가 각각 두 용기에 들어있는 상태를 나타낸 것이다. $P_1 : P_2$는? (단, H, C, O의 원자량은 각각 1, 12, 16 이고, $k = ℃ + 273$이며 메테인(CH_4)과 산소(O_2)는 이상기체이다.)

〈보기〉

CH_4	O_2
wg	wg
$-73\,℃$	$27\,℃$
P_1기압	P_2기압
1L	2L

① 8 : 3

② 2 : 1

③ 4 : 3

④ 2 : 3

17 이상기체 상태방정식을 이용하여

$PV = nRT$

$n = \dfrac{w}{M} = \dfrac{질량}{분자량}$ 에서 같은 질량이라고 했으므로 1로 놓으면

$CH_4 = \dfrac{1}{16} = 0.0625$

$O_2 = \dfrac{1}{32} = 0.03125$

$P = \dfrac{nRT}{V}$ 에서 $P_1 = \dfrac{0.0625 \times (273 - 73)}{1} = 12.5$

$P_2 = \dfrac{0.03125 \times (273 + 27)}{2} = 4.6875$

$\dfrac{P_1}{P_2} = \dfrac{12.5}{4.6875} = \dfrac{8}{3}$

∴ $P_1 : P_2$는 8 : 3이 된다.

18 〈보기〉는 같은 온도에서 HCl(aq)과 NaOH(aq)의 부피에 변화를 주면서 혼합 용액의 최고 온도를 측정한 결과이다. 이에 대한 설명으로 가장 옳지 않은 것은?

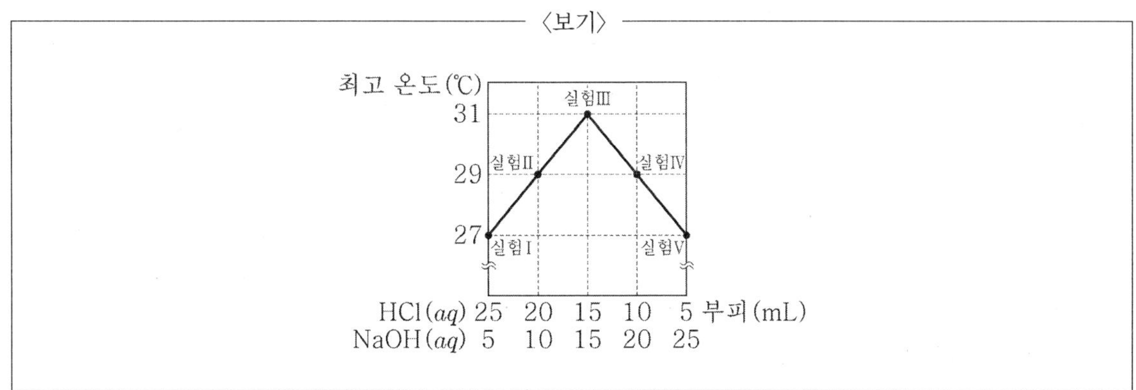

① 실험Ⅲ에서 중화점에 도달하였다.

② 단위 부피당 이온 수 비는 HCl(aq) : NaOH(aq) = 1 : 1이다.

③ 실험Ⅰ과 실험Ⅳ에서 남은 용액을 혼합하면 산성 용액이 된다.

④ 중화 반응에 의해 생성된 물 분자 수는 실험Ⅲ이 실험Ⅱ의 2배이다.

....

ANSWER 18.④

18 완전 중화가 되는 곳은 온도가 가장 높은 실험Ⅲ가 된다.

중화점에서 단위 부피당 이온수가 가장 적다.

단위 부피당 이온 수의 비는 HCl : NaOH = 15 : 15 = 1 : 1이다.

HCl + NaOH = NaCl + H_2O

[이온반응식] H^+ + Cl^- + Na^+ + OH^- → Na^+ + Cl^- + H_2O

[알짜이온반응식] H^+ + OH^- → H_2O

중화된 양은 동일하지만 남아 있는 염산과 수산화나트륨 수용액의 밀도는 각각 다르다.

남은 용액을 혼합하면 산성 용액이 될 수 있다.

실험Ⅱ와 실험Ⅳ의 혼합 용액을 섞었을 때는 염산과 수산화나트륨 수용액이 각각 30m씩 중화되면서 혼합 용액의 부피는 60mL가 되고, 실험Ⅲ은 염산과 수산화나트륨 수용액이 각각 15mL씩 중화되면서 혼합 용액의 부피가 30mL가 된다.

중화 반응에 의해 생성된 물 분자 수는 온도가 가장 높을 때 가장 많다.

중화 반응에 의해 생성된 물 분자 수는 실험Ⅲ과 실험Ⅱ의 양은 동일하다.

19 〈보기〉는 수소 원자의 몇 가지 전자 전이를 나타낸 것이다. 이에 대한 설명으로 가장 옳지 않은 것은?

(단, $E_n = \dfrac{-1312}{n^2}$ kJ/mol이다.)

구분		방출선				
		a	b	c	d	e
주양자수(n)	전	∞	3	2	1	∞
	후	1	2	1	3	2

① 방출선 c의 파장은 방출선 a의 파장보다 짧다.

② b에서 방출되는 빛은 가시광선 영역에 속한다.

③ c에서 984kJ/mol의 에너지가 방출된다.

④ d에서는 에너지가 흡수된다.

ANSWER 19.①

19 주어진 식에 방출선을 각각 대입하여 계산하면

a : 주양자수가 $\infty \rightarrow 1$로 변하므로

$E = -1 - 0 = -1 = 1,312\,\text{kJ/mol}$

b : 주양자수가 $3 \rightarrow 2$로 변하므로

$E = -\dfrac{1}{4} - \left(-\dfrac{1}{9}\right) = -\dfrac{5}{36} = 182.2\,\text{kJ/mol}$

c : 주양자수가 $2 \rightarrow 1$로 변하므로

$E = -1 - \left(-\dfrac{1}{4}\right) = -\dfrac{3}{4} = 984\,\text{kJ/mol}$

d : 주양자수가 $1 \rightarrow 3$로 변하므로

$E = -\dfrac{1}{9} - (-1) = \dfrac{8}{9} = -1,166.2\,\text{kJ/mol}$ (흡수)

e : 주양자수가 $\infty \rightarrow 2$로 변하므로

$E = -\dfrac{1}{4} - 0 = -\dfrac{1}{4} = 328\,\text{kJ/mol}$

빛의 에너지와 파장은 반비례의 관계에 있다.

그러므로 방출선 c의 파장은 방출선 a의 파장보다 길다.

$n = 1$로 전이하면 라이먼 계열, 자외선 영역에 속하며, $n = 2$로 전이되면 발머 계열, 가시광선 영역에 속한다.

20 〈보기〉에서 ⑺는 25℃에서 기체 반응 $2A(g) \rightarrow B(g)$의 진행에 따른 에너지를 나타낸 것이다. ⑺에서 ⑼로 변화시킬 수 있는 요인으로 가장 옳은 것은?

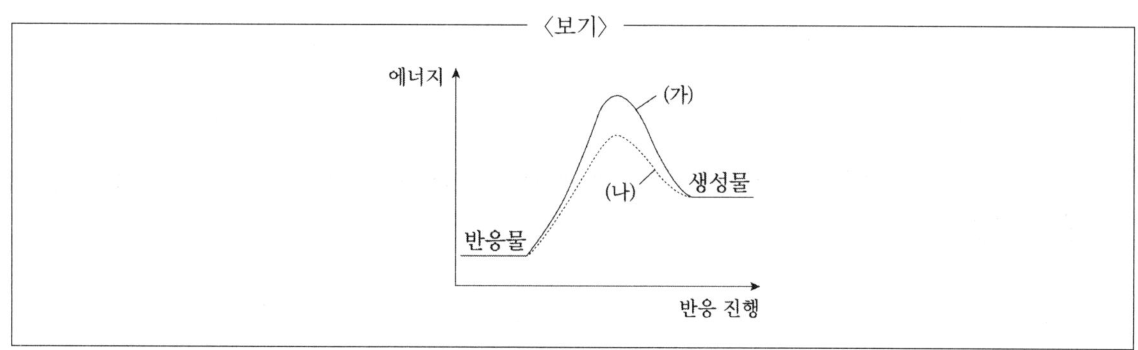

① $A(g)$ 추가

② 온도 상승

③ 부피 증가

④ 촉매 사용

ANSWER 20.④

20 촉매는 활성화 에너지를 낮출 수 있고, 이로 인하여 반응속도를 에너지 소비 없이 증가시킬 수 있다.

촉매는 일어나는 반응에 필요한 활성화 에너지를 감소한다.

촉매가 반응속도에 영향을 주는 이유는 활성화 에너지로 설명할 수 있다. 정촉매는 활성화 에너지를 낮추는 또 다른 경로의 정반응을 통해 반응속도를 빠르게 하고, 부촉매는 반응의 속도를 느리게 하는 것이다. 이때 반응열은 달라지지 않는다.

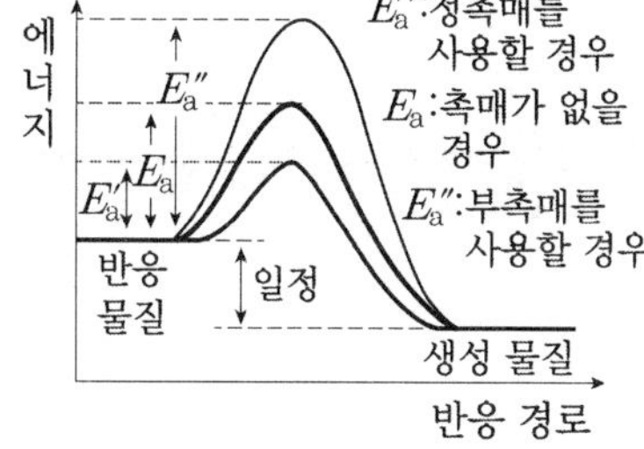

1 25℃에서 측정한 용액 A의 $[OH^-]$가 1.0×10^{-6} M일 때, pH값은? (단, $[OH^-]$는 용액 내의 OH^- 몰농도를 나타낸다)

① 6.0

② 7.0

③ 8.0

④ 9.0

2 32g의 메테인(CH_4)이 연소될 때 생성되는 물(H_2O)의 질량[g]은? (단, H의 원자량은 1, C의 원자량은 12, O의 원자량은 16이며 반응은 완전연소로 100% 진행된다)

① 18

② 36

③ 72

④ 144

3 원자 간 결합이 다중 공유결합으로 이루어진 물질은?

① KBr

② Cl_2

③ NH_3

④ O_2

ANSWER 1.③ 2.③ 3.④

1 25℃에서 $pH + pOH = 14$이고 $pOH = -\log[OH^-]$이다.

$-\log[1.0 \times 10^{-6}] = 6$이므로 $pH = 8$이다.

2 메테인 연소 반응식은 $CH_4 + 2O_2 \rightarrow CO_2 + 2H_2O$ 이다. 32g의 메테인은 2몰이고 모두 연소 시에 4몰의 물이 생성된다. 이것의 질량은 $72(= 4 \times 18)$g이다.

3 ① KBr : 이온 결합

② Cl_2(Cl–Cl) : 단일 공유 결합

④ 산소는 이중 결합으로 공유 결합을 하고 있다.

4 N_2O 분해에 제안된 메커니즘은 다음과 같다.

$$N_2O(g) \xrightarrow{k_1} N_2(g)+O(g) \quad (\text{느린 반응})$$

$$N_2O(g)+O(g) \xrightarrow{k_2} N_2(g)+O_2(g) \quad (\text{빠른 반응})$$

위의 메커니즘으로부터 얻어지는 전체반응식과 반응속도 법칙은?

① $2N_2O(g) \rightarrow 2N_2(g) + O_2(g)$, 속도 $= k_1[N_2O]$

② $N_2O(g) \rightarrow N_2(g) + O(g)$, 속도 $= k_1[N_2O]$

③ $N_2O(g) + O(g) \rightarrow N_2(g) + O_2(g)$, 속도 $= k_2[N_2O]$

④ $2N_2O(g) \rightarrow N_2(g) + 2O_2(g)$, 속도 $= k_2[N_2O]^2$

5 일정 압력에서 2몰의 공기를 $40\,^\circ C$에서 $80\,^\circ C$로 가열할 때, 엔탈피 변화($\triangle H$)[J]는? (단, 공기의 정압열 용량은 $20\,\mathrm{J\,mol^{-1}\,^\circ C^{-1}}$이다)

① 640

② 800

③ 1,600

④ 2,400

ANSWER 4.①　5.③

4　두 단계의 반응식을 합하면 다음과 같다.

$$\begin{aligned} N_2O &\rightarrow N_2 + O \\ N_2O + O &\rightarrow N_2 + O_2 \\ \hline 2N_2O &\rightarrow 2N_2 + O_2 \end{aligned}$$

또한 반응속도는 느린 단계의 반응이 결정하므로 속도$=k_1[N_2O]$이다.

5　$Q(\text{열량}) = cm\triangle t = c\triangle t = 20\mathrm{J}/몰 \times c \times (80\,^\circ C - 40\,^\circ C) = 800\mathrm{J}/몰$이므로 2몰의 반응열은 1,600J이다.
엔탈피 변화($\triangle H$)는 계의 입장에서 열량이므로 1,600J이다.

6 다음은 원자 A ~ D에 대한 양성자 수와 중성자 수를 나타낸다. 이에 대한 설명으로 옳은 것은? (단, A ~ D는 임의의 원소기호이다)

원자	A	B	C	D
양성자 수	17	17	18	19
중성자 수	18	20	22	20

① 이온 A^-와 중성원자 C의 전자수는 같다.

② 이온 A^-와 이온 B^+의 질량수는 같다.

③ 이온 B^-와 중성원자 D의 전자수는 같다.

④ 원자 A ~ D 중 질량수가 가장 큰 원자는 D이다.

7 단열된 용기 안에 있는 25°C의 물 150 g에 60°C의 금속 100 g을 넣어 열평형에 도달하였다. 평형 온도가 30°C일 때, 금속의 비열[J g^{-1}°C^{-1}]은? (단, 물의 비열은 4 J g^{-1}°C^{-1}이다)

① 0.5

② 1

③ 1.5

④ 2

6 중성원자의 양성자 수는 전자수와 같고 질량수는 양성자 수와 중성자 수의 합과 같다.

① 이온 A^-의 전자수는 18(=17+1)이고 중성원자 C의 전자수도 18이다.

② 이온 A^-의 질량수는 35(=17+18), 이온 B^+의 질량수는 37(=17+20)이다.

③ 이온 B^-의 전자수는 18(=17+1)이고 중성원자 D의 전자수는 19이다.

④ 원자 A ~ D의 질량수는 차례대로 35, 37, 40, 39이다. 질량수가 가장 큰 원자는 C이다.

7 물과 금속이 주고받은 열량이 같아야 열평형에 도달한다.

Q(열량$=cm\triangle t$)에서 $4 \times 150 \times (30℃ - 25℃) = c \times 100 \times (60℃ - 30℃)$에서 금속의 비열($c$)는 1이다.

8 주기율표에 대한 설명으로 옳지 않은 것은?

① O^{2-}, F^-, Na^+ 중에서 이온반지름이 가장 큰 것은 O^{2-}이다.

② F, O, N, S 중에서 전기음성도는 F가 가장 크다.

③ Li과 Ne 중에서 1차 이온화 에너지는 Li이 더 크다.

④ Na, Mg, Al 중에서 원자반지름이 가장 작은 것은 Al이다.

9 화합물 A_2B의 질량 조성이 원소 A 60%와 원소 B 40%로 구성될 때, AB_3를 구성하는 A와 B의 질량비는?

① 10%의 A, 90%의 B

② 20%의 A, 80%의 B

③ 30%의 A, 70%의 B

④ 40%의 A, 60%의 B

10 프로페인(C_3H_8)이 완전연소할 때, 균형 화학 반응식으로 옳은 것은?

① $C_3H_8(g) + 3O_2(g) \rightarrow 4CO_2(g) + 2H_2O(g)$

② $C_3H_8(g) + 5O_2(g) \rightarrow 4CO_2(g) + 3H_2O(g)$

③ $C_3H_8(g) + 5O_2(g) \rightarrow 3CO_2(g) + 4H_2O(g)$

④ $C_3H_8(g) + 4O_2(g) \rightarrow 2CO_2(g) + H_2O(g)$

ANSWER 8.③ 9.② 10.③

8 ① O^{2-}, F^-, Na^+는 등전자 이온이므로 전자의 수와 배치가 같아 가려막기 효과가 같다. 핵전하는 원자번호가 클수록 크므로 유효핵전하는 $O^{2-} < F^- < Na^+$이다. 유효핵전하가 크면 핵이 전자를 잘 잡아당기므로 이온반지름은 $O^{2-} > F^- > Na^+$이다.
② 전기음성도는 F가 가장 크다.
③ 1차 이온화 에너지는 Li < Ne이다.
④ 같은 주기에서 원자번호가 커질수록 유효핵전하는 커지므로 원자반지름은 작아진다. 따라서 원자반지름은 Na > Mg > Al이다.

9 화합물 A_2B의 질량을 100이라 하면 A의 질량은 30, B의 질량은 40이다. 따라서 AB_3의 질량은 150이고 이때 A와 B의 질량비는 1 : 4이다. 이를 백분율로 나타내면 20%의 A, 80%의 B로 나타낼 수 있다.

10 프로페인의 완전 연소 화학 반응식은 반응 전후 원자수가 달라지지 않으므로, 반응 전후 원자의 수는 같다.
$C_3H_8(g) + 5O_2(g) \rightarrow 3CO_2(g) + 4H_2O(g)$

11 25°C 표준상태에서 다음의 두 반쪽 반응으로 구성된 갈바니 전지의 표준 전위[V]는? (단, E°는 표준 환원 전위 값이다)

$$Cu^{2+}(aq) + 2e^- \rightarrow Cu(s) : E^\circ = 0.34\,V$$
$$Zn^{2+}(aq) + 2e^- \rightarrow Zn(s) : E^\circ = -0.76\,V$$

① -0.76 ② 0.34

③ 0.42 ④ 1.1

12 반응식 $P_4(s) + 10Cl_2(g) \rightarrow 4PCl_5(s)$에서 환원제와 이를 구성하는 원자의 산화수 변화를 옳게 짝지은 것은?

환원제	반응 전 산화수	반응 후 산화수
① $P_4(s)$	0	$+5$
② $P_4(s)$	0	$+4$
③ $Cl_2(g)$	0	$+5$
④ $Cl_2(g)$	0	-1

13 바닷물의 염도를 1kg의 바닷물에 존재하는 건조 소금의 질량(g)으로 정의하자. 질량 백분율로 소금 3.5%가 용해된 바닷물의 염도$[\frac{g}{kg}]$는?

① 0.35 ② 3.5

③ 35 ④ 350

ANSWER 11.④ 12.① 13.③

11 표준 환원 전위가 큰 것(양극)에서 작은 것(음극)을 빼면 표준 전위를 구할 수 있다. 따라서 표준 준위는 $0.34-(-0.76)=1.1(V)$이다.

12 반응식에서 산화수가 증가한 것은 P이고 산화수가 감소한 것은 Cl이다. 따라서 산화된 것은 P_4이고 환원된 것은 Cl_2이다. 환원제는 자신은 산화되면서 남을 환원시키는 물질이므로 P_4이고 이 물질을 구성하는 원자의 반응 전 산화수는 0, 반응 후 산화수는 $+5$이다.

13 질량 백분율 3.5%는 바닷물 100g에 3.5g의 소금이 녹아 있다는 의미이므로 바닷물 1,000g(1kg)에는 35g의 소금이 녹아 있다.

14 중성원자를 고려할 때, 원자가전자 수가 같은 원자들의 원자번호끼리 옳게 짝지은 것은?

① 1, 2, 9

② 5, 6, 9

③ 4, 12, 17

④ 9, 17, 35

15 물 분자의 결합 모형을 그림처럼 나타낼 때, 결합 A와 결합 B에 대한 설명으로 옳은 것은?

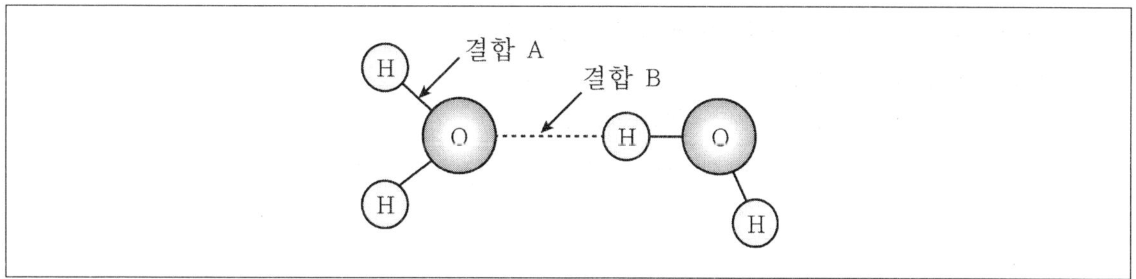

① 결합 A는 결합 B보다 강하다.

② 액체에서 기체로 상태변화를 할 때 결합 A가 끊어진다.

③ 결합 B로 인하여 산소 원자는 팔전자 규칙(octet rule)을 만족한다.

④ 결합 B는 공유결합으로 이루어진 모든 분자에서 관찰된다.

ANSWER 14.④ 15.①

14 ① 원자가전자 수는 차례대로 1, 0, 7이다.
② 원자가전자 수는 차례대로 3, 4, 7이다.
③ 원자가전자 수는 차례대로 2, 2, 7이다.
④ 원자가전자 수는 모두 7이다.(같은 족의 원자들은 원자가전자 수가 같다)

15 A는 공유결합, B는 수소결합이다.
① 공유결합인 A가 분자 간의 인력 중 큰 인력인 수소결합 B보다 강하다.
② 액체에서 기체로 상태가 변할 때에는 분자 간의 인력인 B가 끊어진다.
③ 공유결합 A로 인해 산소는 팔전자 규칙을 만족하고 있다.
④ 결합 B는 공유결합 중 F, O, N과 직접 결합한 H가 있는 분자에서 관찰된다.

16 다음 중 산화-환원 반응은?

① $HCl(g) + NH_3(aq) \rightarrow NH_4Cl(s)$

② $HCl(aq) + NaOH(aq) \rightarrow H_2O(l) + NaCl(aq)$

③ $Pb(NO_3)_2(aq) + 2KI(aq) \rightarrow PbI_2(s) + 2KNO_3(aq)$

④ $Cu(s) + 2Ag^+(aq) \rightarrow 2Ag(s) + Cu^{2+}(aq)$

17 25 ℃ 표준상태에서 아세틸렌($C_2H_2(g)$)의 연소열이 $-1,300\,kJ\,mol^{-1}$일 때, C_2H_2의 연소에 대한 설명으로 옳은 것은?

① 생성물의 엔탈피 총합은 반응물의 엔탈피 총합보다 크다.

② C_2H_2 1몰의 연소를 위해서는 1,300 kJ이 필요하다.

③ C_2H_2 1몰의 연소를 위해서는 O_2 5몰이 필요하다.

④ 25℃의 일정 압력에서 C_2H_2이 연소될 때 기체의 전체 부피는 감소한다.

ANSWER 16.④ 17.④

16 ① 중화 반응이므로 산화 환원 반응이 아니다.(산화수 변화가 없음)
② 중화 반응이므로 산화 환원 반응이 아니다.(산화수 변화가 없음)
③ 앙금 생성 반응이므로 산화 환원 반응이 아니다.(산화수 변화가 없음)
④ 산화수 변화가 있으므로(Cu : 0 → +2, Ag : +1 → 0) 산화 환원 반응이다.

17 ① 발열반응이므로 생성물의 엔탈피 총합은 반응물의 엔탈피 총합보다 작다.
② 아세틸렌 1몰 연소 시, 1,300kJ의 열량이 방출된다.
③ 아세틸렌 1몰의 연소를 위해서는 2.5몰의 O_2가 필요하다.(연소 반응식 : $2C_2H_2 + 5O_2 \rightarrow 4CO_2 + 2H_2O$)
④ 반응식에서 반응물의 계수합은 생성물의 계수합보다 크므로 아세틸렌 연소 시, 기체의 전체 부피는 감소한다.

18 아세트알데하이드(acetaldehyde)에 있는 두 탄소(ⓐ와 ⓑ)의 혼성 오비탈을 옳게 짝지은 것은?

$$CH_3CHO$$
ⓐ   ⓑ

	ⓐ	ⓑ
①	sp^3	sp^2
②	sp^2	sp^2
③	sp^3	sp
④	sp^3	sp^3

19 용액에 대한 설명으로 옳지 않은 것은?

① 용액의 밀도는 용액의 질량을 용액의 부피로 나눈 값이다.

② 용질 A의 몰농도는 A의 몰수를 용매의 부피(L)로 나눈 값이다.

③ 용질 A의 몰랄농도는 A의 몰수를 용매의 질량(kg)으로 나눈 값이다.

④ 1ppm은 용액 백만 g에 용질 1g이 포함되어 있는 값이다.

ANSWER 18.①   19.②

18 아세트알데하이드의 구조는 다음과 같다.

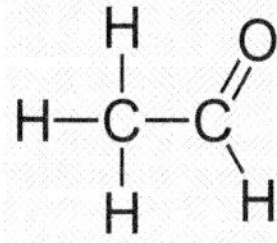

ⓐ는 탄소를 중심으로 4개의 다른 원자와 결합하여 사면체 구조를 이루므로 혼성 오비탈은 sp^3이고 ⓑ는 탄소를 중심으로 3개의 다른 원자와 결합하며 평면 삼각형 구조를 이루므로 혼성 오비탈은 sp^2이다.

19 ① 용액의 밀도는 용액의 질량을 용액의 부피로 나눈 값이다.

② 용질 A의 몰농도는 A의 몰수를 용액의 부피(L)로 나눈 값이다.

③ 용질 A의 몰랄농도는 A의 몰수를 용매의 질량(kg)으로 나눈 값이다.

④ 1ppm은 용액 백만 g에 용질 1g이 포함되어 있다는 것을 의미한다.

 물질 A, B, C에 대한 다음 그래프의 설명으로 옳은 것만을 모두 고르면?

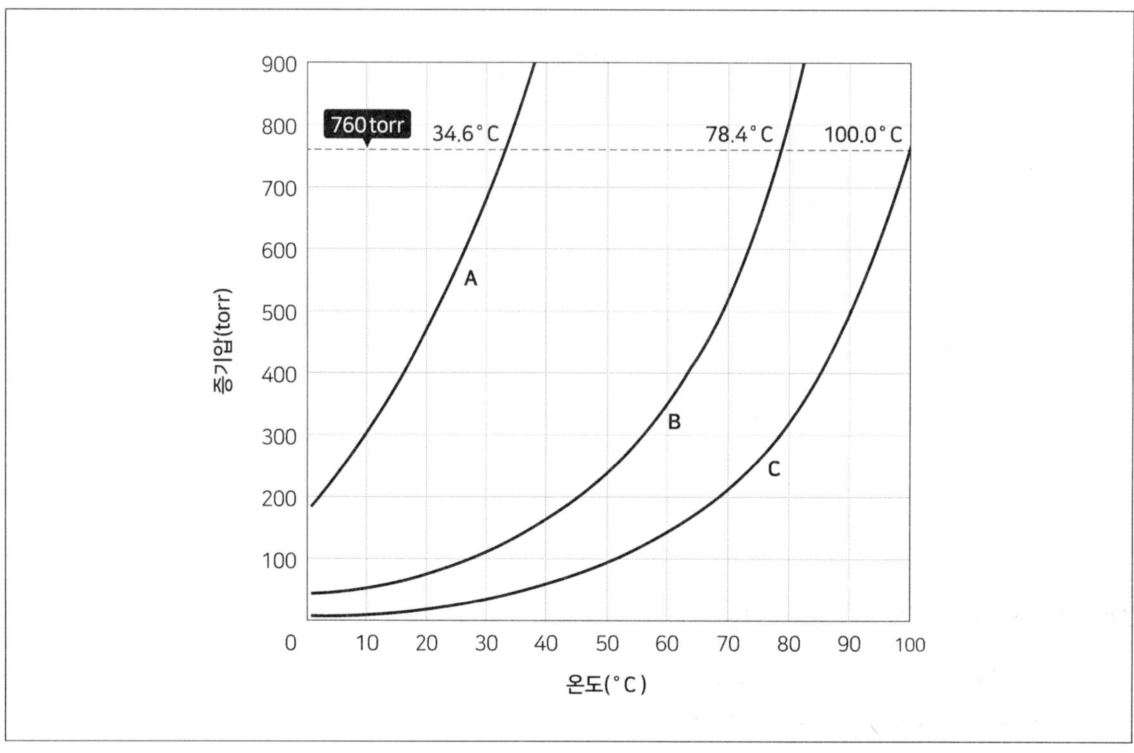

> ㉠ 30℃에서 증기압 크기는 C<B<A이다.
> ㉡ B의 정상 끓는점은 78.4℃이다.
> ㉢ 25℃ 열린 접시에서 가장 빠르게 증발하는 것은 C이다.

① ㉠㉡
② ㉠㉢
③ ㉡㉢
④ ㉠㉡㉢

ANSWER 20.①

20 ㉠ 30℃에서 증기압의 크기는 C<B<A이다.
　　 ㉡ B의 정상 끓는점(1기압에서의 끓는점)은 78.4℃이다.(1기압에서의 끓는점은 1기압 = 760torr)
　　 ㉢ 25℃에서 증기압은 A>B>C이므로 열린 접시에서 가장 빠르게 증발하는 것은 A이다.

1 다음 물질 변화의 종류가 다른 것은?

① 물이 끓는다.

② 설탕이 물에 녹는다.

③ 드라이아이스가 승화한다.

④ 머리카락이 과산화 수소에 의해 탈색된다.

2 용액의 총괄성에 해당하지 않는 현상은?

① 산 위에 올라가서 끓인 라면은 설익는다.

② 겨울철 도로 위에 소금을 뿌려 얼음을 녹인다.

③ 라면을 끓일 때 스프부터 넣으면 면이 빨리 익는다.

④ 서로 다른 농도의 두 용액을 반투막을 사용해 분리해 놓으면 점차 그 농도가 같아진다.

ANSWER 1.④ 2.①

1 ㉠ 물질의 상태변화(①, ③)나 물질의 용해(②)는 물리적 변화의 대표적인 예이다. 과산화수소에 의해 머리카락이 탈색되는 현상은 화학적 변화에 속한다.

2 용액의 총괄성이란 묽은 용액에서 특정한 용질의 성질에 영향을 받는 것이 아니라 용질 입자의 농도 즉, 용질 입자의 수에만 영향을 받는 성질을 말한다. 비휘발성, 비전해질 용질이 녹아 있는 묽은 용액의 증기 압력 내림, 끓는점 오름(③), 어는점 내림(②), 삼투압(④)이 대표적인 용액의 총괄성의 예이다. ①은 대기압이 낮아져 끓는점이 낮아지는 것이므로, 용액의 총괄성과는 관계가 없는 현상이다.

3 강철 용기에서 암모니아(NH₃) 기체가 질소(N₂) 기체와 수소 기체(H₂)로 완전히 분해된 후의 전체 압력이 900mmHg이었다. 생성된 질소와 수소 기체의 부분 압력[mmHg]을 바르게 연결한 것은? (단, 모든 기체는 이상 기체의 거동을 한다)

	질소 기체	수소 기체
①	200	700
②	225	675
③	250	650
④	275	625

4 다음 화합물 중 무극성 분자를 모두 고른 것은?

$$SO_2, \ CCl_4, \ HCl, \ SF_6$$

① SO_2, CCl4

② SO_2, HCl

③ HCl, SF_6

④ CCl_4, SF_6

ANSWER 3.② 4.④

3 암모니아 기체의 분해 반응식은 다음과 같다.

$2NH_3 \rightarrow N_2 + 3H_2$

이에 따르면 암모니아 기체가 질소 기체와 수소 기체로 완전히 분해될 경우 몰수 비는 질소 기체 : 수소 기체 $\le$ 1 : 3이다. 따라서 질소 기체의 수소 기체의 몰분율은 각각 $\frac{1}{4}$과 $\frac{3}{4}$이 된다.

(성분 기체의 부분 압력) = (전체 압력) × (성분 기체의 몰분율)에서

$$P_{N_2} = 900 \times \frac{1}{4} = 225 \text{mmHg}$$

$$P_{H_2} = 900 \times \frac{3}{4} = 675 \text{mmHg}$$

4 극성 분자 : SO_2, HCl

무극성 분자 : CCl4, SF_6

5 다음은 일산화탄소(CO)와 수소(H_2)로부터 메탄올(CH_3OH)을 제조하는 반응식이다.

$$CO(g) + 2H_2(g) \rightarrow CH_3OH(l)$$

일산화탄소 280g과 수소 50g을 반응시켜 완결하였을 때, 생성된 메탄올의 질량[g]은? (단, C, H, O의 원자량은 각각 12, 1, 16이다)

① 330

② 320

③ 290

④ 160

6 주족 원소의 주기적 성질에 대한 설명으로 옳은 것만을 모두 고르면?

> ㉠ 같은 족에 있는 원소들은 원자 번호가 커질수록 원자 반지름이 증가한다.
> ㉡ 같은 주기에 있는 원소들은 원자 번호가 커질수록 원자 반지름이 증가한다.
> ㉢ 전자친화도는 주기의 왼쪽에서 오른쪽으로 갈수록 더 큰 양의 값을 갖는다.
> ㉣ He은 Li보다 1차 이온화 에너지가 훨씬 크다.

① ㉠, ㉡

② ㉠, ㉣

③ ㉡, ㉢

④ ㉠, ㉢, ㉣

ANSWER 5.② 6.②

5 일산화탄소 분자량 $= 12 + 16 = 28$, (수소 분자량) $= 1 \times 2 = 2$에서 일산화탄소 $280g$과 수소 $50g$은 각각 10몰과 25몰이다. 따라서 다음과 같이 반응이 진행된다.

$$CO(g) + 2H_2(g) \rightarrow CH_3OH(l)$$

반응 전   10몰   25몰

반응 $-$ 10몰 $-$ 20몰 $+$ 10몰

반응 후   0몰   5몰   10몰

위 반응 결과 메탄올 10몰이 생성되며, 메탄올 10몰의 질량은 $10 \times (12 + 4 + 16) = 320g$이다.

6 ㉠ 같은 족 원소들은 원자 번호가 증가할수록 전자껍질 수가 증가하므로 원자 번호가 커질수록 원자 반지름이 증가한다.

㉣ He의 바닥상태 전자배치는 첫 번째 전자껍질에 전자가 2개 배치된 형태로 매우 안정하다. 따라서 Li보다 1차 이온화 에너지가 훨씬 크다.

㉡ 같은 주기 원소들은 원자 번호가 커질수록 유효 핵전하량이 증가하므로 핵과 전자 간 인력이 증가하여 원자 반지름이 감소한다.

㉢ 전자친화도의 경우 2족은 음의 값을 가지며, 같은 주기에서는 13족부터 17족까지는 대체로 증가하는 경향성을 가지나, 18족은 0의 값을 가진다.

7 탄소(C), 수소(H), 산소(O)로 이루어진 화합물 X 23g을 완전 연소시켰더니 CO_2 44g과 H_2O 27g이 생성되었다. 화합물 X의 화학식은? (단, C, H, O의 원자량은 각각 12, 1, 16이다)

① HCHO   ② C_2H_5CHO

③ C_2H_6O ④ CH_3COOH

8 1기압에서 녹는점이 가장 높은 이온 결합 화합물은?

① NaF   ② KCl

③ NaCl   ④ MgO

ANSWER 7.③ 8.④

7 화합물 X 23g 중 각 성분 원소(C, H, O)의 질량을 구하면 다음과 같다.

$$C = 44g \times \frac{12(C)}{44(CO_2)} = 12g$$

$$H = 27g \times \frac{2(2H)}{18(H_2O)} = 3g$$

$$O = 23g - (12 + 3)g = 8g$$

화합물 X를 구성하고 있는 각 원소(C, H, O)의 몰수 비는 다음과 같다.

$$C : H : O = \frac{12}{12} : \frac{3}{1} : \frac{8}{16} = 1 : 3 : 0.5 = 2 : 6 : 1$$

∴ 화합물 X의 실험식은 C_2H_6O이며, 보기 중 이를 만족하는 것은 ③ 밖에 없다.

8 이온 결합 물질의 결합력은 쿨롱 힘$(F = k\frac{q_1 q_2}{r^2})$에 의해 결정되며, 쿨롱 힘이 커질수록 물질의 녹는점과 끓는점은 높아진다.

즉, 이온 간 거리(r)이 짧을수록, 이온의 전하량 곱이 클수록 물질의 녹는점이 높아진다. 따라서 보기에 주어진 물질들의 녹는점 순서는 다음과 같다.

MgO > NaF > NaCl > KCl

9 다음 양자수 조합 중 가능하지 않은 조합은? (단, n은 주양자수, l은 각 운동량 양자수, m_l은 자기 양자수, m_s는 스핀 양자수이다)

	n	l	m_l	m_s
①	2	1	0	$-\dfrac{1}{2}$
③	3	2	0	$+\dfrac{1}{2}$

	n	l	m_l	m_s
②	3	0	-1	$+\dfrac{1}{2}$
④	4	3	-2	$+\dfrac{1}{2}$

10 다음 화학 반응식의 균형을 맞추었을 때, 얻어진 계수 a, b, c의 합은? (단, a, b, c는 정수이다)

$$a\mathrm{NO}_2(g) + b\mathrm{H}_2\mathrm{O}(l) + \mathrm{O}_2(g) \longrightarrow c\mathrm{HNO}_3(aq)$$

① 9

② 10

③ 11

④ 12

· ·

ANSWER 9.② 10.②

9 각 운동량 양자수 또는 방위 양자수(l) 값이 a이면, 자기 양자수 $\underline{m_l}$ 값은 -a에서부터 a까지의 정수 값만 가질 수 있다. ②의 경우 l 값이 0이므로 $\underline{m_l}$ 값은 0만을 가질 수 있다. 각 주 양자수가 허용하는 방위 양자수, 자기 양자수 및 스핀 자기 양자수와 각 오비탈을 나타내는 기호는 다음 표와 같다.

주 양자수(n)	1	2			3				
전자 껍질	K	L			M				
방위 양자수(l)	0	0	1		0	1		2		
오비탈 모양	$1s$	$2s$	$2p$		$3s$	$3p$		$3d$		
자기 양자수($\underline{m_l}$)	0	0	-1 $\quad$ 0 $\quad$ $+1$		0	-1 $\quad$ 0 $\quad$ $+1$		-2 $\quad$ -1 $\quad$ 0 $\quad$ $+1$ $\quad$ $+2$		
오비탈 방향	$1s$	$2s$	$2p_x$ $\quad$ $2p_y$ $\quad$ $2p_z$		$3s$	$3p_x$ $\quad$ $3p_y$ $\quad$ $3p_z$		$3d_{xy}$ $\quad$ $3d_{yz}$ $\quad$ $3d_{xz}$ $\quad$ $3d_{x^2-y^2}$ $\quad$ $3d_{z^2}$		
스핀 자기양자수($\underline{m_s}$)	$\pm\dfrac{1}{2}$	$\pm\dfrac{1}{2}$	$\pm\dfrac{1}{2}$ $\quad$ $\pm\dfrac{1}{2}$ $\quad$ $\pm\dfrac{1}{2}$		$\pm\dfrac{1}{2}$	$\pm\dfrac{1}{2}$ $\quad$ $\pm\dfrac{1}{2}$ $\quad$ $\pm\dfrac{1}{2}$		$\pm\dfrac{1}{2}$ $\quad$ $\pm\dfrac{1}{2}$ $\quad$ $\pm\dfrac{1}{2}$ $\quad$ $\pm\dfrac{1}{2}$ $\quad$ $\pm\dfrac{1}{2}$		
오비탈 수(n^2)	1	4			9				
최대 허용 전자 수($2n^2$)	2	8			18				

10 주어진 화학반응식의 계수를 맞추면 다음과 같다. 즉, a = 4, b = 2, c = 4이며 따라서 a+b+c=10이다.

$$4\mathrm{NO}_2(g) + 2\mathrm{H}_2\mathrm{O}(l) + \mathrm{O}_2(g) \longrightarrow 4\mathrm{HNO}_3(aq)$$

11 $_{29}Cu$에 대한 설명으로 옳지 않은 것은?

① 상자성을 띤다.

② 산소와 반응하여 산화물을 형성한다.

③ Zn보다 산화력이 약하다.

④ 바닥 상태의 전자 배치는 $[Ar]4s^13d^{10}$이다.

12 광화학 스모그 발생과정에 대한 설명으로 옳지 않은 것은?

① NO는 주요 원인 물질 중 하나이다.

② NO_2는 빛 에너지를 흡수하여 산소 원자를 형성한다.

③ 중간체로 생성된 하이드록시라디칼은 반응성이 약하다.

④ O_3는 최종 생성물 중 하나이다.

ANSWER 11.③ 12.③

11 ①④ 구리의 바닥 상태 전자배치는 $[Ar]\,3d^{10}4s^1$으로 홀전자를 가지므로 상자성을 띤다.
② 산소와 반응하여 산화물(CuO 또는 Cu_2O)을 형성한다.
③ 산화력이란 자신은 환원되면서 다른 물질을 산화시키는 힘을 말한다. 구리는 아연보다 이온화 경향이 작으므로 다른 물질을 산화시키는 힘이 더 크므로 Zn보다 산화력이 크다.

12 광화학 스모그는 질소 산화물, 휘발성 유기 화합물이 강한 자외선을 받아서 화학 반응을 일으키는 과정을 통해 생물에 유해한 화합물이 만들어져서 형성되는 스모그이다. 광화학 스모그는 자동차나 공장의 배출가스 중에 포함된 질소 산화물(NOx)과 탄화 수소(HC)가 태양광선을 받아 유독물질인 PAN(peroxyacetyl nitrate, 과산화아세틸 질산 화합물)과 광화학 옥시던트(Ox, 산소계 분자) 등을 형성하여 생기며, 이 중 PAN이 공기 중에 떠다니며 수증기와 함께 짙은 안개를 형성한다. 한편, 배기가스 중의 SO_2(아황산가스, 이산화황)는 공기 중에서 오존(O_3)과 반응하여 삼산화황(SO_3)을 만드는데, 이것은 수증기와 반응하여 황산(H_2SO_4)의 작은 입자로 되었다가 산성 안개나 산성비로 되어 지상에 떨어져 특히 식물에 큰 피해를 끼친다. 인체에는 눈이나 목의 점막을 자극하여 호흡곤란 등의 피해를 입힌다.
광화학 스모그 발생과정 중간체로 생성된 하이드록시라디칼(OH·)은 반응성이 매우 강하여 연쇄반응을 일으키게 하는 원인이 된다.

13 철(Fe) 결정의 단위 세포는 체심 입방 구조이다. 철의 단위 세포 내의 입자수는?

① 1개

② 2개

③ 3개

④ 4개

ANSWER 13.②

13 체심 입방 구조(body centered cubic)는 정육면체의 각 꼭짓점과 체심에 각 1개의 입자가 위치하는 구조이다. 따라서 단위 세포 내의 입자 수는

$1(체심) + 8(꼭짓점) \times \dfrac{1}{8} = 2$개이다.

〈단위 세포 내의 입자 수〉

$$N = N_{체심} + \dfrac{N_{면심}}{4} + \dfrac{N_{모서리}}{4} + \dfrac{N_{꼭짓점}}{4}$$

〈주요 결정 구조 정리〉

단위세포	입방격자구조			육방밀집구조
	단순입방(sc)	체심입방(bcc)	면심입방(fcc)	(hcp)
단위세포 구조				
단위세포당 입자수	$\dfrac{1}{8} \cdot 8 = 1$	$1 + \dfrac{1}{8} \cdot 8 = 2$	$\dfrac{1}{2} \cdot 6 + \dfrac{1}{8} \cdot 8 = 4$	6
배위수	6	8	12	12
원자반경(r)	$\dfrac{a}{2}$	$\dfrac{\sqrt{3}}{4}a$	$\dfrac{\sqrt{2}}{4}a$	–
최인접원자 간 거리(2r)	a	$\dfrac{\sqrt{3}}{2}a$	$\dfrac{\sqrt{2}}{2}a$	–
채우기비율(%)	52	68	74	74

14 루이스 구조와 원자가 껍질 전자쌍 반발 모형에 근거한 ICl_4^- 이온에 대한 설명으로 옳지 않은 것은?

① 무극성 화합물이다.

② 중심 원자의 형식 전하는 −1이다.

③ 가장 안정한 기하 구조는 사각 평면형 구조이다.

④ 모든 원자가 팔전자 규칙을 만족한다.

15 0.1M $CH_3COOH(aq)$ 50mL를 0.1M $NaOH(aq)$ 25mL로 적정할 때, 알짜 이온 반응식으로 옳은 것은? (단, 온도는 일정하다)

① $H_3O^+(aq) + OH-(aq) \rightarrow 2H_2O(l)$

② $CH_3COOH(aq) + NaOH(aq) \rightarrow CH_3COONa(aq) + H_2O(l)$

③ $CH_3COOH(aq) + OH^-(aq) \rightarrow CH_3COO^-(aq) + H_2O(l)$

④ $CH_3COO^-(aq) + Na^+(aq) \rightarrow CH_3COONa(aq)$

ANSWER 14.④ 15.③

14 ICl_4^- 이온은 입체 수가 6으로서 중심 원자인 I는 옥텟 규칙을 만족시키지 않는 "확장된 옥텟"의 전형적인 예이다. 중심 원자 주위에 있는 6개의 전자쌍 중 2개의 비공유 전자쌍이 서로 반대편에 위치하여 비공유 전자쌍 사이의 반발력을 최소로 하는 평면 사각형의 분자 구조를 갖는다.

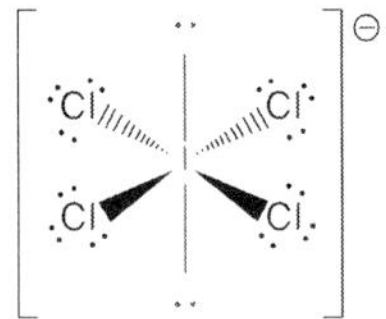

〈확장된 옥텟 구조를 가지는 중심 원자 주위의 전자쌍 총수와 분자 구조 정리〉

전자쌍 총수	5				6		
공유 전자쌍 수	5	4	3	2	6	5	4
비공유 전자쌍 수	0	1	2	3	0	1	2
분자 구조	삼각쌍뿔	시소형	T자형	선형	정팔면체	사각뿔	평면 사각형
예	Cl₃P-C	F₄S	BrF₃	XeF₂	SF₆	BrF₅	XeF₄

15 전체 반응식 : $CH_3COOH(aq) + NaOH(aq) \rightarrow CH_3COONa(aq) + H_2O(l)$

이온 반응식 : $CH_3COOH(aq) + OH^-(aq) + Na^+(aq) \rightarrow CH_3COO^-(aq) + Na^+(aq) + H2O(l)$

알짜 이온 반응식: $CH_3COOH(aq) + OH^-(aq) \rightarrow CH_3COO^-(aq) + H_2O(l)$

구경꾼 이온 : Na^+

16 다음 분자쌍 중 성질이 다른 이성질체 관계에 있는 것은?

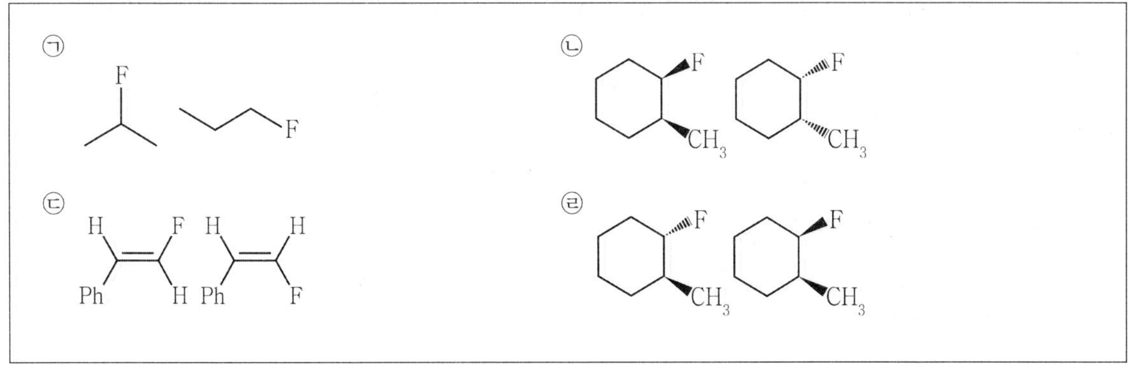

① ㉠

② ㉡

③ ㉢

④ ㉣

ANSWER 16.①

16

이성질체, Isomers
[같은 분자식, 다른 성질]

구조 이성질체
[다른 결합]

입체 이성질체
[다른 결합, 다른 배열]

배위권
(coordination-sphere)
이성질체

결합
(linkage)
이성질체

기하
이성질체

광학
이성질체

입체 이성질체는 전반적인 화학 결합의 형태는 동일하나 배열이 다른 이성질체를 말하며, 구조 이성질체는 결합이 달라 화학적 성질이 다른 이성질체를 말한다. 주어진 보기 중 구조 이성질체는 ㉠밖에 없다.

㉠ 구조 이성질체(결합 이성질체)

㉢ 입체 이성질체(기하 이성질체)

㉡㉣ 입체 이성질체(광학 이성질체)

17 다음은 밀폐된 용기에서 오존(O_3)의 분해 반응이 평형 상태에 있을 때를 나타낸 것이다. 평형의 위치를 오른쪽으로 이동시킬 수 있는 방법으로 옳지 않은 것은? (단, 모든 기체는 이상 기체의 거동을 한다)

$$2O_3(g) \rightleftharpoons 3O_2(g), \ \Delta H° = -284.6\text{kJ}$$

① 반응 용기 내의 O_2를 제거한다.

② 반응 용기의 온도를 낮춘다.

③ 온도를 일정하게 유지하면서 반응 용기의 부피를 두 배로 증가시킨다.

④ 정촉매를 가한다.

18 다음은 철의 제련 과정과 관련된 화학 반응식이다. 이에 대한 설명으로 옳지 않은 것은?

(가) $2C(s) + O_2(g) \rightarrow 2CO(g)$

(나) $Fe_2O_3(s) + 3CO(g) \rightarrow 2Fe(s) + 3CO_2(g)$

(다) $CaCO_3(s) \rightarrow CaO(s) + CO_2(g)$

(라) $CaO(s) + SiO_2(s) \rightarrow CaSiO_3(l)$

① (가)에서 C의 산화수는 증가한다.

② (가)~(라) 중 산화–환원 반응은 2가지이다.

③ (나)에서 CO는 환원제이다.

④ (다)에서 Ca의 산화수는 변한다.

17 르샤틀리에의 원리에 따라 평형 상태에 있는 반응계에 어떤 변화가 생기면 그 변화를 완화시키는 방향으로 화학 평형은 이동한다.
① 반응 용기 내의 O_2 제거(생성물 감소) → 생성물이 증가하는 방향(=정반응)으로 평형 이동
② 반응 용기의 온도 낮춤 → 온도를 높이는 방향인 발열반응(=정반응) 쪽으로 평형 이동
③ 반응 용기의 부피 증가 → 용기 내 압력 감소 → 기체 몰수가 증가하는 방향(=정반응)으로 평형 이동
④ 정촉매는 활성화에너지를 낮춰 화학 반응의 속도를 빠르게 할 뿐 평형을 이동시키지는 못한다.

18 ① (가)에서 C의 산화수는 0에서 +2로 증가하며, 따라서 C는 산화한다.
② 산화–환원 반응은 반응 전후 산화수의 변화를 수반한다. (가)~(라) 중 산화–환원 반응은 (가)와 (나)의 2가지이다.
③ (나)에서 C의 산화수는 +2에서 +4로 증가한다. 따라서 CO는 산화되며, 다른 물질인 Fe_2O_3을 환원시키는 환원제로 작용한다.
④ (다)에서 Ca의 산화수는 +2로 변하지 않으며, (다)는 산화–환원 반응이 아니다.

19 다음은 원자 A ~ D에 대한 원자 번호와 1차 이온화 에너지(IE_1)를 나타낸다. 이에 대한 설명으로 옳은 것은? (단, A ~ D는 2, 3주기에 속하는 임의의 원소 기호이다)

	A	B	C	D
원자 번호	n	$n+1$	$n+2$	$n+3$
$IE_1[kJ\ mol^{-1}]$	1,681	2,088	495	735

① A_2 분자는 반자기성이다.

② 원자 반지름은 B가 C보다 크다.

③ A와 C로 이루어진 화합물은 공유 결합 화합물이다.

④ 2차 이온화 에너지(IE_2)는 C가 D보다 작다.

20 약산 HA가 포함된 어떤 시료 0.5g이 녹아 있는 수용액을 완전히 중화하는 데 0.15M의 NaOH(aq) 10mL가 소비되었다. 이 시료에 들어있는 HA의 질량 백분율[%]은? (단, HA의 분자량은 120이다)

① 72

③ 18

② 36

④ 15

ANSWER 19.① 20.②

19 1차 이온화 에너지가 A, B로 갈수록 증가하다가 C가 되면 급감하며, D는 C보다는 크게 나타난다. 따라서 A와 B는 2주기 비금속 원소(17족과 18족)이며, C와 D는 3주기 금속 원소(1족과 2족)이다. 따라서 A는 F, B는 Ne, C는 Na, D는 Mg이다.

① $A_2(F_2)$의 분자 오비탈 전자배치는 다음과 같다.

　(최외각 전자 수 = 7×2 = 14)

$$\sigma_{2s} < \sigma_{2s}^* < \sigma_{2p} < \pi_{2p} = \pi_{2p} < \pi_{2s}^* = \pi_{2s}^* < \sigma_{2s}^*$$

전자배치 상 홀전자가 없으므로, 상자기성이 아니라 반자기성 물질이다.

② 원자 반지름은 전자 껍질 수가 많을수록 커지므로, 2주기 원소(전자 껍질 수 2개)인 B가 3주기 원소(전자 껍질 수 3개)인 C보다 작다.

③ A와 C로 이루어진 화합물은 NaF(플루오린화 나트륨)으로 금속과 비금속 원소로 이루어진 이온 결합 화합물이다.

④ C는 1족 원소로서 두 번째 전자를 떼어낼 때 옥텟 구조가 깨진다. 따라서 2차 이온화 에너지(IE_2)는 C가 D보다 크게 나타난다.

20 중화점에서는 중화적정에 사용된 산의 몰수와 염기의 몰수가 같다는 점에 착안한다.

(산의 몰수) = (염기의 몰수)

$$\frac{0.5g}{120g/mol} \times x = 0.15mol/L \times \frac{10}{1000}L \qquad\qquad \therefore\ x = 0.36 = 36\%$$

1 다음 중 극성 분자에 해당하는 것은?

① CO_2

② BF_3

③ PCl_5

④ CH_3Cl

2 이상 기체 ㈎, ㈏의 상태가 다음과 같을 때, P는?

기체	양[mol]	온도[K]	부피[L]	압력[atm]
㈎	n	300	1	1
㈏	n	600	2	P

① 0.5

② 1

③ 2

④ 4

ANSWER 1.④ 2.②

1 극성 분자는 구성 원자 간 극성 공유결합을 하여 쌍극자 모멘트가 발생하고, 분자의 모양이 비대칭이어서 쌍극자 모멘트의 합이 0이 아니고 분자의 중심이 어느 한쪽으로 치우치는 분자를 말한다. 보기 중에서는 클로로메테인을 제외한 나머지 분자들은 모두 극성 공유결합을 하나 쌍극자 모멘트의 합이 0이 되는 무극성 분자에 속한다.

2 ㈎와 ㈏는 모두 이상 기체이므로 이상 기체 상태 방정식($PV=nRT$)이 성립하고, 따라서 $\dfrac{PV}{nRT}$ 값은 일정하다. 즉, $\dfrac{1\times1}{nR\times300}=\dfrac{P\times2}{nR\times600}$ 이 성립하며, 이를 풀면 $P=1atm$을 얻는다.

3 X가 녹아 있는 용액에서, X의 농도에 대한 설명으로 옳지 않은 것은?

① 몰 농도[M]는 $\dfrac{\text{X의 몰(mol) 수}}{\text{용액의 부피[L]}}$ 이다.

② 몰랄 농도[m]는 $\dfrac{\text{X의 몰(mol) 수}}{\text{용매의 질량[kg]}}$ 이다.

③ 질량 백분율[%]은 $\dfrac{\text{X의 질량}}{\text{용매의 질량}} \times 100$ 이다.

④ 1ppm 용액과 1,000ppb 용액은 농도가 같다.

4 화학 결합과 분자 간 힘에 대한 설명으로 옳은 것은?

① 메테인(CH_4)은 공유 결합으로 이루어진 극성 물질이다.

② 이온 결합 물질은 상온에서 항상 액체 상태이다.

③ 이온 결합 물질은 액체 상태에서 전류가 흐르지 않는다.

④ 비극성 분자 사이에는 분산력이 작용한다.

5 수소(H_2)와 산소(O_2)가 반응하여 물(H_2O)을 만들 때, 1mol의 산소(O_2)와 반응하는 수소의 질량[g]은?
(단, H의 원자량은 1이다)

① 2

② 4

③ 8

④ 16

ANSWER 3.③ 4.④ 5.②

3 질량 백분율[%]은 $\dfrac{\text{X의 질량}}{\text{용액의 질량}} \times 100$ 이다.

4 ① 메테인(CH_4)은 공유 결합으로 이루어진 무극성 물질이다.
② 이온 결합 물질은 염화 나트륨($NaCl$)과 같이 상온에서 고체인 경우가 많다.
③ 이온 결합 물질은 액체(용융) 상태에서 전류가 잘 흐른다.
④ 비극성(무극성) 분자 사이에는 분산력이 작용한다. → 정확히 얘기하자면 분산력은 모든 분자에 작용하는 힘이며, 무극성 분자 사이에는 다른 분자간 힘은 작용하지 않고 오직 분산력만이 작용한다.

5 수소와 산소가 반응하여 물을 만드는 화학반응식 $2H_2 + O_2 \rightarrow 2H_2O$에서 1mol의 산소와 반응하는 수소의 몰수는 2mol이고, 수소의 분자량(2)을 이용하여 수소 분자 2몰의 질량은 4g임을 구할 수 있다.

6 황(S)의 산화수가 나머지와 다른 것은?

① H_2S ② SO_3

③ $PbSO_4$ ④ H_2SO_4

7 원자에 대한 설명으로 옳은 것만을 모두 고르면?

> ㉠ 양성자는 음의 전하를 띤다.
> ㉡ 중성자는 원자 크기의 대부분을 차지한다.
> ㉢ 전자는 원자핵의 바깥에 위치한다.
> ㉣ 원자량은 ^{12}C 원자의 질량을 기준으로 정한다.

① ㉠, ㉡   ② ㉠, ㉢

③ ㉡, ㉣   ④ ㉢, ㉣

8 다음 중 온실 효과가 가장 작은 것은?

① CO_2 ② CH_4

③ C_2H_5OH ④ Hydrofluorocarbons(HFCs)

ANSWER 6.① 7.④ 8.③

6 중성 화합물의 산화수 합은 0임을 이용하여 각 화합물에서 S의 산화수를 구하면 H_2S는 −2이고, 나머지 보기의 화합물은 +6이다.

7 ㉠ 양성자는 양(+)의 전하를 띤다.
㉡ 양성자와 중성자가 모여 있는 원자핵은 원자 중심의 매우 작은 부분을 차지하고 있으며, 원자의 대부분은 빈 공간으로 이루어진다.

8 온실 효과를 유발하는 대표적인 온실 기체에는 이산화탄소(CO_2), 수증기(H_2O), 메테인(CH_4), 육플루오르화 황(SF_6), 수소플루오르화 탄소(HFC), 클로로플루오르화 탄소(CFC) 등이 있다. 에탄올은 온실 기체에 해당하지 않는다.
※ **지구온난화지수**(GWP : Global Warming Potential) … 이산화탄소가 지구 온난화에 미치는 영향을 기준으로 다른 온실가스가 지구온난화에 기여하는 정도를 나타낸 것이다. 곧, 개별 온실가스 1kg의 태양에너지 흡수량을 이산화탄소 1kg이 가지는 태양에너지 흡수량으로 나눈 값을 말한다. 단위 질량당 온난화 효과를 지수화한 것이라고 할 수 있다. 이산화탄소를 1로 볼 때 메테인은 21, 아산화 질소는 310, 수소플루오린화 탄소는 1,300 육플루오린화 황은 23,900이다. 교토 의정서는 온실 기체 배출량 계산에 지구온난화지수를 사용하고 있다.

9 중성 원자 X~Z의 전자 배치이다. 이에 대한 설명으로 옳은 것은? (단, X~Z는 임의의 원소 기호이다)

> $X : 1s^2 2s^1$
>
> $Y : 1s^2 2s^2$
>
> $Z : 1s^2 2s^2 2p^4$

① 최외각 전자의 개수는 Z>Y>X 순이다.

② 전기음성도의 크기는 Z>X>Y 순이다.

③ 원자 반지름의 크기는 X > Z > Y 순이다.

④ 이온 반지름의 크기는 $Z^{2-} > Y^{2+} > X^+$ 순이다.

10 2~4주기 알칼리 원소에서 원자 번호의 증가와 함께 나타나는 변화로 옳은 것은?

① 전기음성도가 작아진다.

② 정상 녹는점이 높아진다.

③ 25°C, 1 atm에서 밀도가 작아진다.

④ 원자가 전자의 개수가 커진다.

ANSWER 9.① 10.①

9 주어진 전자 배치에 따르면, X~Z는 모두 2주기 원소이다.

	원소	최외각 전자 수	전기음성도	구분
X	Li (원자번호 3)	1	1.0	2주기 1족
Y	Be (원자번호 4)	2	1.5	2주기 2족
Z	O (원자번호 8)	6	3.5	2주기 16족

② 같은 주기에서는 원자번호가 증가함에 따라 전기음성도 또한 증가한다. 따라서 전기음성도의 크기는 Z>Y>X 순이다.

③ 같은 주기에서는 원자번호가 증가함에 따라 유효 핵전하량이 증가하므로 원자 반지름은 감소한다. 원자 반지름의 크기는 X>Y>Z 순이다.

④ X^+와 Y^{2+}는 He과 같은 전자 배치를, Z^{2-}는 Ne과 같은 전자 배치를 갖는다. 따라서 Z^{2-}는 다른 이온에 비해 전자껍질 수가 많으므로 가장 크다. X^+와 Y^{2+}는 최외각 전자의 수는 같으나 원자번호가 다른 등전자 이온 관계이다. Y^{2+}의 유효 핵전하가 X^+보다 더 크므로 이온 반지름이 더 작다. 따라서 전체 이온 반지름의 크기는 $Z^{2-}>X^+>Y^{2+}$ 순이다.

10 전기 음성도는 주기율표에서 오른쪽 위로 갈수록 커진다. 따라서 같은 족인 알칼리 금속의 전기 음성도는 원자 번호가 증가할수록 작아진다.

② 원자 번호가 증가할수록 알칼리 금속의 정상 녹는점이 낮아진다.

③ 원자 번호가 증가할수록 알칼리 금속의 밀도는 증가한다(Li < K < Na < Rb < Cs).

④ 알칼리 금속의 원자가 전자 개수는 모두 1개로 동일하다.

11 이온화 에너지에 대한 설명으로 옳은 것만을 모두 고르면?

> ㉠ 1차 이온화 에너지는 기체 상태 중성 원자에서 전자 1개를 제거하는 데 필요한 에너지이다.
> ㉡ 1차 이온화 에너지가 큰 원소일수록 양이온이 되기 쉽다.
> ㉢ 순차적 이온화 과정에서 2차 이온화 에너지는 1차 이온화 에너지보다 크다.

① ㉠, ㉡

② ㉠, ㉢

③ ㉡, ㉢

④ ㉠, ㉡, ㉢

12 화학 반응 속도에 대한 설명으로 옳지 않은 것은?

① 1차 반응의 반응 속도는 반응물의 농도에 의존한다.

② 다단계 반응의 속도 결정 단계는 반응 속도가 가장 빠른 단계이다.

③ 정촉매를 사용하면 전이 상태의 에너지 준위는 낮아진다.

④ 활성화 에너지가 0보다 큰 반응에서, 반응 속도 상수는 온도가 높을수록 크다.

ANSWER 11.② 12.②

11 ㉠ (1차) 이온화 에너지는 기체 상태 원자 1몰에서 전자 1몰을 떼어내는 데 필요한 에너지를 말한다.
㉡ 1차 이온화 에너지가 큰 원소일수록 전자를 잃을 때 더 많은 에너지가 필요하므로, 양이온이 되기 어렵다.
㉢ 순차적 이온화에너지는 $IE_1 < IE_2 < IE_3 < IE_4$ … 관계가 있다.

12 ① 1차 반응의 반응 속도는 반응물의 농도에 비례한다.
② 다단계 반응의 속도 결정 단계는 반응 속도가 가장 느린 단계이다.
③ 정촉매를 사용하면 화학 반응의 활성화 에너지가 낮아지므로 전이 상태의 에너지 준위는 낮아진다.
④ 아레니우스 식 $k = Ae^{-\frac{E_a}{RT}}$ 에서 활성화 에너지가 0보다 큰 반응에서, 활성화 에너지(E_a)가 작을수록, 절대온도(T)가 높을수록 반응 속도 상수(k)가 증가한다.

13 고체 알루미늄(Al)은 면심 입방(fcc) 구조이고, 고체 마그네슘(Mg)은 육방 조밀 쌓임(hcp) 구조이다. 이에 대한 설명으로 옳지 않은 것은?

① Al의 구조는 입방 조밀 쌓임(ccp)이다.

② Al의 단위 세포에 포함된 원자 개수는 4이다.

③ 원자의 쌓임 효율은 Al과 Mg가 같다.

④ 원자의 배위수는 Mg가 Al보다 크다.

14 $Ba(OH)_2$ 0.1mol이 녹아 있는 10L의 수용액에서 H_3O^+ 이온의 몰 농도[M]는? (단, 온도는 $25\,^\circ C$이다)

① 1×10^{-13}　　　　　　　　② 5×10^{-13}

③ 1×10^{-12}　　　　　　　　④ 5×10^{-12}

<hr>

ANSWER 13.④ 14.②

13　④ 원자의 배위수는 Mg(육방밀집구조, 12)과 Al(면심입방구조, 12)이 같다.

※ 주요 결정 구조 정리

단위세포	입방격자구조			육방밀집구조
	단순입방(sc)	체심입방(bcc)	면심입방(fcc)	(hcp)
단위세포 구조				
단위세포당 입자수	$\frac{1}{8} \cdot 8 = 1$	$1 + \frac{1}{8} \cdot 8 = 2$	$\frac{1}{2} \cdot 6 + \frac{1}{8} \cdot 8 = 4$	6
배위수	6	8	12	12
원자반경(r)	$\frac{a}{2}$	$\frac{\sqrt{3}}{4}a$	$\frac{\sqrt{2}}{4}a$	–
최인접원자 간 거리(2r)	a	$\frac{\sqrt{3}}{2}a$	$\frac{\sqrt{2}}{2}a$	–
채우기비율(%)	52	68	74	74

14　수산화 바륨은 강염기이므로 100% 이온화한다고 가정할 수 있고, $Ba(OH)_2$의 이온화식 $Ba(OH)_2 \rightarrow Ba^{2+} + 2OH^-$ 에서 $Ba(OH)_2$ 0.1몰은 OH^- 0.2몰로 해리된다. 따라서 $[OH^-] = \dfrac{0.2\,mol}{10L} = 0.02M$이고,

$$[H^+] = \frac{Kw}{[OH^-]} = \frac{1 \times 10^{-14}}{0.02} = 5 \times 10^{-13}$$ 임을 구할 수 있다.

15 오존(O_3)에 대한 설명으로 옳지 않은 것은?

① 공명 구조를 갖는다.

② 분자의 기하 구조는 굽은형이다.

③ 색깔과 냄새가 없다.

④ 산소(O_2)보다 산화력이 더 강하다.

16 $CaCO_3(s)$가 분해되는 반응의 평형 반응식과 온도 T에서의 평형 상수(K_p)이다. 이에 대한 설명으로 옳은 것만을 〈보기〉에서 모두 고르면? (단, 반응은 온도와 부피가 일정한 밀폐 용기에서 진행된다)

$$CaCO_3(s) \rightleftharpoons CaO(s) + CO_2(g) \qquad K_p = 0.1$$

㉠ 온도 T의 평형 상태에서 $CO_2(g)$의 부분 압력은 0.1atm이다.

㉡ 평형 상태에 $CaCO_3(s)$를 더하면 생성물의 양이 많아진다.

㉢ 평형 상태에서 $CO_2(g)$를 일부 제거하면 $CaO(s)$의 양이 많아진다.

① ㉠, ㉡

② ㉠, ㉢

③ ㉡, ㉢

④ ㉠, ㉡, ㉢

ANSWER 15.③ 16.②

15 ①② 오존은 다음과 같은 공명 구조를 가지며, 분자 구조는 굽은 형이다.

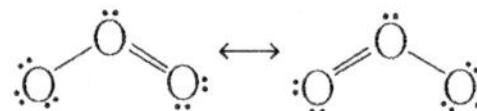

③ 오존은 옅은 청색의 색을 가지며, 특유의 비릿하면서도 톡 쏘는 냄새가 난다.

④ 오존은 강력한 산화력을 갖고 있어 물의 정수 및 주방의 살균·탈취, 앰뷸런스 차내 살균 등 다양한 분야에서 이용되고 있다.

16 ㉠ $K_P = P_{CO_2} = 0.1$에서 $CO_2(g)$의 부분 압력은 0.1 atm이다.

㉡ 불균일 평형 과정이므로 고체를 첨가한다고 해서 화학평형 이동에는 영향을 끼치지 않으며, 따라서 생성물의 양에는 변화가 없다.

㉢ 평형 상태에서 생성물의 농도가 감소하면 르샤틀리에 원리에 따라 생성물의 농도가 증가하는 방향으로 평형이 이동하므로 생성물인 $CO_2(g)$ 양이 증가한다.

17 다음 분자에 대한 설명으로 옳지 않은 것은?

① 이중 결합의 개수는 2이다.

② sp^3 혼성을 갖는 탄소 원자의 개수는 3이다.

③ 산소 원자는 모두 sp^3 혼성을 갖는다.

④ 카이랄 중심인 탄소 원자의 개수는 2이다.

ANSWER 17.③

17			
	①	이중 결합의 개수는 다음과 같이 2개이다.	
	②	sp^3 혼성 오비탈을 갖는 탄소 원자의 개수는 다음과 같이 3개이다.	
	③	산소 원자 중 표시한 1개 원자는 sp^2 혼성 오비탈을 갖는다.	
	④	카이랄 중심인 탄소 원자의 개수는 다음과 같이 2개이다.	

18 루이스 구조 이론을 근거로, 다음 분자들에서 중심 원자의 형식 전하 합은?

I_3^-	OCN^-

① -1 ② 0

③ 1 ④ 2

ANSWER 18.①

18 형식 전하 = 원자가 전자 수 − 비공유 전자쌍 전자 수 − $\dfrac{1}{2}$(공유 전자쌍 전자 수)

= 원자가 전자 수 − 해당 원자에 속한 전자 수

	분자 구조 (루이스 구조식)	중심 원자 형식전하
I_3^-	$\left[\ddot{:}\ddot{I}\cdots\ddot{I}\!-\!\ddot{I}\ddot{:}\right]^-$	$7 - 6 - 2 = -1$
OCN^-	$\left[:N\!\equiv\!C\!-\!\ddot{O}\ddot{:}\right]^-$	$4 - 0 - 4 = 0$

따라서 분자들에서 중심 원자의 형식 전하 합은 −1이다.

※ OCN^-의 루이스 구조

OCN^-의 루이스 구조는 다음 3가지의 공명 구조로 나타난다. 이중 전기음성도가 더 큰 산소에 −1의 형식전하가 할당된 case 1이 가장 안정한 구조이므로 실제 구조에 가까우며, 이를 구조식으로 사용한다.

Case 1	$:N\!\equiv\!C\!-\!\ddot{O}\ddot{:}$
Case 2	$\ddot{N}\!\equiv\!C\!-\!\ddot{O}$
Case 3	$\ddot{:}\ddot{N}\!\equiv\!C\!-\!O:$

19 $25\,^{\circ}$C, 1atm에서 메테인(CH_4)이 연소되는 반응의 열화학 반응식과 4가지 결합의 평균 결합 에너지이다. 제시된 자료로부터 구한 a는?

$$CH_4(g)+2O_2(g)\rightarrow CO_2(g)+2H_2O(g) \qquad \Delta H=a \text{ kcal}$$

결합	C−H	O=O	C=O	O−H
평균 결합 에너지$[\text{kcal mol}^{-1}]$	100	120	190	110

① -180 ② -40

③ 40   ④ 180

20 다니엘 전지의 전지식과, 이와 관련된 반응의 표준 환원 전위(E°)이다. Zn^{2+}의 농도가 0.1 M이고, Cu^{2+}의 농도가 0.01M인 다니엘 전지의 기전력$[\text{V}]$에 가장 가까운 것은? (단, 온도는 $25\,^{\circ}$C로 일정하다)

$$Zn(s) \mid Zn^{2+}(aq) \parallel Cu^{2+}(aq) \mid Cu(s)$$
$$Zn^{2+}(aq)+2e^{-} \rightleftarrows Zn(s) \qquad E^0=-0.76V$$
$$Cu^{2+}(aq)+2e^{-} \rightleftarrows Cu(s) \qquad E^0=0.34V$$

① 1.04   ② 1.07

③ 1.13   ④ 1.16

ANSWER 19.① 20.②

19
$$\Delta H^{\circ} = \sum n_r H_b^{\circ}\text{ 반응물} - \sum n_p H_b^{\circ}\text{ 생성물}$$
$$= [4H_b^{\circ}{}_{(C-H)} + 2H_b^{\circ}{}_{(O=O)}] - [2H_b^{\circ}{}_{(C=O)} + 4H_b^{\circ}{}_{(O-H)}]$$
$$= [4\times100+2\times120] - [2\times190+4\times110] = -180\,(kcal)$$

20
$$E^{\circ} = \frac{RT}{nF}lnK = \frac{0.0592}{n}logK$$

$$E = E^{\circ} - \frac{0.0592}{n}log\frac{[Zn^{2+}]}{[Cu^{2+}]} = 0.34-(-0.76) - \frac{0.0592}{2}log\frac{0.1}{0.01} = 1.10 - \frac{0.0592}{2} = 1.07\,V$$

※ 네른스트 식
$$\Delta G = \Delta G^{\circ} + RT\ln K$$
$$-nFE = -nFE^{\circ} + RT\ln K$$
$$E = E^{\circ} - \frac{RT}{nF}lnQ = E^{\circ} - \frac{0.0592}{n}logQ$$

1 0.5M 포도당($C_6H_{12}O_6$) 수용액 100mL에 녹아 있는 포도당의 양[g]은? (단, C, H, O의 원자량은 각각 12, 1, 16이다)

① 9

② 18

③ 90

④ 180

2 1.0M KOH 수용액 30mL와 2.0M KOH 수용액 40mL를 섞은 후 증류수를 가해 전체 부피를 100mL로 만들었을 때, KOH 수용액의 몰농도[M]는? (단, 온도는 $25\,^\circ C$이다)

① 1.1

② 1.3

③ 1.5

④ 1.7

ANSWER 1.① 2.①

1 0.5M 포도당 수용액에는 용액 1L(=1,000mL) 안에 포도당이 0.5몰 녹아 있다. 포도당 1몰의 질량은 포도당을 구성하고 있는 원자들의 원자량 합과 동일하므로, $(12 \times 6) + (1 \times 12) + (16 \times 6) = 180$이다. 즉, 0.5M 포도당 수용액 1,000mL에는 포도당 90g이 녹아 있다. 따라서 문제에서 주어진 포도당 수용액 100mL 안에는 포도당이 9g 녹아 있음을 구할 수 있다.

2 몰농도의 정의는 용액 1L에 들어있는 용질의 몰수(mol/L)이다. 따라서 KOH 수용액에 들어있는 용질의 몰수를 구하고, 이를 전체 부피로 나누면 몰농도를 구할 수 있다.

$$(\text{몰농도}) = \frac{1.0M \times \frac{30}{1000}L + 2.0M \times \frac{40}{1000}L}{\frac{100}{1000}L} = 1.1\,mol/L = 1.1M$$

3 다음은 물질을 2가지 기준에 따라 분류한 그림이다. (가)~(다)에 대한 설명으로 옳은 것은?

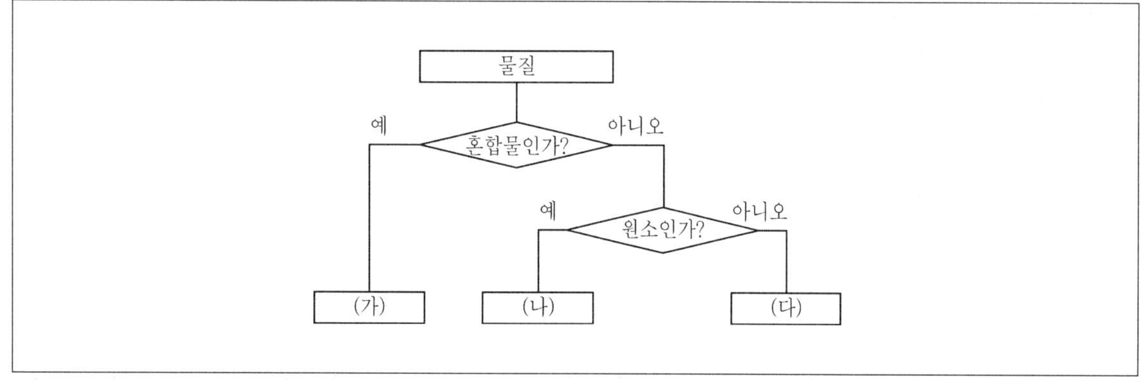

① 철(Fe)은 (가)에 해당한다.

② 산소(O_2)는 (가)에 해당한다.

③ 석유는 (나)에 해당한다.

④ 메테인(CH_4)은 (다)에 해당한다.

4 다음 다원자 음이온에 대한 명명으로 옳지 않은 것은?

음이온	명명
① NO_2^-	질산 이온
② HCO_3^-	탄산수소 이온
③ OH^-	수산화 이온
④ ClO_4^-	과염소산 이온

ANSWER 3.④ 4.①

3 (가) : 혼합물, (나) : 원소(홑원소 물질), (다) : 화합물

① 철(Fe)은 한 가지 원소로 이루어진 순물질(홑원소 물질)이므로 (나)에 해당한다.

② 산소(O_2)는 한 가지 원소로 이루어진 순물질(홑원소 물질)이므로 (나)에 해당한다.

③ 석유는 여러 가지 물질이 혼합된 불균일 혼합물이므로 (가)에 해당한다.

④ 메테인(CH_4)은 두 가지 이상의 원소가 화합하여 만들어진 화합물이므로 (다)에 해당한다.

4 NO_2^-의 이름은 아질산 이온이다.

5 끓는점이 $Cl_2 < Br_2 < I_2$의 순서로 높아지는 이유는?

① 분자량이 증가하기 때문이다.

② 분자 내 결합 거리가 감소하기 때문이다.

③ 분자 내 결합 극성이 증가하기 때문이다.

④ 분자 내 결합 세기가 증가하기 때문이다.

6 다음은 3주기 원소 중 하나의 순차적 이온화 에너지(IEn[kJ mol^{-1}])를 나타낸 것이다. 이 원자에 대한 설명으로 옳은 것만을 모두 고른 것은?

IE_1	IE_2	IE_3	IE_4	IE_5
578	1817	2745	11577	14842

> ㉠ 바닥 상태의 전자 배치는 $[Ne]3s^23p^2$이다.
> ㉡ 가장 안정한 산화수는 +3이다.
> ㉢ 염산과 반응하면 수소 기체가 발생한다.

① ㉠

② ㉢

③ ㉠, ㉡

④ ㉡, ㉢

ANSWER 5.① 6.④

5 할로젠의 이원자 분자는 무극성 분자이고, 무극성 분자 사이에는 다른 분자간 힘은 작용하지 않고 오직 분산력만이 작용한다. 분자의 크기가 크고 표면적이 클수록 편극(polarization)이 되기 쉬우며, 따라서 분자량이 클수록 분산력이 크게 작용하여 끓는점이 높아진다. 따라서 끓는점은 $Cl_2 < Br_2 < I_2$의 순서로 높아진다.

6 ㉠ IE_3와 IE_4 사이의 차이가 크게 나타나므로 13족에 속한다고 추론할 수 있으며, 문제에서 3주기 원소라고 하였으므로 해당 원소는 Al(알루미늄)이다. 알루미늄의 바닥 상태 전자배치는 $[Ne]3s^23p^1$이다.

㉡ 13족 원소는 원자가 전자 수가 3개이므로, 전자 3개를 잃으면 옥텟을 만족하므로 안정하다. 따라서 가장 안정한 산화수는 +3이다.

㉢ 알루미늄과 염산이 반응하면 수소 기체가 발생한다. ($2Al + 6HCl \rightarrow 2AlCl_3 + 3H_2 \uparrow$)

7 다음은 3주기 원소로 이루어진 이온성 고체 AX의 단위 세포를 나타낸 것이다. 이에 대한 설명으로 옳지 않은 것은?

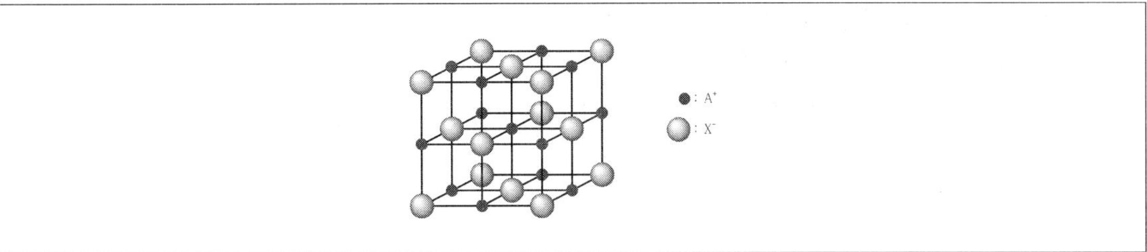

① 단위 세포 내에 있는 A 이온과 X 이온의 개수는 각각 4이다.

② A 이온과 X 이온의 배위수는 각각 6이다.

③ A(s)는 전기적으로 도체이다.

④ AX(l)는 전기적으로 부도체이다.

....

ANSWER 7.④

7 3주기 원소로 이루어진 이온결합 물질인 NaCl을 나타내고 있다.

① 단위 세포 내에 있는 A 이온과 X 이온의 개수는 다음과 같이 각각 4이다.

$$(\text{A 이온}) = 1 \times 1(\text{체심}) + 12 \times \frac{1}{4}(\text{모서리}) = 4$$

$$(\text{X 이온}) = 8 \times \frac{1}{8}(\text{꼭짓점}) + 6 \times \frac{1}{2}(\text{면}) = 4$$

② 하나의 A 이온은 6개의 X 이온으로 둘러싸여 있으며, 역시 하나의 X 이온은 6개의 A 이온으로 둘러싸여 있는 면심입방구 조이다. 따라서 A 이온과 X 이온의 배위수는 각각 6이다.

③ 이온성 고체에서 양이온을 이루는 A(s)는 Na(s)이며, 금속이다. 따라서 전기적으로 도체이다.

④ 이온 결합으로 이루어진 물질은 고체에서는 전기 전도성이 없으나, 수용액이나 용융 상태에서는 전기 전도성이 있다. 따라서 AX(l)는 전기적으로 도체이다.

※ 참고 : 단위 세포 속의 입자 수

$$N = N_{체심} + \frac{N_{면심}}{2} + \frac{N_{모서리}}{4} + \frac{N_{꼭짓점}}{8}$$

8 다음 분자에 대한 설명으로 옳지 않은 것은?

① SO_2는 굽은형 구조를 갖는 극성 분자이다.

② BeF_2는 선형 구조를 갖는 비극성 분자이다.

③ CH_2Cl_2는 사각 평면 구조를 갖는 극성 분자이다.

④ CCl_4는 정사면체 구조를 갖는 비극성 분자이다.

9 황(S)의 산화수가 가장 큰 것은?

① K_2SO_3

② $Na_2S_2O_3$

③ $FeSO_4$

④ CdS

---

8 CH_2Cl_2는 사면체(입체) 구조를 갖는 극성 분자이다.

9
① K_2SO_3 $(+1) \times 2 + S + (-2) \times 3 = 0$ $\therefore S = +4$
② $Na_2S_2O_3$ $(+1) \times 2 + S \times 2 + (-2) \times 3 = 0$ $\therefore S = +2$
③ $FeSO_4$ $(+2) + S + (-2) \times 4 = 0$ $\therefore S = +6$
④ CdS $(+2) + S = 0$ $\therefore S = -2$

10 다음 분자에 대한 설명으로 옳지 않은 것은?

$$\text{(benzene ring with -COOH and -O-CO-CH}_3\text{ substituents, acetylsalicylic acid)}$$

① 카복실산 작용기를 가지고 있다.

② 에스터화 반응을 통해 합성할 수 있다.

③ 모든 산소 원자는 같은 평면에 존재한다.

④ sp^2 혼성을 갖는 산소 원자의 개수는 2이다.

11 다음은 산성 수용액에서 일어나는 균형 화학 반응식이다. 염기성 조건에서의 균형 화학 반응식으로 옳은 것은?

$$\text{Co}(s) + 2\text{H}+(aq) \longrightarrow \text{Co}^{2+}(aq) + \text{H}_2(g)$$

① $\text{Co}^{2+}(aq) + \text{H}_2(g) \longrightarrow \text{Co}(s) + 2\text{H}^+(aq)$

② $\text{Co}(s) + 2\text{OH}^-(aq) \longrightarrow \text{Co}^{2+}(aq) + \text{H}_2(g)$

③ $\text{Co}(s) + \text{H}_2\text{O}(l) \longrightarrow \text{Co}^{2+}(aq) + \text{H}_2(g) + \text{OH}^-(aq)$

④ $\text{Co}(s) + 2\text{H}_2\text{O}(l) \longrightarrow \text{Co}^{2+}(aq) + \text{H}_2(g) + 2\text{OH}^-(aq)$

ANSWER 10.③ 11.④

10 ① 벤젠고리 위쪽에 카복실산 작용기(–COOH)를 가지고 있다.

② 벤젠고리와 메틸기 사이에 에스터 결합이 형성되어 있으며, 이 에스터 결합은 카복실산과 알코올 사이의 축합중합 반응인 에스터화 반응을 통해 형성될 수 있다.

③ 산소 원자는 sp^3(사면체) 혼성과 sp^2(평면삼각형) 혼성을 가지고 있어 같은 평면에 존재하지 않는다.

④ sp^2 혼성을 갖는 산소 원자는 탄소와 이중결합을 하고 있는 산소로서 총 2개이다.

11 염기성 조건에서의 균형 화학 반응식에서는 반응식 내에 OH⁻ 이온이 나타난다. 또한 산화되는 물질의 산화수 변화량과 환원되는 물질의 산화수 변화량이 같아야 한다. 아울러 반응물과 생성물의 몰수가 같아야 하며, 양쪽의 전하 균형이 맞아야 한다. 이 모든 조건을 만족시키는 것은 ④이다.

12 다음 알렌(allene) 분자에 대한 설명으로 옳은 것만을 모두 고르면?

$$H_a - C = C = C - H_c$$

(여기서 H_a, H_b는 왼쪽 탄소에, H_c, H_d는 오른쪽 탄소에 결합)

㉠ H_a와 H_b는 같은 평면 위에 있다.
㉡ H_a와 H_c는 같은 평면 위에 있다.
㉢ 모든 탄소는 같은 평면 위에 있다.
㉣ 모든 탄소는 같은 혼성화 오비탈을 가지고 있다.

① ㉠, ㉡　　　　　　　　　　② ㉠, ㉢

③ ㉡, ㉣　　　　　　　　　　④ ㉢, ㉣

12　㉠ 가장 왼쪽에 위치한 탄소는 sp^2 혼성 오비탈을 가지므로, 평면 삼각형의 구조를 가진다. 따라서 H_a와 H_b는 같은 평면 위에 있다.

㉢ 알렌 분자를 이루는 탄소의 개수는 3개이며, 평면의 결정 조건(점 3개)에 따라서 모든 탄소는 동일 평면상에 존재한다.

※ 바로 알기

㉡ 모든 탄소 간 결합은 이중 결합이므로 꺾임이 발생하며, 따라서 H_a와 H_c는 다른 평면 위에 존재한다.

㉣ 가운데 위치한 탄소는 sp 혼성 오비탈, 양쪽에 끝에 위치한 탄소는 sp^2 혼성 오비탈을 가진다.

13 다음 각 0.1M 착화합물 수용액 100mL에 0.5 M AgNO₃ 수용액 100mL씩을 첨가했을 때, 가장 많은 양의 침전물이 얻어지는 것은?

① $[Co(NH_3)_6]Cl_3$

② $[Co(NH_3)_5Cl]Cl_2$

③ $[Co(NH_3)_4Cl_2]Cl$

④ $[Co(NH_3)_3Cl_3]$

14 298 K에서 다음 반응에 대한 계의 표준 엔트로피 변화($\Delta S°$)는? (단, 298 K에서 N₂(g), H₂(g), NH₃(g)의 표준 몰 엔트로피[J mol⁻¹ K⁻¹]는 각각 191.5, 130.6, 192.50이다)

$$N_2(g) + 3H_2(g) \rightarrow 2NH_3(g)$$

① -129.6 ② 129.6

③ -198.3 ④ 198.3

ANSWER 13.① 14.③

13 이온과 염화 이온이 반응하면 불용성 염이 생성되면서 침전물인 염화은이 생성된다. 착화합물과 관련해서 염화 이온이 리간드로 작용할 경우 침전물이 생성되지 않지만, 착이온에 이온결합을 하고 있는 염화 이온은 침전물을 형성한다. 따라서 이 문제에서는 각 보기에 주어진 화합물에서 착이온에 이온 결합으로 결합되어 있는 염화 이온의 몰수를 파악하는 문제이며, 이것이 많을수록 많은 양의 침전물이 생성된다. 보기에 주어진 착화합물에 대해 계산해보면 다음과 같다.

	이온결합으로 결합된 Cl⁻ 몰수	첨가한 Ag⁺ 몰수	침전(AgCl) 몰수
① $[Co(NH_3)_6]Cl_3$	0.03	0.05	0.03
② $[Co(NH_3)_5Cl]Cl_2$	0.02	0.05	0.02
③ $[Co(NH_3)_4Cl_2]Cl$	0.01	0.05	0.01
④ $[Co(NH_3)_3Cl_3]$	0	0.05	0

14 엔트로피 변화(ΔS)는 최종 생성물 상태의 엔트로피에서 초기 반응물 상태의 엔트로피를 뺀 값으로 정의된다. 따라서 다음과 같이 계산할 수 있다.

$$\Delta S = S_f - S_i = 2 \times 192.5 - (191.5 + 3 \times 130.6) = -198.3 \text{ J mol}^{-1}\text{K}^{-1}$$

15 A + B → C 반응에서 A와 B의 초기 농도를 달리하면서 C가 생성되는 초기 속도를 측정하였다. 속도 = $k[A]^a[B]^b$라고 나타낼 때, a, b로 옳은 것은?

실험	A[M]	B[M]	C의 초기 생성 속도[$\mathrm{M\,s^{-1}}$]
1	0.01	0.01	0.03
2	0.02	0.01	0.12
3	0.01	0.02	0.12
4	0.02	0.02	0.48

	<u>a</u>	<u>b</u>
①	1	1
②	1	2
③	2	1
④	2	2

16 산화–환원 반응이 아닌 것은?

① $2HCl + Mg \rightarrow MgCl_2 + H_2$

② $CH_4 + 2O_2 \rightarrow CO_2 + 2H_2O$

③ $CO_2 + H_2O \rightarrow H_2CO_3$

④ $3NO_2 + H_2O \rightarrow 2HNO_3 + NO$

ANSWER 15.④ 16.③

15 실험 1과 실험 2를 비교해보면, B의 농도가 일정한 상태에서 A의 농도를 2배로 변화(0.01 M → 0.02 M)시켰을 때 C의 초기 생성속도는 4배(0.03 $\mathrm{Ms^{-1}}$ → 0.12 $\mathrm{Ms^{-1}}$)가 됨을 확인할 수 있다. 따라서 이 반응은 A에 대해 2차 반응이다. 같은 방식으로 실험 1과 실험 3을 비교해보면, A의 농도가 일정한 상태에서 B의 농도를 2배로 변화(0.01 M → 0.02 M)시켰을 때 C의 초기 생성속도는 역시 4배(0.03 $\mathrm{Ms^{-1}}$ → 0.12 $\mathrm{Ms^{-1}}$)가 됨을 확인할 수 있으므로 이 반응은 B에 대해 2차 반응이다. 따라서 a = b = 2이다.

16 산화–환원의 정의

	산소(O)	수소(H)	전자(e-)	산화수
산화(Oxidation)	얻는다.	잃는다.	잃는다.	증가
환원(Reduction)	잃는다.	얻는다.	얻는다.	감소

① 수소(H)의 산화수가 +1에서 0으로 감소(환원)하고, 마그네슘(Mg)의 산화수가 0에서 +2로 증가(산화)하였으므로 산화–환원 반응이다.

② 탄소(C)는 수소를 잃고 산소와 결합하였으므로 산화되었다. 산소(O)의 산화수는 0에서 -2로 감소하였으므로 환원되었다. 따라서 이 반응은 산화–환원 반응이다.

③ 모든 원소의 산화수의 변화가 없으므로 이 반응은 산화–환원 반응이 아니다.

④ NO_2가 동시에 산화되고 환원되어 각각 HNO_3와 NO를 만드는 불균등화 반응이다. 산화수 변화는 NO_2(+4)에서 HNO_3(+5, 증가)와 NO(+2, 감소)가 됨을 확인할 수 있다.

17 다음 열화학 반응식에 대한 설명으로 옳지 않은 것은? (단, C, H, O의 원자량은 각각 12, 1, 16이다)

$$C_2H_5OH(l) + 3O_2(g) \rightarrow 2CO_2(g) + 3H_2O(l) \quad \Delta H = -1371 \, kJ$$

① 주어진 열화학 반응식은 발열 반응이다.

② CO_2 4mol과 H_2O 6mol이 생성되면 2742kJ의 열이 방출된다.

③ C_2H_5OH 23g이 완전 연소되면 H_2O 27g이 생성된다.

④ 반응물과 생성물이 모두 기체 상태인 경우에도 ΔH는 동일하다.

ANSWER 17.④

17 ① 주어진 열화학 반응식의 $\Delta H < 0$이므로 발열 반응이다.

② 주어진 열화학 반응식의 계수에 따르면 CO_2 기체 2mol과 H_2O 액체 3mol이 생성되면 1371kJ의 열이 방출된다. 따라서 생성물이 2배가 되는 CO_2 기체 4mol과 H_2O 액체 6mol이 생성되면 $1371 \times 2 = 2742 \, kJ$의 열이 방출된다.

③ C_2H_5OH(에탄올)의 분자량은 46이다. 따라서 에탄올 23g(=0.5mol)이 완전 연소되면 H_2O 1.5mol이 생성되며, 이의 질량은 $18 \times 1.5 = 27g$이 생성된다.

④ 열화학 반응식은 반응물과 생성물의 상태가 변하면 출입하는 열량이 달라진다. 따라서 반응물과 생성물이 모두 기체 상태로 바뀌는 경우에는 ΔH가 변화한다.

18 다음은 평형에 놓여있는 화학 반응이다. 이에 대한 설명으로 옳은 것은?

$$SnO_2(s) + 2CO(g) \rightleftharpoons Sn(s) + 2CO_2(g)$$

① 반응 용기에 SnO_2를 더 넣어주면 평형은 오른쪽으로 이동한다.

② 평형 상수(K_c)는 $\dfrac{[CO_2]^2}{[CO]^2}$ 이다.

③ 반응 용기의 온도를 일정하게 유지하면서 CO의 농도를 증가시키면 평형 상수(K_c)는 증가한다.

④ 반응 용기의 부피를 증가시키면 생성물의 양이 증가한다.

18

고체와 기체가 불균일 평형을 이루고 있으므로, 평형 상수(Kc)는 고체를 제외하고 기체로만 구성된 $\dfrac{[CO_2]^2}{[CO]^2}$ 이다.

※ 바로 알기

① SnO_2는 고체 상태이므로 반응 용기에 SnO_2를 더 넣어준다고 하더라도 평형에 영향을 끼치지 못한다.

③ 평형 상수는 온도에 의해서만 변화한다. 따라서 반응 용기의 온도를 일정하게 유지할 경우, 다른 조건을 변화시킨다고 하더라도 평형 상수(Kc)는 변하지 않는다.

④ 화학 반응식에서 기체 상태의 반응물과 생성물의 계수는 2로서 동일하다. 따라서 반응 용기의 부피를 변화시키거나 압력을 변화시킨다고 하더라도 평형에 영향을 주지 못한다.

19 원자가 결합 이론에 근거한 NO에 대한 설명으로 옳지 않은 것은?

① NO는 각각 한 개씩의 σ결합과 π결합을 가진다.

② NO는 O에 홀전자를 가진다.

③ NO의 형식 전하의 합은 0이다.

④ NO는 O_2와 반응하여 쉽게 NO_2로 된다.

20 대기 오염 물질에 대한 설명으로 옳지 않은 것은?

① 이산화 황(SO_2)은 산성비의 원인이 된다.

② 휘발성 유기 화합물(VOCs)은 완전 연소된 화석 연료로부터 주로 발생한다.

③ 일산화 탄소(CO)는 혈액 속 헤모글로빈과 결합하여 산소 결핍을 유발한다.

④ 오존(O_3)은 불완전 연소된 탄화수소, 질소 산화물, 산소 등의 반응으로 생성되기도 한다.

19 원자가 결합 이론을 고려한 일산화 질소(NO)의 루이스 구조식은 다음과 같이 나타낼 수 있다.

① 질소(N)와 산소(O) 사이의 결합은 이중 결합이며, 따라서 σ결합 1개와 π결합 1개로 구성된다.

② 루이스 구조의 형식전하를 계산해 보면 상기 구조일 때 N과 O에 형식전하가 모두 0으로 나타나는 안정한 구조이다. 따라서 NO는 N에 홀전자를 가질 때 더욱 안정하다.

③ 앞서 설명한 것과 같이 N과 O에 형식전하가 모두 0으로 나타나므로 NO의 형식 전하의 합은 0이다.

④ 공기 중에서 NO의 생성 반응은 자동차 엔진룸과 같은 고온 조건에서 잘 일어나지만, NO가 산화되어 NO_2가 되는 반응은 발열반응이므로 비교적 온도가 낮은 상온에서도 일어난다. 따라서 NO는 O_2와 반응하여 쉽게 NO_2로 된다.

20 끓는점이 낮아서 대기 중으로 쉽게 증발되는 액체 또는 기체상 유기화합물을 VOC라고도 하는데, 산업체에서 많이 사용하는 용매에서 화학 및 제약공장이나 플라스틱 건조공정에서 배출되는 유기가스에 이르기까지 매우 다양하며 끓는점이 낮은 액체연료, 파라핀, 올레핀, 방향족화합물 등 생활 주변에서 흔히 사용하는 탄화수소류가 거의 해당된다. VOC는 대기 중에서 질소 산화물(NOx)과 함께 광화학반응으로 오존 등 광화학 산화제를 생성하여 광화학스모그를 유발하기도 하고, 벤젠과 같은 물질은 발암성 물질로서 인체에 매우 유해하며, 스타이렌을 포함하여 대부분의 VOC는 악취를 일으키는 물질로 분류할 수 있다. 주요 배출원으로는 유기용제 사용시설, 도장시설, 세탁소, 저유소, 주유소 및 각종 운송 수단의 연소되지 않은 연료 배기가스 등의 인위적 배출원과 나무와 같은 자연적 배출원이 있다.

1 다음 이온화 에너지를 가지는 3주기 원소는?

구분	1차	2차	3차	4차
이온화 에너지 [kJ mol^{-1}]	578	1,817	2,745	11,577

① P

② Si

③ Al

④ Mg

2 일정한 온도에서 1atm, 7L의 이상기체가 14L로 팽창하였을 때, 기체의 압력[mmHg]은?

① 380

② 500

③ 580

④ 760

ANSWER 1.③ 2.①

1 문제에서 주어진 순차 이온화 에너지 표에 따르면 3차와 4차 이온화 에너지 차이가 크게 나타나고 있음을 알 수 있다. 따라서 이 원소는 원자가 전자가 3개인 13족 원소이며, 3주기 13족 원소는 알루미늄(Al)이다.

2 보일의 법칙 및 이상기체 상태 방정식(PV=nRT)에서 기체의 양(몰수)과 온도가 일정할 때 부피가 2배로 변하면 압력은 그에 반비례하여 $\frac{1}{2}$이 된다. 즉, $1\,\text{atm} \times 7\text{L} = x \times 14\text{L} =$ 일정하므로 7L의 이상기체가 14L로 팽창하였을 때 기체의 압력은 0.5atm = 380mmHg이다.

3 다음 반응에서 평형을 오른쪽으로 이동시킬 수 있는 방법으로 옳은 것만을 모두 고르면?

$$N_2(g) + 3H2(g) \rightleftarrows 2NH_3(g) \qquad \triangle H = -92\,kJ$$

㉠ 온도를 낮춘다.	㉡ 정촉매를 사용한다.
㉢ 압력을 감소시킨다.	㉣ N_2의 농도를 증가시킨다.

① ㉠, ㉢   ② ㉠, ㉣

③ ㉡, ㉣   ④ ㉢, ㉣

4 원자가 껍질 전자쌍 반발(VSEPR) 이론으로 예측한 분자의 결합각으로 옳지 않은 것은?

① BF_3의 $F - B - F$ 결합각은 $120°$이다.

② H_2S의 $H - S - H$ 결합각은 $180°$이다.

③ CH_4의 $H - C - H$ 결합각은 $109.5°$이다.

④ H_2O의 $H - O - H$ 결합각은 $104.5°$이다.

ANSWER 3.②   4.②

3 르샤틀리에의 원리(Le Chatelier's Principle)는 가역 반응이 평형 상태에 있을 때 농도, 압력, 온도 등의 조건을 변화시키면 화학계는 그 변화를 감소시키는 방향, 즉 변화를 상쇄시키는 방향으로 평형이 이동하여 새로운 평형에 도달한다는 원리를 말한다. 평형 이동의 법칙이라고도 한다.

㉠ 문제에서 주어진 정반응은 발열 반응이므로 주위의 온도를 낮춰주면 정반응 쪽인 오른쪽으로 평형을 이동시킬 수 있다.

㉡ 촉매는 화학반응에 관여하는 활성화 에너지의 크기를 조절하여 반응 속도를 빠르게(정촉매) 또는 느리게(부촉매) 할 뿐, 평형 이동과는 관계가 없다.

㉢ 문제에서 주어진 반응은 반응물과 생성물이 모두 기체 상태인 반응이다. 따라서 반응물의 계수의 합(1+3=4)이 생성물의 계수의 합(2)보다 크므로 평형을 오른쪽으로 이동시키기 위해서는 압력을 증가시켜야 한다.

㉣ 반응물인 N_2나 H_2의 농도를 증가시키면 정반응 쪽인 오른쪽으로 평형이 이동된다. 생성물인 NH_3의 농도를 감소시켜도 같은 방향으로 평형을 이동시킬 수 있다.

4 ② H_2S는 SN가 4이고, 그중 비공유 전자쌍이 2쌍 있으므로, $H-S-H$ 결합각은 $109.5°$보다 작다. 실제 결합각은 약 $92.1°$로 알려져 있다.

5 25℃, 5atm에서 1L의 반응기에 $H_2(g)$와 $N_2(g)$가 $3:1$의 몰 비로 혼합되어 있을 때, H_2의 부분 압력 (P_{H_2})[atm]과 N_2의 부분 압력(P_{N_2})[atm]은? (단, 기체는 이상기체이고, 혼합기체는 반응하지 않는다)

P_{H_2}	P_{N_2}
① 1.25	3.75
② 1.50	3.50
③ 3.50	1.50
④ 3.75	1.25

6 다음 원자와 이온 중 반지름이 가장 작은 것은?

① F   ② F^-

③ O^{2-} ④ S^{2-}

ANSWER 5.④ 6.①

5 $H_2(g)$와 $N_2(g)$가 $3:1$의 몰 비로 혼합되어 있다고 하였으므로 $H_2(g)$와 $N_2(g)$의 몰 분율은 각각 $\frac{3}{1+3}=\frac{3}{4}$, $\frac{1}{1+3}=\frac{1}{4}$이다.

따라서 $H_2(g)$와 $N_2(g)$의 부분 압력은 다음과 같다.

$$P_{H_2}=5\times\frac{3}{4}=\frac{15}{4}=3.75[atm]$$

$$P_{H_2}=5\times\frac{1}{4}=\frac{5}{4}=1.25[atm]$$

6 ㉠ 먼저 S^{2-}는 전자껍질 수가 3개이고 나머지 원자와 이온들의 전자껍질 수가 2개이므로 S^{2-}의 반지름이 보기 중에 가장 크다.

㉡ 전자껍질 수가 같은 F과 O 중에서는 F의 핵 전하량(+9)이 O의 핵 전하량(+8)보다 크므로 원자가 전자들을 더 강하게 끌어당길 수 있어 F이나 F^-의 반지름이 O^{2-}의 반지름보다 작다.

㉢ F과 F^-은 핵 전하량은 동일하나 F^-의 최외각 전자 수(8)가 F의 최외각 전자 수(7)보다 작으므로 전자 간 반발력이 더 크게 나타나서 반지름은 $F < F^-$ 순으로 나타난다.

∴ 이상의 이유에서 원자와 이온 반지름은 $F < F^- < O^{2-} < S^{2-}$의 순이다.

7 분자 간 인력에 대한 설명으로 옳은 것만을 모두 고르면?

> ㉠ 분산력은 극성 분자와 무극성 분자 모두에서 발견된다.
> ㉡ 분자식이 C_4H_{10}인 구조 이성질체의 끓는점은 서로 다르다.
> ㉢ HBr 분자 간 인력의 세기는 Br_2 분자 간 인력의 세기와 같다.

① ㉠

② ㉡

③ ㉠, ㉡

④ ㉠, ㉢

8 밀폐된 공간에서 반감기가 3.8일인 라돈(Rn) 102.4mg이 붕괴되어 3.2mg으로 되는 데 경과되는 시간 [일]은?

① 3.8

② 19

③ 22.8

④ 38

ANSWER 7.③ 8.②

7 ㉠ 분산력은 극성의 유무에 상관 없이 모든 분자에서 나타나는 분자간 힘이다. 따라서 극성 분자와 무극성 분자 모두에서 발견된다.

㉡ 분자식이 C_4H_{10}인 뷰테인은 n-뷰테인과 iso-뷰테인의 2가지의 구조 이성질체를 가진다. n-뷰테인과 iso-뷰테인의 분자식과 분자량은 같으나 분자의 표면적이 큰 n-뷰테인의 끓는점이 iso-뷰테인의 끓는점보다 높게 나타난다.

㉢ HBr 분자 사이에는 극성에 의한 쌍극자-쌍극자 힘과 분산력이 작용하며, Br_2 분자 사이에서는 분산력만이 작용한다. 또한 HBr 분자와 Br_2 분자의 분자량도 상당히 차이가 있다. 따라서 HBr 분자 간 인력의 세기는 Br_2 분자 간 인력의 세기와 다르다.

8 시간이 지남에 따라 라돈(Rn)이 원래 양의 $\dfrac{3.2}{102.4} = \dfrac{1}{32} = \left(\dfrac{1}{2}\right)^5$이 되었고, 이로부터 반감기가 5번 지났음을 알 수 있다. 따라서 $3.8 \times 5 = 19$[일]이 지났음을 알 수 있다.

9 산화수에 대한 계산으로 옳지 않은 것은?

① SO_2에서 S와 O의 산화수의 합은 +2이다.

② NaH에서 Na와 H의 산화수의 합은 0이다.

③ N_2O_5에서 N과 O의 산화수의 합은 +3이다.

④ $KMnO_4$에서 K, Mn, O의 산화수의 합은 +5이다.

ANSWER 9.④

9 ① SO_2에서 S의 산화수는 +4, O의 산화수는 -2이다. 따라서 S와 O의 산화수의 합은 +2이다.

② 중성 화합물의 산화수 합은 0이다. 따라서 Na 원자 1개와 H 원자 1개로만 이루어진 NaH에서 Na와 H의 산화수의 합은 0이다. 참고로 Na의 산화수는 +1, H의 산화수는 -1이다.

③ N_2O_5에서 N의 산화수는 +5, O의 산화수는 -2이다. 따라서 N과 O의 산화수의 합은 +3이다.

④ $KMnO_4$에서 K의 산화수는 +1, Mn의 산화수는 +7, O의 산화수는 -2이다. 따라서 K, Mn, O의 산화수의 합은 +6이다.

※ 참고

다음은 화합물의 산화수를 결정할 때 알아두면 편리한 규칙으로, 약간의 예외가 있을 수 있다. 만약 규칙들이 상충될 경우 우선순위가 높은 규칙에 따르므로 다음 규칙을 순서대로 암기하는 것을 추천한다.

① 화합물에서 F의 산화수는 항상 -1이다.

② 화합물에서 1족 금속 원소(Li, Na, K)는 +1, 2족 금속 원소(Be, Mg, Ca)는 +2, 13족 금속 원소(Al)는 +3의 산화수를 갖는다.

③ 화합물에서 H의 산화수는 +1이다.

④ 화합물에서 O의 산화수는 -2이다.

10 1M의 HCl 수용액 100mL에 대한 설명으로 옳은 것만을 모두 고르면? (단, 온도는 25℃이고, HCl과 NaOH는 물에서 완전히 해리된다)

> ㉠ 500mL의 증류수를 첨가하면 0.2M이 된다.
> ㉡ 용액 안에 존재하는 이온의 총량은 2mol이다.
> ㉢ 페놀프탈레인 용액을 넣었을 때 색이 변하지 않는다.
> ㉣ 2M의 NaOH 수용액 50mL를 첨가하면 pH는 7이다.

① ㉠, ㉢

② ㉠, ㉣

③ ㉡, ㉢

④ ㉢, ㉣

ANSWER 10.④

10　㉠ 1M의 HCl 수용액 100mL에 포함된 HCl의 몰수는 1mol/L×0.1L=0.1mol이다. 따라서 여기에 500mL의 증류수를 첨가하면 몰 농도는 $\dfrac{0.1\,mol}{0.1L+0.5L}=\dfrac{1}{6}$M이 된다.

㉡ 1M의 HCl 수용액 100mL 안에 존재하는 HCl의 몰수는 0.1mol이다. HCl은 강산으로 물에 녹아 H^+와 Cl^-로 거의 100% 이온화하므로 용액 중 이온의 총량은 0.1×2=0.2mol이다.

㉢ 페놀프탈레인은 염기성 용액에서 빨간색을 나타내지만, 산성과 중성에서는 색이 변하지 않는다. HCl 수용액은 산성 용액이며, 따라서 페놀프탈레인 용액을 넣었을 때 색이 변하지 않는다.

㉣ 1M의 HCl 수용액 100mL 안에 존재하는 HCl의 몰수는 0.1mol이며, H^+와 Cl^-로 거의 100% 이온화한다. 2M의 NaOH 수용액 50mL에는 2mol/L×0.05L = 0.1mol의 NaOH가 존재하며, NaOH는 강염기이므로 Na^+와 OH^-로 거의 100% 이온화한다. 따라서 2M의 NaOH 수용액을 첨가하면 H^+와 OH^-가 각각 0.1mol씩 중화 반응하여 중성이 되며, 이때의 pH는 7이다.

11 Rutherford의 알파 입자 산란 실험과 Rutherford가 제안한 원자 모형에 대한 설명으로 옳은 것만을 모두 고르면?

> ㉠ 전자는 양자화된 궤도를 따라 핵 주위를 움직인다.
> ㉡ 금 원자 질량의 대부분과 모든 양전하는 원자핵에 집중되어 있다.
> ㉢ 금박에 알파 입자를 조사했을 때 대부분의 알파 입자는 산란하지 않고 투과한다.

① ㉠

② ㉡

③ ㉡, ㉢

④ ㉠, ㉡, ㉢

12 다음은 700K에서 $H_2(g)$와 $I_2(g)$가 반응하여 $HI(g)$가 생성되는 평형 반응식과 평형상수(K_c)이다. 평형상태에서 10L 반응기에 들어있는 $H_2(g)$와 $I_2(g)$의 몰수가 각각 1mol과 2mol일 때, $HI(g)$의 농도[M]는? (단, 기체는 이상기체이다)

$H_2(g) + I_2(g) \rightleftarrows 2HI(g)$	$K_c = 60.5$

① 1.0

② 1.1

③ 10

④ 11

- -

ANSWER 11.③ 12.②

11 Rutherford는 알파 입자 산란 실험을 통해 원자핵의 존재를 발견하였다. 이 실험을 통해 Rutherford는 원자 질량의 대부분을 차지하고 있고 양전하를 띠고 있는 원자핵이 원자의 중심에 집중되어 있으며, 원자의 대부분은 빈 공간으로 이루어져 있음을 제안하였다.
  ㉡ 원자핵은 양성자와 중성자 등으로 이루어져 있는데, 양성자와 중성자는 원자 질량의 대부분을 차지하며, 원자의 구성 입자 중 양전하를 띠는 물질은 양성자가 유일하므로, 모든 양전하는 원자핵에 집중되어 있다고 할 수 있다.
  ㉢ 금박에 알파 입자를 조사했을 때 대부분의 알파 입자는 산란하지 않고 투과한다. 이로서 원자의 대부분은 빈 공간으로 이루어져 있음이 증명된다.
  ㉠ Rutherford의 원자 모형은 전자는 원자핵을 중심으로 원 궤도를 따라 핵 주위를 움직인다고 하여 행성 모형이라고 하기도 하는데, 이때 전자가 위치할 수 있는 궤도를 제안하지는 못하였다. 후대에 Bohr는 Rutherford의 원자 모형을 발전시켜 원자핵 주위에 전자가 위치하는 궤도와 가질 수 있는 에너지는 정해져 있으며, 전자가 정해진 궤도 사이를 이동할 때 정해진 에너지를 흡수 또는 방출할 수 있다고 하였다. 이를 에너지가 양자화 되었다(quantized)고 하며, Bohr는 수소 원자를 가지고 실험적으로 이를 확인하였다.

12 평형상태에서 10L 반응기에 들어있는 H_2와 I_2의 몰수가 각각 1mol과 2mol이라고 하였으므로, H_2와 I_2의 평형 몰 농도는 각각 $\frac{1}{10}$M, $\frac{2}{10}$M이다. 평형 상수 공식에 따라 $K_c = \frac{[HI]^2}{[H_2][I_2]} = \frac{[HI]^2}{0.1 \times 0.2} = 60.5$이며, 이를 풀면 $[HI]^2 = 1.21$에서 $[HI] = 1.1$M임을 구할 수 있다.

13 NO와 Br_2로부터 NOBr이 만들어지는 반응 메커니즘이 다음과 같을 때, 전체 반응의 속도법칙은? (단, k_1, k_2, k_{-1}은 속도 상수이다)

$$NO(g) + Br_2(g) \underset{k_{-1}}{\overset{k_1}{\rightleftharpoons}} NOBr_2(g) \qquad (빠름)$$

$$NOBr_2(g) + NO(g) \xrightarrow{k_2} 2NOBr(g) \quad (느림)$$

① 속도 $= \dfrac{k_1 k_2}{k_{-1}}[NO][Br_2]$

② 속도 $= \dfrac{k_1 k_2}{k_{-1}}[NO]^2[Br_2]$

③ 속도 $= \dfrac{k_{-1} k_2}{k_1}[NO]^2[Br_2]$

④ 속도 $= k_2[NOBr_2][NO]$

---

13 문제에 주어진 반응 메커니즘 중 속도 결정 단계는 반응 속도가 느린 2단계 반응이며, 전체 반응 속도는 2단계 반응의 속도와 같다. 따라서 전체 반응 속도식은 $rate = k_2[NOBr_2][NO]$이다. 그런데 여기에서 NOBr은 다단계 반응 과정 중 생겼다가 사라지는 중간체이므로 전체 반응 속도식에서는 없애줄 필요가 있다. 그리고 1단계 반응은 가역 반응이고, 반응 평형을 가정하면 정반응의 속도와 역반응의 속도는 동일하다고 할 수 있으므로 $k_1[NO][Br_2] = k_{-1}[NOBr_2]$이다. 즉, $[NOBr_2]$ $= \dfrac{k_1}{k_{-1}}[NO][Br_2]$이고 이를 전체 반응 속도식에 대입하여 정리하면 $rate = k_2[NOBr_2][NO] = \dfrac{k_1 k_2}{k_{-1}}[NO]^2[Br_2]$임을 구할 수 있다.

14 $_{24}$Cr의 바닥상태 전자배치에서 홀전자로 채워진 오비탈의 개수는?

① 0   ② 2

③ 4   ④ 6

15 일정한 압력과 온도에서 어떤 화학반응의 $\triangle$H = 200 kJ mol^{-1}이고 $\triangle$S = 500 J mol^{-1}K^{-1}일 때, 자발적 반응이 일어나는 온도[K]는? (단, H는 엔탈피이고 S는 엔트로피이며 온도에 따른 $\triangle$H와 $\triangle$S의 값은 일정하다)

① 360

② 390

③ 420

④ 온도와 무관하다.

ANSWER 14.④ 15.③

14 원자 오비탈에 전자가 채워지는 순서는 (n + 1) 규칙에 따른다. (n + 1) 규칙이란, 주 양자 수(n)와 방위 양자 수(l) 값이 작은 에너지 준위가 더 낮아 안정하므로 (n + 1) 값이 작은 오비탈부터 전자가 채워지며, (n + 1) 값이 같으면 n 값(주 양자 수)이 작은 오비탈부터 전자가 채워지는 것이 선호된다는 규칙이다. 24개의 전자를 가진 크롬(Cr) 원자는 (n + 1) 규칙에 따르면 4s 오비탈에 2개 전자, 3d 오비탈에 4개 전자가 배치되어야 한다. 그러나 실제는 4s 오비탈에 있던 전자 1개가 3d 오비탈로 전이하여 3d 오비탈에 총 5개 전자가 배치되어 Cr 원자의 홀전자 개수는 6개가 된다.

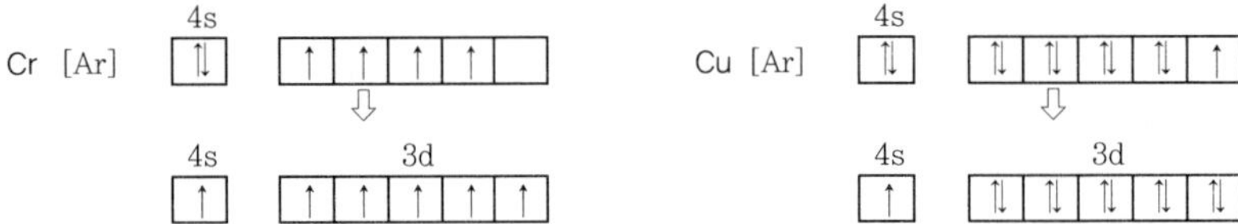

원자 번호 29번인 구리(Cu) 원자의 전자 배치 또한 (n + 1) 규칙에 어긋나게 특이하게 나타나는데, Cr 원자와 Cu 원자가 (n + 1) 규칙을 따르지 않는 이유는 d 오비탈에 전자가 절반 혹은 완전히 채워지는 전자 배치를 할 때 원자 오비탈의 에너지 준위가 더 안정해지기 때문이라고 알려져 있다.

15 어떤 화학 반응이 자발적으로 일어나기 위해서는 $\Delta G < 0$이어야 한다.

따라서 $\Delta G = \Delta H - T\Delta S = 200\text{kJ/mol} - T \times 0.500\text{kJ/mol} \cdot \text{K} < 0$에서 $T > 400K$임을 구할 수 있다. 따라서 이를 만족하는 선지인 ③을 선택한다.

〈주의〉 일반적으로 ΔG 계산 문제에서 주어지는 ΔH의 단위[kJ/mol]와 ΔS의 단위[J/mol $\cdot$ K]가 같지 않음에 유의한다.

16 다음은 25℃, 표준상태에서 일어나는 열화학 반응이다. 25℃에서 $C_2H_2(g)$의 표준 연소열($\triangle H^\circ$)[kcal]은?

$$H_2(g) + \frac{1}{2}O_2(g) \rightarrow H_2O(l) \qquad \triangle H^\circ = -68 \text{ kcal}$$

$$C(s) + O_2(g) \rightarrow CO_2(g) \qquad \triangle H^\circ = -98 \text{ kcal}$$

$$2C(s) + H_2(g) \rightarrow C_2H_2(g) \qquad \triangle H^\circ = 59 \text{ kcal}$$

① -323

② -225

③ -205

④ -107

17 일정한 온도와 압력에서 10mol의 전자가 전위차 1.5V인 전지에서 가역적으로 이동할 때, $|\wedge G|$[kJ]는? (단, G는 Gibbs 에너지이고, Faraday 상수는 96,000Cmol^{-1}이다)

① 1.44×10^{-3}

② 1.44

③ 1.44×10^{3}

④ 1.44×10^{6}

ANSWER 16.① 17.③

16 $C_2H_2(g)$의 표준 연소열($\triangle H^\circ$)을 구하기 위해서는 다음 열화학 반응식의 표준 엔탈피 변화량을 구해야 한다.

$$C_2H_2(g) + \frac{5}{2}O_2(g) \rightarrow 2CO_2(g) + H_2O(l), \quad \Delta H^\circ = ?$$

① $H_2(g) + \frac{1}{2}O_2(g) \rightarrow H_2O(l) \qquad \triangle H^\circ = -68 \text{ kcal}$

② $C(s) + O_2(g) \rightarrow CO_2(g) \quad \triangle H^\circ = -98 \text{ kcal}$

③ $2C(s) + H_2(g) \rightarrow C_2H_2(g) \qquad \triangle H^\circ = 59 \text{ kcal}$

다음 열화학 반응식은 문제에서 주어진 위 3개의 식을 적절하게 정수배를 하여 더하거나 빼서 만들어낼 수 있다. 즉, ① + 2×② − ③을 하면 된다. 따라서 이때의 표준 엔탈피 변화량은 −68 + 2×(−98) − 59 = −323 kcal임을 구할 수 있다.

17 $\Delta G = -nFE = -10 \times 96000 \times 1.5 = -1,440,000J = -1.44 \times 10^6 J = -1.44 \times 10^3 kJ$

18 다음 구조식에 대한 설명으로 옳은 것은? (단, x는 전하수이다)

$$\left[\begin{array}{c} \overset{\cdot\cdot}{\underset{\cdot}{O}}\cdot \qquad\quad :\overset{\cdot\cdot}{O}: \\ \| \qquad\qquad\ \| \\ H-C-C=C-H \\ | \\ H \end{array} \right]^{x}$$

① $x = -1$인 음이온이다.

② 파이(π) 결합은 4개이다.

③ 공명 구조를 갖지 않는다.

④ sp^2 혼성 오비탈을 갖는 탄소는 2개이다.

ANSWER 18.①

18 보기의 구조식은 비공유 전자쌍 5쌍과 공유 전자쌍(결합 수) 9쌍, 총 14쌍의 전자쌍으로 이루어져 있다. 즉, 구조식에서 나타나는 전자의 수는 28개인데, 구조식을 이루는 원자들이 가질 수 있는 원자가 전자 수를 따져보면 4(C)×3 + 6(O)×2 + 1(H)×3 = 27개로, 구조식에서 나타나는 전자 수보다 1개가 작게 나타난다. 따라서 구조식은 총 전하 $x = -1$인 음이온이다.

② 구조식에서 이중 결합은 총 2개이다. 단일 결합의 경우 파이(π) 결합은 없으며, 이중 결합의 경우 1개의 파이 결합을 가지므로, 이 구조식의 파이 결합은 총 2개이다.

③ 다음과 같은 공명 구조를 갖는다.

$$\left[\begin{array}{c} :\overset{\cdot\cdot}{O}: \qquad\quad \cdot\overset{\cdot\cdot}{O}: \\ \| \qquad\qquad\ \| \\ H-C=C-C-H \\ | \\ H \end{array} \right]$$

④ sp^2 혼성 오비탈을 가지려면 해당 원자가 중심 원자일 때의 분자 구조가 평면 삼각형이어야 하며, 본 구조의 탄소 모두는 sp^2 혼성 오비탈을 가진다. 따라서 sp^2 혼성 오비탈을 가지는 탄소는 3개이다.

19 다음 분자를 쌍극자 모멘트의 세기가 큰 것부터 순서대로 바르게 나열한 것은?

$$BF_3, \ H_2S, \ H_2O$$

① H_2O, H_2S, BF_3

② H_2S, H_2O, BF_3

③ BF_3, H_2O, H_2S

④ H_2O, BF_3, H_2S

20 25℃에서 탄산수가 담긴 밀폐 용기의 CO_2 부분 압력이 0.41MPa일 때, 용액 내의 CO_2 농도[M]는? (단, 25℃에서 물에 대한 CO_2의 Henry 상수는 3.4×10^{-4}mol m^{-3}Pa^{-1}이다)

① 1.4×10^{-1}

② 1.4

③ 1.4×10

④ 1.4×10^2

ANSWER 19.① 20.①

19 주어진 BF_3, H_2S, H_2O 분자 중 BF_3는 무극성 분자로 쌍극자 모멘트의 합이 0이므로 주어진 분자 중 쌍극자 모멘트가 가장 작다. H_2S와 H_2O 분자 중에서는 각 분자를 구성하고 있는 수소(H)와 황(S), 수소(H)와 산소(O)의 전기 음성도 차이를 비교해 보면 수소(H)와 산소(O)가 더 크게 나타나므로 이에 기인하는 쌍극자 모멘트가 더 크게 나타난다. 따라서 H_2S 분자보다 H_2O 분자의 쌍극자 모멘트의 합이 더 크다. 따라서 주어진 분자들의 쌍극자 모멘트는 $BF_3 < H_2S < H_2O$ 순으로 나타난다.

20 헨리의 법칙에 따르면 온도가 일정할 때 기체의 (질량) 용해도는 그 기체의 부분 압력에 비례한다. 단위에 유의해서 헨리의 법칙 공식을 이용하여 문제를 풀면 다음과 같은 결과를 얻는다.

$$C = kP = 3.4 \times 10^{-4}\, mol\, m^{-3}\, Pa^{-1} \times (0.41 \times 10^6\, Pa) \times \frac{1m^3}{10^3 dm^3}$$

$$= 1.4 \times 10^{-1}\, mol\, dm^{-3} = 1.4 \times 10^{-1}\, mol/l = 1.4 \times 10^{-1} M$$

1 다원자 음이온에 대한 명명으로 옳지 않은 것은?

음이온	명명
① SO_4^{2-}	황산 이온
② NO_3^-	질산 이온
③ ClO_4^-	아염소산 이온
④ PO_4^{3-}	인산 이온

ANSWER 1.③

1 ClO_4^- 는 과염소산 이온이다.

※ 자주 나오는 다원자 이온의 이름

구분	식	이름
양이온	NH_4^+	암모늄(ammonium)
	$H3O^+$	하이드로늄(hydronium)
음이온	$CH3COO^-$	아세트산(acetate)
	CN^-	사이안화(cyanide)
	OH^-	수산화(hydroxide)
	ClO^-	하이포아염소산(hypochloride)
	ClO_2^-	아염소산(chlorite)
	ClO_3^-	염소산(chlorate)
	ClO_4^-	과염소산(perchlorate)
	NO_2^-	아질산(nitrite)
	NO_3^-	질산(nitrate)
	Mno_4^-	과망간산(permanganate)
	co_3^{2-}	탄산(carbonte)
	HCO_3^-	탄산수소(hydrogen carbonate)
	CrO_4^{2-}	크로뮴산(chromate)
	O_2^{2-}	과산화(peroxide)
	PO_4^{3-}	인산(phosphate)
	HPO_4^{2-}	인산수소(hydrogen phophate)
	$H_2PO_4^{2-}$	인산이수소(dihydrogen phopha)
	SO_3^{2-}	아황산(sulfite)
	SO_4^{2-}	황산(sulfate)
	HSO_4^-	황산수소(hydrogen)

※ 산소를 포함하는 다원자 음이온 명명법

+ O	기준	− O	− 2O
ClO_4^-	ClO_3^-	ClO_2^-	ClO^-
perchlorate	chlorate	chlorite	hypochlorite
per ~ ate	−ate	−ite	hypo ~ ite
과염소산 이온	염소산 이온	아염소산 이온	하이포아염소산 이온

• 기준보다 산소 1개가 더 많을 때 : 과~산 이온

• 기준이 되는 음이온 : ~산 이온

• 기준보다 산소 1개가 더 적을 때 : 아~산 이온

• 기준보다 산소 2개가 더 적을 때 : 하이포아~산 이온

2 이산화 탄소(CO_2) 2.2g에 포함된 산소 원자(O)의 질량[g]은? (단, C와 O의 원자량은 각각 12와 16
이다)

① 0.8 　　　　　　　　　　② 1.6

③ 2.4 　　　　　　　　　　④ 3.2

3 일정한 온도와 부피에서 5.0mol의 이상기체 A와 10.0mol의 이상기체 B를 혼합하여 전체압력이
6.0atm이 되었을 때, A의 부분압력[atm]은? (단, 혼합 기체는 반응하지 않는다)

① 1.0 　　　　　　　　　　② 2.0

③ 3.0 　　　　　　　　　　④ 4.0

ANSWER 2.② 3.②

2　이산화 탄소의 분자량은 $12 + 16 \times 2 = 44$이고, 따라서 이산화 탄소 2.2g은 $\frac{2.2}{44} = 0.05$ 몰이다. 또한 이산화 탄소 1몰에 포함된
산소는 2몰이므로 여기에 포함된 산소 원자의 질량은 $0.05 \times 2 \times 16 = 1.6$g이다.

〈다른 풀이〉

이산화 탄소 1몰 중에 산소가 차지하는 질량비는 $\frac{(산소의\ 질량)}{(이산화\,탄소의\ 질량)} = \frac{16 \times 2}{12 + 16 \times 2} = \frac{32}{44}$ 이다. 따라서 이산화 탄소 2.2g 중

에 산소가 차지하는 질량은 $2.2 \times \frac{32}{44} = 1.6g$이다.

3　5.0mol의 이상기체 A와 10.0mol의 이상기체 B를 혼합했을 때

이상기체 A의 몰 분율 $X_A = \frac{(A의\ 몰수)}{(전체\,기체의\,몰수)} = \frac{5.0}{5.0 + 10.0} = \frac{1}{3}$ 이다.

이때 전체 압력이 6.0atm이라고 하였으므로 A의 부분 압력은 $P_A = P_{total} \times X_A = 6.0 \times \frac{1}{3} = 2.0$ atm이다.

4 양자수 조합으로 가능한 것만을 모두 고르면? (단, n은 주양자수, l은 각운동량 양자수, m_l은 자기 양자수, m_s는 스핀 양자수이다)

	n	l	m_l	m_s
㉠	1	0	1	0
㉡	2	1	-1	$+\dfrac{1}{2}$
㉢	3	3	2	$-\dfrac{1}{2}$
㉣	4	2	-1	$+\dfrac{1}{2}$

① ㉠, ㉢   ② ㉠, ㉣

③ ㉡, ㉢   ④ ㉡, ㉣

ANSWER 4.④

4 ㉠ 주 양자수(n)의 값이 1일 때 가질 수 있는 자기 양자수 ml 값은 0밖에 없으며, 1이 될 수 없다. 또한 스핀 자기 양자수(ms)는 $+\dfrac{1}{2}$ 또는 $-\dfrac{1}{2}$만 가질 수 있지 0이 될 수 없다.

㉢ 주 양자수(n)의 값이 3일 때 가질 수 있는 각운동 양자수(방위 양자수) l 값은 0, 1, 2 세 가지이며, 3이 될 수 없다.

※ 주 양자수(n)의 값이 a이면 각운동량 양자수 또는 방위 양자수(l) 값은 0부터 a-1까지의 정숫값만 가질 수 있으며, 이때 자기 양자수 ml 값은 -(a-1)에서부터 (a-1)까지의 정숫값만 가질 수 있다. 그리고 이때 스핀 자기 양자수 ms 값은 $+\dfrac{1}{2}$과 $-\dfrac{1}{2}$ 두 가지를 가질 수 있다. 각 주 양자수가 허용하는 방위 양자수, 자기 양자수 및 스핀 자기 양자수와 각 오비탈을 나타내는 기호는 다음 표와 같다.

주 양자수(n)	1	2				3								
전자 껍질	K	L				M								
방위 양자수(l)	0	0	1			0	1			2				
오비탈 모양	$1s$	$2s$	$2p$			$3s$	$3p$			$3d$				
자기 양자수(m_l)	0	0	-1	0	$+1$	0	-1	0	$+1$	-2	-1	0	$+1$	$+2$
오비탈 방향	$1s$	$2s$	$2p_x$	$2p_y$	$2p_z$	$3s$	$3p_x$	$3p_y$	$3p_z$	$3d_{xy}$	$3d_{yz}$	$3d_{xz}$	$3d_{x^2-y^2}$	$3d_{z^2}$
스핀 자기 양자수(m_s)	$\pm\dfrac{1}{2}$	$\pm\dfrac{1}{2}$	$\pm\dfrac{1}{2}$	$\pm\dfrac{1}{2}$	$\pm\dfrac{1}{2}$	$\pm\dfrac{1}{2}$	$\pm\dfrac{1}{2}$	$\pm\dfrac{1}{2}$	$\pm\dfrac{1}{2}$	$\pm\dfrac{1}{2}$	$\pm\dfrac{1}{2}$	$\pm\dfrac{1}{2}$	$\pm\dfrac{1}{2}$	$\pm\dfrac{1}{2}$
오비탈 수(n^2)	1	4				9								
최대 허용 전자 수($2n^2$)	2	8				18								

5 단열된 용기 안에 있는 20°C의 A(l) 200g에 70°C의 B(s) 100g을 넣어 열평형에 도달하였을 때, 온도 [°C]는? (단, A와 B의 비열은 각각 2 J · g^{-1} · ℃$^{-1}$과 1 J · g^{-1} · ℃$^{-1}$이다)

① 30

② 40

③ 50

④ 60

6 다음은 포도당($C_6H_{12}O_6$)과 산소(O_2)로부터 이산화 탄소(CO_2)와 물(H_2O)이 생성되는 반응의 균형 화학 반응식이다. $a+b+c+d$는? (단, 화학량론 계수 a, b, c, d는 최소 정수비를 가진다)

$$aC_6H_{12}O_6(s) + bO_2(g) \longrightarrow cCO_2(g) + dH_2O(l)$$

① 9

② 10

③ 18

④ 19

7 0.98 g의 황산(H_2SO_4)이 녹아 있는 200mL 황산 수용액의 노르말 농도[N]는? (단, H_2SO_4의 분자량은 98이고, H_2SO_4는 물에서 완전히 해리된다)

① 2.5×10^{-2}

② 5.0×10^{-2}

③ 1.0×10^{-1}

④ 1.5×10^{-1}

ANSWER 5.① 6.④ 7.③

5 단열된 용기 안에 있으므로 닫힌 계라고 할 수 있으며, 따라서 용기 안의 에너지는 보존된다. 즉, B가 잃은 열량은 모두 A가 흡수한다. 이를 이용하여 열평형에 도달했을 때의 온도를 T로 놓고 식을 세우면 다음과 같다.

(A가 얻은 열량) = (B가 잃은 열량)

$200g \times 2J/g℃ \times (T-20)℃ = 100g \times 1/g℃ \times (70-T)℃$

∴ $T = 30℃$

6 포도당과 산소로부터 이산화 탄소와 물이 생성되는 반응의 균형 화학반응식의 계수를 맞추면

$C_6H_{12}O_6 + 6O_2 \rightarrow 6CO_2 + 6H_2O$이 된다. 즉, $a=1$, $b=6$, $c=6$, $d=6$이며, 따라서 $a+b+c+d = 1+6+6+6 = 19$이다.

7 노르말 농도는 용액 1L당 들어간 용질의 당량수이며, 단위는 N(노르말) 또는 eq/L를 사용한다. 여기서 당량이란 물질 1몰이 용해됐을 때 이온화되는 수소 이온(H^+)의 몰수이다.

문제에서 0.98g의 황산이 녹아 있는 200mL 황산 수용액의 몰 농도는 $\dfrac{\frac{0.98g}{98g/mol}}{0.2L} = 0.05\,mol/L$이다. 그런데 황산은 이온화할 때 1개의 분자당 2개의 수소 이온을 내는 2가 산이므로 노르말 농도를 구하기 위해서는 원래의 몰 농도에 2를 곱해야 한다. 즉, $0.05 \times 2 = 0.10 = 1.0 \times 10^{-1}\,N$임을 구할 수 있다.

8 원자가 껍질 전자쌍 반발 모형(VSEPR)에 근거할 때 선형 기하 구조인 화합물만을 모두 고르면?

㉠ HCN		㉡ O_3	
㉢ XeF_2		㉢ NO_2	

① ㉠, ㉢

② ㉠, ㉢

③ ㉡, ㉢

④ ㉡, ㉢

9 2mol의 이상기체 X가 초기 상태 800K, 1atm에서 차지하는 부피가 V이다. 닫힌 계(closed system)에서 X가 초기 상태로부터 400K, 2atm으로 변화했을 때 부피는?

① $\dfrac{1}{8}V$

② $\dfrac{1}{4}V$

③ $\dfrac{1}{2}V$

④ V

<hr>

ANSWER 8.① 9.②

8

	구조식	구조	설명
㉠	H—C≡N:	직선형	C는 H와 단일 결합, N과 삼중 결합. 총 2개의 전자 영역
㉡	O̤—O̤—O̤ ⟷ O̤—O̤—O̤	굽은 형	중심 O에 비공유 전자쌍이 1개 존재하는 공명 구조
㉢	:F̈—Xe—F̈:	직선형	Xe 주위에 2개의 공유 전자쌍과 3개의 비공유 전자쌍이 존재하며, 비공유 전자쌍은 평면삼각형의 자리에 배치
㉢	O̤—N̈⁺—O̤ ⟷ O̤—N̈⁺—O̤	굽은 형	N에 홀전자가 있어 비대칭적인 구조이며 공명도 존재

9 이상기체 상태 방정식에 따라 $V = \dfrac{nRT}{P}$ 이다. 문제에서 이상기체 X는 초기에 $V = \dfrac{2 \times R \times 800}{1} = 1600R$의 부피를 가진다. X가 400K, 2atm으로 변화했을 때 부피 $V' = \dfrac{2 \times R \times 400}{2} = 400R = \dfrac{1}{4}V$임을 구할 수 있다.

10 다음은 일산화 질소(NO)와 수소(H_2)로부터 질소(N_2)와 수증기(H_2O)가 생성될 때의 전체반응, 실험으로 측정한 전체반응의 속도법칙, 반응메커니즘이다. k는? (단, k, k_1, k_{-1}, k_2, k_3은 속도상수이다)

- 전체반응

$$2NO(g) + 2H_2(g) \longrightarrow N_2(g) + 2H_2O(g)$$

- 실험으로 측정한 전체반응의 속도법칙

$$\text{속도} = k[NO]^2[H_2]$$

- 반응메커니즘

1단계 : $2NO(g) \underset{k_{-1}}{\overset{k_1}{\rightleftharpoons}} N_2O_2(g)$ .... 빠름

2단계 : $N_2O_2(g) + H_2(g) \xrightarrow{k_2} N_2O(g) + H_2O(g)$ .... 느림

3단계 : $N_2O(g) + H_2(g) \xrightarrow{k_3} N_2(g) + H_2O(g)$ .... 빠름

---

① $\dfrac{k_1 \times k_2}{k_{-1}}$

② $\dfrac{k_1 \times k_3}{k_2}$

③ $\dfrac{k_{-1}}{k_1 \times k_2}$

④ $\dfrac{k_2}{k_1 \times k_3}$

ANSWER 10.①

10 문제에 주어진 반응 메커니즘 중 속도 결정 단계는 반응 속도가 느린 2단계 반응이며, 전체 반응 속도는 2단계 반응의 속도와 같다. 따라서 전체 반응 속도식은 $(rate) = k_2[N_2O_2][H_2]$으로 표시할 수 있다. 그런데 여기에서 N_2O_2은 다단계 반응 과정 중 생겼다가 사라지는 중간체이므로 전체 반응 속도식에서는 없애줄 필요가 있다. 그리고 1단계 반응은 가역 반응이고, 반응 평형을 가정하면 정반응의 속도와 역반응의 속도는 동일하다고 할 수 있으므로 정류상태근사법에 따라 $k_1[NO]^2 = k_{-1}[N_2O_2]$의 관계가 성립한다. 여기에서 $[N_2O_2] = \dfrac{k_1}{k_{-1}}[NO]^2$으로 변형할 수 있고, 이를 원래의 반응 속도식에 대입하여 풀면

$$(rate) = k_2 \times \frac{k_1}{k_{-1}}[NO_2]^2 \times [H_2] = \frac{k_1 \times k_2}{k_{-1}}[NO_2]^2[H_2]$$ 에서 $k = \dfrac{k_1 \times k_2}{k_{-1}}$ 이다.

11 밑줄 친 원자의 산화수가 −2인 것만을 모두 고르면?

> ㉠ $H_2\underline{O}$
> ㉡ $Fe_2\underline{O}_3$
> ㉢ $S\underline{O}_2$

① ㉠, ㉡　　　　　　　　　　② ㉠, ㉢

③ ㉡, ㉢　　　　　　　　　　④ ㉠, ㉡, ㉢

12 전기분해를 통한 니켈 이온(Ni^{2+})의 환원으로 강철 조각에 0.01mol의 니켈을 전기도금 할 때, 0.1 A의 전류를 몇 초간 흘려주어야 하는가? (단, 패러데이(Faraday) 상수는 96,500C·mol^{-1}이고, 전류는 모두 니켈의 전기도금에 이용되었다고 가정한다)

① 965　　　　　　　　　　② 4,825

③ 9,650　　　　　　　　　　④ 19,300

ANSWER 11.④　2.④

11 화합물에서 산소(O)의 산화수는 예외적인 상황을 제외하고는 일반적으로 −2이다. 문제에 주어진 모두 예외적인 상황에는 해당하지 않으므로 주어진 보기의 화합물 모두에서 산소의 산화수는 −2이다.

　※ 다음은 화합물의 산화수를 결정할 때 알아두면 편리한 규칙으로, 약간의 예외가 있을 수 있다. 만약 규칙들이 상충될 경우 우선순위가 높은 규칙에 따르므로 다음 규칙을 순서대로 암기하는 것을 추천한다.

　① 화합물에서 F의 산화수는 항상 −1이다.

　② 화합물에서 1족 금속 원소(Li, Na, K)는 +1, 2족 금속 원소(Be, Mg, Ca)는 +2, 13족 금속 원소(Al)는 +3의 산화수를 갖는다.

　③ 화합물에서 H의 산화수는 +1이다.

　④ 화합물에서 O의 산화수는 −2이다.

12 문제에 주어진 니켈 이온(Ni^{2+})은 2가 양이온이므로 이것의 환원으로 강철 조각에 0.01mol의 니켈을 전기 도금하기 위해서는 $2\times0.01=0.02F$의 전하량이 필요하다. 이를 전하량(C)은 전류(A)와 시간(s)의 곱으로 바꾸어 표현할 수 있으므로 다음과 같이 식을 세워 풀면 답이 19,300초임을 확인할 수 있다.

$$2\times0.01(mol)\times96500(C/mol)=0.1(A)\times t(s)$$

13 다음은 어떤 반응의 반응메커니즘이다. 이에 대한 설명으로 옳은 것은? (단, k는 속도상수이고, 두 단계 중 하나는 다른 단계보다 매우 느리다)

> 1단계 : $2NO_2(g) \longrightarrow NO(g) + NO_3(g)$
>
> 2단계 : $NO_3(g) + CO(g) \longrightarrow NO_2(g) + CO_2(g)$

① 중간체는 NO_2이다.

② 1단계는 일분자 반응이고, 2단계는 이분자 반응이다.

③ 실험으로 측정한 전체반응의 속도법칙이 속도 $= k[NO_2]^2$라면 속도결정단계는 1단계이다.

④ 전체반응은 $NO_2(g) + NO_3(g) + CO(g) \longrightarrow NO(g) + CO_2(g)$이다.

14 질량 6.6×10^{-24} g인 입자가 2.0×10^8 m · s^{-1}의 속력으로 움직일 때, 드브로이(de Broglie) 파장[nm]은? (단, 플랑크(Planck) 상수는 6.6×10^{-34} J · s이다)

① 5.0×10^{-7}

② 5.0×10^{-6}

③ 5.0×10^{-5}

④ 5.0×10^{-4}

13 ③ 반응메커니즘 중 속도결정단계는 반응속도가 가장 느린 단계 반응이며, 전체 반응의 속도 법칙은 속도결정단계의 반응속도 식을 따른다. 따라서 실험으로 측정한 전체 반응의 속도 법칙이 속도 $= k[NO_2]^2$라면 1단계 반응이 가장 느린 단계 반응이며, 따라서 속도결정단계는 1단계이다.

① 반응메커니즘의 각 단계 반응을 모두 더하면 전체 반응식을 얻을 수 있는데, 여기에서는 $NO_2(g) + CO(g) \rightarrow NO(g) + CO_2(g)$이다. 따라서 이 반응에서 NO_2는 전체 반응식의 반응물이며, 중간체는 다단계 반응 과정 중 생겼다가 사라지는 물질인 NO_3이다.

② 1단계 반응은 NO_2 두 분자가 충돌해서 일어나는 이분자 반응이고, 2단계 반응 역시 NO_3와 CO 분자가 충돌해서 일어나는 이분자 반응이다.

④ ①에서 언급한 것과 같이 전체 반응은 $NO_2(g) + CO(g) \rightarrow NO(g) + CO_2(g)$이다.

14 드브로이 물질파 공식에 따라 λ(파장)은 h/p(플랑크 상수를 운동량으로 나눈 값)으로 표현할 수 있다. 이를 적용하여 이 문제를 풀면 다음과 같다.

$$\lambda = \frac{h}{p} = \frac{h}{mv} = \frac{6.626 \times 10^{-34} J \cdot s}{(6.6 \times 10^{-27} kg) \times (2.0 \times 10^8 m/s)} = 5.0 \times 10^{-16} m = 5.0 \times 10^{-7} nm$$

15 다음은 $300\,^\circ$C에서 질소(N_2)와 수소(H_2)로부터 암모니아(NH_3)를 합성하는 반응이다. 정반응의 $\triangle H <$ 0일 때, 이 반응에 대한 설명으로 옳은 것만을 모두 고르면? (단, H 는 엔탈피이고, K_c는 평형상수이다)

$$N_2(g) + 3H_2(g) \rightleftharpoons 2NH_3(g) \qquad K_c = 9.6$$

㉠ 정반응은 발열 반응이다.
㉡ 정반응이 진행됨에 따라 전체 분자의 수는 증가한다.
㉢ $300\,^\circ$C에서 반응 $2N_2(g) + 6H_2(g) \rightleftharpoons 4NH_3(g)$의 평형상수는 9.6이다.

① ㉠   ② ㉠, ㉡

③ ㉡, ㉢   ④ ㉠, ㉡, ㉢

16 이산화 탄소(CO_2)에 대한 설명으로 옳은 것만을 모두 고르면?

㉠ 온실가스이다.
㉡ 무극성 분자이다.
㉢ C의 산화수는 +4이다.

① ㉠   ② ㉠, ㉡

③ ㉡, ㉢   ④ ㉠, ㉡, ㉢

ANSWER 15.①   16.④

15 ㉠ 정반응의 $\Delta H<0$이므로 정반응은 발열 반응이다.

㉡ 주어진 반응식에서 반응물의 몰수는 질소 1몰과 수소 2몰, 총 3몰이며, 생성물의 몰수는 암모니아 2몰이다. 정반응이 진행됨에 따라 전체 몰수는 3몰에서 2몰로 줄어들므로 정반응이 진행됨에 따라 전체 분자의 수는 감소한다.

㉢ 반응식 $2N_2(g) + 6H_2(g) \rightleftharpoons 4NH_3(g)$을 살펴보면, 온도 변화 없이 반응식의 계수가 모두 2배로 증가하였으므로 이 반응의 평형상수는 원래 평형상수의 제곱인 $9.6^2 = 92.16$이 된다.

16 ㉠ 이산화 탄소는 수증기, 메테인 등과 함께 지구의 온실 효과에 영향을 주는 대표적인 온실가스이다.

㉡ 이산화 탄소는 탄소에서 산소 방향으로 쌍극자 모멘트가 존재하나, 대칭 구조로서 쌍극자 모멘트의 합이 0이므로 무극성 분자이다.

㉢ 이산화 탄소는 총 전하가 중성이며, 산소의 산화수가 -2이므로 C - 2×2 = 0에서 C의 산화수는 +4가 맞다.

17 25°C, 0.10M의 NaOH 수용액 1L에 대한 설명으로 옳은 것만을 모두 고르면? (단, HCl과 NaOH는 물에서 완전히 해리된다)

㉠ pH<7

㉡ 0.10M의 HCl 수용액 2L를 첨가하면 중성이 된다.

㉢ 0.05M의 HCl 수용액 2L를 첨가하면 중성이 된다.

㉣ 증류수를 첨가해서 전체 수용액의 양을 2L로 만들면 NaOH 수용액의 농도는 0.05M이 된다.

① ㉠, ㉡　　　　　　　　　　　② ㉠, ㉢

③ ㉡, ㉣　　　　　　　　　　　④ ㉢, ㉣

ANSWER 17.④

17　㉢ 0.10M NaOH 수용액에 포함된 OH^-의 몰수는 $0.10M \times 1L = 0.1\,mol$이다. 또한 0.05M HCl 수용액 2L에 포함된 H^+의 몰수는 $0.05M \times 2L = 0.1\,mol$이다. H^+의 몰수가 OH^-의 몰수와 같으므로 두 수용액을 섞으면 중성이 된다.

　㉣ 증류수를 첨가해서 전체 수용액의 양을 2배인 2L로 만들면 NaOH 수용액의 농도는 원래의 농도의 절반인 0.05M이 된다.

　㉠ NaOH 수용액은 이온화되어 염기성을 나타내므로 25℃에서 pH>7이다.

　㉡ 0.10M NaOH 수용액에 포함된 OH^-의 몰수는 $0.10M \times 1L = 0.1\,mol$이다. 또한 0.10M HCl 수용액 2L에 포함된 H^+의 몰수는 $0.10M \times 2L = 0.2\,mol$이다. H^+의 몰수가 OH^-의 몰수보다 크기 때문에 두 수용액을 섞으면 산성이 된다.

18 1atm에서 끓는점이 높은 분자부터 순서대로 바르게 나열한 것은?

> (개) $n-$노네인($n-$nonane)
>
> (내) $n-$헵테인($n-$heptane)
>
> (대) $n-$데케인($n-$decane)
>
> (래) $n-$옥테인($n-$octane)

① (내) $-$ (개) $-$ (래) $-$ (대)

② (내) $-$ (래) $-$ (개) $-$ (대)

③ (대) $-$ (개) $-$ (래) $-$ (내)

④ (대) $-$ (래) $-$ (개) $-$ (내)

ANSWER 18.③

18 보기에 주어진 물질들은 모두 포화 탄화수소인 n-알케인이므로 무극성 물질이고, 따라서 끓는점에 영향을 주는 분자간 힘은 오직 분산력만 존재한다. 분산력은 분자의 크기가 크고 길쭉할수록 편극이 잘 되므로 크게 나타나는 경향이 있으며, 따라서 끓는점이 높게 나타난다. 따라서 끓는점은 탄소 수가 많은 분자부터 적은 분자 순인 (대) $n-$데케인($C_{10}H_{22}$) $>$ (개) $n-$노네인 (C_9H_{20}) $>$ (래) $n-$옥테인(C_8H_{18}) $>$ (내) $n-$헵테인(C_7H_{16})으로 나타난다.

참고로 알케인은 탄소와 탄소 사이의 결합이 모두 단일 결합으로 이루어진 포화 탄화수소이며, 일반식은 탄소 수에 따라 C_nH_{2n+2}로 나타난다. 알케인의 명명법은 화합물을 구성하고 있는 탄소 수에 따라 접두사에 -ane를 붙여 명명한다. 탄소 수 1개에서 10개로 이루어진 알케인은 다음과 같이 명명된다.

탄소 수	화학식	이름
1	CH_4	methane(메테인)
2	C_2H_6	ethane(에테인)
3	C_3H_8	propane(프로페인)
4	C_4H_{10}	butane(뷰테인)
5	C_5H_{12}	pentane(펜테인)
6	C_6H_{14}	hexane(헥세인)
7	C_7H_{16}	heptane(헵테인)
8	C_8H_{18}	octane(옥테인)
9	C_9H_{20}	nonane(노네인)
10	$C_{10}H_{22}$	decane(데케인)

19 다음 반응에 대한 설명으로 옳지 않은 것은?

$$HNO_2(aq) + H_2O(l) \rightleftharpoons H_3O^+(aq) + NO_2^-(aq)$$

① $HNO_2(aq)$는 산이다.　　　　　　② $H_2O(l)$는 양성자를 얻는다.

③ $HNO_2(aq)$의 짝염기는 $H_3O^+(aq)$이다.　　④ $NO_2^-(aq)$는 양성자를 얻는다.

20 다음은 $t\,°C$에서 반응 $A(g) + 2B(g) \rightarrow C(g)$의 초기 반응속도를 측정한 결과이다. 속도법칙은? (단, k는 속도상수이고 농도의 단위는 M이며, 반응속도의 단위는 $M \cdot s^{-1}$이다)

실험	A의 초기 농도	B의 초기 농도	초기 반응속도
1	0.1	0.1	0.01
2	0.2	0.1	0.04
3	0.1	0.2	0.02

① 속도 $= k[A][B]$　　　　　　② 속도 $= k[A]^2[B]$

③ 속도 $= k[A][B]^2$　　　　　　④ 속도 $= k[A]^2[B]^2$

19　③ $HNO_2(aq)$의 짝염기는 $NO_2^-(aq)$이다. 참고로 $HNO_2(aq)$와 $NO_2^-(aq)$, $H_3O^+(aq)$와 $H_2O(l)$는 각각 브뢴스테드–로리 정의에 따른 짝산–짝염기 관계에 있는 물질이다.

　① $HNO_2(aq)$는 물과 반응하여 $H_2O(l)$에 양성자를 주고 $NO_2^-(aq)$이 되는 물질이므로 브뢴스테드–로리 정의에 따른 산이다.

　② $H_2O(l)$는 $HNO_2(aq)$과 반응하여 $H_3O^+(aq)$가 되는 브뢴스테드–로리 염기이다. 그 과정에서 양성자 1개를 얻음을 확인할 수 있다.

　④ $NO_2^-(aq)$는 $H_3O^+(aq)$으로부터 양성자를 얻어 $HNO_2(aq)$가 되는 브뢴스테드–로리 염기이다.

20　실험 1과 실험 2를 비교해보면, B의 초기 농도가 일정한 상태에서 A의 초기 농도를 2배로 변화($0.1M \rightarrow 0.2M$)시켰을 때 초기 반응속도는 4배($0.01\ Ms^{-1} \rightarrow 0.04\ Ms^{-1}$)가 됨을 확인할 수 있다. 따라서 이 반응은 A에 대해 2차 반응이다. 같은 방식으로 실험 1과 실험 3을 비교해보면, A의 초기 농도가 일정한 상태에서 B의 초기 농도를 2배로 변화($0.1M \rightarrow 0.2M$)시켰을 때 초기 반응속도는 2배($0.01Ms^{-1} \rightarrow 0.02Ms^{-1}$)가 됨을 확인할 수 있으므로 이 반응은 B에 대해 1차 반응이다. 따라서 속도법칙은 속도 $= k[A]^2[B]$이다.

1 철(Fe) 56g에 420J의 열에너지를 가하였더니 온도가 25°C에서 40°C로 상승하였다. 철의 비열[$Jg^{-1}°C^{-1}$]은? (단, 열에너지는 철의 온도 변화를 일으키는 데만 사용된다)

① 0.25

② 0.50

③ 1.0

④ 2.0

2 2주기 원소인 붕소(B), 탄소(C), 질소(N), 산소(O)에 대한 설명으로 옳지 않은 것은?

① 원자 반지름의 크기는 B<C<N<O 순이다.

② 전기음성도의 크기는 B<C <N<O 순이다.

③ 유효 핵전하의 크기는 B<C<N<O 순이다.

④ 1차 이온화 에너지의 크기는 B<C<O<N 순이다.

......

ANSWER 1.② 2.①

1 (열량) = (질량)×(비열)×(온도 변화) 공식을 이용하여 철의 비열을 구하면 다음과 같다.

$$Q = mc\Delta T$$

$$420J = 56g \times c\, J/g°C \times (40 - 25)°C$$

$$\therefore\ c = 0.50\, J/g°C$$

2 ① 같은 주기에서는 원자번호가 증가함에 따라 유효 핵전하량이 증가하므로 원자 반지름은 감소한다. 따라서 원자 반지름의 크기는 B > C > N > O 순이다.

② 같은 주기에서는 원자번호가 증가함에 따라 전기음성도 또한 증가한다. 따라서 전기음성도의 크기는 B<C<N<O 순이다.

③ 같은 주기에서는 원자번호가 증가함에 따라 유효 핵전하량이 증가한다. 따라서 유효 핵전하의 크기는 B<C<N<O 순이다.

④ 같은 주기에서는 원자번호가 증가함에 따라 1차 이온화 에너지의 크기는 증가하는 경향이 있으나, 2족과 13족 사이, 15족과 16족 사이에서 역전이 발생한다. 따라서 1차 이온화 에너지의 크기는 B<C<O<N 순이다.

3 원자의 바닥 상태 전자 배치로 옳지 않은 것은?

① $_{24}Cr : [Ar]4s^1 3d^5$

② $_{26}Fe : [Ar]4s^2 3d^6$

③ $_{29}Cu : [Ar]4s^2 3d^9$

④ $_{30}Zn : [Ar]4s^2 3d^{10}$

3 원자 오비탈에 전자가 채워지는 순서는 (n+l) 규칙에 따른다. (n+l) 규칙이란, 주 양자 수(n)와 방위 양자 수(l) 값이 작은 에너지 준위가 더 낮아 안정하므로 (n+l) 값이 작은 오비탈부터 전자가 채워지며, (n+l) 값이 같으면 n 값(주 양자 수)이 작은 오비탈부터 전자가 채워지는 것이 선호된다는 규칙이다. 24개의 전자를 가진 크롬(Cr) 원자는 (n+l) 규칙에 따르면 4s 오비탈에 2개 전자, 3d 오비탈에 4개 전자가 배치되어야 한다. 그러나 실제는 4s 오비탈에 있던 전자 1개가 3d 오비탈로 전이하여 3d 오비탈에 총 5개 전자가 배치되어 Cr 원자의 홀전자 개수는 6개가 되어 [Ar] 4s13d5가 된다.

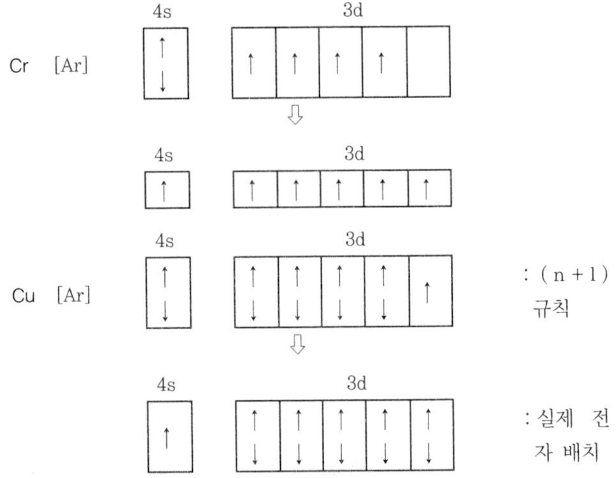

원자 번호 29번인 구리(Cu) 원자의 전자 배치 또한 (n+l) 규칙에 어긋나게 특이하게 나타나는데, Cr 원자와 Cu 원자가 (n+l) 규칙을 따르지 않는 이유는d 오비탈에 전자가 절반 혹은 완전히 채워지는 전자 배치를 할 때 원자 오비탈의 에너지 준위가 더 안정해지기 때문이라고 알려져 있다. 따라서 구리(Cu) 원자의 전자 배치는 [Ar] $4s^2 3d^9$가 아니라 [Ar] $4s^1 3d^{10}$이 된다.

4 0.1M $H_2SO_4(aq)$ 10mL를 완전히 중화하는 데 필요한 0.1M $NaOH(aq)$의 부피[mL]는? (단, H_2SO_4는 물에서 완전히 해리된다)

① 5

② 10

③ 20

④ 30

5 탄소(C) 72g, 수소(H) 12g, 산소(O) 96g으로 구성된 화합물의 화학식으로 옳은 것은? (단, C, H, O의 원자량은 각각 12, 1, 16이다)

① CH_4O

② $C_2H_6O_2$

③ C_3H_8O

④ $C_6H_{12}O_6$

ANSWER 4.③ 5.④

4 중화 반응은 산의 수소 이온의 몰수와 염기의 수산화 이온의 몰수가 같아야 완결되므로 중화 반응이 완결되기 위해서는 다음과 같은 관계식이 성립한다.

$nMV = n'M'V'$ (n, n' : 산, 염기의 가수, M, M' : 산, 염기의 몰 농도, V, V' : 산, 염기의 부피)

따라서 문제에서 (수소 이온의 몰수) = (수산화 이온의 몰수)이므로

$$2 \times 0.1M \times \frac{10}{1,000}L = 1 \times 0.1M \times \frac{x}{1,000}L$$

이를 풀면 $x = 20mL$을 얻을 수 있다.

5 화합물을 구성하고 있는 각 성분 원소(C, H, O)의 몰수 비는 다음과 같다.

$$C : H : O = \frac{72}{12} : \frac{12}{1} : \frac{96}{16} = 6 : 12 : 6 = 1 : 2 : 1$$

화학물을 구성하고 있는 성분 원소의 가장 간단한 정수비는 $1 : 2 : 1$임을 알 수 있다. 따라서 문제에서 주어진 화합물의 실험식은 CH_2O이며, 보기 중 이를 만족하는 화학식은 ④ 밖에 없다.

6 분자의 기하 구조로 옳지 않은 것은?

분자	기하 구조
① XeF_2	선형
② SF_6	정팔면체
③ SF_4	사각뿔
④ XeF_4	평면 사각형

ANSWER 6.③

6

	분자	전자쌍 총수	공유 전자쌍 수	비공유 전자쌍 수	기하 구조
①	XeF2	5	2	3	선형
②	SF6	6	6	0	정팔면체
③	SF4	5	4	1	시소형
④	XeF4	6	4	2	평면 사각형

※ 확장된 옥텟 구조를 가지는 중심 원자 주위의 전자쌍 총수와 분자 구조 정리

전자쌍 총수	5				6		
공유 전자쌍 수	5	4	3	2	6	5	4
비공유 전자쌍 수	0	1	2	3	0	1	2
분자 구조							
	삼각쌍뿔	시소형	T자형	선형	정팔면체	사각뿔	평면 사각형
예	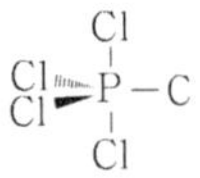 Cl_3P-Cl	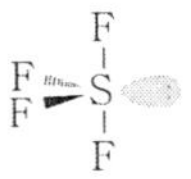 SF_4	 BrF_3	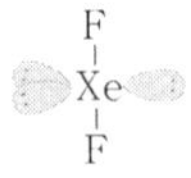 XeF_2	 SF_6	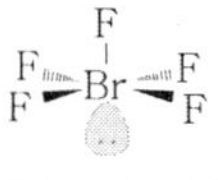 BrF_5	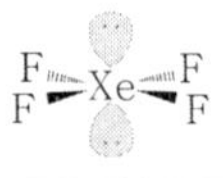 XeF_4

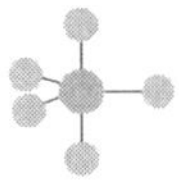

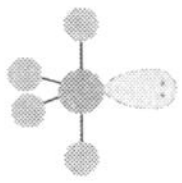

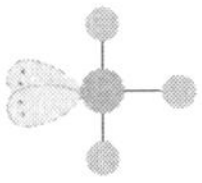

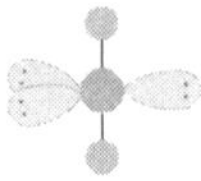

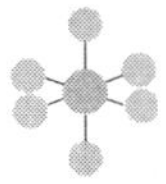

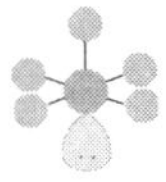

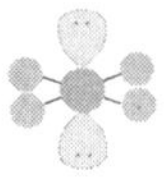

7 다음은 양이온 A, B 및 음이온 X로 이루어진 페로브스카이트(perovskite)의 단위 세포를 나타낸 것이다. 이 페로브스카이트의 화학식으로 옳은 것은?

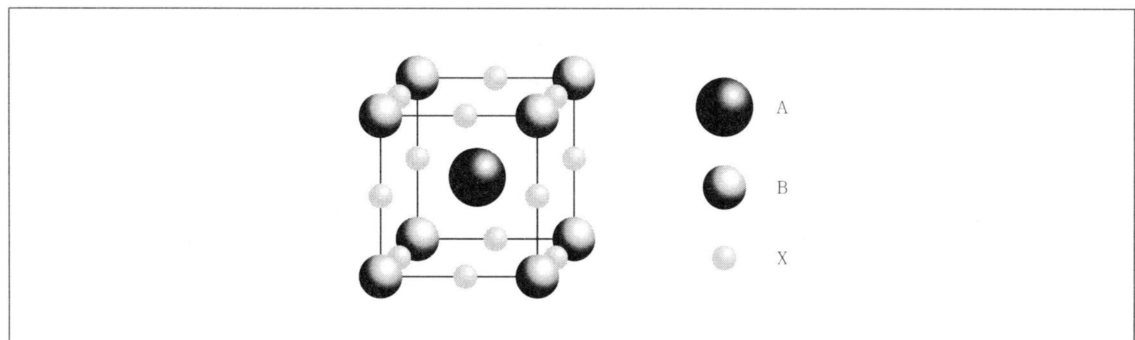

① ABX_3

② ABX_6

③ A_2BX_3

④ A_8BX_{12}

8 300K에서 다음 반응의 ΔG°[kJ]는?

$$CO(NH_2)_2(s) + H_2O(l) \rightarrow CO_2(g) + 2NH_3(g)$$
$$\Delta H^\circ = 130\text{kJ}, \ \Delta S^\circ = 420\text{JK}^{-1}$$

① -126

② 4

③ 126

④ 256

ANSWER 7.① 8.②

7
단위 세포 내의 입자 수 $N = N_{체심} + \dfrac{N_{면심}}{2} + \dfrac{N_{모서리}}{4} + \dfrac{N_{꼭짓점}}{8}$ 에 따라 문제에서 주어진 페로브스카이트의 단위 세포 내에 존재하는 각 이온의 개수를 구하면 다음과 같다.

$(A\text{이온}) = 1 \times 1(\text{체심}) = 1$

$(B\text{ 이온}) = 8 \times \dfrac{1}{8}(\text{꼭짓점}) = 1$

$(X\text{이온}) = 12 \times \dfrac{1}{4}(\text{모서리}) = 3$

따라서 페로브스카이트의 화학식은 ABX_3이다.

8
$\Delta G^\circ = \Delta H^\circ - T\Delta S^\circ = 130\text{kJ} - 300\text{K} \times \dfrac{420}{1000}\text{kJ/K} = 4\text{kJ}$

※ 일반적으로 ΔG 계산 문제에서 주어지는 ΔH의 단위[kJ]와 ΔS의 단위[J/K]가 같지 않음에 유의한다.

9 2.0L 용기에서 $H_2(g)$ 0.01mol, $I_2(g)$ 0.04mol, HI(g) 0.02mol로 다음 반응을 시작할 때, 반응 지수(Q)는?

$$H_2(g) + I_2(g) \rightleftharpoons 2HI(g)$$

① 1   ② 2

③ 3   ④ 4

10 25°C에서 측정한 수용액의 H^+ 농도가 1.0×10^{-10}M일 때, 이 용액의 pOH는?

① 2.0   ② 4.0

③ 6.0   ④ 8.0

ANSWER 9.①   10.②

9 용기 내 각 물질의 농도는 다음과 같다.

$$[H_2] = \frac{0.01\,\text{mol}}{2.0\text{L}} = 0.005\,\text{M}$$

$$[I_2] = \frac{0.04\,\text{mol}}{2.0\text{L}} = 0.02\,\text{M}$$

$$[HI] = \frac{0.02\,\text{mol}}{2.0\text{L}} = 0.01\,\text{M}$$

이를 반응 지수(Q)를 구하는 공식에 넣어 답을 구하면 다음과 같다.

$$Q = \frac{[HI]^2}{[H_2][I_2]} = \frac{0.01^2}{0.005 \times 0.02} = 1$$

10 문제에서 $[H+] = 1.0 \times 10^{-10} M$이고, 25°C이므로 $K_w = 1.0 \times 10^{-14}$이다. 따라서 $[OH^-] = \dfrac{\text{Kw}}{[H^+]} = \dfrac{1.0 \times 10^{-14}}{1.0 \times 10^{-10}} = 1.0 \times 10^{-4}$이다.

공식에 따라 $pOH = -\log_{10}[OH^-] = -\log_{10}(1.0 \times 10^{-4}) = 4.0$임을 구할 수 있다.

11 $20\,^\circ$C에서 비휘발성 비전해질 A(s) 0.05mol이 물(H_2O) 4.95mol에 녹아 있는 이상 용액(ideal solution)에서 물의 증기 압력[mmHg]은? (단, $20\,^\circ$C에서 순수한 물의 증기 압력은 20mmHg이다)

① 19.0 ② 19.4 ③ 19.8 ④ 20.2

12 사이클로헥세인(C_6H_{12})과 벤젠(C_6H_6)에 대한 설명으로 옳은 것은?

① 벤젠은 평면 구조이다.

② 벤젠에서 탄소의 혼성 오비탈은 sp^3이다.

③ 사이클로헥세인의 결합각은 $120\,^\circ$이다.

④ 사이클로헥세인은 불포화 탄화수소이다.

ANSWER 11.③ 12.①

11 라울의 법칙에 따라 이상 용액에서의 증기 압력은 다음과 같이 계산된다.

$$P_A = P^0 \times X_A$$

P_A : 용액 A의 증기 압력

P^0 : 순수 용매의 증기 압력

X_A : 용액 중 용매의 몰 분율

주어진 문제의 조건에 맞춰 용액 중 용매의 몰 분율과 용액 중 물의 증기 압력을 구하면 다음과 같다.

$$X_A = \frac{4.95}{4.95 + 0.05} = \frac{4.95}{5} = \frac{99}{100}$$

$$P_A = 20 \times \frac{99}{100} = 19.8[mmHg]$$

12 ① 벤젠에서 각 탄소의 입체 수(SN, Steric Number)는 3이며, 평면 삼각형의 분자 구조를 가진다. 따라서 벤젠은 평면 구조이다. 반면, 사이클로헥세인에서 각 탄소의 입체 수(SN, Steric Number)는 4이며, 정사면체의 분자 구조를 가진다. 따라서 사이클로헥세인은 입체 구조이다.

② 벤젠에서 각 탄소의 입체 수(SN, Steric Number)는 3이며, 평면 삼각형의 분자 구조를 가진다. 따라서 탄소의 혼성 오비탈은 sp^3가 아니라 sp^2 혼성이다.

③ 사이클로헥세인에서 각 탄소의 입체 수(SN, Steric Number)는 4이며, 정사면체의 분자 구조를 가진다. 이때의 결합각은 $109.5\,^\circ$이다.

④ 사이클로헥세인은 각 원자간 결합이 단일 결합으로만 이루어져 있는 포화 탄화수소이다.

13 강철 용기에서 A→B 반응은 반응물 A에 대해 2차 반응이고, 온도 TK에서 속도 상수는 0.05Lmol^{-1}s^{-1}이다. A의 초기 농도가 0.10M일 때, 200초에서 A의 농도[M]는? (단, 반응 온도는 TK으로 일정하다)

① $\dfrac{1}{10}$

② $\dfrac{1}{20}$

③ $\dfrac{1}{30}$

④ $\dfrac{1}{40}$

13 문제의 상황과 같이 반응차수와 속도 상수, 초기 농도를 알고 있는 경우 적분 속도식을 이용해서 특정 시간에서의 농도를 구할 수 있다. 적분 속도식은 반응 속도식과 반응 속도의 정의에 따라 도출된 미분 속도식을 적분하여 얻을 수 있는데, 각 반응차수에 따른 적분 속도식은 다음과 같다.

$$aA \rightarrow 생성물 \qquad v = k[A]^m$$

반응차수(m)	미분 속도식		적분 속도식
0차 반응	$-\dfrac{d[A]}{dt} = k[A]^0$		$[A]_t = -kt + [A]_0$
1차 반응	$-\dfrac{d[A]}{dt} = k[A]^1$	$\xrightarrow{\text{적분}}$	$\ln[A]_t = -kt + \ln[A]_0$
2차 반응	$-\dfrac{d[A]}{dt} = k[A]^2$		$\dfrac{1}{[A]_t} = kt + \dfrac{1}{[A]_0}$

문제에서 반응물 A에 대해 2차 반응이므로 적분 속도식 $\dfrac{1}{[A]_t} = kt + \dfrac{1}{[A]_0}$ 에 주어진 조건 $k = 0.05\,L\,mol^{-1}s^{-1}$,

$[A]_0 = 0.10\,mol\,L^{-1}$, $t = 200s$ 을 대입하여 계산하면 다음과 같다.

$$\frac{1}{[A]_t} = (0.05\,L\,mol^{-1}s^{-1})(200s) + \frac{1}{0.10\,mol\,L^{-1}} = 20\,L\,mol^{-1}$$

$$\therefore\ [A]_t = \frac{1}{20}\,mol\,L^{-1} = \frac{1}{20}\,M$$

※ 속도 상수 결정 : 그래프에서 직선의 기울기 이용

0차 반응	1차 반응	2차 반응
$[A]_t = -kt + [A]_0$	$\ln[A]_t = -kt + \ln[A]_0$	$\dfrac{1}{[A]_t} = kt + \dfrac{1}{[A]_0}$
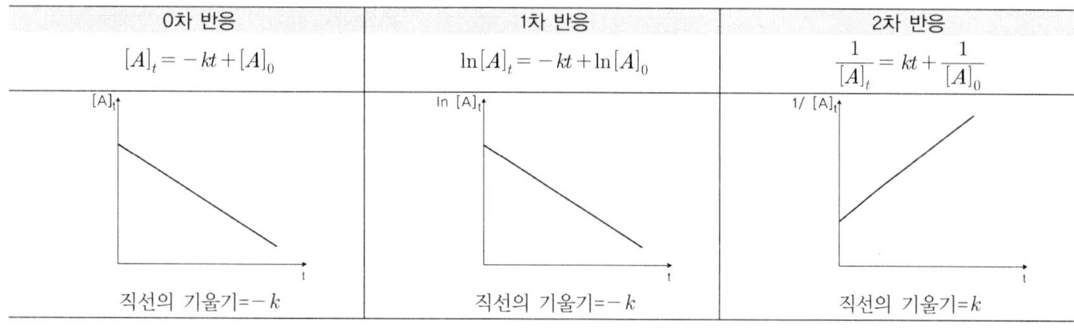		
직선의 기울기$= -k$	직선의 기울기$= -k$	직선의 기울기$= k$

※ 반감기($t_{\frac{1}{2}}$, 반응물의 양이 절반으로 감소하는 데 걸린 시간) 결정 및 특징

0차 반응	1차 반응	2차 반응
$[A]_t = -kt + [A]_0$	$\ln[A]_t = -kt + \ln[A]_0$	$\dfrac{1}{[A]_t} = kt + \dfrac{1}{[A]_0}$
$\dfrac{1}{2}[A]_0 = -kt_{\frac{1}{2}} + [A]_0$	$\ln\left(\dfrac{1}{2}[A]_0\right) = -kt_{\frac{1}{2}} + \ln[A]_0$	$\dfrac{1}{\frac{1}{2}[A]_0} = kt_{\frac{1}{2}} + \dfrac{1}{[A]_0}$
$t_{\frac{1}{2}} = \dfrac{[A]_0}{2k}$	$t_{\frac{1}{2}} = \dfrac{\ln 2}{k} = \dfrac{2.303\log 2}{k} = \dfrac{0.693}{k}$	$t_{\frac{1}{2}} = \dfrac{1}{k[A]_0}$
반감기는 반응물의 농도에 비례	반감기는 반응물의 농도와 관계없음	반감기는 반응물의 농도에 반비례

14 다음 중 계산 결과의 크기가 큰 것부터 순서대로 바르게 나열한 것은? (단, N, O, K의 원자량은 각각 14, 16, 39이다)

> (가) $Na_2CO_3(s)$ 2mol이 물에서 완전히 해리되었을 때의 총 이온수
>
> (나) $KNO_3(s)$ 101g의 총 원자수
>
> (다) $N_2(g)$ 2mol과 $H_2(g)$ 3mol이 완전히 반응한 후, 생성된 $NH_3(g)$의 총 분자수

① (가), (나), (다)　　　　　　　② (가), (다), (나)

③ (다), (가), (나)　　　　　　　④ (다), (나), (가)

ANSWER 14.①

14　(가) Na_2CO_3의 해리 반응식 $Na_2CO_3 \rightarrow 2Na^+ + CO_3^{2-}$에서 Na_2CO_3 1 분자가 완전히 해리되면 3개의 이온으로 나누어진다. 따라서 Na_2CO_3 2mol이 완전히 해리되면 총 6mol의 이온이 생성된다.

　(나) 하나의 KNO_3 입자는 칼륨 원자 1개, 질소 원자 1개, 산소 원자 3개, 총 5개의 원자로 이루어져 있다. 또한 KNO_3의 화학식량은 $39+14+16 \times 3 = 101$이다. 따라서 KNO_3 101g에는 KNO_3 1mol이며, 이에 포함된 총 원자수는 6mol이다.

　(다) N_2 2mol과 H_2 3mol이 완전히 반응한 후 생성된의 총 분자수는 다음 반응식에 따라 2mol임을 구할 수 있다.

$$N2(g) + 3H2(g) \rightarrow 2NH3(l)$$

반응 전	2몰	3몰	
반응	− 1몰	− 3몰	+ 2몰
반응 후	1몰	0몰	2몰

이상의 결과에서 계산 결과의 크기가 큰 것부터 순서대로 나열하면 (가) > (나) > (다)이다.

15 $3d_{xy}$ 오비탈에 대한 설명으로 옳은 것만을 모두 고르면?

> ㉠ 각 운동량 양자수(l)는 2이다.
>
> ㉡ 4개의 로브(lobe)가 x축과 y축을 따라 배향한다.
>
> ㉢ 마디 면(nodal plane)의 수는 2이다.

① ㉠, ㉡

② ㉠, ㉢

③ ㉡, ㉢

④ ㉠, ㉡, ㉢

ANSWER 15.②

15 ㉠ $3d_{xy}$ 오비탈의 주 양자수(n)는 3, 각 운동량 양자수(l, 방위 양자수라고도 함)는 2이다.

㉢ 마디 면(nodal plane)은 전자를 발견할 확률이 0인 평면을 말하며, 마디 면의 수는 각 운동량 양자수(l)와 같다. 따라서 d 오비탈(l=2)은 2개의 마디 면을 가진다. $3d_{xy}$ 오비탈의 경우 마디 면은 xz 평면과 yz 평면이다.

㉡ d_{z^2}을 제외한 모든 d 오비탈은 4개의 로브를 가진다. 이중 d_{xy}, d_{yz}, d_{xz} 오비탈은 축과 축 사이의 평면에 로브가 위치하며, $d_{x^2-y^2}$ 오비탈만 x축과 y축을 따라 배향한다. 따라서 $3d_{xy}$ 오비탈의 경우 4개의 로브를 가지기는 하나 x축과 y축 사이의 평면에 로브가 위치한다.

※ d 오비탈의 모양

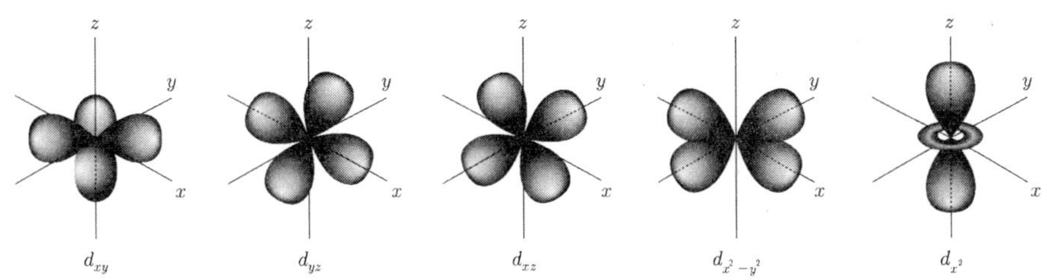

※ 오비탈과 양자수의 관계

주 양자수(n)	1	2			3					
전자 껍질	K	L			M					
방위 양자수(l)	0	0	1		0	1		2		
오비탈 모양	$1s$	$2s$	$2p$		$3s$	$3p$		$3d$		
자기 양자수(m_l)	0	0	-1 $\quad$ 0 $\quad$ $+1$		0	-1 $\quad$ 0 $\quad$ $+1$		-2 $\quad$ -1 $\quad$ 0 $\quad$ $+1$ $\quad$ $+2$		
오비탈 방향	$1s$	$2s$	$2p_x$ $\quad$ $2p_y$ $\quad$ $2p_z$		$3s$	$3p_x$ $\quad$ $3p_y$ $\quad$ $3p_z$		$3d_{xy}$ $\quad$ $3d_{yz}$ $\quad$ $3d_{xz}$ $\quad$ $3d_{x^2-y^2}$ $\quad$ $3d_{z^2}$		
스핀 자기 양자수(m_s)	$\pm\frac{1}{2}$	$\pm\frac{1}{2}$	$\pm\frac{1}{2}$ $\quad$ $\pm\frac{1}{2}$ $\quad$ $\pm\frac{1}{2}$		$\pm\frac{1}{2}$	$\pm\frac{1}{2}$ $\quad$ $\pm\frac{1}{2}$ $\quad$ $\pm\frac{1}{2}$		$\pm\frac{1}{2}$ $\quad$ $\pm\frac{1}{2}$ $\quad$ $\pm\frac{1}{2}$ $\quad$ $\pm\frac{1}{2}$ $\quad$ $\pm\frac{1}{2}$		
오비탈 수(n^2)	1	4			9					
최대 허용 전자 수($2n^2$)	2	8			18					

16 대기오염에 대한 설명으로 옳지 않은 것은?

① 산성비는 대리석으로 된 조각상을 부식시킨다.

② 질소 산화물은 태양광을 흡수하여 광화학 스모그를 일으킨다.

③ 산성비의 원인 물질인 이산화 황(SO_2)은 물에 잘 녹는다.

④ 자동차에 부착된 촉매 변환기는 질소 산화물을 산화시켜 배출한다.

17 볼타 전지(voltaic cell)와 전해 전지(electrolytic cell)에 대한 설명으로 옳지 않은 것은?

① 볼타 전지에서는 자발적 산화−환원반응이 일어난다.

② 볼타 전지는 갈바니 전지의 일종이다.

③ 전해 전지에서 기전력은 양의 값을 갖는다.

④ 전해 전지에서 전자는 산화 전극에서 환원 전극으로 이동한다.

ANSWER 16.④ 17.③

16 ① 산성비는 pH 5.6 미만의 비가 내리는 것으로 대리석의 주성분인 탄산 칼슘과 다음과 같이 반응하여 이산화 탄소를 발생시켜 대리석을 녹인다. 따라서 대리석으로 된 조각상을 부식시킨다.

$$CaCO_3(s) + 2H^+(aq) \rightarrow Ca^{2+}(aq) + H_2O(l) + CO_2(g)$$

② 질소 산화물은 태양광을 흡수하여 광분해를 유발하여 매우 반응식이 높은 산소 원자 라디칼을 생성한다. 이 산소 원자 라디칼이 대기 중의 산소 분자와 빠르게 반응하여 오존을 생성한다. 오존은 광화학 스모그의 주성분이며, 대기권에 존재하게 될 경우 강력한 호흡기 유해 물질로서 작용한다.

③ 산성비의 원인 물질인 이산화 황은 극성 물질이므로 물에 잘 녹는다. 물에 녹은 이산화 황은 산화 과정을 거쳐 강산인 황산이 되어 비의 산성도를 높인다.

④ 자동차에 부착된 촉매 변환기는 질소

17 ③ 전지에서 기전력은 자발적인 반응을 양의 값으로 나타낸다. 따라서 비자발적인 산화−환원 반응을 이용하는 전해 전지에서 기전력은 음의 값을 갖는다.

① 볼타 전지에서는 자발적인 산화−환원반응을 이용하여 전기를 생산한다.

② 볼타 전지는 산화 전극으로 아연(Zn), 환원 전극으로 구리(Cu), 전해질로 황산 용액을 사용하는 갈바니 전지의 일종이다.

④ 볼타 전지와 전해 전지 모두에서 산화 전극에서 발생한 전자는 환원 전극으로 이동하여 환원 반응에 이용된다.

※ 갈바니 전지와 전해 전지의 비교

구분	갈바니전지(볼타전지)	전해전지
에너지 변환	화학 에너지 → 전기 에너지	전기 에너지 → 화학 에너지
반응 자발성	자발적 반응	비자발적 반응
사용 목적	전기를 생산하는 전원	전기분해, 전기 도금 등

18 다음은 이산화 질소(NO_2)로부터 오존(O_3)이 생성되는 반응 메커니즘이다. 이에 대한 설명으로 옳은 것만을 모두 고르면?

$$1단계 : NO_2(g) \xrightarrow{h\nu} NO(g) + O(g) \quad NO_2(g) \xrightarrow{h\nu} NO(g) + O(g)$$

$$2단계 : O(g) + O_2(g) \rightarrow O_3(g)$$

㉠ $O(g)$는 반응 중간체이다.
㉡ 1단계 반응에서 엔트로피(S)는 증가한다.
㉢ 전체 반응식은 $NO_2(g) + O_2(g) \rightarrow NO(g) + O_3(g)$이다.

① ㉠, ㉡   ② ㉠, ㉢
③ ㉡, ㉢   ④ ㉠, ㉡, ㉢

ANSWER 18.④

18 ㉠ 이 반응의 반응 중간체는 다단계 반응 과정 중 생겼다가 사라지는 물질인 $O(g)$이다.

㉡ 1단계 반응에서 이산화질소 1몰이 일산화질소와 산소 원자 각 1몰, 즉 총 2몰의 물질로 나누어지므로 엔트로피가 증가한다고 할 수 있다.

㉢ 반응메커니즘의 각 단계 반응을 모두 더하면 전체 반응식을 얻을 수 있는데, 여기에서는 $NO_2(g) + O_2(g) \rightarrow NO(g) + O_3(g)$이다. 산화물은 환원시키고, 일산화탄소나 연소되지 않은 탄화수소는 완전히 산화시켜 이산화탄소 상태로 배출한다.

19 분자 오비탈 이론에 근거하여, 다음 화학종을 결합 차수가 큰 것부터 순서대로 바르게 나열한 것은?

$$B_2, \ O_2^+, \ NO^+$$

① $B_2,\ O_2^+,\ NO^+$

② $B_2,\ NO^+,\ O_2^+$

③ $O_2^+,\ B_2,\ NO^+$

④ $NO^+,\ O_2^+,\ B_2$

- - -

ANSWER 19.④

19 분자 오비탈 이론에 따르면 결합 차수는 다음과 같이 공식에 따라 계산된다.

결합 차수(B.O.) $= \dfrac{1}{2} \times$ (결합성 오비탈의 전자 수 − 반결합성 오비탈의 전자 수)

이에 따라 총 원자가 전자 수, 분자 오비탈의 전자배치, 결합차수를 구하면 다음과 같이 정리된다.

화학종	총 원자가 전자 수	MO 전자배치	결합차수
B_2	$3+3=6$	$\sigma^2_{2s}\sigma^{*2}_{2s}\pi^2_{2p}$	$\dfrac{1}{2}\times(4-2)=1$
O_2^+	$6+6-1=11$	$\sigma^2_{2s}\sigma^{*2}_{2s}\sigma^2_{2p}\pi^4_{2p}\pi^{*1}_{2p}$ **	$\dfrac{1}{2}\times(8-3)=2.5$
NO^+	$5+6-1=10$	$\sigma^2_{2s}\sigma^{*2}_{2s}\pi^4_{2p}\sigma^2_{2p}$	$\dfrac{1}{2}\times(8-2)=3$

O_2와 F_2의 경우 σ_{2p}와 π_{2p} 에너지 순서가 N_2 이하 원소와 다른 오비탈 믹싱 현상이 일어난다. O_2와 F_2의 경우 핵의 양성자수 증가에 따라 유효 핵전하 값이 충분히 커서 π_{2p}의 전자보다 평균 에너지 준위가 핵에 더 가까운 σ_{2p}의 전자를 핵이 강하게 끌어당기므로 π_{2p}의 에너지 준위보다 σ_{2p}의 에너지 준위가 더 낮아지기 때문이다.

따라서 결합 차수가 큰 것부터 순서대로 나열하면 $NO^+ > O_2^+ > B_2$ 순이다.

20 첨가 중합(addition polymerization)반응이 주된 합성법인 고분자는?

① 폴리에틸렌테레프탈레이트(PET)

② 나일론(nylon)

③ 폴리스타이렌(polystyrene)

④ 페놀 수지(phenol resin)

<hr>

ANSWER 20.③

20 중합 반응의 종류와 특징

  ㉠ **첨가중합**(Addition Polymerization)
- 반응 방식 : 단위체에 존재하는 이중 결합이나 삼중 결합이 끊어지고 이들이 서로 첨가되어 고분자를 형성한다.
- 단위체 : 다중 결합을 가진 단위체(monomer)가 사용된다.
- 부산물 : 없음
- 대표적인 예 : 폴리에틸렌, 폴리스타이렌, PVC(폴리염화비닐) 등

  ㉡ **축합중합**(Condensation Polymerization)
- 반응 방식 : 두 개 이상의 작용기를 가진 단위체들이 반응하여 물이나 알코올 같은 작은 분자를 잃으면서 고분자가 형성한다.
- 단위체 : 최소 2개 이상의 반응성 작용기가 존재하는 단위체
- 부산물 : 반응 과정에서 물, 알코올 등의 작은 분자가 부산물로 생성된다.
- 특징 : 반응이 진행되기 위해 열이 필요할 수 있으며, 반응 시 생성되는 부산물을 제거해야 고분자량 성장이 용이하다. 또한 반응이 진행됨에 따라 분자량이 커지는 속도가 빨라진다.
- 대표적인 예 : 폴리에틸렌테레프탈레이트(PET), 폴리아마이드(나일론), 폴리에스터, 페놀, 폴리우레탄 등

02
환경공학
개론

1 최근 수자원 확보를 위하여 적용되는 해수의 담수화 방법이 아닌 것은?

① 증발압축법

② 역삼투법

③ 오존산화법

④ 전기투석법

2 폐수처리 방법 중 생물학적 처리방법이 아닌 것은?

① 산화지법

② 회전원판법

③ 활성탄 흡착법

④ 살수여상법

ANSWER 1.③ 2.③

1 해수 담수화 방법

㉠ 증발압축법

㉡ 전기투석법

㉢ 역삼투법

㉣ 냉동법

㉤ 태양열 이용법

2 폐수의 생물학적 처리방법

㉠ 호기성 처리 : 활성슬러지법, 살수여상법, 회전원판법, 산화지법 등

㉡ 혐기성 처리 : 혐기성소화법, 정화조법 등

3 다음 기체 중 지구온난화를 유발하는 것과 거리가 먼 것은?

① CH_4　　　　　　　　　　② H_2S

③ N_2O　　　　　　　　　　④ SF_6

4 가스연료의 하나인 메탄가스(CH_4) 1몰이 완전히 연소될 때 필요한 산소의 양은?

① 12g　　　　　　　　　　② 16g

③ 32g　　　　　　　　　　④ 64g

······

ANSWER 3.②　4.④

3　지구온난화를 일으키는 가장 큰 원인은 지구온실효과를 들 수 있으며, 지구온실효과란 지표대류권에 있는 대기온실가스가 태양으로부터 들어온 에너지를 지구대기 밖으로 효과적으로 내보내지 못하고 그 일부를 지구의 대기 내에 가두어 둠으로써 지구의 온도가 상승하는 현상을 말한다.
　　이렇게 가두어진 에너지는 대기 중에 머물면서 지구의 온도를 상승시키는 가장 큰 원인이 되고 있다. 이러한 온실가스를 배출하는 주요 원인으로는 이산화탄소(CO_2), 음식물쓰레기 부패 등 유기물 분해시 발생하는 메탄(CH_4), 석탄, 질소비료, 폐기물 소각시 발생하는 아산화질소(N_2O), 냉장고 등 냉매에 의해 발생하는 수소플루오린화탄소(HFCs), 세정제의 사용으로 인하여 유발되는 과불화탄소(PFCs), 절연체에 의해 유발되는 육플루오린화황(SF_6) 등을 들 수 있다.

4　완전연소를 시키는 것이므로 최종산물은 이산화탄소와 물이 된다.
　　화학식으로 표현하면
　　$CH_4 + O_2 \rightarrow CO_2 + H_2O$
　　계수비를 맞추면
　　$CH_4 + 2O_2 \rightarrow CO_2 + 2H_2O$
　　메탄과 이산화탄소의 몰수비는 1 : 1
　　$C = 12,\ H = 1, O = 16$이므로
　　$CH_4 = 12 + 1 \times 4 = 16$
　　$2O_2 = 2 \times (16 \times 2) = 64$

5 복사역전에 대한 설명으로 옳지 않은 것은?

① 고기압 중심부근에서 대기하층의 공기가 발산하고 넓은 지역에 걸쳐 상층의 공기가 서서히 하강하여 나타난다.

② 일몰 후 지표면의 냉각이 빠르게 일어나 지표부근의 온도가 낮아져 발생한다.

③ 복사역전이 형성되면 안개형성이 촉진되며, 이를 접지역전이라고도 부른다.

④ 복사역전은 아침 햇빛이 지면을 가열하면서 사라지기 시작한다.

6 「폐기물 관리법 시행령」상 지정폐기물에 대한 설명으로 옳지 않은 것은?

① 폐유 : 기름성분을 5% 이상 함유한 것을 포함하며, 폴리클로리네이티드비페닐(PCBs) 함유 폐기물 및 폐식용유와 그 잔재물, 폐흡착제 및 폐흡수제는 제외한다.

② 폐산 : 액체상태의 폐기물로서 수소이온 농도지수가 2.0 이하인 것에 한정한다.

③ 폐알칼리 : 액체상태의 폐기물로서 수소이온 농도지수가 12.5 이상인 것으로 한정하며, 수산화칼륨 및 수산화나트륨을 포함한다.

④ 오니류 : 수분함량이 85% 미만이거나 고형물 함량이 15% 이상인 것으로 한정한다.

ANSWER 5.① 6.④

5 고기압 중심부근에서 일어나는 역전은 침강역전에 해당한다. 침강역전은 고기압에서는 기류가 하강하는 모습을 보이기 때문에 상층의 공기가 하강하게 되면 단열압축에 의해 기온의 상승이 나타난다. 이때 하강하는 공기의 온도가 하층의 공기의 온도보다 높아지는 경우가 생기는데 이때 이 두 공기층의 경계 부근에 생기는 층을 침강역전층이라 한다.

6 지정폐기물의 종류(특정시설에서 발생되는 폐기물-오니류)〈폐기물 관리법 시행령 [별표 1] 제3조 관련〉
오니류(수분함량이 95퍼센트 미만이거나 고형물함량이 5퍼센트 이상인 것으로 한정한다)지정폐기물의 종류
가. 폐수처리 오니(환경부령으로 정하는 물질을 함유한 것으로 환경부장관이 고시한 시설에서 발생되는 것으로 한정한다)
나. 공정 오니(환경부령으로 정하는 물질을 함유한 것으로 환경부장관이 고시한 시설에서 발생되는 것으로 한정한다)

7 퇴비화 과정이 안정적으로 진행된 부식토(humus)의 특징으로 옳지 않은 것은?

① 악취가 없는 안정한 물질이다.

② 병원균이 존재하므로 반드시 살균 후 사용한다.

③ 수분보유력과 양이온 교환능력이 좋다.

④ C/N 비율이 낮다.

8 토양오염이 식물에 미치는 영향에 대한 설명으로 옳지 않은 것은?

① 염분농도가 높은 토양의 경우 삼투압에 의해서 식물의 성장이 저해되는데, 기온이 높거나 토양층의 온도가 낮거나 비가 적게 오는 경우 그 영향이 감소된다.

② 인분뇨를 농업에 사용하면 인분 중 Na^+이 토양 내 Ca^{2+} 및 Mg^{2+}과 치환되며, 또한 Na^+은 산성비에 포함된 H^+에 의해서 다시 치환되어 토양이 산성화되므로 식물의 생육을 저해한다.

③ Cu^{2+}나 Zn^{2+} 등이 토양에 지나치게 많으면 식물세포의 물질대사를 저해하여 식물세포가 죽게 된다.

④ 농업용수 내 Na^+의 양이 Ca^{2+}과 Mg^{2+}의 양과 비교하여 과다할 때에는 Na^+이 토양 중의 Ca^{2+} 및 Mg^{2+}과 치환되어 배수가 불량한 토양이 되므로 식물의 성장이 방해받는다.

ANSWER 7.② 8.①

7 호기성 상태의 발효기 내에서 투입된 미생물발효제에 의해 유기물질이 안정된 부식토로 전환이 되면 병원균은 지속적인 발효열에 의해 사멸되고 최종적으로 흙냄새가 나는 짙은 갈색의 퇴비가 된다.

8 ① 기온이 낮고 토양층의 온도가 높거나 비가 많이 오는 경우 영향이 감소한다.
뿌리에서 양분인 무기원소의 흡수는 삼투작용으로 언제든지 염의 농도가 식물 내의 것보다 낮아야 삼투작용에 의하여 토양에 있는 양분의 흡수가 가능하게 된다. 토양에서 염의 농도가 높으면 삼투작용이 거꾸로 발생하여 식물 내의 수분이 토양 쪽으로 나와 식물은 원형질 분리로 말라죽는 영구위조가 발생하게 된다. 식물이 생장을 하려면 토양의 염도는 식물의 염의 농도보다 낮아야 양분인 필수원소의 흡수가 가능하게 된다.

9 LD$_{50}$에 대한 설명으로 옳지 않은 것은?

① 일정 조건하에서 실험동물에 독성물질을 직접 경구투여 할 경우 실험동물의 50%가 치사할 때의 용량이다.

② 독성물질을 다양한 용량에 걸쳐 실험동물에 노출시켜 얻은 측정치를 통계적으로 유의성 검증을 거쳐 얻은 결과이다.

③ LD$_{50}$에 영향을 주는 인자에는 종에 관련된 인자, 건강에 관련된 인자, 그리고 온도에 의한 인자 등이 있다.

④ 측정단위는 mg/L 또는 mL/m^{3}을 사용한다.

10 상수도 수원지용 저수지의 수질을 분석한 결과 Ca^{2+} 40mg/L, Mg^{2+} 12mg/L로 각각 나타났다. 이 두 가지 원소에 의한 저수지 물의 경도[mg/L as CaCO$_3$]는? (단, 원자량은 Ca＝40, Mg＝24이다)

① 50

② 100

③ 150

④ 200

9 LD$_{50}$은 실험한 동물의 체중당 실험한 약물의 양을 나타내므로 mg/kg으로 나타낸다.

10 $Ca^{2+} = 40$, $Mg^{2+} = 12$

Ca＝40, Mg＝24

Ca의 당량$= \dfrac{40}{2} = 20$, Mg의 당량$= \dfrac{24}{2} = 12$

CaCO$_3$의 분자량은 100, 1그램당량은 50이므로

$$\left(\frac{40 \times 50}{20}\right) + \left(\frac{12 \times 50}{12}\right) = 100 + 50 = 150 CaCO_3 mg/L$$

11 「공동주택 층간소음의 범위와 기준에 관한 규칙」상 직접충격 소음의 1분간 등가소음도(Leq)는? (단, 이 공동주택은 2005년 7월 1일 이후에 건축되었으며 층간소음의 기준단위는 dB(A)이다) [기출변형]

① 주간 39, 야간 38　　　　　　　　　② 주간 39, 야간 34

③ 주간 40, 야간 35　　　　　　　　　④ 주간 45, 야간 40

12 오염토양복원기술 중 물리화학적 복원기술이 아닌 것은?

① 퇴비화법　　　　　　　　　　　　② 토양증기추출법

③ 토양세척법　　　　　　　　　　　④ 고형화 및 안정화법

ANSWER　11.②　12.①

11　층간소음의 기준

층간소음의 구분		층간소음의 기준[단위 : dB(A)]	
		주간(06:00~22:00)	야간(22:00~06:00)
직접충격 소음	1분간 등가소음도(Leq)	39	34
	최고소음도(Lmax)	57	52
공기전달 소음	5분간 등가소음도(Leq)	45	40

㉠ 직접충격 소음은 1분간 등가소음도(Leq) 및 최고소음도(Lmax)로 평가하고, 공기전달 소음은 5분간 등가소음도(Leq)로 평가한다.

㉡ 위 표의 기준에도 불구하고 「공동주택관리법」 제2조 제1항 제1호 가목에 따른 공동주택으로서 「건축법」 제11조에 따라 건축허가를 받은 공동주택과 2005년 6월 30일 이전에 「주택법」 제15조에 따라 사업승인을 받은 공동주택의 직접충격 소음 기준에 대해서는 2024년 12월 31일까지는 위 표 제1호에 따른 기준에 5dB(A)을 더한 값을 적용하고, 2025년 1월 1일부터는 2dB(A)을 더한 값을 적용한다.

㉢ 층간소음의 측정방법은 「환경분야 시험·검사 등에 관한 법률」 제6조 제1항 제2호에 따른 소음·진동 분야의 공정시험기준에 따른다.

㉣ 1분간 등가소음도(Leq) 및 5분간 등가소음도(Leq)는 측정한 값 중 가장 높은 값으로 한다.

㉤ 최고소음도(Lmax)는 1시간에 3회 이상 초과할 경우 그 기준을 초과한 것으로 본다.

12　물리화학적 복원기술

㉠ 고형화 및 안정화법

㉡ 토양세척법

㉢ 토양세정법

㉣ 토양증기추출법

㉤ 화학적산화환원법

㉥ 동전기법

㉦ 객토 및 토양중화법

13 전자제품 폐기물 야적장에서 중금속인 납이 지하수 대수층으로 60g/day로 스며들고 있다. 야적장 아래 지하수의 평균속도는 0.5m/day이고, 지하수 흐름에 수직인 대수층 단면적이 30m^{2}일 때, 지하수 내 납 농도는? (단, 납은 토양에 흡착되지 않으며 대수층 단면으로 균일하게 유입된다고 가정한다)

① 3mg/L
② 4mg/L
③ 5mg/L
④ 6mg/L

14 소음방지 대책 중 소음원 대책이 아닌 것은?

① 밀폐
② 파동감쇠
③ 차음벽
④ 흡음닥트

15 유해물질을 정의하는 특성이 아닌 것은?

① 반응성
② 인화성
③ 부식성
④ 생물학적 난분해성

---

13 지하수량 $= 30\text{m}^2 \times 0.5\text{m/day} = 15\text{m}^3/\text{day} = 15,000\text{L/day}$

납의 양 $= 60\text{g/day} = 60,000\text{mg/day}$

지하수 내 납의 농도를 구하면

$$\frac{\text{납의 양}}{\text{지하수의 양}} = \frac{60,000}{15,000} = 4\text{mg/L}$$

14 소음원 대책
㉠ 소음원의 제거 또는 밀폐
㉡ 기계장비의 적절한 선택 – 흡음닥트
㉢ 소음원의 위치선정 및 시간계획 – 파동감쇠

15 유해물질의 정의 ⋯ 환경과 식품에 오염되어 인간의 건강에 직접적으로 악영향을 미치는 모든 물질을 말한다.
※ 유해물질의 특성
㉠ 인화성
㉡ 부식성
㉢ 반응성
㉣ 유해성

16 폐기물관리에서 우선적으로 고려할 사항이 아닌 것은?

① 폐기물 발생의 억제 및 감량화

② 분리수거된 폐기물의 재활용 및 자원화

③ 소각처리시 폐열회수 및 에너지회수

④ 폐기물의 위생적 매립

17 BOD 용적부하가 2kg/m^3·day이고, 유입수 BOD가 500mg/L인 폐수를 하루에 10,000m^3 처리하기 위해서 요구되는 포기조의 부피는?

① 1,000m^3

② 2,000m^3

③ 2,500m^3

④ 5,000m^3

ANSWER 16.④ 17.③

16 폐기물 관리의 기본원칙

㉠ 사업자는 제품의 생산방식 등을 개선하여 폐기물의 발생을 최대한 억제하고, 발생한 폐기물을 스스로 재활용함으로써 폐기물의 배출을 최소화하여야 한다.

㉡ 누구든지 폐기물을 배출하는 경우에는 주변 환경이나 주민의 건강에 위해를 끼치지 아니하도록 사전에 적절한 조치를 하여야 한다.

㉢ 폐기물은 그 처리과정에서 양과 유해성(有害性)을 줄이도록 하는 등 환경보전과 국민건강보호에 적합하게 처리되어야 한다.

㉣ 폐기물로 인하여 환경오염을 일으킨 자는 오염된 환경을 복원할 책임을 지며, 오염으로 인한 피해의 구제에 드는 비용을 부담하여야 한다.

㉤ 국내에서 발생한 폐기물은 가능하면 국내에서 처리되어야 하고, 폐기물의 수입은 되도록 억제되어야 한다.

㉥ 폐기물은 소각, 매립 등의 처분을 하기보다는 우선적으로 재활용함으로써 자원생산성의 향상에 이바지하도록 하여야 한다.

17

$$\text{포기조 부피} = \frac{\text{BOD 부하}}{\text{용적부하}} = \frac{10,000\text{m}^3 \times 0.5\text{kg/m}^3}{2\text{kg/m}^3 \cdot \text{day}} = 2,500\text{m}^3$$

18 포기조 용량 3,000m^3, 유입수 BOD 0.27g/L, 유량 10,000m^3/day일 때, F/M비를 0.3[kg BOD/(kg MLVSS · day)]으로 유지하기 위하여 필요한 MLVSS(Mixed Liquor Volatile Suspended Solid)의 농도는?

① 1,500mg/L

② 2,000mg/L

③ 2,500mg/L

④ 3,000mg/L

19 페놀(C_6H_5OH) 94g과 글루코스($C_6H_{12}O_6$) 90g을 1m^{3}의 증류수에 녹여 실험용 시료를 만들었다. 이 시료의 이론적 산소요구량(ThOD : Theoretical Oxygen Demand)은? (단, 원자량은 C = 12, H = 1, O = 16이다)

① 320mg/L

② 480mg/L

③ 640mg/L

④ 960mg/L

ANSWER 18.④ 19.①

18
$$MLVSS = \frac{BOD\ 농도 \times 유량}{F/M비 \times 용적} = \frac{0.27 \times 1,000 \times 10,000}{0.3 \times 3,000} = 3,000\text{mg/L}$$

19 이론적 산소요구량 계산

㉠ 페놀(C_6H_5OH) 94g

$C_6H_5OH + 7O_2 \rightarrow 6CO_2 + 3H_2O$

$C_6H_5OH = 12 \times 6 + 1 \times 5 + 16 \times 1 + 1 = 94$

$7O_2 = 7 \times 16 \times 2 = 224$

$94 : 224 = 94 : x \qquad x = 224$

㉡ 글루코스($C_6H_{12}O_6$) 90g

$C_6H_{12}O_6 + 6O_2 \rightarrow 6CO_2 + 6H_2O$

$C_6H_{12}O_6 = 12 \times 6 + 1 \times 12 + 16 \times 6 = 180$

$6O_2 = 6 \times 16 \times 2 = 192$

$180 : 192 = 90 : x \qquad x = 96$

㉠ + ㉡ = 224 + 96 = 320

20 성층권에 있는 오존층에 대한 설명으로 옳지 않은 것은?

① 태양에서 방출된 유해한 자외선을 흡수하여 지상의 생명을 보호하는 막의 역할을 한다.

② UV-C는 인체에 무해하지만 오존층이 파괴되어 UV-B가 많아지면 피부암을 유발할 수 있으며, UV-A 는 생물체의 유전자 파괴를 일으킬 수 있다.

③ 오존층이 파괴되면 성층권 내 자외선의 흡수량이 적어지며 많은 양의 자외선이 지표면에 도달하여 지구의 온도가 상승한다.

④ 성층권에 있는 오존은 짧은 파장의 자외선을 흡수하여 지속적으로 소멸되고 동시에 산소원자로 변환시키는 화학반응을 일으킨 후 산소분자와 결합해 오존을 생성한다.

ANSWER 20.②

20 UV-A는 오존층에 흡수되지 않으며 UV-B에 비해 에너지량이 적지만 피부를 그을릴 수 있다. 피부를 태우는 주역은 UV-B이지만 UV-A는 피부를 빨갛게 만들 뿐 아니라 피부 면역체계에 작용하여 피부 노화에 따른 장기적 피부손상을 일으킬 수 있으며, 멜라닌 색소를 생성하기도 한다.

UV-B(280~320nm)는 인체의 피부와 눈에 해로우며 또한 면역체와 비타민 D의 합성에 악영향을 끼친다. 일반적으로 성층권의 오존농도가 1% 감소하면 UV-B의 양은 2% 증가하고 비melanoma계 피부암의 발생율은 약 4% 증가한다.

UV-C는 오존층에 완전히 흡수되며, UV-C에 노출될 경우 염색체 변이를 일으키고 단세포 유기물을 죽이며, 눈의 각막에 손상을 입히는 등 생명체에 해로운 영향을 미치지만 다행이 성층권에 의해 모두 흡수된다.

1 Dulong 식으로 폐기물 발열량 계산 시 포함되지 않는 원소는?

① 수소

② 산소

③ 황

④ 질소

2 슬러지 처리 공정에서 호기성 소화에 비해 혐기성 소화의 장점이 아닌 것은?

① 운영비가 저렴하다.

② 슬러지가 적게 생산된다.

③ 체류시간이 짧다.

④ 메탄을 에너지화 할 수 있다.

ANSWER 1.④ 2.③

1 Dulong식을 이용하여 폐기물의 발열량을 계산할 수 있다.

$$Hh = 8,100C + 34,250\left(H - \frac{O}{8}\right) + 2,250S$$

이때 C는 탄소, H는 수소, O는 산소, S는 황이다.
즉 질소는 고려되지 않는다.

2 호기성 처리와 비교하여 혐기성 소화의 장점은 유기물 부하가 크며, 잉여슬러지 생산량과 영양염류 요구량이 적고 바이오가스를 생성하므로 경제성이 있다. 호기성 처리는 유기물의 상당 부분이 잉여슬러지로 합성되기 때문에 슬러지 처리/처분의 문제가 발생하나 혐기성 소화는 대략 호기성 처리에서 발생되는 슬러지의 약 1/10 정도가 발생되며 슬러지로 발생되지 않는 부분은 바이오가스로 에너지로 변환된다. 혐기성 소화의 다른 장점은 운전에 있어서 폭기를 하지 않으므로 에너지 소비가 적고 운전과 유지관리가 용이하다. 또한 혐기성 소화는 호기성 처리와 비교하여 부하율이 높기 때문에 시설의 설비가 적게 요구되나 유기물이 완전히 분해되지 않는 단점이 있다. 즉, 체류시간이 길다는 것이다. 혐기성 소화는 호기성 소화에 비해 폐기물 분해 효율이 낮은 편으로 오랜 시간 동안 반응을 해야 한다.

3 암모니아 1mg/L를 질산성 질소로 모두 산화하는데 필요한 산소농도[mg/L]는?

① 3.76

② 3.56

③ 4.57

④ 4.27

4 집진 장치의 효율이 99.8%에서 95%로 감소하였다. 효율 저하 전후의 배출 먼지 농도 비율은?

① 1 : 10

② 1 : 15

③ 1 : 20

④ 1 : 25

5 10m 간격으로 떨어져 있는 실험공의 수위차가 20cm일 때, 실질 평균선형유속[m/day]은? (단, 투수 계수는 0.4m/day이고 공극률은 0.5이다)

① 0.008

② 0.18

③ 0.004

④ 0.016

....

ANSWER 3.① 4.④ 5.④

3 반응식 $= NH_3 + 2O_2 \rightarrow HNO_3 + H_2O$

암모니아 1mol이 산화하는데 2mol의 산소가 필요하다.

암모니아 1mol의 몰질량은 17g이고 산소 2mol의 몰질량은 32×2g이므로 비례식을 그리면

$17g : 32 \times 2g = 1mg/L : x\,mg/L$

$x\,mg/L = 3.76mg/L$

(이때 x는 산소의 농도)

4 제거효율이란 전체에서 제거된 비율을 말하므로

처음 효율에서의 배출먼지 농도는 100−99.8=0.2

나중 효율에서의 배출먼지 농도는 100−95=5

$0.2 : 5 = 1 : 25$

5 우선 Darcy의 식을 이용하여 평균선형유속을 구한다.

$$V = K \times \frac{dH}{dL} = \frac{0.4m}{day} \times \frac{0.2m}{10m} = 8 \times 10^{-3} m/day$$

이때, 실질평균선형유속 $=$ Darcy유속/공극률 이므로

$$V = \frac{8 \times 10^{-3} m/day}{0.5} = 0.016 m/day$$

6 어떤 물질 A의 반응차수를 구하기 위한 실험결과이다. 이에 대한 설명으로 옳지 않은 것은? (단, C는 A의 농도이고 t는 시간, k는 반응속도 상수, n은 반응차수이다)

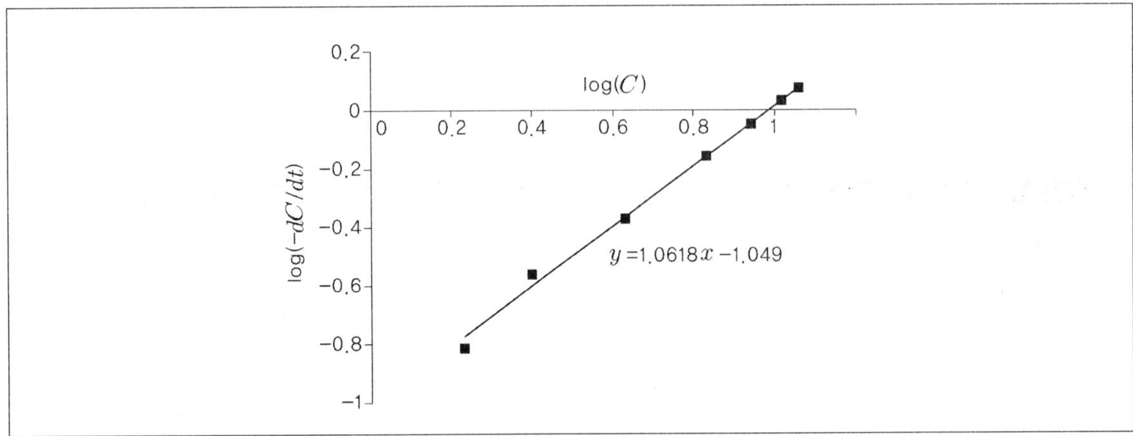

① 단순선형 회귀분석 방법을 이용하여 자료를 해석하였다.

② 일반적인 반응속도식인 $\left[-\dfrac{dC}{dt} = k \times C^n \right]$을 이용하여 반응차수인 n값을 구한 것이다.

③ 반응차수는 1.049이다.

④ 실험 자료의 유효성은 결정 계수로 판단할 수 있다.

6 반응속도식을 풀어서 일차방정식으로 정리하면 다음과 같다.

$$-\frac{dC}{dt} = k \times C^n \xrightarrow{\;\log 변환\;} \log\left(-\frac{dC}{dt}\right) = \log k + n \log C$$

이때 $\log\left(-\dfrac{dC}{dt}\right)$를 y로, $\log C$를 x로 변환하면

$$y = nx + \log k$$

그림에 나와 있는 것처럼 $y = 1.0618x - 1.049$가 위 식이므로

반응차수 n은 1.0618이다.

7 다음 실험 결과에서 처리 전과 처리 후의 BOD 제거율[%]은? (단, 희석수의 BOD 값은 0이다)

구분	초기 DO(mg/L)	최종 DO(mg/L)	하수 부피(mL)	희석수 부피(mL)
처리 전	6.0	2.0	5	295
처리 후	9.0	4.0	15	285

① 33.3　　　　　　　　　　　　② 50.0

③ 58.3　　　　　　　　　　　　④ 61.4

8 입자상 물질을 제거하는 장치로 가장 거리가 먼 것은?

① 사이클론 집진기　　　　　　　② 전기집진기

③ 백 하우스　　　　　　　　　　④ 유동상 흡착장치

ANSWER 7.③　8.④

7　BOD제거율 : BOD = $(D_i - D_o) \times P$

이 때 P(희석율) = $\dfrac{전체부피}{시료의\ 양}$

㉠ 처리 전 BOD : $(6-2) \times \dfrac{300}{5} = 240\text{mg/L}$

㉡ 처리 후 BOD : $(9-4) \times \dfrac{300}{15} = 100\text{mg/L}$

㉢ BOD 제거율 : $\eta = \dfrac{C_i - C_o}{C_o} \times 100 = \dfrac{240 - 100}{240} \times 100 = 58.3\%$

8　유동상 흡착장치는 가스상 물질 제거장치 중 흡착장치에 속하는 장치이다.

※ 제거장치의 종류

　㉠ 입자상 물질 제거장치의 종류 : 중력장치, 관성력장치, 원심력장치(싸이클론), 세정장치(스크러버), 여과장치(백필터, 백하우스), 전기장치

　㉡ 가스상 물질 제거장치의 종류 : 흡수장치(세정장치), 흡착장치, 연소장치

9 다음은 용해된 염소가스가 수중에서 해리되었을 때 차아염소산과 염소산이온 간의 상대적인 분포를 pH에 따라 나타낸 그래프이다. 이에 대한 설명으로 옳지 않은 것은?

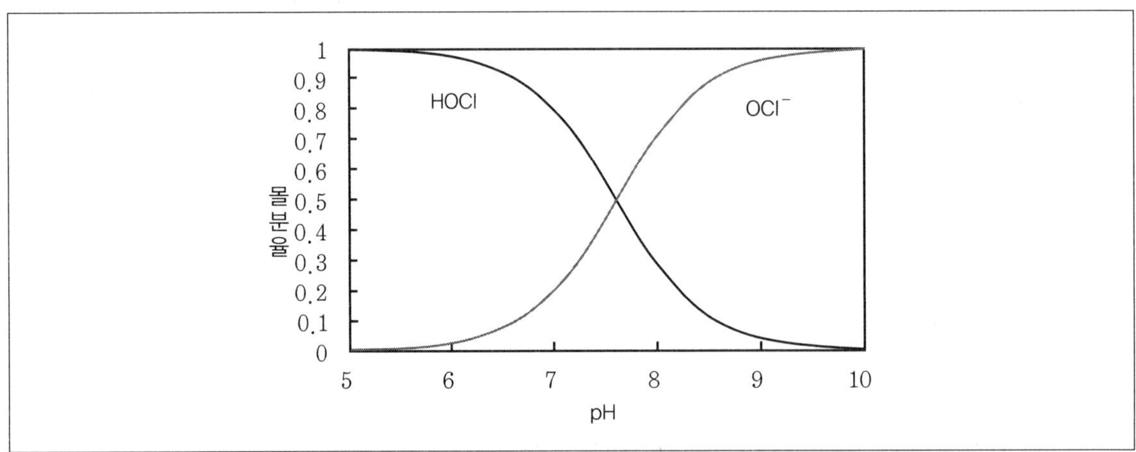

① pH가 6일 때 HOCl 농도는 0.99 mg/L이고 OCl⁻보다 소독력이 크다.

② pH가 7.6일 때 HOCl 농도와 OCl⁻ 농도는 같다.

③ 염기성일 때, 산성에서보다 소독력이 떨어진다.

④ 온도에 따라 일정 pH에서 두 화학종의 몰분율이 달라진다.

ANSWER 9.①

9

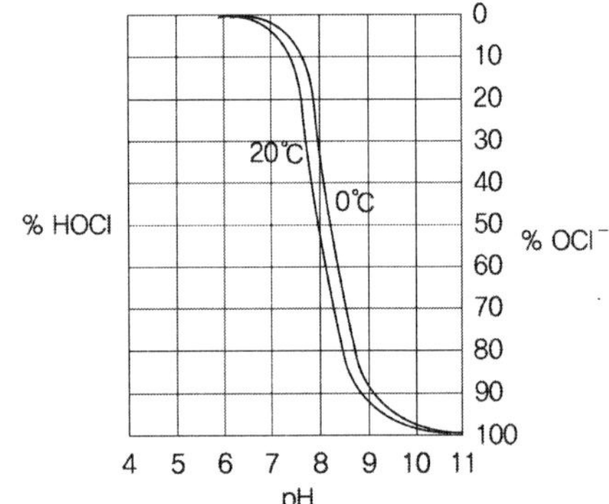

온도에 따라 일정 pH에서 두 화학종의 몰분율이 달라지는 것을 확인할 수 있으므로 ④번은 옳은 보기이다. 또한 염기성, 즉 pH가 높을 때 OCl⁻의 농도가 HOCl보다 높다. HOCl의 소독력은 OCl⁻보다 크기 때문에 염기성일 때 소독력이 감소한다.
pH가 6일 때 HOCl의 몰분율이 0.99mg/L이다.
따라서 몰분율과 농도는 같지 않으므로 ①번이 틀린 보기가 된다.

10 길이가 30m, 폭이 15m, 깊이가 3m인 침전지의 유량이 4,500m^3/day이다. 유입 BOD 농도가 600mg/L이고 총 고형 물질 농도가 1,200mg/L일 때, 수리학적 표면 부하율[m$^3 \cdot$ m$^{-2} \cdot$ day^{-1}]은?

① 10

② 30

③ 50

④ 90

11 대기 중 부유성 입자와 침강성 입자를 분류하는 입경(particle diameter) 기준은?

① 2.5μm

② 10μm

③ 50μm

④ 100μm

12 물리량의 차원으로 옳지 않은 것은?

① 확산 계수 [L^{2}T^{-1}]

② 동점성 계수 [L^{3}T^{-1}]

③ 압력 [ML^{-1}T^{-2}]

④ 밀도 [ML^{-3}]

ANSWER 10.① 11.② 12.②

10 표면 부하율 $= \dfrac{\text{유입되는 유량}}{\text{수면적}} = \dfrac{Q}{A} = \dfrac{4,500\text{m}^3/\text{day}}{30\text{m} \times 15\text{m}} = 10\text{m}^3 \cdot \text{m}^{-2} \cdot \text{day}^{-1}$

11 입자의 지름이 10μm 이상이면 중력의 영향을 받아 침강하는 침강성 입자이고, 10μm 이하이면 중력의 영향을 별로 받지 못해 공중에 부유하게 되는 부유성 입자이다.

12 동점성 계수 $= \dfrac{\text{점성 계수}}{\text{밀도}} = \dfrac{\mu}{\rho} = \dfrac{\text{kg/m} \cdot \text{s}}{\text{kg/m}^3} = \text{m}^2 \cdot \text{s}$

즉 동점성 계수의 물리량 차원은 [L$^2 \cdot$ T]가 된다.

13 고형물이 40%인 유기성 폐기물 10ton을 수분 함량 20%가 되도록 건조시킬 때 건조 후 수분 중량[ton]은? (단, 유기성 폐기물은 고형물과 수분만으로 구성되어 있다고 가정한다)

① 1

② 2

③ 4

④ 6

14 지하수 대수층의 부피가 2,500m^3, 공극률이 0.4, 공극수 내 비반응성 물질 A의 농도가 50mg/L일 때, 공극수 내 물질 A의 질량[kg]은?

① 25

② 40

③ 50

④ 100

15 80% 효율의 펌프로 1m^3/sec의 물을 5m의 총수두로 양수 시 필요한 동력[kW]은? (단, 소수점 첫째 자리에서 반올림한다)

① 34

② 40

③ 61

④ 70

13　$V_1(1 - W_1) = V_2(1 - W_2)$

(이때 V는 폐기물량, W는 함수량)

건조 전 폐기물의 고형물이 40%이므로 함수량은 60%가 된다.

$10\text{ton}(1 - 0.6) = x\,\text{ton}(1 - 0.2)$

$x = 5(\text{ton})$

5ton의 폐기물 중 수분 함량은 20%이므로, 수분 중량은 1ton이 된다.

14　대수층에서 공극률이 존재한다는 것은 빈 공간이 있다는 소리이고, 빈 공간에는 물이 들어갈 수 있다.

대수층 실제 부피 = $2,500\text{m}^3 \times (1 - 0.4) = 1,500\text{m}^3$

즉, 2,500m^{3}에서 1,500m^{3}을 뺀 만큼 수분이 들어갈 수 있다.

$$\frac{50\text{mg}}{\text{L}} \times \frac{1,000\text{m}^3}{1} \times \frac{1,000\text{L}}{1\text{m}^3} \times \frac{1\text{kg}}{10^6\text{mg}} = 50\text{kg}$$

15　펌프동력 $P = \dfrac{r \times Q \times H}{102} \times \dfrac{1}{\eta} = \dfrac{(1,000\text{kg}_\text{f}/\text{m}^3) \times (1\text{m}^3/\text{s}) \times 5\text{m}}{102 \times 0.8} = 61\text{kW}$

16 다음 미생물 비증식 속도식에 대한 설명으로 옳지 않은 것은? (단, μ는 비증식 속도, $\mu_{\max}$는 최대 비증식 속도, K_s는 미카엘리스 상수, S는 기질 농도이다)

$$\mu = \frac{\mu_{\max} \times S}{K_s + S}$$

① $1/\mu$과 $1/S$의 그래프에서 기울기 값이 $\mu_{\max}$이다.

② μ는 S가 증가함에 따라 기질 흡수 기작이 포화될 때까지 증가한다.

③ K_s는 그래프 상에서 μ가 $\mu_{\max}$의 1/2일 때의 S값이다.

④ $S \gg K_s$일 때 $\mu \simeq \mu_{\max}$이다.

17 위생 매립지에 유입된 미확인 물질을 원소 분석한 결과, 질량 기준으로 탄소 40.92%, 수소 4.58%, 산소 54.50%로 구성되어 있을 경우 이 물질의 실험식은?

① CH_3O

② $C_3H_4O_3$

③ $C_2H_6O_2$

④ $C_6H_8O_6$

<hr>

ANSWER 16.① 17.②

16 보기로 주어진 monod식을 뒤집어 정리하면 다음과 같다.

$$\mu = \frac{\mu_{\max} \times S}{K_s + S} \rightarrow \frac{1}{\mu} = \frac{K_s + S}{\mu_{\max} \times S} = \frac{K_s}{\mu_{\max} \times S} + \frac{1}{\mu_{\max}}$$

$\dfrac{1}{S}$를 x값으로, $\dfrac{1}{\mu}$를 y값으로 치환한다면 기울기값은 $\dfrac{K_s}{\mu_{\max}}$이 된다.

17 질량을 몰질량으로 나누어 몰수를 구한다.

$$C = \frac{40.92}{12} \cong 3$$
$$H = \frac{4.58}{1} \cong 4$$
$$O = \frac{54.50}{16} \cong 3$$
$$\therefore C_3H_4O_3$$

18 K_{ow} (옥탄올−물 분배 계수) 100인 유기화합물 A가 물 시료 중에 50mg/L 농도로 용해되어 있다. 이 시료 1L에 옥탄올 100mL를 넣고 교반하였다. 평형에 도달한 후 물에 용해되어 있는 A의 농도[mg/L]는?

① 1.45

② 2.25

③ 3.10

④ 4.55

19 어떤 지점에서 기계에 의한 음압레벨이 80dB, 자동차에 의한 음압레벨이 70dB, 바람에 의한 음압레벨이 50dB인 경우 총음압레벨[dB]은? (단, log1.1 = 0.04, log2.2 = 0.34, log3.1 = 0.49이다)

① 66.7

② 74.9

③ 80.4

④ 93.4

20 질소 순환에 대한 설명으로 옳지 않은 것은?

① 질산화 과정 중 나이트로박터는 아질산성 질소를 질산성 질소로 산화시킨다.

② 아질산염은 NADH의 촉매작용으로 질산염이 된다.

③ 탈질화 과정에서 N_2가 생성된다.

④ N_2가 질소 고정반응을 통해 암모니아를 생성한다.

ANSWER 18.④ 19.③ 20.②

18 옥탄올−물 분배 계수는 옥탄올과 물에서의 용질의 분포를 표시하는 상수로, 옥탄올과 물 중에 특정 물질이 더 잘 녹는 용매를 찾는 방법이다.

$$K_{ow} = \frac{\text{옥탄올에 녹은 용질의 농도}}{\text{물에 녹은 용질의 농도}} = \frac{(50-x)\text{mg/100ml}}{x\text{mg/1,000ml}} = 100$$

$\therefore x\,(\text{물에 녹은 용질의 농도}) ≒ 4.55\text{mg/L}$

19

$$\text{총소음의 합} = 10 \cdot \log\left(10^{\frac{L_1}{10}} + 10^{\frac{L_2}{10}} + 10^{\frac{L_3}{10}} \cdots\right) = 10 \cdot \log(10^8 + 10^7 + 10^5) ≒ 80.4$$

20 질산화 과정을 통해 암모니아성 질소가 나이트로소모나스를 통해 아질산성 질소로 산화되고, 아질산성 질소는 나이트로박터를 통해 질산성 질소로 산화된다.

이 때 질산화 미생물들은 산소를 이용하여 산화를 진행하는 NAD 촉매라고 할 수 있다.

NADH 촉매는 환원성 촉매이기 때문에 ②번 보기는 옳지 않다.

1 해양에서 발생하는 적조현상에 대한 설명으로 가장 옳은 것은?

① 적조는 해수의 색 변화를 통한 심미적 불쾌감, 어패류의 질식사, 해수 내 빠른 용존산소의 감소, 독소물질 생성 등의 피해를 일으킬 수 있다.

② 적조는 미량의 염분 농도, 높은 수온, 풍부한 영양염류의 조건에서 쉽게 나타나며 비정체성 수역에서 자주 관찰된다.

③ 적조 발생 시 대처 방안으로 활성탄 살포, 유입하수의 고도 처리와 함께 공존 미생물의 활발한 성장을 돕기 위한 질소, 인의 투입 등이 있다.

④ 적조 발생은 생활하수 및 산업폐수의 유입과는 연관성이 희박하므로 수산 피해를 최소화하기 위한 장기적 방안은 해안 지역에 국한하여 고려해야 한다.

2 폐기물의 수송 전 효율성을 높이기 위해 적환장을 설치할 경우, 적환장의 위치 결정 시 고려해야 할 사항 중 옳지 않은 것은?

① 간선도로로 접근이 쉽고 2차 보조수송수단의 연결이 쉬운 곳

② 수거하고자 하는 개별적 고형 폐기물 발생지역들과의 평균거리가 동일한 곳

③ 주민의 반대가 적고 주위환경에 대한 영향이 최소인 곳

④ 설치 및 작업조작이 용이한 곳

ANSWER 1.① 2.②

1 ② 적조는 정체성 수역에서 자주 관찰된다.
③ 질소와 인 등의 영양염류가 과다해서 적조가 생기는 것이므로, 제거해 주어야 한다.
④ 적조 발생은 부영양화에 의한 것으로, 생활하수 및 산업폐수의 유입과 연관성이 높다.

2 평균거리가 동일하다고 해서 폐기물의 발생량이 동일하진 않다.
그러므로 거리가 아닌 무게중심을 기준으로 적환장을 설치해야 한다.

3 다음에서 ㉠, ㉡에 들어갈 말로 옳게 짝지어진 것은?

> 온난화지수란 각 온실가스의 온실효과를 상대적으로 환산함으로써 비용적 접근이 가능하도록 하는 지수를 말하는 것으로 대상기체 1kg의 적외선 흡수능력을 ____㉠____ 와(과) 비교하는 값이다. 이 온난화 지수가 가장 높은 물질은 ____㉡____ 이다.

	㉠	㉡
①	메탄	육불화황
②	메탄	과불화탄소
③	이산화탄소	육불화황
④	이산화탄소	과불화탄소

4 고형물 함유도가 40%인 슬러지 200kg을 5일 동안 건조시켰더니 수분 함유율이 20%로 측정되었다. 5일 동안 제거된 수분량은 몇 kg인가? (단, 비중은 1.0기준이다.)

① 70kg

② 80kg

③ 90kg

④ 100kg

3 온난화 지수 기여도 순서
$CO_2 < CH_4 < N_2O < HFC < PFC < SF_6$
온난화지수가 가장 높은 것은 육불화황이다.
또한 온난화지수의 기준물질은 이산화탄소이다.

4 $V_1(1 - W_1) = V_2(1 - W_2)$

$200kg(1 - 0.6) = x\,kg(1 - 0.2)$

$\therefore x = 100kg$

고형물의 양에는 변화가 없으므로, 변화된 무게만큼 수분이 증발하였다.

즉, 증발한 수분의 양은 $200kg - 100kg = 100kg$ 이다.

5 슬러지 처리공정 시 안정화 방법으로서 호기적 소화가 갖는 장점으로 옳지 않은 것은?

① 상등액의 BOD 농도가 낮다.

② 슬러지 생성량이 적다.

③ 악취발생이 적다.

④ 시설비가 적게 든다.

6 다음은 소리의 마스킹효과(Masking Effect, 음폐효과)의 정의 및 특징에 대한 설명이다. 옳지 않은 것은?

① 고음(높은 주파수)이 저음(낮은 주파수)을 잘 마스킹 한다.

② 두 음의 주파수가 비슷할 때 마스킹효과는 커진다.

③ 마스킹효과란 어떤 소리가 다른 소리를 들을 수 있는 능력을 감소시키는 현상을 말한다.

④ 두 음의 주파수가 같을 때는 맥동현상에 의해 마스킹효과가 감소한다.

ANSWER 5.② 6.①

5 혐기성 소화법과 비교한 호기성 소화법의 장단점

장점	• 최초 시공비 절감 • 악취발생 감소 • 운전용이 • 상징수의 수질 양호
단점	• 소화슬러지 탈수불량 • 폭기에 드는 동력비 과다 • 유기물 감소율 저조 • 건설부지 과다 • 저온시의 효율 저하 • 가치있는 부산물이 생성되지 않음

슬러지 생성량은 처리효율에 비례한다.
호기성 소화는 혐기성 소화보다 처리효율이 좋기 때문에 슬러지 생성량이 많다.

6 ㉠ 마스킹효과(음폐효과) : 큰 소리에 의해 다른 소리가 잘 들리지 않는 현상
㉡ 고음보다 저음이 더 잘 마스킹된다. 또한 주파수가 같을 경우 공명현상에 의해 소리가 증폭한다.

7 강우의 유달시간과 강우지속시간의 관계에 대한 설명으로 가장 옳지 않은 것은?

① 유달시간은 강우의 유입시간과 유하시간의 합이고 유입시간은 강우가 배수구역의 최원격지점에서 하수관거 입구까지 유입되는데 걸리는 시간이다.

② 유달시간이 강우지속시간보다 긴 경우 지체현상이 발생한다.

③ 강우지속시간이 유달시간보다 긴 경우 전배수구역의 강우가 동시에 하수관 시작점에 모일 수 있다.

④ 최근 도시화로 인해 강우의 유출계수와 유달시간이 증가하여 침수피해 발생 빈도가 증가하고 있다.

8 수질오염의 지표로 널리 사용되고 있는 생물학적 산소요구량(BOD)의 한계성으로 옳지 않은 것은?

① 다른 수질오염 지표에 비해 측정에 긴 시간이 필요하다.

② 수중에 함유된 유기물 중 생분해성 유기물만 측정이 가능하다.

③ 미생물의 활성에 영향을 주는 독성물질의 방해가 예상된다.

④ BOD_5의 정확한 측정을 위해서는 질산화 미생물이 필요하다.

ANSWER 7.④ 8.④

7 우수유출량을 구하는 공식으로는 합리식이 있다.

합리식 : $Q = \dfrac{1}{360} \cdot C \cdot I \cdot A$

- Q : 최대계획우수유출량(m^3/s)
- C : 유출계수
- I : 유달시간(t) 내의 평균강우강도$(mm/h) = \dfrac{a}{(t^m + b)^n}$ (a, b, m, n은 정수)
- A : 배수면적(ha)

도시화로 포장도로가 늘어나면서 유출계수는 증가하고 유달시간은 감소, 즉 유입시간이 감소하였다.

따라서 ④는 옳지 않은 설명이다.

8 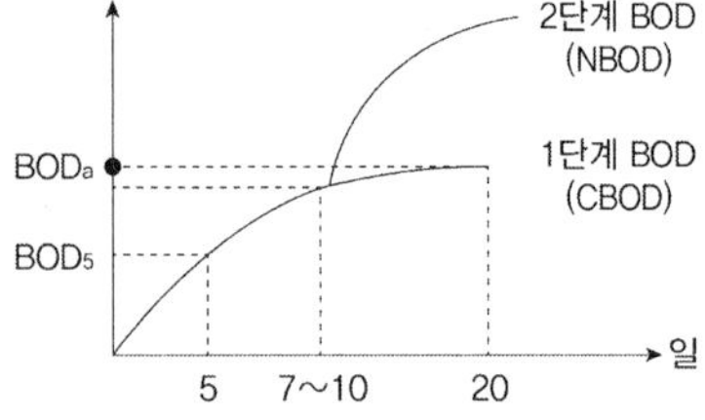

7~10일 전에는 탄소만 분해되고 질소는 분해되지 않는다.

즉, BOD_5에서는 질소가 고려되지 않는다.

때문에 질산화 미생물이 필요하지 않다.

9 다음은 토양과 지하수의 정화 및 복원기술과 관련된 설명이다. 옳지 않은 것은?

① 지하수 복원기술로서 양수처리기법은 정화된 물을 지하로 투입하여 지중 내의 오염지하수를 희석시킴으로써 오염물질의 농도를 규제치 이하로 떨어뜨리는 기법을 의미하며 가장 간단하고 보편적으로 활용되는 기법이다.

② 오염토양의 처리기법은 위치에 따라 in-situ와 ex-situ 처리법으로 나뉘며 in-situ 처리법으로는 토양증기추출법, 고형화·안정화법, 생물학적 분해법 등이 있고 ex-situ 처리법으로는 열탈착법, 토양세척법, 산화·환원법, 토양경작법 등이 있다.

③ 물리·화학적 방법을 통해 독성물질 및 오염물질의 유동성을 떨어뜨리거나 고체구조 내에 가두는 방식의 처리기법을 고형화·안정화법이라고 하며, 중금속이나 방사능물질을 포함하는 무기물질에 효과적인 것으로 알려져 있다.

④ 토양경작법은 오염토양을 굴착하여 지표상에 위치시킨 후 정기적인 뒤집기에 의한 공기공급을 통해 호기성 생분해를 촉진하여 유기오염물질을 제어하는 방법이다.

10 청계천의 상류와 하류에서 하천수의 BOD를 측정한 결과 상류 하천수의 BOD는 25mg/L, 하류 하천수의 BOD는 19mg/L이었다. 상류 하천수의 DO가 9mg/L이었고, 하천수가 상류에서 하류로 흐르는 동안 4mg/L의 재포기가 있었다고 할 때, 하류 하천수의 DO는 얼마인가? (단, 지류에서 유입·유출되는 오염수 또는 하천수는 없다.)

① 4mg/L

② 5mg/L

③ 6mg/L

④ 7mg/L

ANSWER 9.① 10.④

9 양수처리기법은 오염된 물을 밖으로 꺼내 정화시키는 방법이다. 즉 ex-situ 방법이다.
①의 설명은 in-situ 방법을 설명하고 있으므로 옳지 않다.

10 BOD는 생물학적 산소 요구량으로, 그만큼의 산소를 이용해야 물이 정화됨을 말한다.
BOD가 25mg/L에서 19mg/L로 감소했다는 것은 6mg/L만큼의 산소를 사용하여 물을 정화했음을 말하는 것이고, 초기 DO가 9mg/L였으므로 하류의 DO는 3mg/L가 된다.
그러나 재포기로 4mg/L의 DO가 유입되었으므로 최종 DO는 7mg/L이다.

11 다음 중 소음평가를 나타내는 용어에 대한 설명으로 옳은 것은?

① AI(Articulation Index, 명료도지수)는 음성레벨과 배경소음레벨의 비율인 신호 대 잡음비에 기본을 두며 AI가 0%이면 완벽한 대화가 가능한 것을 의미한다.

② NC(Noise Criteria)는 도로교통소음과 같이 변동이 심한 소음을 평가하는 척도이다.

③ PNL(Perceived Noise Level, 감각소음레벨)은 공항주변의 항공기소음을 평가한 방법이다.

④ SIL(Speech Interference Level, 회화방해레벨)은 도로교통소음을 인간의 반응과 관련시켜 정량적으로 구한 값이다.

12 대기의 수직혼합이 억제되어 대기오염을 심화시키는 기온역전현상은 생성과정에 따라 여러 종류가 있는데, 다음 설명은 어떤 기온역전층에 대한 내용인가?

> • 지표면 부근의 공기가 냉각되어 발생
> • 맑고 건조하며 바람이 약한 날 야간에 주로 발생
> • 일출 후 지표면으로부터 역전층이 서서히 해소

① 침강역전
② 복사역전
③ 난류역전
④ 전선역전

---

11 ① AI(명료도지수)는 소리의 명료함을 나타내는 지수로써, 0%면 대화가 불가능한 정도이고 100%이면 완벽한 대화가 가능한 정도를 의미한다.

② NC는 소음한계곡선에 의해 각 옥타브밴드에서 계측한 소음의 음압레벨을 측정하여 실내소음을 평가하는 척도이다.

④ SIL은 소음의 강약이 회화를 방해하는 정도를 말한다. 3개의 주파대로 소음의 옥타브를 구분하여 각 음압레벨의 데시벨 수를 산술평균한 값이다.

12 기온역전층 … 보통 대류권내에서는 기온과 높이는 반비례 하지만, 기온과 높이가 비례하는 경우가 있는데 이런 현상이 나타나는 기온층을 기온역전층이라 한다.

① **침강역전** : 광범위한 지역에서 상층의 공기가 천천히 하강하여 역전현상이 발생

② **복사역전** : 야간에 지표면 부근이 냉각되면서 발생

③ **난류역전** : 난류가 강한 층과 그 위쪽의 비교적 안정한 층 사이에서 발생

④ **전선역전** : 성질이 다른 두 공기(📌 한랭전선, 온난전선)가 만나는 전선면에서 발생

13 다음 중 등가비(ϕ)에 대한 설명으로 옳지 않은 것은?

① $\phi > 1$이면 공기가 과잉으로 공급되는 불완전연소이다.

② 등가비는 공기비의 역수이다.

③ 등가비는 $\dfrac{\text{실제 연료량/산화제}}{\text{완전연소를 위한 이상적 연료량/산화제}}$ 이다.

④ $\phi = 1$이면 완전연소를 의미한다.

14 토양오염의 특징을 설명한 다음 내용 중 옳지 않은 것은?

① 토양은 일단 오염되면 원상 복구가 어렵다.

② 토양오염은 물, 공기 등 오염경로가 다양하다.

③ 토양오염은 매체의 특성상 대부분 잔류성이 적은 편이다.

④ 토양오염은 대부분 눈에 보이지 않아 인지가 쉽지 않다.

15 하수에 공기를 불어넣고 교반시키면 각종 미생물이 하수 중의 유기물을 이용하여 증식하며 플록을 형성하는데 이것을 활성슬러지라고 한다. 다음 중 활성슬러지법 처리방식으로 옳지 않은 것은?

① 순산소활성슬러지법   ② 심층포기법

③ 크라우스(Kraus)공법   ④ 살수여상법

ANSWER 13.①   14.③   15.④

13 $\text{등가비}(\phi) = \dfrac{\text{실제연료량}}{\text{이론연료량}} = \dfrac{1}{\text{공기비}}$

등가비가 1 이상이면 실제 연료량이 이론 연료량보다 많음을 의미한다.
즉 연료가 과잉으로 들어갔으며 불완전연소가 일어난다.

14 흙 입자 표면에 오염물질이 흡착하기 쉽기 때문에 잔류성이 큰 편이다.

15 살수여상법은 부착증식법에 해당한다.
① **순산소활성슬러지법** : 공기 대신 순수한 산소를 공급하는 활성슬러지법
② **심층포기법** : 수심이 깊은 조에서 포기하여 용지이용률을 증가시키는 공법
③ **크라우스 공법** : 미생물 성장에 필요한 영양을 공급하는 공법으로, 반송슬러지의 일부를 재포기
④ **살수여상법** : 매체에 미생물을 부착하고 그 위에 폐수를 살포하는 공법

※ 생물학적 처리공정의 종류 $\begin{cases} \text{부유증식법(플럭 형성○)} : \text{활성슬러지법, 단계포기법, 심층포기법, 크라우스법} \\ \text{부착증식법(플럭 형성×)} : \text{살수여상법, 회전원판법, 접촉포기법} \end{cases}$

16 하수의 고도처리과정 중 생물학적 탈질과정에 대한 설명으로 옳지 않은 것은?

① 탈질반응은 무산소 조건에서 탈질미생물에 의해 생물학적으로 진행된다.

② 탈질미생물은 혐기성 미생물로서 질산성 질소의 산소를 이용하며 유기탄소원이 필요없는 독립영양 미생물이다.

③ 질산성 질소의 탈질과정에서 알칼리도는 증가한다.

④ 탈질반응조의 온도는 생물학적 반응이 원활하게 이루어질 수 있는 온도를 유지하여야 한다.

17 폐기물 및 폐기물 처리기술에 대한 다음 설명 중 옳지 않은 것은?

① 폐기물의 유해성을 판단하는 요소에는 반응성(reactivity), 부식성(corrosivity), 가연성(ignitability), 독성(toxicity) 등이 있다.

② 소각, 파쇄 · 절단, 응집 · 침전, 증발 · 농축, 탈수, 안정화시설 등은 유해 폐기물 중간처리시설로 분류된다.

③ 폐기물 처리를 위한 매립 기법은 종류와 무관하게 광범위한 고형 폐기물의 처리가 가능하고 매립 완료 후 일정기간이 지나면 토지 이용이 가능하며 시설 투자비용 및 운영비용이 저렴하다는 장점이 있다.

④ 열적 처리공정으로서 소각은 환원성 분위기에서 폐기물을 가열함으로써 가스, 액체, 고체 상태의 연료를 생성시킬 수 있는 공정을 의미하며 질소산화물(NOx) 등의 발생이 비교적 적고 자원 회수가 가능하다는 장점이 있다.

18 다음 중 방진재료로 사용되는 금속스프링의 특징으로 옳지 않은 것은?

① 온도나 부식 등의 환경적 요소에 대한 저항성이 크다.

② 감쇠가 거의 없으며 공진 시 전달률이 크다.

③ 고주파 진동의 차진이 우수하다.

④ 최대변위가 허용된다.

ANSWER 16.② 17.④ 18.③

16 탈질미생물은 혐기성 종속영양계 미생물이다. 때문에 영양물로 유기물을 필요로 한다.

17 소각은 산화성 분위기에서 산소와 열을 이용하여 폐기물을 분해, 재 등이 생성되는 과정이다.
④ 열적 처리공정 중 열분해에 관한 설명이다.

18 금속스프링은 저주파 차진에 우수하다.

19 다음 중 중력 집진장치의 집진효율을 향상시키는 조건으로 옳지 않은 것은?

① 침강실 내의 가스흐름이 균일해야 한다.

② 침강실의 높이가 높아야 한다.

③ 침강실의 길이가 길어야 한다.

④ 배기가스의 유속이 느려야 한다.

20 지표수 분석 결과 물 속의 양이온과 음이온의 농도가 다음과 같이 나타났다. 물 속의 경도를 $CaCO_3$mg/L로 올바르게 나타낸 값은 무엇인가? (단, $CaCO_3$를 구성하는 Ca, C, O의 원자량은 각각 40, 12, 16이다.)

이온	농도(mg/L)
Ca^{2+}	60
Na^+	60
Cl^-	120
NO_3^-	5
SO_4^{2-}	24

① 75

② 150

③ 300

④ 450

19 $\eta = \dfrac{\text{침강속도} \cdot \text{침강실 길이}}{\text{가스유속} \cdot \text{침강실 높이}} = \dfrac{V_g L}{VH}$

그러므로 침강실의 높이가 낮아야 효율이 높아진다.

20 경도계산식 $= \sum M_c^{2+} \times \dfrac{50}{eq}$

Ca^{2+}만 경도와 관련이 있는 이온이다.

$Ca = \dfrac{60mg}{L} \times \dfrac{1}{40mg} \times \dfrac{2 \times 50}{1} = 150mg/L$

1 하천에서 용존산소가 소모되는 과정으로 옳지 않은 것은?

① 유기물 분해

② 재포기

③ 조류의 호흡

④ 질산화

2 강에서 부영양화에 의한 조류 번성 시 하천수에 대한 설명으로 옳지 않은 것은?

① 강물에 이취미 물질(Geosmin, 2-MIB)이 증가한다.

② 조류번식으로 pH 값이 증가한다.

③ 하천 수질의 투명도가 낮아진다.

④ 낮에는 빛을 이용해 물 속의 용존산소가 소모되고 CO_2는 생성된다.

ANSWER 1.② 2.④

1 재포기(reaeration)에 의해 산소가 공급되면 용존산소가 증가한다.

2 낮에는 조류의 광합성량이 호흡량을 초과하기 때문에, 광합성으로 인하여 물 속의 이산화탄소가 소모되고 용존산소량이 증가한다.
　① 지오스민(geosmin)과 2-MIB(2-methyl isoborneol)은 조류가 배출하는 부산물로 맛과 냄새를 유발하는 물질이다. 유해성이 없는 심리적인 물질이기는 하나, 수돗물에 극미량만 존재해도 흙냄새(지오스민)나 곰팡이 냄새(2-MIB)를 느낀다.
　② 조류가 번식하면 광합성에 의해 이산화탄소가 소모되어 수중 pH가 증가할 수 있다.

3 수질 오염원으로 알려진 비점 오염원의 특징으로 옳지 않은 것은?

① 초기 강우에 영향을 받지 않아 시간에 따른 오염 물질 농도의 변화가 없다.

② 비점 오염원은 점 오염원과 비교하여 간헐적으로 유입되는 특성이 있다.

③ 비점 오염원 저감 시설로는 인공 습지, 침투 시설, 식생형 시설 등이 있다.

④ 광산, 벌목장, 임야 등이 비점 오염원에 속하며 오염 물질의 차집이 어렵다.

4 온실효과에 대한 설명으로 옳지 않은 것은?

① 지구온실 효과에 영향을 미치는 대표적인 온실가스는 CO_2이다.

② 온실효과는 장파장보다 단파장이 더 크다.

③ CO_2는 복사열이 우주로 방출되는 것을 막는 역할을 한다.

④ 온실가스는 화석연료 사용과 산업, 농업부문 등에서 배출된다.

5 대기 오염 물질인 질소산화물(NO_x)의 영향에 대한 설명으로 옳지 않은 것은?

① NO_2는 광화학적 분해 작용 때문에 대기의 O_3 농도를 증가시킨다.

② NO_2는 냉수 또는 알칼리 수용액과 작용하여 가시도에 영향을 미친다.

③ NO_2는 습도가 높은 경우 질산이 되어 금속을 부식시킨다.

④ NO_x 배출의 대부분은 NO_2 형태이며 무색 기체이다.

ANSWER 3.① 4.② 5.④

3 비점오염원은 도시, 도로, 농지, 산지, 공사장 등으로서 불특정 장소에서 불특정하게 수질오염 물질을 배출하는 배출원을 말한다(수질 및 수생태계 보전에 관한 법률 제2조). 점오염원과 비점오염원은 상대적인 개념으로서, 공장을 예로 들면 관거를 통해 수집되어 수질오염방지 시설을 통해 처리되는 공장 폐수를 배출하는 공정시설은 점오염원인데 반해, 그외 처리를 거치지 않고 하천으로 유입되는 강우 유출수를 배출하는 야적장 등 공장부지는 비점오염원에 해당된다. 비점오염원은 강우에 의해 이동되므로 강우에 직접적인 영향을 받는다.

4 온실효과를 일으키는 온실가스는 장파장인 적외선을 흡수함으로써 일어난다.

5 NO_x 배출의 대부분은 NO_2가 아니라 NO 형태로 이루어진다.

6 활성슬러지 공정을 다음 조건에서 운전할 때, F/M [kg BOD/kg MLVSS · d]비는?

> - 유입수 BOD : 200mg/L
> - 포기조 내 MLSS : 2,500mg/L
> - MLVSS/MLSS비 : 0.8
> - 반응(포기) 시간 : 24hr

① 0.01

② 0.08

③ 0.10

④ 1.00

7 하천의 BOD 기준이 2mg/L이고, 현재 하천의 BOD는 1mg/L이며, 하천의 유량은 $1,500,000m^3/day$이다. 하천 주변에 돼지 축사를 건설하고자 할 때, 축사에서 배출되는 폐수로 인해 BOD기준을 초과하지 않도록 하면서 사육 가능한 돼지 수[마리]는? (단, 돼지축사 건설로 인한 유량 증가는 없으며, 돼지 1마리당 배출되는 BOD 부하는 2kg/day라고 가정한다)

① 500

② 750

③ 1,000

④ 1,500

ANSWER 6.③ 7.②

6
$$\text{F/M} = \frac{\text{BOD} \times Q}{VX} = \frac{\text{BOD}}{t\,V} = \frac{200mg/L}{0.8 \times 2,500mg/L} = 0.10$$

7 하천 BOD 기준이 2mg/L이고 현재 하천의 BOD가 1mg/L이므로, 돼지 사육으로 인하여 배출되는 폐수로 인해 BOD에 영향을 미치는 최대량은 (2-1)mg이다.

즉, $(2-1)mg/L = \dfrac{2kg/day \cdot 마리}{1,500,000m^3/day} \times x(마리) \times 10^{-6}kg/mg \times 10^3 L/m^3$이며,

본 방정식을 풀면 $x = 750(마리)$임을 구할 수 있다.

8 두 개의 저수지에서 한 농지에 동시에 용수를 공급하고자 한다. 이 농업용수는 염분농도 0.1g/L, 유량 $8.0 m^3/sec$의 조건을 맞추어야 한다. 이 때 1, 2번 저수지에서 취수해야 하는 유량 Q_1, $Q_2[m^3/sec]$는 각각 얼마인가?

- 1번 저수지 : 염분농도 $C_1 = 500ppm$
- 2번 저수지 : 염분농도 $C_2 = 50ppm$

	Q_1	Q_2
①	3.5	4.5
②	2.8	5.2
③	1.4	6.6
④	0.9	7.1

9 도시 쓰레기 소각장의 다이옥신 생성 및 방출 억제 대책으로 옳지 않은 것은?

① 소각 과정 중에서 다이옥신의 생성을 억제하고, 생성된 경우에도 파괴될 수 있도록 550℃ 이상의 고온에서 1초 동안 정체하도록 한다.

② 다이옥신은 소각로에서 배출되는 과정 중 300℃ 부근에서 재형성된다.

③ 쓰레기 소각로에서의 배출 공정을 개선하여 배출 기준 이하가 되도록 제거, 감소시킨다.

④ 분말 활성탄을 살포하여 다이옥신이 흡착되게 한 후, 이를 전기 집진기에 걸러서 다이옥신 농도를 저감시킬 수 있다.

ANSWER 8.④ 9.①

8 맞추고자 하는 염분농도 0.1g/L = 100ppm이고, 1번과 2번 저수지에서 취수해야 하는 유량의 합은 8이어야 하므로 다음과 같이 연립방정식을 세울 수 있다.

$$Q_1 + Q_2 = 8$$

$$\frac{500Q_1 + 50Q_2}{Q_1 + Q_2} = 100$$

상기 연립방정식을 풀면, $Q_1 = 0.89 \fallingdotseq 0.9 m^3/sec$, $Q_2 = 7.11 \fallingdotseq 7.1 m^3/sec$임을 구할 수 있다.

9 다이옥신은 550℃ 정도에서는 파괴되지 않으며, 850℃ 이상의 연소 온도를 충분한 시간 동안(2초 이상) 유지하여야 완전히 분쇄된다. 또한 활성탄과 같은 흡착 설비나 촉매를 이용하여 다이옥신을 제거할 수도 있다.

10 전과정평가(Life Cycle Assessment ; LCA)에 대한 설명으로 옳지 않은 것은?

① 제품이 환경에 미치는 각종 부하를 원료·자원 채취부터 폐기까지의 전과정에 걸쳐 정량적으로 분석하고 평가하는 방법이다.

② 복수 제품간의 환경 오염 부하의 비교 목적으로 활용할 수 있다.

③ 목적 및 범위설정, 목록분석, 영향평가, 전과정 결과해석의 4단계로 구성되어 있다.

④ 국제표준화기구(ISO)에서 정한 환경경영시스템(EMS)에 대한 국제 규격이다.

11 소음의 마스킹 효과에 대한 설명으로 옳지 않은 것은?

① 음파의 간섭에 의해 일어난다.

② 크고 작은 두 소리를 동시에 들을 때 큰 소리만 듣고 작은 소리는 듣지 못하는 현상을 말한다.

③ 고음이 저음을 잘 마스킹 한다.

④ 두 음의 주파수가 비슷할 때는 마스킹 효과가 더 커진다.

12 1차 생산력은 1차 생산자에 의해 단위 시간당 단위 면적에서 생물량이 생산되는 속도이다. 이러한 1차 생산력을 측정하는 방법이 아닌 것은?

① 수확 측정법

② 산소 측정법

③ 엽록체 측정법

④ 일산화탄소 측정법

ANSWER 10.④ 11.③ 12.④

10 ISO 14000 시리즈 규격은 환경에 관련된 국제 규격기준으로, 환경경영체제(EMS, ISO 14001), 환경감사(ISO 14010 Series), 환경라벨링(EL, ISO 14020 Series), 환경성과평가(ISO 14030 Series), 전과정평가(LCA, ISO 14040) 등이 포함되어 있다. 따라서 환경경영체제(EMS)와 전과정평가(LCA)는 엄연히 다른 규격기준이다. 다만, 최근 들어 EMS 수립 시 LCA를 접목시키려는 시도가 있다.

11 방해음의 주파수가 목적음보다 높을 때보다는 낮을 때의 마스킹 양이 더 커진다. 즉, 저음이 고음을 잘 마스킹 한다.

12 1차 생산력이란, 생산자의 광합성 및 화학합성에 의하여 방사 에너지가 먹이로 이용되는 유기물의 형태로 고정되는 비율을 말한다. 1차 생산력의 측정 방법에는 수확법, 산소 측정법, 이산화탄소 측정법, 엽록체 측정법, pH법 등이 있다.

13 내분비계 장애물질(Endocrine Disruptors, 환경호르몬)에 대한 설명으로 옳지 않은 것은?

① 쓰레기 소각장 등 각종 연소 시설에서 발생되는 대표적 환경호르몬은 DDT이다.

② 식품 및 음료수의 용기 내부, 병뚜껑 및 캔의 내부에서 비스페놀A가 검출된다.

③ 각종 플라스틱 가소제에서 프탈레이트류와 같은 환경호르몬이 검출된다.

④ 각종 산업용 화학물질, 의약품 및 일부 천연물질에도 내분비계 장애물질을 포함하는 것으로 거론되고 있다.

14 유기성 폐기물의 퇴비화에 대한 설명으로 옳은 것은?

① 퇴비화의 적정 온도는 25 ~ 35℃이다.

② pH는 9 이상이 적절하다.

③ 수분이 너무 지나치면 혐기 조건이 되기 쉬우므로 40% 이하로 유지하는 것이 바람직하다.

④ 퇴비화가 진행될수록 C/N비는 낮아진다.

15 생활 폐기물을 선별 후 분석하여 다음의 수분 함량 측정치를 얻었다. 전체 수분 함량[%]은?

> 음식폐기물 8kg(수분 80%), 종이 14kg(수분 5%), 목재 5kg(수분 20%), 정원폐기물 4kg(수분 60%), 유리 4kg(수분 5%), 흙 및 재 5kg(수분 10%)

① 18.4 　　　　　② 25.2

③ 28.0 　　　　　④ 32.5

ANSWER 13.① 14.④ 15.③

13 각종 연소 시설에서 발생되는 대표적인 환경 호르몬은 DDT가 아니라 다이옥신이다.

14 ① 퇴비화 과정 중에는 자연 발생하는 열에 의하여 온도가 적절하게 유지되나, 온도가 높거나 낮을 때에는 분해율이 저하된다. 일반적인 퇴비화 과정의 온도는 50~60℃에서 이루어지며, 탄소 분해율이 좋은 온도는 60℃로 알려져 있다.
② 퇴비화 과정에서 관찰되는 pH 범위는 5.5~8.5 사이로서, 일반적으로 초기에는 낮은 값을 유지하고 퇴비화 반응이 진행됨에 따라 약알칼리성으로 진행한다.
③ 물은 미생물의 세포 구성인자로서, 미생물은 양분을 유동 상태에서만 흡수 가능하다. 유기물 중에 수분 함량이 30% 미만일 경우 미생물의 활동에 지장을 주게 된다. 또한 함수율이 높을 경우, 산소의 확산을 저해하고 공기의 통기성을 저하시켜 반응속도가 저하된다. 보통 초기 제어 함수량은 40~60%, 하수 오니의 경우에는 60%가 최적이다.

15
$$(혼합 함수율) = \frac{8 \times 0.8 + 14 \times 0.05 + 5 \times 0.2 + 4 \times 0.6 + 4 \times 0.05 + 5 \times 0.1}{8 + 14 + 5 + 4 + 4 + 5} = 0.28$$

16 주변 소음이 전혀 없는 야간에 소음 레벨이 70dB인 풍력발전기 10대를 동시에 가동할 때 합성 소음 레벨[dB]은?

① 73

② 75

③ 76

④ 80

17 유해 물질에 대한 위해성 평가의 일반적인 절차를 순서대로 바르게 나열한 것은?

① 용량/반응평가 → 노출평가 → 유해성 확인 → 위해도 결정

② 노출평가 → 용량/반응평가 → 유해성 확인 → 위해도 결정

③ 유해성 확인 → 용량/반응평가 → 노출평가 → 위해도 결정

④ 노출평가 → 유해성 확인 → 용량/반응평가 → 위해도 결정

18 토양 및 지하수 처리 공법에 대한 설명으로 옳지 않은 것은?

① 토양세척공법(soil washing)은 중금속으로 오염된 토양 처리에 효과적이다.

② 바이오벤팅공법(bioventing)은 휘발성이 강하거나 생분해성이 높은 유기물질로 오염된 토양 처리에 효과적이며 토양증기추출법과 연계하기도 한다.

③ 바이오스파징공법(biosparging)은 휘발성 유기물질로 오염된 불포화토양층 처리에 효과적이다.

④ 열탈착공법(thermal desorption)은 오염 토양을 굴착한 후, 고온에 노출시켜 소각이나 열분해를 통해 유해물질을 분해시킨다.

ANSWER 16.④ 17.③ 18.③

16
$$PWL(\text{음향파워레벨}) = 10\log_{10}\left(\frac{W}{W_0}\right) = 70(\text{dB})$$

문제에서 풍력발전기 10대를 동시에 가동한다고 하였으므로 합성 소음 레벨

$$PWL' = 10\log_{10}\left(\frac{10\,W}{W_0}\right) + 10\log_{10}10 + 10\log_{10}\left(\frac{W}{W_0}\right) = 10 + 70 = 80(\text{dB})$$

17 위해성 평가(risk assessment)란, 유해성이 있는 화학물질이 사람과 환경에 노출되는 경우 사람의 건강이나 환경에 미치는 결과를 예측하기 위해 체계적으로 검토하고 평가하는 것을 말한다. 평가 절차는 유해성 확인 → 용량/반응평가 → 노출평가 → 위해도 결정 순으로 진행된다.

18 바이오스파징(biosparging)공법은 포화대수층에 인위적으로 산소를 공급하여 토양 내에 존재하는 토착 미생물의 활성을 촉진시켜 생분해도를 극대화하여 오염토양을 정화하는 기법으로, 휘발성 유기물질로 오염된 포화토양층 처리에 효과적이다. 불포화대수층에 적용하는 공법은 바이오벤팅공법이다.

19 환경영향평가에서 영향평가 및 대안비교를 위해 일반적으로 사용되는 방법으로 옳은 것은?

① 가치측정 방법   ② 감응도분석 방법

③ 매트릭스분석 방법   ④ 스코핑 방법

20 유량이 10,000m³/d이고 BOD 200mg/L인 도시 하수를 처리하기 위해서 필요한 포기조의 용량은 10,000m³이고 MLSS 농도는 2,000mg/L이다. 이 때 BOD 용적부하와 F/M비(BOD 슬러지 부하로 지칭하기도 함)는 각각 얼마인가?

① BOD 용적부하 : $0.20 \, \text{kg/m}^3 \cdot \text{d}$, F/M비 : $0.10 \, \text{kg} - \text{BOD/kg} - \text{SS} \cdot \text{d}$

② BOD 용적부하 : $0.10 \, \text{kg/m}^3 \cdot \text{d}$, F/M비 : $0.20 \, \text{kg} - \text{BOD/kg} - \text{SS} \cdot \text{d}$

③ BOD 용적부하 : $0.10 \, \text{kg} - \text{BOD/kg} - \text{SS} \cdot \text{d}$, F/M비 : $0.20 \, \text{kg/m}^3 \cdot \text{d}$

④ BOD 용적부하 : $0.20 \, \text{kg} - \text{BOD/kg} - \text{SS} \cdot \text{d}$, F/M비 : $0.10 \, \text{kg/m}^3 \cdot \text{d}$

ANSWER 19.③   20.①

19 매트릭스(matrix)는 행과 열로 이루어진 두 목록들을 교차시킴으로서 자료를 시각화시키는 것을 의미한다. 매트릭스 분석은 이러한 두 가지 혹은 그 이상의 주요한 차원들의 교차로 이루어진 매트릭스를 활용하여 자료들 사이의 상호 관련성을 확인할 수 있는 자료 분석 방법으로, 환경영향평가의 중점평가인자 선정과 대안평가에 대한 이해를 시각적으로 쉽게 하여 개괄적 검토가 용이하게 하는 분석 방법이다.

※ 환경영향평가의 기법

  ㉠ 중점평가인자선정기법

    • 체크리스트법(Cheklist Method)

    • 매트릭스 분석방법(Matrix Method)

    • 네트워크법(network method)

    • 지도중첩법

  ㉡ 대안평가기법

    • 비용편익분석

    • 목표달성 매트릭스(the Goals-Achievement Matrix)

    • 확대비용편익분석(ECBA)

    • 다목적 계획기법

20

$$(\text{BOD 용적부하}) = \frac{\text{BOD} \times Q}{V} = \frac{200\text{mg/L} \times 10,000\text{m}^3/\text{d}}{10,000\text{m}^3} \times 1,000\text{L/m}^3 \times 10^{-6}\text{kg/mg}$$

$$= 0.2\text{kg/d} \cdot \text{m}^3$$

$$\text{F/M} = \frac{\text{BOD} \times Q}{VX} = \frac{200\text{mg/L} \times 10,000\text{m}^3/\text{d}}{2,000\text{mg/L} \times 10,000\text{m}^3} \times 1\text{kg/m}^3 = 0.1\text{kg} - \text{BOD/kg} - \text{SS} \cdot \text{d}$$

1 물의 산소전달률을 나타내는 다음 식에서 보정계수 β가 나타내는 것으로 옳은 것은?

$$\frac{dO}{dt} = \alpha K_{La}(\beta C_S - C_t) \times 1.024^{T-20}$$

① 총괄산소전달계수

② 수중의 용존산소농도

③ 어느 물과 증류수의 C_S 비율(표준상태에서 시험)

④ 어느 물과 증류수의 K_{La} 비율(표준상태에서 시험)

2 화학적 처리 중 하나인 응집에 대한 설명으로 가장 옳지 않은 것은?

① 침전이 어려운 미립자를 화학약품을 사용하여 전기적으로 중화시켜 입자의 상호 부착을 일으킨다.

② 콜로이드 입자는 중력과 제타전위(zeta potential)에 영향을 받고, Van der Waals힘에는 영향을 받지 않는다.

③ 상수처리 공정에서 일반적으로 여과 공정 이전에 적용된다.

④ 산업폐수 처리에서 중금속이나 부유물질(SS) 성분을 제거하기 위해 이용된다.

ANSWER 1.③ 2.②

1
$\alpha = \dfrac{\text{폐수} K_{La}}{\text{증류수} K_{La}}$: 폐수와 증류수의 총산소이동용량계수 비율

$\beta = \dfrac{\text{폐수} C_S}{\text{증류수} C_S}$: 폐수와 증류수의 포화용존산소농도 비율

2 콜로이드 입자는 중력, 제타전위, 입자 상호 간 분산력(반데르 발스 힘) 모두의 영향을 받는다.

3 배출가스 분석 결과 CO_2=15%, CO=0%, N_2=79%, O_2=6%일 때, 최대 탄산가스율$(CO_2)_{max}$는?

① 8.4% ② 15.0%

③ 21.0% ④ 28.0%

4 선택적 촉매환원(SCR)은 소각로에서 발생하는 배출가스 중 어떤 물질을 처리하는 방법인가?

① 분진 ② 중금속

③ 황산화물 ④ 질소산화물

5 대기오염 방지시설에서 여과 집진장치에 대한 설명으로 옳지 않은 것은?

① 주요 분진 포집 메커니즘은 관성충돌, 접촉차단, 확산이다.

② 수분이나 여과속도에 대한 적응성이 높다.

③ 다양한 여재를 사용함으로써 설계 및 운영에 융통성이 있다.

④ 가스의 온도에 따라 여과재 선택에 제한을 받는다.

ANSWER 3.③ 4.④ 5.②

3
$$CO_{2max}(\%) = \frac{21(CO_2 + CO)}{21 - O_2 + 0.395CO} = \frac{21 \times 15}{21 - 6} = 21(\%)$$

4 SCR(Selective Catalytic Reduction, 선택적 촉매환원), SNCR(Selective Non-Catalytic Reduction, 선택적 무촉매환원), NCR(Non-Selective Catalytic Reduction, 비선택적 촉매환원) 모두 질소산화물(NOx)을 환원시켜 질소 기체로 전환시켜 처리하는 공법이다.

5 여과 집진장치는 수분이 많으면 여과포가 막히고, 여과속도에 따라 집진효율이 달라지므로 이들에 대한 적응성이 낮다. 따라서 수분이 많거나 조해성이 있는 분진, 고온 가스에 대한 처리가 어렵다.

6 생물막을 이용한 처리법 중 접촉산화법에 대한 설명으로 옳지 않은 것은?

① 비교적 소규모 시설에 적합하다.

② 미생물량과 영향인자를 정상상태로 유지하기 위한 조작이 쉽다.

③ 슬러지 반송이 필요하지 않아 운전이 용이하다.

④ 고부하에서 운전 시 생물막이 비대화되어 접촉재가 막히는 경우가 발생할 수 있다.

7 오염지역 내 지하수계의 동수구배(動水勾配)가 없다고 가정하는 경우, 누출된 수용성 오염물질이 지하수 내에서 확산되는 메커니즘을 설명하기 위하여 사용할 수 있는 법칙은?

① 픽의 법칙(Fick's law)

② 다시의 법칙(Darcy's law)

③ 라울의 법칙(Raoult's law)

④ 헨리의 법칙(Henry's law)

ANSWER 6.② 7.①

6 접촉산화법

장점	단점
• 표면적인 큰 접촉제를 사용하여 조 내 부착생물량이 크고 생물상이 다양하고, 처리효과가 안정적임 • 유압기질의 변동 대응이 유연함 • 유지관리 및 운전이 용이함 • 분해속도가 낮은 기질제거에 효과적임 • 난분해성물질 및 유해물질에 대한 내성이 높음 • 수온의 변동에 강함 • 슬러지 반송이 필요 없고, 슬러지 발생량이 적음	• 접촉제가 조 내에 있으므로 부착생물량의 확인이 어려움 • 미생물량과 영향 인자를 정상상태(안정화상태)로 유지하기 위한 조작이 어려움 • 반응조 내 매체를 균일하게 포기 교반하는 조건 설정이 어렵고 사수부가 발생할 우려가 있음 • 매체에 생성되는 생물량은 부하조건에 따라 달라짐 • 고부하 운전 시 생물막이 비대화되어 접촉제가 막히는 경우가 있음 • 초기 건설비가 높음

7 픽의 제1법칙은 유체의 확산량(Flux)은 농도구배(농도 기울기, 농도차/거리)에 비례한다는 것을 기술한 법칙이다. 따라서 이를 통해 농도차가 클수록, 또한 농도가 높은 곳에서 낮은 곳으로 확산이 잘 일어난다는 것을 설명할 수 있다.

8 바닥 면이 4m × 5m이고, 높이가 3m인 방이 있다. 바닥, 벽, 천장의 흡음률이 각각 0.2, 0.4, 0.5일 때 평균흡음률은? (단, 소수점 셋째 자리에서 반올림한다.)

① 0.17

② 0.27

③ 0.38

④ 0.48

9 정수처리 과정에서 이용되는 여과에 대한 설명으로 옳지 않은 것은?

① 완속여과는 부유물질 외에 세균도 제거가 가능하다.

② 급속여과는 저탁도 원수, 완속여과는 고탁도 원수의 처리에 적합하다.

③ 급속여과의 속도는 약 120~150m/d이며, 완속여과의 속도는 약 4~5m/d이다.

④ 여과지의 운전에 따라 발생하는 공극률의 감소는 여과저항 증가의 원인이 된다.

10 고형폐기물의 발열량에 관한 설명으로 옳지 않은 것은?

① 고위발열량은 연소될 때 생성되는 총 발열량이다.

② 저위발열량은 고위발열량에서 수증기 응축잠열을 제외한 발열량이다.

③ 소각에 대한 타당성 조사 시 저위발열량에 대한 자료가 필요하다.

④ 열량계는 저위발열량을 측정한다.

ANSWER 8.③ 9.② 10.④

8

	표면적(S_i)	흡음률(α_i)	$S_i\alpha_i$
바닥	4×5=20	0.2	4.0
천장	4×5=20	0.5	10.0
벽	4×3×2=24 5×3×2=30	0.4	21.6
합계	94		35.6

$$(\text{평균흡음률}) = \frac{\sum_i S_i\alpha_i}{\sum_i S_i} = \frac{35.6}{94} = 0.3787 \simeq 0.38$$

9 급속여과는 고탁도 원수, 완속여과는 저탁도 원수의 처리에 적합하다.

10 열량계는 고위발열량을 측정한다.

11 유량이 1,000m³/d이고, SS농도가 200mg/L인 하수가 1차침전지로 유입된다. 1차슬러지 발생량이 5m³/d, 1차 슬러지 SS농도가 20,000mg/L라면 1차침전지의 SS제거효율은 얼마인가? (단, SS는 1차침전지에서 분해되지 않는다고 가정한다.)

① 40% ② 50%

③ 60% ④ 70%

12 유기물을 다량 함유하고 있으면서 산분해가 어려운 시료에 적용하기 위한 전처리법으로 옳은 것은?

① 질산법 ② 질산 – 염산법

③ 질산 – 과염소산법 ④ 질산 – 과염소산 – 불화수소산

13 토양 내에서 오염물질의 이동에 대한 설명으로 옳지 않은 것은?

① 투수계수가 낮은 점토 토양에서 침출이 잘 일어난다.

② 토양 공극 내에서 농도구배에 의해 오염물질이 이동하는 현상을 확산(diffusion)이라고 한다.

③ 토양 공극의 불균질성으로 인해 물질 이동 경로의 불규칙성과 토양 공극 사이 이동 속도의 차이로 인해 분산(dispersion)이 일어나게 된다.

④ 양전하를 가진 분자는 음전하를 띤 토양에 흡착되어 이동이 지체된다.

ANSWER 11.② 12.③ 13.①

11

$$(\text{제거 효율}) = 1 - \frac{C_o}{C_i} = \frac{\text{제거량}}{\text{유입량}} = \frac{5 \times 20,000}{1,000 \times 200} = 0.5 = 50\%$$

12 산분해법

㉠ **질산법** : 유기물 함량이 적은 시료의 전처리에 사용

㉡ **질산-염산법** : 유기물 함량이 비교적 높지 않고 금속의 수산화물, 산화물, 인산염 및 황화물을 함유하고 있는 시료에 적용

㉢ **질산-황산법** : 유기물 등을 많이 함유하고 있는 대부분의 시료에 적용

㉣ **질산-과염소산법** : 유기물을 다량 함유하고 있으면서 산분해가 어려운 시료에 적용

㉤ **질산-과염소산-불화수소산** : 다량의 점토질 또는 규산염을 함유하는 시료에 적용

13 투수계수가 높은 토양에서 침출이 잘 된다.

14 함수율 99%인 하수처리 슬러지를 탈수하여 함수율 70%로 낮추면, 탈수된 슬러지의 최종 부피는 탈수 전의 부피(V_0)대비 얼마로 줄어드는가? (단, 슬러지의 비중은 탈수 전이나 후에도 변함없이 1이라고 가정한다.)

① $\dfrac{1}{5} V_0$

② $\dfrac{1}{10} V_0$

③ $\dfrac{1}{20} V_0$

④ $\dfrac{1}{30} V_0$

15 굴뚝에서 오염물질이 배출될 때, 지표 최대착지농도를 $\dfrac{1}{4}$로 줄이고자 한다면, 유효굴뚝 높이를 몇 배로 해야 하는가?(단, 배출량과 풍속은 일정한 것으로 가정한다.)

① $\dfrac{1}{4}$ 배

② $\dfrac{1}{2}$ 배

③ 2배

④ 4배

16 대기 중의 광화학 스모그 또는 광화학 반응에 직접적으로 관계되는 오염물질이 아닌 것은?

① 암모니아(NH_3)

② 일산화질소(NO)

③ 휘발성유기화합물(VOCs)

④ 퍼옥시아세틸니트레이트(PAN)

ANSWER 14.④ 15.③ 16.①

14 $SL_1 \times (1 - X_{w1}) = SL_2 \times (1 - X_{w2})$

$V_0 \times (1 - 0.99) = SL_2 \times (1 - 0.7)$

$SL_2 = \dfrac{1}{30} V_0$

15 $C_{\max} = \dfrac{2Q}{H_e^2 \pi e U} \times \left(\dfrac{C_z}{C_y} \right)$ 에서 $C_{\max} \propto \dfrac{1}{(유효굴뚝높이)^2}$ 이다. 문제에서 지표 최대착지농도를 1/4로 하려고 하였으므로 유효굴뚝높이는 2배로 하여야 한다.

16 암모니아는 광화학스모그 생성과 관련이 없다.

17 「대기환경보전법」상의 특정대기유해물질로 옳지 않은 것은?[기출변형]

① 오존　　　　　　　　　　　　② 불소화물

③ 사이안화수소　　　　　　　　④ 디클로로메탄

ANSWER 17.①

17 특정 대기유해물질〈대기환경보전법 시행규칙 [별표 2] 제4조 관련〉
1. 카드뮴 및 그 화합물
2. 시안화수소
3. 납 및 그 화합물
4. 폴리염화비페닐
5. 크롬 및 그 화합물
6. 비소 및 그 화합물
7. 수은 및 그 화합물
8. 프로필렌 옥사이드
9. 염소 및 염화수소
10. 불소화물
11. 석면
12. 니켈 및 그 화합물
13. 염화비닐
14. 다이옥신
15. 페놀 및 그 화합물
16. 베릴륨 및 그 화합물
17. 벤젠
18. 사염화탄소
19. 이황화메틸
20. 아닐린
21. 클로로포름
22. 포름알데히드
23. 아세트알데히드
24. 벤지딘
25. 1,3-부타디엔
26. 다환 방향족 탄화수소류
27. 에틸렌옥사이드
28. 디클로로메탄
29. 스틸렌
30. 테트라클로로에틸렌
31. 1,2-디클로로에탄
32. 에틸벤젠
33. 트리클로로에틸렌
34. 아크릴로니트릴
35. 히드라진

18 침전지 내에서 용존산소가 부족하거나 BOD부하가 과대한 폐수처리 시 사상균의 지나친 번식으로 나타나는 활성슬러지처리의 운영상 문제점으로 가장 옳은 것은?

① Pin-floc 현상   ② 과도한 흰 거품 발생

③ 슬러지 부상(Sludge rising)   ④ 슬러지 팽화(Sludge bulking)

19 공장폐수에 대해 미생물 식종(seeding)법으로 생물화학적 산소요구량(BOD)을 측정하고자 한다. 식종희석수의 초기 용존산소(DO)는 9.2mg/L였으며, 식종희석수만을 300mL BOD병에 5일 간 배양한 후 DO는 8.6mg/L이었다. 실제시료의 BOD 측정을 위해 공장폐수와 식종희석수를 혼합하여 다음 표와 같이 2가지 희석 배율로 테스트를 진행하였을 때, 해당 폐수의 BOD는? (단, 실험은 수질오염공정시험기준에 따르며, DO는 용존산소-전극법에 따라 측정하였다.)

실험	폐수 시료량(mL)	식종희석수량(mL)	초기 DO(mg/L)	5일 후 최종 DO(mg/L)
#1	50	250	9.2	3.7
#2	100	200	9.1	0.1

① 27.0mg/L   ② 27.7mg/L

③ 30.0mg/L   ④ 32.4mg/L

18 ① Pin-floc 현상 : 사상균이 거의 없을 때, SVI가 50 이하일 때 발생

② 과도한 흰 거품 : 폭기량이 너무 많거나 SRT가 짧을 때 발생

③ 슬러지 부상 : 폭기시간이 길거나, 질산화가 많이 진행되었을 경우, 침전지 슬러지의 인발이 원활히 이루어지지 않을 때 발생

19 $\text{BOD} = \left[(DO_i - DO_f) - (B_i - B_f) \times f\right] \times P$

$$= \left[(9.2-3.7) - (9.2-8.6) \times \frac{250}{250+50}\right] \times \frac{300}{50} = 30$$

P : 희석배율 (=희석시료량/시료량)

f : 희석시료 중 식종액 함유율과 희석된 식종액 중의 식종액 함유율의 비

DO_i : 초기 용존산소 농도

DO_f : 5일 배양 후 용존산소 농도

B_i : 식종희석수의 초기 용존산소 농도

B_f : 식종희석수의 5일 배양 후 용존산소 농도

20 「실내공기질 관리법」에 따른 오염물질에 관한 설명으로 가장 옳지 않은 것은?

① 라돈(Rn ; Radon) : 주로 건축자재를 통하여 인체에 영향을 미치며, 화학적으로는 거의 반응을 일으키지 않고, 흙 속에서 방사선 붕괴를 일으킨다.

② 폼알데하이드(Formaldehyde) : 자극성 냄새를 갖는 무색의 기체이며, 36.0%~38.0% 수용액은 포르말린이라고 한다.

③ 석면(Asbestos) : 가늘고 긴 강한 섬유상으로 내열성, 불활성, 절연성이 좋고, 발암성은 청석면 > 아모싸이트 > 온석면순이다.

④ 휘발성유기화합물(VOCs ; Volatile Organic Compounds) : 가장 독성이 강한 것은 에틸벤젠이며, 다음은 톨루엔, 자일렌순으로 강하다.

ANSWER 20.④

20　VOC 독성의 순서 ⋯ 톨루엔 > 자일렌 > 에틸벤젠
　　※ 오염물질〈실내공기질 관리법 시행규칙 [별표 1] 제2조 관련〉
　　　1. 미세먼지(PM-10)
　　　2. 이산화탄소(CO2;Carbon Dioxide)
　　　3. 폼알데하이드(Formaldehyde)
　　　4. 총부유세균(TAB;Total Airborne Bacteria)
　　　5. 일산화탄소(CO;Carbon Monoxide)
　　　6. 이산화질소(NO2;Nitrogen dioxide)
　　　7. 라돈(Rn;Radon)
　　　8. 휘발성유기화합물(VOCs;Volatile Organic Compounds)
　　　9. 석면(Asbestos)
　　　10. 오존(O3;Ozone)
　　　11. 초미세먼지(PM-2.5)
　　　12. 곰팡이(Mold)
　　　13. 벤젠(Benzene)
　　　14. 톨루엔(Toluene)
　　　15. 에틸벤젠(Ethylbenzene)
　　　16. 자일렌(Xylene)
　　　17. 스티렌(Styrene)

1 일반적인 가정하수의 BOD 측정 방법과 지표로서의 특성에 관한 설명으로 적절하지 않은 것은?

① BOD는 물 속의 유기물량을 표시하기 위하여 사용되는 대표적인 지표 항목이다.

② 시료를 혐기성 조건에서 배양하여 유기물을 분해하는 과정에서 소모된 산소량을 측정하는 방법이다.

③ 시료 중의 유기물 분해가 거의 종료되면 질소화합물의 산화가 일어나 산소를 소모하므로 질소 성분을 다량 함유한 시료는 질산화 억제제를 별도로 첨가한다.

④ 가정하수의 경우 20℃에서 일반적으로 5일이 경과되면 60 ~ 70%, 20일이 경과되면 95 ~ 99%의 유기물이 분해된다.

2 비산먼지 저감 대책에 대한 설명으로 옳지 않은 것은?

① 도로의 경우 비포장도로와의 접속 구간에는 세륜장치를 설치하고, 포장도로 인접 지역은 녹지화로 바람에 의한 먼지 발생원을 제거한다.

② 먼지를 다량 배출하는 업소의 경우 분쇄기, 저장 싸이로와 같은 먼지 발생 시설을 개방하여 먼지 양을 희석할 수 있도록 조치해야 한다.

③ 공사장의 비산먼지 저감을 위하여 먼지 발생 주변에 방진망을 설치함으로써 인근 주민을 비산먼지로부터 보호해야 한다.

④ 야적장 비산먼지 발생 억제를 위하여 야적물에 대한 표면 경화제 또는 보습제 살포 등을 실시한다.

ANSWER 1.② 2.②

1 시료를 호기성 조건에서 배양하여 유기물을 분해하는 과정에서 소모된 산소량을 측정하는 방법이다.

2 분쇄기나 저장 싸이로와 같은 먼지 발생 시설을 개방하면 포집된 먼지가 배출되어 대기 중 비산먼지 농도가 높아지므로 타당한 비산먼지 저감 대책이 될 수 없다.

3 「폐기물관리법 시행령」상 지정폐기물은?

① 폐유기용제

② 폐목재

③ 금속 조각

④ 동물의 분뇨

ANSWER 3.①

3 지정폐기물의 종류〈폐기물 관리법 시행령[별표 1] 제3조 관련〉
1. 특정시설에서 발생되는 폐기물
    가. 폐합성 고분자화합물
        1) 폐합성 수지(고체상태의 것은 제외한다)
        2) 폐합성 고무(고체상태의 것은 제외한다)
    나. 오니류(수분함량이 95퍼센트 미만이거나 고형물함량이 5퍼센트 이상인 것으로 한정한다)
        1) 폐수처리 오니(환경부령으로 정하는 물질을 함유한 것으로 환경부장관이 고시한 시설에서 발생되는 것으로 한정한다)
        2) 공정 오니(환경부령으로 정하는 물질을 함유한 것으로 환경부장관이 고시한 시설에서 발생되는 것으로 한정한다)
    다. 폐농약(농약의 제조ㆍ판매업소에서 발생되는 것으로 한정한다)
2. 부식성 폐기물
    가. 폐산(액체상태의 폐기물로서 수소이온 농도지수가 2.0 이하인 것으로 한정한다)
    나. 폐알칼리(액체상태의 폐기물로서 수소이온 농도지수가 12.5 이상인 것으로 한정하며, 수산화칼륨 및 수산화나트륨을 포함한다)
3. 유해물질함유 폐기물(환경부령으로 정하는 물질을 함유한 것으로 한정한다)
    가. 광재(鑛滓)[철광 원석의 사용으로 인한 고로(高爐)슬래그(slag)는 제외한다]
    나. 분진(대기오염 방지시설에서 포집된 것으로 한정하되, 소각시설에서 발생되는 것은 제외한다)
    다. 폐주물사 및 샌드블라스트 폐사(廢砂)
    라. 폐내화물(廢耐火物) 및 재벌구이 전에 유약을 바른 도자기 조각
    마. 소각재
    바. 안정화 또는 고형화ㆍ고화 처리물
    사. 폐촉매
    아. 폐흡착제 및 폐흡수제[광물유ㆍ동물유 및 식물유[폐식용유(식용을 목적으로 식품 재료와 원료를 제조ㆍ조리ㆍ가공하는 과정, 식용유를 유통ㆍ사용하는 과정 또는 음식물류 폐기물을 재활용하는 과정에서 발생하는 기름을 말한다. 이하 같다)는 제외한다]의 정제에 사용된 폐토사(廢土砂)를 포함한다]
    자. 삭제 〈2020. 7. 21.〉
4. 폐유기용제
    가. 할로겐족(환경부령으로 정하는 물질 또는 이를 함유한 물질로 한정한다)
    나. 그 밖의 폐유기용제(가목 외의 유기용제를 말한다)

5. 폐페인트 및 폐래커(다음 각 목의 것을 포함한다)

　가. 페인트 및 래커와 유기용제가 혼합된 것으로서 페인트 및 래커 제조업, 용적 5세제곱미터 이상 또는 동력 3마력 이상의 도장(塗裝)시설, 폐기물을 재활용하는 시설에서 발생되는 것

　나. 페인트 보관용기에 남아 있는 페인트를 제거하기 위하여 유기용제와 혼합된 것

　다. 폐페인트 용기(용기 안에 남아 있는 페인트가 건조되어 있고, 그 잔존량이 용기 바닥에서 6밀리미터를 넘지 아니하는 것은 제외한다)

6. 폐유[기름성분을 5퍼센트 이상 함유한 것을 포함하며, 폴리클로리네이티드비페닐(PCBs)함유 폐기물, 폐식용유와 그 잔재물, 폐흡착제 및 폐흡수제는 제외한다]

7. 폐석면

　가. 건조고형물의 함량을 기준으로 하여 석면이 1퍼센트 이상 함유된 제품·설비(뿜칠로 사용된 것은 포함한다) 등의 해체·제거 시 발생되는 것

　나. 슬레이트 등 고형화된 석면 제품 등의 연마·절단·가공 공정에서 발생된 부스러기 및 연마·절단·가공 시설의 집진기에서 모아진 분진

　다. 석면의 제거작업에 사용된 바닥비닐시트(뿜칠로 사용된 석면의 해체·제거작업에 사용된 경우에는 모든 비닐시트)·방진마스크·작업복 등

8. 폴리클로리네이티드비페닐 함유 폐기물

　가. 액체상태의 것(1리터당 2밀리그램 이상 함유한 것으로 한정한다)

　나. 액체상태 외의 것(용출액 1리터당 0.003밀리그램 이상 함유한 것으로 한정한다)

9. 폐유독물질[「화학물질관리법」 제2조 제2호의 유독물질을 폐기하는 경우로 한정하되, 제1호 다목의 폐농약(농약의 제조·판매업소에서 발생되는 것으로 한정한다), 제2호의 부식성 폐기물, 제4호의 폐유기용제, 제8호의 폴리클로리네이티드비페닐 함유 폐기물 및 제11호의 수은폐기물은 제외한다]

10. 의료폐기물(환경부령으로 정하는 의료기관이나 시험·검사 기관 등에서 발생되는 것으로 한정한다)

10의2. 천연방사성제품폐기물[「생활주변방사선 안전관리법」 제2조 제4호에 따른 가공제품 중 같은 법 제15조 제1항에 따른 안전기준에 적합하지 않은 제품으로서 방사능 농도가 그램당 10베크렐 미만인 폐기물을 말한다. 이 경우 가공제품으로부터 천연방사성핵종(天然放射性核種)을 포함하지 않은 부분을 분리할 수 있는 때에는 그 부분을 제외한다]

11. 수은폐기물

　가. 수은함유폐기물[수은과 그 화합물을 함유한 폐램프(폐형광등은 제외한다), 폐계측기기(온도계, 혈압계, 체온계 등), 폐전지 및 그 밖의 환경부장관이 고시하는 폐제품을 말한다]

　나. 수은구성폐기물(수은함유폐기물로부터 분리한 수은 및 그 화합물로 한정한다)

　다. 수은함유폐기물 처리잔재물(수은함유폐기물을 처리하는 과정에서 발생되는 것과 폐형광등을 재활용하는 과정에서 발생되는 것을 포함하되, 「환경분야 시험·검사 등에 관한 법률」 제6조 제1항 제7호에 따라 환경부장관이 고시한 폐기물 분야에 대한 환경오염공정시험기준에 따른 용출시험 결과 용출액 1리터당 0.005밀리그램 이상의 수은 및 그 화합물이 함유된 것으로 한정한다)

12. 그 밖에 주변환경을 오염시킬 수 있는 유해한 물질로서 환경부장관이 정하여 고시하는 물질

4 염소 소독 공정에서 염소에 관한 설명으로 옳지 않은 것은?

① 차아염소산(HOCl) 및 차아염소산이온(OCl⁻)으로 존재하는 염소를 유리염소라고 한다.

② pH가 낮을수록 차아염소산이온(OCl⁻) 형태로 존재하는 비율이 높아지고, pH가 높을수록 차아염소산 (HOCl) 형태로 존재하는 비율이 높아진다.

③ 차아염소산(HOCl)이 차아염소산이온(OCl⁻)에 비하여 살균 효율이 높다.

④ 차아염소산(HOCl)이 수중의 암모니아와 결합하면 클로라민이 생성된다.

5 어떤 폐수처리장에서 BOD 400mg/l의 폐수가 1,000m³/day로 유입되고, BOD 1,000mg/l의 슬러지 탈수액이 200m³/day로 유입될 때, 최종 방류수의 BOD가 50mg/l였다면 BOD 제거율[%]은?

① 80 　　　　　　　　　② 85

③ 90 　　　　　　　　　④ 95

<hr>

ANSWER 4.② 5.③

4　차아염소산의 이온화(해리)상수(K) 식에서 주변의 온도가 일정하다는 가정에서 pH가 높을수록 차아염소산이온(OCl⁻) 형태로 존재하는 비율이 높아지고, pH가 낮을수록 차아염소산(HOCl) 형태로 존재하는 비율이 높아진다.

$$HOCl \rightleftharpoons H^+ + OCl^- \quad K = \frac{[H^+][OCl^-]}{[HOCl]} = 일정(같은 온도)$$

－ 낮은 pH → [H⁺] 농도 증가 → [HOCl] 대비 [OCl⁻] 농도 감소

－ 높은 pH → [H⁺] 농도 감소 → [HOCl] 대비 [OCl⁻] 농도 증가

5　폐수처리장의 유입농도 $C_0 = \dfrac{400 \times 1,000 + 1,000 \times 200}{1,000 + 200} = 500\,mg/L$

$$(BOD\ 제거율) = 1 - \frac{C_o}{C_i} = 1 - \frac{50}{500} = 0.9 = 90\%$$

6 수중의 암모니아성 질소를 탈기하기 위하여 pH를 10.25로 높였을 때 암모니아 가스의 비율

$$\{NH_3(\%) = \frac{[NH_3]}{[NH_4^+] + [NH_3]} \times 100\}$$은 약 얼마인가?

(단, $NH_4^+ \rightleftharpoons NH_3 + H^+$ 반응의 평형상수는 $K_a = \frac{[NH_3][H^+]}{[NH_4^+]} = 10^{-9.25}$이며 [ ]는 몰 농도를 나타낸다)

① 81

② 86

③ 91

④ 99

7 부영양화를 제어하기 위하여 생물학적으로 질소를 제거하고자 하는 탈질(Denitrification) 공정에 대한 설명으로 옳지 않은 것은?

① 알칼리도가 소모된다.

② 유기물이 필요하다.

③ 무산소(anoxic) 환경이 조성되어야 한다.

④ 질산이온이나 아질산이온을 질소 가스로 변화시켜 제거하는 공정이다.

ANSWER 6.③ 7.①

6 $K_a = \dfrac{[NH_3][H^+]}{[NH_4^+]} = 10^{-9.25}$ 에서 $\dfrac{[NH_4^+]}{[NH_3]} = \dfrac{[H^+]}{10^{-9.25}}$

$[H^+] = 10^{-pH} = 10^{-10.25}M$

$NH_3(\%) = \dfrac{[NH_3]}{[NH_3] + [NH_4^+]} \times 100 = \dfrac{1}{1 + \dfrac{[NH_4^+]}{[NH_3]}} \times 100 = \dfrac{1}{1 + \dfrac{10^{-10.25}}{10^{-9.25}}} \times 100$

$= \dfrac{1}{1 + 0.1} \times 100 = 90.9(\%)$

7 탈질 반응식 $2NO_3^- + 5H_2 \rightarrow N_2 + 2\underline{OH^-} + 4H_2O$에서, 탈질 과정에서 알칼리성을 내는 물질인 OH^-가 생성되므로 알칼리도가 증가한다.

8 온실효과를 일으키는 잠재력을 표현한 값인 온난화지수(Global warming potential : GWP)가 큰 것부터 순서대로 바르게 나열한 것은?

① $SF_6 > N_2O > CH_4 > CO_2$

② $CH_4 > CO_2 > SF_6 > N_2O$

③ $N_2O > SF_6 > CO_2 > CH_4$

④ $CH_4 > N_2O > SF_6 > CO_2$

9 굴뚝 측정공 위치에서 연기의 속도가 10m/sec, 굴뚝 높이에서의 평균 풍속이 180m/min일 때, 굴뚝 연기의 유효 상승높이가 10m라면 굴뚝의 직경 크기[m]는? (단, Holland식을 이용, 대기안정도는 중립상태이며, 굴뚝의 열배출속도(Q_H)는 무시한다)

① 1.0

② 1.5

③ 2.0

④ 2.5

8 지구온난화지수(GWP : Global Warming Potential)는 이산화탄소가 지구온난화에 미치는 영향을 기준으로 다른 온실가스가 지구온난화에 기여하는 정도를 나타낸 것으로, 단위 질량 당 온난화 효과를 지수화한 것이다. 교토 의정서는 온실가스 배출량 계산에 이 지구온난화지수를 사용하고 있다.

※ 크기 순위 … 이산화탄소(CO_2) (1) < 메탄(CH_4) (21) < 아산화질소(N_2O) (310) < 수소불화탄소(HFC) (1,300) < 육불화황(SF_6) (23,900)

9 Holland 식

$$\Delta h = \frac{V_s d_s}{u_s}\left[1.5 + 2.68 \times 10^{-3} P d_s\left(\frac{T_s - T_a}{T_s}\right)\right]$$

$$= \frac{V_s d_s}{u_s}\left[1.5 + 0.0096 Q_h / V_s d_s\right]$$

V_s : 배출가스 속도(m/s),　d_s : 굴뚝 직경(m),　u_s : 풍속(m/s),　P : 대기압(hPa),　T_s : 배출연기온도,

T_a : 주변 대기온도,　Q_h : 굴뚝의 열배출속도

$$\Delta h = 1.5 \times 10\text{m/s} \times \frac{d}{3\text{m/s}} = 10\text{m}$$

$$\therefore d = 2\text{m}$$

10 광화학스모그에 대한 설명으로 옳지 않은 것은?

① 로스앤젤레스형 스모그라고 한다.

② 알데히드(RCHO)는 광화학스모그 성분 중 하나이다.

③ 광화학반응에 의해 NO_2는 오존을 생성한다.

④ 광화학스모그는 여름철 저녁 시간에 주로 발생한다.

11 내분비계 장애물질에 대한 설명으로 옳지 않은 것은?

① DDT(Dichloro-diphenyl-trichloroethane)는 살충제로 사용되었으며 생물의 번식을 방해하는 물질이다.

② 환경호르몬인 DES(Diethyl-stilbestrol)는 자연적인 에스트로겐보다 강력한 세포 반응을 유발한다.

③ 비스페놀 A(Bisphenol A)는 캔 내부 코팅질 등에서 검출된다.

④ 다이옥신은 소각로가 위치한 곳에서 주로 유기화합물의 연소에 의해 발생되며, 화학적으로 매우 불안정하여 단백질 수용체와 결합하여 암을 발생시킨다.

12 생물들 간의 상호 작용에 대한 설명으로 옳지 않은 것은?

① 생물들이 서로 협력하여 서로 이익이 되는 것을 상리공생이라고 한다.

② 한쪽 생물만 이익을 얻고, 다른 생물은 피해를 입는 것을 기생이라고 한다.

③ 콩과식물과 뿌리혹박테리아는 대표적인 편리공생의 예이다.

④ 식물은 빛을 서로 빼앗고, 동물은 먹이나 생식지를 서로 빼앗는 현상을 경쟁이라고 한다.

ANSWER 10.④ 11.④ 12.③

10 광화학스모그는 햇빛이 강한 여름철 낮 시간에 주로 발생한다.

11 다이옥신은 화학적으로 매우 안정한 물질으로 850℃ 이상의 연소 온도를 충분한 시간 동안(2초 이상) 유지하여야 완전히 분해된다.

12 공생(共生, symbiosis)이란 생물학 관점에서 각기 다른 두 개나 그 이상 수의 종이 서로 영향을 주고받는 관계를 일컫는다. 뿌리혹박테리아는 콩과식물에 기생하는 관계이다.
   ※ 공생 현상의 유형
   ㉠ **상리공생**(相利共生, Mutualism) : 쌍방의 생물종이 공생 관계에서 모두 이익을 얻을 경우
   ㉡ **편리공생**(片利共生, Commensalism) : 한쪽만이 이익을 얻고, 다른 한쪽은 아무 영향이 없는 경우
   ㉢ **편해공생**(片害共生, Amensalism) : 한쪽만이 피해를 입고, 다른 한쪽은 아무 영향이 없는 경우
   ㉣ **기생**(寄生, Parasitism) : 한쪽에만 이익이 되고, 상대방이 피해를 입는 경우

13 토양오염 정화 공정이 아닌 것은?

① 토양세척 ② 고형화/안정화

③ 열탈착 ④ 토양매몰

13 토양오염 정화 기술의 분류

분류		오염토양 정화 기술
비원위치(EX situ) 기술	물리적 방법	소각법(Incineration) 열탈착법(Thermal Desorption) 토양증기추출법(Soil Vapor Extraction) 분급법(Mechanical Separation) 굴착폐기(Excavation and Disposal)
	화학적 방법	토양세척법(Soil Washing) 고형화 및 안정화(Solidfication and Stabilization) 탈염화법(Dehalogenation) 용제 추출법(Solvent Extraction) 화학적 산화 및 환원법(Chemical Reduction/Oxidation)
	생물학적방법	경작법(Landfarming) 생반응법(Bioreactors)
원위치(In situ) 기술	물리적 방법	토양증기추출법(SVE : Soil Vapor Extraction) 가열토양증기추출법(Thermally-enhenced SVE) 차폐 및 반응벽체(Containment/Reactive Walls/Barriers) 전기 개선법(Electroreclamation) 매립 차폐법(Landfill Cap)
	화학적 방법	토양세척법(Soil Washing) 고형화 및 안정화(Solidfication and Stabilization)
	생물학적방법	생분해법(Bioremediation) 식물정화법(Phytoremediation) 자연저감법(Natural Attenuation)

14 초기 수분 함량이 80%인 폐기물 1kg을 건조시킨 후, 수분 함량이 50%가 되도록 하였다. 건조 후 폐기물의 질량[kg]은?

① 0.2

② 0.4

③ 0.5

④ 1.0

15 음압레벨(SPL)을 계산하는 식으로 옳은 것은? (단, P_0는 기준 음압, P는 대상 음압의 실효치이다)

① $10\log_{10}\left(\dfrac{P_0}{P}\right)$

② $20\log_{10}\left(\dfrac{P}{P_0}\right)$

③ $20\log_{10}\left(\dfrac{P_0}{P}\right)$

④ $20\log_{10}\left(\dfrac{P}{P_0}\right)^2$

16 총고형물(Total solids : TS)이 70%, 총고정성 고형물(Total fixed solids : TFS)이 49%, 총용존성 고형물(Total dissolved solids : TDS)이 18%, 휘발성 부유고형물(Volatile suspended solids : VSS)이 13%일 때 고정성 부유고형물(Fixed suspended solids : FSS)의 비율[%]은?

① 39

② 45

③ 55

④ 62

ANSWER 14.② 15.② 16.①

14 초기 수분함량이 80%인 폐기물의 1kg은 폐기물 건조중량 0.2kg과 수분 0.8kg으로 구성되어 있다. 전체 수분 함량을 50%로 만들기 위해서는 폐기물 건조중량만큼 수분이 있어야 하므로(폐기물 건조중량과 수분이 1:1의 비율로 존재), 구하고자 하는 폐기물의 질량은 0.2×2=0.4kg을 얻는다.

15 음의 세기레벨(Sound Intensity Level) $\text{SIL} = 10 \cdot \log_{10}\dfrac{I}{I_o}$

음압레벨(Sound Pressure Level) $\text{SPL} = 10\log_{10}\left(\dfrac{P}{P_o}\right)^2 = 20\log_{10}\dfrac{P}{P_o}$

음향파워레벨(Sound PoWer Level) $\text{PWL} = 10\log_{10}\dfrac{W}{W_0}$

16 TS = TDS + TSS 관계에서 70% = 18% + TSS ∴ TSS = 52%

TSS = VSS + FSS 관계에서 52% = 13% + FSS ∴ FSS = 39%

17 다른 두 음원에서 발생한 소음을 수음자 위치에서 측정한 음압레벨이 각각 60dB과 70dB이었다. 이 때, 두 소음의 합성 음압레벨[dB]은? (단, $\log(11 \times 10^5) = 6.04$, $\log(11 \times 10^6) = 7.04$, $\log(6.5 \times 10^6) = 6.81$, $\log(6.5 \times 10^7) = 7.81$이다)

① 60.4　　　　　　　　　　　　② 68.1

③ 70.4　　　　　　　　　　　　④ 78.1

18 수질 분석 결과, 칼슘(M.W. = 40)과 마그네슘(M.W. = 24) 이온이 동일한 농도[mg/l] 로 나타났다. 이 때, 총경도가 66mg/l as CaCO₃(M.W. = 100)라면 칼슘의 농도[mg/l]는 약 얼마인가? (단, 시료 내 다른 경도 유발물질은 존재하지 않는다)

① 2　　　　　　　　　　　　　② 5

③ 7　　　　　　　　　　　　　④ 10

17　$\mathrm{dB} = 10\log(10^{dB/10} + 10^{dB/10}) = 10\log(10^6 + 10^7) = 10\log(11 \times 10^6) = 10 \times 7.04 = 70.4\mathrm{dB}$

18　$[\mathrm{Ca}^{2+}] = [\mathrm{Mg}^{2+}] = x\,\mathrm{mg/l}$　라고 두면,

$$[\mathrm{Ca}^{2+}\ \mathrm{as}\ \mathrm{CaCO_3}] = x\,\mathrm{mg/l} \times \frac{1\mathrm{meq}}{20\mathrm{mg}\ \mathrm{Ca}^{2+}} \times \frac{50\mathrm{mg}\ \mathrm{CaCO_3}}{1\mathrm{meq}} = \frac{5x}{2}\,\mathrm{mg/l}$$

$$[\mathrm{Mg}^{2+}\ \mathrm{as}\ \mathrm{CaCO_3}] = x\,\mathrm{mg/l} \times \frac{1\mathrm{meq}}{12\mathrm{mg}\ \mathrm{Mg}^{2+}} \times \frac{50\mathrm{mg}\ \mathrm{CaCO_3}}{1\mathrm{meq}} = \frac{25x}{6}\,\mathrm{mg/l}$$

총경도 $= [\mathrm{Ca}^{2+}\ \mathrm{as}\ \mathrm{CaCO_3}] + [\mathrm{Mg}^{2+}\ \mathrm{as}\ \mathrm{CaCO_3}]$ 관계식에서

$$66 = \frac{5}{2}x + \frac{25}{6}x = \frac{20}{3}x$$

$$\therefore\ x = 9.9\,\mathrm{mg/l}$$

19 폐기물의 퇴비화(Composting)에 대한 설명으로 옳지 않은 것은?

① 퇴비화는 미생물에 의해서 유기물을 분해시키고, 분해를 촉진하기 위해서는 적당한 크기로 폐기물을 분쇄하여야 한다.

② 호기성 퇴비화는 반응 속도가 빨라 퇴비 생산 기간을 단축시킨다.

③ 퇴비화는 공기 주입, 혼합, 온도 조절이 필요 조건이며 수분이 함유되어 있어야 한다.

④ 잎사귀와 옥수숫대, 볏짚단과 종이는 C/N비가 낮으나 퇴비화가 종료된 후에는 이 값이 상승한다.

20 토양 산성화의 영향에 대한 설명으로 옳지 않은 것은?

① 토양이 산성화 되면 토양 내의 Al^{3+}과 Mn^{2+}이 용해되어 작물에 유해하게 된다.

② 산성토양에서는 미생물의 활동이 저하되어 토양이 노후화된다.

③ 산성토양에서는 Al^{3+}의 활성화가 저하되며 인산과 결합하지 않는다.

④ 산성토양에서는 토양 내의 Ca^{2+}이 유출되어 토양에서 Ca^{2+}의 결핍이 생긴다.

ANSWER 19.④ 20.③

19 낙엽이나 볏짚, 목편칩, 수피, 종이, 톱밥 등은 상대적으로 C/N비가 높으며, 퇴비화 과정에서 C/N비가 감소한다.

20 산성토양에서는 Al^{3+}이 용출되어 Al^{3+}의 활성화가 증가된다.

1 다음 글에서 설명하는 것은?

> 지구 생태계의 가장 기본적인 에너지원은 태양광이다. 이 태양광 중 엽록체가 광합성을 할 때 흡수하는 주된 파장 부분을 일컫는다.

① 방사선　　　　　　　　　　② 자외선
③ 가시광선　　　　　　　　　④ 적외선

2 독립 침강하는 구형(spherical) 입자 A와 B가 있다. 입자 A의 지름은 0.10mm이고 비중은 2.0, 입자 B의 지름은 0.20mm이고 비중은 3.0이다. 입자 A의 침강 속도가 0.0050m/s일 때, 동일한 유체에서 입자 B의 침강 속도[m/s]는? (단, 두 입자의 침강 속도는 스토크스(Stokes) 법칙을 따른다고 가정하며, 유체의 밀도는 1,000kg/m^{3}이다)

① 0.015　　　　　　　　　　② 0.020
③ 0.030　　　　　　　　　　④ 0.040

ANSWER 1.③　2.④

1　태양광 중 엽록체가 광합성을 할 때 흡수하는 주된 파장은 400~700nm으로 이는 주로 가시광선 영역에 포함된다.

2
$$V_g = \frac{d_p^{\,2}(\rho_p - \rho_w)g}{18\mu}$$

$$\frac{V_A}{V_B} = \frac{\dfrac{(0.1)^2(2-1)g}{18\mu}}{\dfrac{(0.2)^2(3-1)g}{18\mu}} = \frac{0.01}{0.04 \times 2} = \frac{0.005}{V_B}$$

$$\therefore\ V_B = 0.04(\text{m/s})$$

3 수처리 공정에서 침전 현상에 대한 설명으로 옳지 않은 것은?

① 제1형 침전 – 입자들은 다른 입자들의 영향을 받지 않고 독립적으로 침전한다.

② 제2형 침전 – 입자들끼리 응집하여 플록(floc) 형태로 침전한다.

③ 제3형 침전 – 입자들이 서로 간의 상대적인 위치(깊이에 따른 입자들의 위 아래 배치 순서)를 크게 바꾸면서 침전한다.

④ 제4형 침전 – 고농도의 슬러지 혼합액에서 압밀에 의해 일어나는 침전이다.

4 음의 세기 레벨(sound intensity level, SIL) 공식은? (단, SIL은 dB 단위의 음의 세기 레벨, I는 W/m^2 단위의 음의 세기, I_o는 기준 음의 세기로서 10^{-12} W/m^{2}이다)

① $\mathrm{SIL} = \log_{10} \dfrac{I_o}{I}$

② $\mathrm{SIL} = \log_{10} \dfrac{I}{I_o}$

③ $\mathrm{SIL} = 10 \cdot \log_{10} \dfrac{I_o}{I}$

④ $\mathrm{SIL} = 10 \cdot \log_{10} \dfrac{I}{I_o}$

5 지표 미생물에 대한 설명으로 옳지 않은 것은?

① 총 대장균군(total coliforms)은 락토스(lactose)를 발효시켜 35℃에서 48시간 내에 기체를 생성하는 모든 세균을 포함한다.

② 총 대장균군은 호기성, 통성 혐기성, 그람 양성 세균들이다.

③ *E. coli*는 총 대장균군에도 속하고 분변성 대장균군에도 속한다.

④ 분변성 대장균군은 온혈 동물의 배설물 존재를 가리킨다.

ANSWER 3.③ 4.④ 5.②

3 제3형 침전 … 입자들이 서로 간의 상대적인 위치(깊이에 따른 입자들의 위 아래 배치 순서)를 바꾸지 않고 침전한다.

4 $\mathrm{SIL} = 10 \cdot \log_{10} \dfrac{I}{I_o}$

단, SIL은 dB 단위의 음의 세기 레벨, I는 W/m^2 단위의 음의 세기, I_o는 기준 음의 세기로서 10^{-12} W/m^2

5 총 대장균군은 호기성, 통성 혐기성, 그람 음성 세균들이다.

6 액체 연료의 고위발열량이 11,000kcal/kg이고 저위발열량이 10,250kcal/kg이다. 액체 연료 1.0kg이 연소될 때 생성되는 수분의 양[kg]은? (단, 물의 증발열은 600kcal/kg이다)

① 0.75

② 1.00

③ 1.25

④ 1.50

7 음속에 대한 설명으로 옳지 않은 것은?

① 공기의 경우 0℃, 1기압에서 약 331m/s이다.

② 공기 온도가 상승하면 음속은 감소한다.

③ 물속에서 온도가 상승하면 음속은 증가한다.

④ 마하(Mach) 수는 공기 중 물체의 이동 속도와 음속의 비율이다.

ANSWER 6.③ 7.②

6 $H_l = H_h -$ (물의 증발잠열)

10,250 = 11,000 − (물의 증발잠열)

(물의 증발잠열) = 750 kcal

(수분량) $= 750\text{kcal} \times \dfrac{1\text{kg}}{600\text{kcal}} = 1.25\text{kg}$

7 ② 음속과 온도와의 관계 $C(\text{m/s}) = 331.42 + (0.6 \times t)$ $(t : 섭씨 온도)$에서 공기 온도가 상승하면 음속은 증가한다.

④ 마하 수 $M = \dfrac{v_{물체}}{v_{음속}}$

8 펌프의 공동 현상(cavitation)에 대한 설명으로 옳지 않은 것은?

① 펌프의 내부에서 급격한 유속의 변화, 와류 발생, 유로 장애 등으로 인하여 물속에 기포가 형성되는 현상이다.

② 펌프의 흡입손실수두가 작을 경우 발생하기 쉽다.

③ 공동 현상이 발생하면 펌프의 양수 기능이 저하된다.

④ 공동 현상의 방지 대책 중의 하나로서 펌프의 회전수를 작게 한다.

8 공동 현상(Cavitation)이란 펌프의 내부에서 유속의 급속한 변화나 와류발생, 유로장애 등으로 인하여 유체의 압력이 포화증기압 이하로 떨어지게 되면 물속에 용해되어 있던 기체가 기화되어 공동이 발생되는 현상을 말한다. 유동하고 있는 액체의 정압이 국부적으로 저하되면 그때의 액체 온도에 상당하는 증기압 이하가 되어 액체가 국부적으로 증발해서 발생하는 증기 또는 함유기체를 포함하는 거품이 발생한다. 공동 현상으로 인하여 충격압이나 소음/진동이 유발될 수 있으며, 임펠러나 케이싱이 손상될 수 있고, 펌프 양수 기능이 저하되거나 펌프의 수명이 단축될 수 있다.

공동 현상은 펌프의 흡입 실양정(또는 흡입손실수두)이 클 경우, 시설의 이용 가능한 유효흡입수두(NPSH, hsv)가 작을 경우, 펌프의 회전속도가 클 경우, 펌프 토출량이 과대할 경우, 펌프의 흡입 관경이 작을 경우에 발생된다. 이를 방지하기 위한 대책은 다음과 같다.

분류	대책 방법
펌프의 흡입 실양정을 작게	• 원심펌프 5m 이하 • 사류펌프 4m 이하 • 축류펌프 2m 이하로 유지
가용 NPSH를 크게	• 펌프의 설치 위치를 낮춘다. • 흡입관의 손실을 작게 한다. • 흡입관경을 넓게 한다.
필요 NPSH를 작게	• 펌프의 회전속도를 낮게 선정한다. • 펌프가 과대 토출량으로 운전되지 않도록 한다.
기타 대책	• 동일 토출량과 동일 회전속도에서는 양쪽 흡입펌프가 공동 현상방지에 유리하다. • 임펠러 등을 공동 현상에 강한 재료로 구성한다. • 흡입측 밸브를 완전히 개방하고 펌프를 운전한다.

9 대기 오염 물질의 하나인 질소산화물을 제거하는 가장 효과적인 장치는?

① 선택적 촉매환원장치
② 물 세정 흡수탑
③ 전기집진기
④ 여과집진기

10 도시 고형폐기물을 소각할 때 단위 무게당 가장 높은 에너지를 얻을 수 있는 것은?

① 종이
② 목재
③ 음식물 쓰레기
④ 플라스틱

11 염소 소독법에 대한 설명으로 옳지 않은 것은?

① 염소 소독은 THM(trihalomethane)과 같은 발암성 물질을 생성시킬 수 있다.
② 하수처리 시 수중에서 염소는 암모니아와 반응하여 모노클로로아민(NH_2Cl)과 다이클로로아민($NHCl_2$) 등과 같은 결합 잔류 염소를 형성한다.
③ 유리 잔류 염소인 $HOCl$과 OCl^-의 비율$\left(\dfrac{HOCl}{OCl^-}\right)$은 pH가 높아지면 커진다.
④ 정수장에서 암모니아를 포함한 물을 염소 소독할 때 유리 잔류 염소를 적정한 농도로 유지하기 위해서는 불연속점(breakpoint)보다 더 많은 염소를 주입하여야 한다.

ANSWER 9.① 10.④ 11.③

9 이미 배출된 질소산화물 배출가스 처리 방법에는 선택적 촉매환원법(SCR)과 선택적 비촉매환원법(SNCR)이 있다. 최근에는 플라즈마나 전자빔을 이용한 처리방식도 연구되고 있다.

10 소각 시 단위 무게(질량)당 얻을 수 있는 에너지는 발열량을 말한다. 보기 중에서는 플라스틱, 종이 순으로 발열량이 높게 나타난다.

11 유리 잔류 염소인 $HOCl$과 OCl^-의 비율$\left(\dfrac{HOCl}{OCl^-}\right)$은 pH가 낮아질수록 커진다.

12 유기성 슬러지에 해당하지 않는 것은?

① 하·폐수 생물학적 처리공정의 잉여 슬러지
② 음식물 쓰레기 처리공정에서 발생하는 고형물
③ 정수장의 응집 침전지에서 생성된 슬러지
④ 정화조 찌꺼기

13 광화학 스모그의 생성 과정에서 반응물과 생성물에 해당하지 않는 것은?

① 탄화수소
② 황산화물
③ 질소산화물
④ 오존

14 오염 물질로서의 중금속에 대한 설명으로 옳지 않은 것은?

① 크로뮴은 +3가인 화학종이 +6가인 화학종에 비하여 독성이 강하다.
② 구리는 황산 구리의 형태로 부영양화된 호수의 조류 제어에 사용되기도 한다.
③ 납은 과거에 휘발유의 노킹(knocking) 방지제로 사용되었으므로 고속도로변 토양에서 검출되기도 한다.
④ 수은은 상온에서 액체인 물질이다.

ANSWER 12.③ 13.② 14.①

12 정수장에서 나오는 슬러지는 모래, 자갈 등의 무기물 성분이 대부분이고, 응집 침전을 위한 응집제도 슬러지의 주성분이므로 정수장의 응집 침전지에서 생성된 슬러지는 무기성 슬러지에 해당할 가능성이 높다.

13 광화학 스모그는 자동차나 공장의 배출가스 중에 포함된 탄화수소와 질소산화물(NO_x)이 태양광선(자외선)을 받아 유독물질인 PAN(peroxyacetyl nitrate, 질산과산화아세틸)과 옥시던트, 오존 등을 형성하여 생기며, 이 중 PAN이 공기 중에 떠다니며 수증기와 함께 짙은 안개를 형성한다.

14 크로뮴은 +6가인 화학종이 +3가인 화학종에 비하여 독성이 강하다. +6가의 크로뮴 화합물을 다량 흡입하면 독성을 나타내며 각종 암을 유발하기도 한다.

15 총 경도가 250mg CaCO₃/L이며 알칼리도가 190mg CaCO₃/L인 경우, 주된 알칼리도 물질과 비탄산 경도[mg CaCO₃/L]는? (단, pH는 7.60이다)

알칼리도 물질	비탄산 경도[mg CaCO₃/L]
① CO_3^{2-}	60
② CO_3^{2-}	190
③ HCO_3^-	60
④ HCO_3^-	190

16 하수처리에서 기존의 활성 슬러지 공정과 비교할 때 막분리 생물반응조(membrane bioreactor, MBR) 공정의 특징으로 옳지 않은 것은?

① 일반적인 처리장 운전에서 슬러지 체류 시간을 짧게 하여 잉여 슬러지 발생량을 줄일 수 있다.

② 하수처리를 위한 부지 공간을 절약할 수 있다.

③ 수리학적 체류 시간을 짧게 유지할 수 있다.

④ 주기적인 막교체에 소요되는 비용이 발생한다.

ANSWER 15.③ 16.①

15 알칼리도와 경도와의 관계

- 알칼리도 < 총경도, 탄산 경도 = 알칼리도
- 알칼리도 > 총경도, 탄산 경도 = 총경도

문제에서 알칼리도 < 총경도인 조건이므로 탄산 경도는 알칼리도와 같다.

총경도 = 탄산 경도 + 비탄산 경도 관계식에서,

비탄산 경도 = 총경도 - 탄산 경도 = 총경도 - 알칼리도이므로

비탄산 경도 = 250 - 190 = 60mg CaCO₃/L

탄산의 이온화와 관련이 있는 알칼리도 = $[H_2CO_3]$ + $[HCO_3^-]$ + $[CO_3^{2-}]$이고, 주된 알칼리도 유발 물질은 용액의 pH와 밀접한 연관이 있다. 헨더슨-허셀바흐 식에 따라 pKa = pH일 때 이온화 형태와 비이온화 형태의 비율이 1:1로 나타난다. 탄산의 pKa_1 = 6.37, pKa_2 = 10.32이므로, pH 구간에 따른 탄산염의 비율 및 알칼리도 유발 물질은 다음과 같다.

- pH = 6.37 미만 : 주로 $[H_2CO_3]$가 알칼리도 유발
- pH = 6.37 이상 10.32 미만 : 주로 $[HCO_3^-]$가 알칼리도 유발
- pH = 10.32 이상 : 주로 $[CO_3^{2-}]$가 알칼리도 유발

문제에서 pH = 7.6이므로 HCO_3^-가 주된 알칼리도 유발 물질로 작용한다.

16 일반적인 처리장 운전에서 슬러지 체류 시간을 길게 하여 잉여 슬러지 발생량을 줄일 수 있다.

17 점도(viscosity)에 대한 설명으로 옳지 않은 것은?

① 물의 점도는 온도가 상승하면 감소한다.

② 뉴턴 유체(Newtonian fluid)에서 전단응력은 속도 경사(velocity gradient)에 비례한다.

③ 공기의 점도는 온도가 상승하면 증가한다.

④ 동점도계수는 점도를 속도로 나눈 것이다.

18 RDF(refuse derived fuel)에 대한 설명으로 옳지 않은 것은?

① 물리화학적 성분 조성이 균일해야 좋다.

② 다이옥신 발생을 줄이기 위하여 RDF 제조에 염소가 함유된 플라스틱을 60% 이상 사용하는 것이 바람직하다.

③ RDF의 형태에는 펠렛(pellet)형, 분밀(powder)형 등이 있다.

④ 발열량을 높이기 위하여 함수량을 감소시켜야 한다.

ANSWER 17.④ 18.②

17 동점도계수는 점도를 밀도로 나눈 것이다.

※ 뉴턴 유체와 비뉴턴 유체
  ㉠ 뉴턴 유체 : 전단응력이 유체 속도의 변화율(속도경사)과 선형적인 관계를 나타내는 유체. 유체의 성질이나 유동이 외부 하중과 무관하게 일정하게 유지되는 유체
  ㉡ 비뉴턴 유체 : 유체의 유동에 대한 저항이 유체의 유동 내부에 존재하는 유체

18 다이옥신의 주성분은 벤젠과 염소이고, 이들은 플라스틱에 다량 함유되어 있기 때문에 플라스틱 함량이 높을수록 연소 시 다이옥신 배출량은 많아진다. 따라서 다이옥신 발생을 줄이기 위해서는 플라스틱 함량이 낮은 원료를 사용하는 것이 좋다.

19 지역 A의 면적은 1,000km²이고, 대기 혼합고(mixing height)는 100m이다. 하루에 200톤(질량 기준)의 석탄이 완전 연소되었는데, 이 석탄의 황(S) 함유량은 4%이었고 연소 후 S는 모두 SO_2로 배출되었다. 지역 A에서 1주 동안 대기가 정체되었을 때 SO_2의 최종 농도[μg/m³]는? (단, S의 원자량은 32, O의 원자량은 16이며, 지역 A에서 대기가 정체되기 이전의 SO_2 초기 농도는 0μg/m³이고 주변 지역과의 물질 전달은 없다고 가정한다)

① 56

② 112

③ 560

④ 1,120

20 해수의 특성으로 옳지 않은 것은?

① pH는 일반적으로 약 7.5~8.5 범위이다.

② 염도는 약 3.5‰이다.

③ 용존 산소 농도는 수온이 감소하면 증가한다.

④ 밀도는 온도가 상승하면 작아지고, 염도가 증가하면 커진다.

<hr>

ANSWER 19.④ 20.②

19 ㉠ SO_2 발생량

$$\frac{200\,\mathrm{t}}{\mathrm{day}}\times10^{12}\mu\mathrm{g/t}\times7\mathrm{day}\times0.04\times\frac{64(SO_2)}{32(S)}=112\times10^{12}\mu\mathrm{g}$$

㉡ 부피 산정

$$1,000\mathrm{km}^2\times100\mathrm{m}\times\frac{10^6\mathrm{m}^2}{\mathrm{km}^2}=1\times10^{11}\mathrm{m}^3$$

㉢ 농도 산정

$$\frac{112\times10^{12}}{1\times10^{11}}=1,120\mu\mathrm{g/m}^3$$

20 해수의 염도는 3.5% = 35‰ = 35,000ppm이다.

1 농도가 가장 높은 용액은? (단, 용액의 비중은 1로 가정한다.)

① 100ppb

② $10\mu g/L$

③ 1ppm

④ 0.1mg/L

2 대기 중에서 지름이 10μm인 구형입자의 침강속도가 3.0cm/sec라고 한다. 같은 조건에서 지름이 5μm인 같은 밀도의 구형입자의 침강속도(cm/sec)는?

① 0.25

② 0.5

③ 0.75

④ 1.0

3 인구 5,000명인 아파트에서 발생하는 쓰레기를 5일마다 적재용량 $10m^3$인 트럭 10대를 동원하여 수거한다면 1인당 1일 쓰레기 배출량(kg)은? (단, 쓰레기의 평균밀도는 $100kg/m^3$라고 가정한다.)

① 0.2

② 0.4

③ 2

④ 4

ANSWER 1.③ 2.③ 3.②

1 ① 100ppb = 0.1ppm

② $10\mu g/L = 10 \times \dfrac{1}{10^3} = 0.01$ppm

③ 1ppm

④ 0.1mg/L = 0.1ppm

2 $V_g = \dfrac{d_p^{\,2}(\rho_p - \rho_w)g}{18\mu}$ 에서 구형 입자의 침강속도는 입자 지름의 제곱에 비례함을 알 수 있다. 입자 지름 이외에 다른 조건들은

동일하므로 $\dfrac{V_A}{V_B} = \dfrac{10^2}{5^2} = \dfrac{3.0}{x}$ 와 같이 비례식을 세울 수 있고 이를 풀면 다음과 같은 결과를 얻는다.

$\therefore \ x = 0.75(\text{m/s})$

3 $\dfrac{10m^3/\text{대} \times 10\text{대} \times 100kg/m^3}{5\text{일} \times 5,000\text{인}} = 0.4\text{kg}$

4 호수 및 저수지에서 일어날 수 있는 자연현상에 대한 설명으로 가장 옳지 않은 것은?

① 호수의 성층현상은 수심에 따라 변화되는 온도로 인해 수직방향으로 밀도차가 발생하게 되고 이로 인해 층상으로 구분되는 현상을 의미한다.

② 표수층은 호수 혹은 저수지의 최상부층을 말하며 대기와 직접 접촉하고 있으므로 산소 공급이 원활하고 태양광 직접 조사를 통해 조류의 광합성 작용이 활발히 일어난다.

③ 여름 이후 가을이 되면서 높아졌던 표수층의 온도가 4℃까지 저하되면 물의 밀도가 최대가 되므로 연직방향의 밀도차에 의한 자연스러운 수직혼합현상이 발생하며, 이로 인해 표수층의 풍부한 산소와 영양성분이 하층부로 전달된다.

④ 겨울이 되어 호수 및 저수지 수면층이 얼게 되면 물과 얼음의 밀도차에 의해 수면의 얼음은 침강하게 된다.

5 폐수처리에 사용되는 주요 생물학적 처리공정 중 부착성장 미생물을 활용하는 공정으로 가장 옳은 것은?

① 살수여상   ② 활성슬러지 공정
③ 호기성 라군   ④ 호기성 소화

ANSWER 4.④ 5.①

4 겨울이 되어 호수 및 저수지 수면층이 얼게 되면 물과 얼음의 밀도차에 의해 수면의 얼음은 상층부로 부상(浮上)하게 된다.

5 살수여상은 생물학적 처리공정 중 호기성 공정의 부착성장 공정에 해당한다. 생물학적 폐수처리 공정은 호기, 혐기에 따라 다음과 같이 분류된다.

㉠ 호기성 공정
• 부유성장(활성슬러지, 완전혼합, 단계포기식, 순산소, 연소회분식, 심층포기)
• 부착성장(살수여상, 회전원판법, 충진상 반응기)
• 혼합형(생물막–활성슬러지, 살수여상–활성슬러지)

㉡ 준호기성 공정
• 부유성장(부유성장 탈질화)
• 부착성장(생물막 탈질화)

㉢ 혐기성 공정
• 부유성장(혐기성 소화, 혐기성 상향류 슬러지상)
• 부착성장(혐기성 여과상 공정)

㉣ 기타 공정
• 안정화지
• 일단 또는 다단 공정(호기, 준호기, 혐기 혼합 공정)

6 리차드슨수(Richardson's number, Ri)에 대한 설명으로 가장 옳지 않은 것은?

① 대류난류를 기계적인 난류로 전환시키는 비율을 뜻하며, 무차원수이다.

② $Ri = 0$은 기계적 난류가 없음을 나타낸다.

③ $Ri > 0.25$인 경우는 수직방향의 혼합이 거의 없음을 나타낸다.

④ $-0.03 > Ri > 0$인 경우 기계적 난류가 혼합을 주로 일으킨다.

7 폐기물 매립지의 매립가스 발생 단계에 대한 설명으로 가장 옳지 않은 것은?

① 1단계는 호기성 단계로 매립지 내 O_2와 N_2가 서서히 감소하며, CO_2가 발생하기 시작한다.

② 2단계는 혐기성 비메탄 발효 단계로 H_2가 생성되기 시작하며, CO_2는 최대농도에 이른다.

③ 3단계는 혐기성 메탄 축적 단계로 CH_4 발생이 시작되며, 중반기 이후 CO_2의 농도비율이 감소한다.

④ 4단계는 혐기성 단계로 CH_4와 CO_2가 일정한 비율로 발생한다.

ANSWER 6.② 7.②

6 리차드슨수(Richardson's number, Ri)

㉠ 무차원수로 대류난류를 기계적인 난류로 전환시키는 비율로서 무차원수이다.

㉡ Ri가 음의 값을 가지면 열적 난류가 지배적이다.

㉢ Ri가 큰 음의 값을 가지면 대류가 지배적이어서 바람이 약하게 되어 강한 수직 운동이 일어난다.

㉣ $Ri = 0$일 때는 열적 난류는 없고 기계적 난류만 존재한다.

㉤ $Ri > 0.25$일 때는 대기가 안정한 상태로서 기계적인 혼합이 강하게 억제되며, 수직방향의 혼합이 거의 없음을 나타낸다.

㉥ $-0.03 < R < 0$인 경우 기계적 난류와 대류가 존재하나 기계적 난류가 혼합을 주로 일으킨다.

7 문제에서 말하는 폐기물 매립지의 매립가스 발생 2단계는 혐기성 비메탄 발효 단계(산형성 단계, Acid Phase)로서 유기산의 생성이 급증한다. CO_2, H_2가 점진적으로 감소하고 CH_4 발생량이 점차 증가하는 단계로 pH가 5.0 정도까지 하강하며, BOD 및 COD는 증가한다. H_2는 1단계에서 생성되기 시작하여 2단계에서 최대농도에 이른 후 감소하며, CO_2 또한 점진적으로 감소한다.

8 「소음·진동관리법 시행규칙」상 낮 시간대(06:00~18:00) 공장소음 배출허용기준(dB)이 가장 낮은 지역은?

① 도시지역 중 전용주거지역 및 녹지지역

② 도시지역 중 일반주거지역

③ 농림지역

④ 도시지역 중 일반공업지역 및 전용공업지역

9 혐기성 소화과정은 가수분해, 산 생성, 메탄 생성의 단계로 구분된다. 가수분해 단계에서 주로 생성되는 물질로 가장 옳지 않은 것은?

① 아미노산   ② 글루코스

③ 글리세린   ④ 알데하이드

ANSWER 8.①   9.④

8 공장소음·진동의 배출허용기준(공장소음 배출허용기준)〈소음·진동관리법 시행규칙 [별표 5] 제8조 관련〉

[단위 : dB(A)]

대상지역	시간대별		
	낮 (06:00~18:00)	저녁 (18:00~24:00)	밤 (24:00~06:00)
가. 도시지역 중 전용주거지역 및 녹지지역(취락지구·주거개발진흥지구 및 관광·휴양개발진흥지구만 해당한다), 관리지역 중 취락지구·주거개발진흥지구 및 관광·휴양개발진흥지구, 자연환경보전지역 중 수산자원보호구역 외의 지역	50 이하	45 이하	40 이하
나. 도시지역 중 일반주거지역 및 준주거지역, 도시지역 중 녹지지역(취락지구·주거개발진흥지구 및 관광·휴양개발진흥지구는 제외한다)	55 이하	50 이하	45 이하
다. 농림지역, 자연환경보전지역 중 수산자원보호구역, 관리지역 중 가목과 라목을 제외한 그 밖의 지역	60 이하	55 이하	50 이하
라. 도시지역 중 상업지역·준공업지역, 관리지역 중 산업개발진흥지구	65 이하	60 이하	55 이하
마. 도시지역 중 일반공업지역 및 전용공업지역	70 이하	65 이하	60 이하

9 가수분해를 통해 탄수화물은 글루코스(포도당)로, 단백질은 아미노산으로, 지방은 글리세린으로 분해된다.

10 공극률이 20%인 토양 시료의 겉보기밀도는? (단, 입자밀도는 2.5g/cm^{3}로 가정한다.)

① 1g/cm^3

② 1.5g/cm^3

③ 2g/cm^3

④ 2.5g/cm^3

11 원심력집진기의 집진 장치 효율에 대한 설명으로 가장 옳지 않은 것은?

① 배기관의 직경이 작을수록 입경이 작은 먼지를 제거할 수 있다.

② 입구유속에는 한계가 있지만, 그 한계 내에서 속도가 빠를수록 효율이 높은 반면 압력 손실이 높아진다.

③ 사이클론의 직렬단수, 먼지호퍼의 모양과 크기도 효율에 영향을 미친다.

④ 점착성이 있는 먼지에 적당하며 딱딱한 입자는 장치를 마모시킨다.

12 폐수의 화학적 응집 침전을 촉진시키기 위한 방법으로 가장 옳지 않은 것은?

① 전위결정이온을 첨가하여 콜로이드 표면을 채우거나 반응을 하여 표면전하를 줄인다.

② 수산화금속이온을 형성하는 화학약품을 투입한다.

③ 고분자응집제를 첨가하여 흡착작용과 가교작용으로 입자를 제거한다.

④ 전해질을 제거하여 분산층의 두께를 높여 제타전위를 줄이는 것이 효과적이다.

ANSWER　10.③　11.④　12.④

10　겉보기밀도 $= \dfrac{\text{질량}}{\text{부피}} = \dfrac{\text{질량}}{\text{입자부피} + \text{공극부피}}$ 관계식에서,

　　공극률은 전체 부피 중에 빈틈이 차지하는 비율을 말하므로

　　공극부피를 x로 두면 $\dfrac{x}{1+x} = 0.2$에서 공극부피$(x) = 0.25\text{cm}^3$

　　겉보기밀도 $= \dfrac{\text{질량}}{\text{입자부피} + \text{공극부피}} = \dfrac{2.5\text{g}}{(1+0.25)\text{cm}^3} = 2\text{g/cm}^3$

11　원심력집진기로는 점착성이나 마모성이 있는 먼지를 처리하기 어렵다.

12　폐수의 화학적 응집 침전을 촉진시키기 위해서는 전해질을 제거하여 분산층의 두께를 줄임으로써 제타전위를 줄이는 것이 효과적이다.

13 대기층은 고도에 따른 온도 변화 양상에 따라 영역 구분이 가능하다. 〈보기〉에 해당하는 영역은?

> 〈보기〉
> - 대기층에서 고도 11~50km 사이에 존재한다.
> - 고도가 올라감에 따라 온도가 상승하는 안정적인 수직 구조를 갖는다.
> - 상대적으로 높은 농도의 오존이 존재하여 태양광의 단파장영역을 효과적으로 흡수한다.

① 대류권 ② 성층권
③ 중간권 ④ 열권

14 실외 지면에 위치한 점음원에서 발생한 소음의 음향파워레벨이 105dB일 때 음원으로부터 100m 떨어진 지점에서의 음압레벨은?

① 54dB ② 57dB
③ 77dB ④ 91dB

15 하·폐수 처리 공정의 3차 처리에서 수중의 질소를 제거하기 위한 방법으로 가장 옳지 않은 것은?

① 응집침전법 ② 이온교환법
③ 생물학적 처리법 ④ 탈기법

ANSWER 13.② 14.② 15.①

13 〈보기〉는 태양광의 유해 자외선 등의 단파장을 차단하는 역할을 하는 오존층이 존재하는 성층권에 대한 설명이다.

14 음원이 지면에 위치해 있으므로 점음원 반자유공간 기준식($Q=2$)을 이용한다.

$$SPL = PWL - 10\log\frac{4\pi R^2}{Q}$$

$$SPL = PWL - 20\log 100 - \log 2\pi = 105 - 40 - 8 = 57\text{dB}$$

15 응집침전법은 3차 처리에서 수중의 인을 제거하기 위한 방법이다.

16 수계의 유기물질 총량을 간접적으로 예측하기 위한 지표로서 생물화학적 산소요구량(Biochemical Oxygen Demand : BOD)과 화학적 산소요구량(Chemical Oxygen Demand : COD)에 대한 설명으로 가장 옳은 것은?

① BOD는 혐기성 미생물의 수계 유기물질 분해 활동과 연관된 산소 요구량을 의미하며 BOD_5는 5일간 상온에서 시료를 배양했을 때 미생물에 의해 소모된 산소량을 의미한다.

② BOD값이 높을수록 수중 유기물질 함량이 높으며, 측정방법의 특성상 BOD는 언제나 COD보다 높게 측정된다.

③ BOD는 생물학적 분해가 가능한 유기물의 총량 예측에 적합하며, 미생물의 활성을 저해하는 독성물질 존재 시분해의 방해효과가 나타날 수 있다.

④ COD는 시료 중 유기물질을 화학적 산화제를 사용하여 산화 분해시킨 후 소모된 산화제의 양을 대응산소의 양으로 환산하여 나타낸 값으로, 일반적인 활용 산화제는 염소나 과산화수소이다.

17 지구 온난화에 기여하는 온실가스 중 이산화탄소와 탄소순환에 대한 설명으로 가장 옳지 않은 것은?

① 공업적으로 이산화탄소를 배출하는 큰 산업 중의 하나는 시멘트 제조업이다.

② 지구상의 식물에 저장되어 있는 탄소량은 바다 속에 저장된 탄소량에 비해 매우 적다.

③ 바다는 주로 이산화탄소를 중탄산이온(HCO_3^-)의 형태로 저장한다.

④ 석유는 다른 화석연료(석탄, 천연가스 등)에 비해 탄소집중도가 가장 큰 물질이다.

ANSWER 16.③ 17.④

16 ① BOD는 호기성 미생물의 수계 유기물질 분해 활동과 연관된 산소 요구량을 의미하며 BOD_5는 5일간 상온에서 시료를 배양했을 때 미생물에 의해 소모된 산소량을 의미한다.
② BOD값이 높을수록 수중 유기물질 함량이 높으며, 측정방법의 특성상 BOD는 일반적으로 COD보다 낮게 측정된다.
④ COD는 시료 중 유기물질을 화학적 산화제를 사용하여 산화 분해시킨 후 소모된 산화제의 양을 대응산소의 양으로 환산하여 나타낸 값으로, 일반적인 활용 산화제는 과망가니즈산칼륨이나 다이크로뮴산칼륨이다.

17 석탄의 탄소집중도는 석유에 비해 높다.

18 토양세척법에 대한 설명으로 가장 옳지 않은 것은?

① 토양세척법에 이용되는 세척제는 계면의 자유에너지를 낮추는 물질이다.

② 토양세척기술은 1970년대 후반 미국 환경청에서 기름유출사고로 오염된 해변을 정화하기 위해 처음으로 개발되었다.

③ 준휘발성 유기화합물은 토양세척법을 이용하여 처리하기에 적합하지 않다.

④ 토양 내에 휴믹질이 고농도로 존재하는 경우에는 전처리가 필요하다.

19 대기오염제어장치로서 분진 제거 시 〈보기〉의 조건을 충족하는 집진시설로 가장 옳은 것은?

〈보기〉

• 미세한 분진을 비교적 고효율로 제거하여야 할 경우
• 가스의 냉각이 요구되나 습도가 문제되지 않는 경우
• 가스가 연소성인 경우
• 분진과 기체상태의 오염물질을 동시에 제거해야 하는 경우

① 직물여과기　　　　　　　　　　② 사이클론

③ 습식세정기　　　　　　　　　　④ 전기집진기

18　토양세척법은 휘발성, 준휘발성 유기화합물 및 유류오염, 중금속처리 등의 다양한 오염물질의 처리가 가능하다.

19　〈보기〉는 습식세정법에 대한 설명이다.

20 「먹는물 수질기준 및 검사 등에 관한 규칙」상의 건강상 유해영향 무기물질로 가장 옳지 않은 것은?

① 아연(Zn) ② 셀레늄(Se)

③ 암모니아성 질소(NH₃) ④ 비소(As)

20 먹는물의 수질기준(건강상 유해영향 무기물질에 관한 기준)〈먹는물 수질기준 및 검사 등에 관한 규칙 [별표 1] 제2조 관련〉

가. 납은 0.01mg/L를 넘지 아니할 것

나. 불소는 1.5mg/L(샘물·먹는샘물 및 염지하수·먹는염지하수의 경우에는 2.0mg/L)를 넘지 아니할 것

다. 비소는 0.01mg/L(샘물·염지하수의 경우에는 0.05mg/L)를 넘지 아니할 것

라. 셀레늄은 0.01mg/L(염지하수의 경우에는 0.05mg/L)를 넘지 아니할 것

마. 수은은 0.001mg/L를 넘지 아니할 것

바. 시안은 0.01mg/L를 넘지 아니할 것

사. 크롬은 0.05mg/L를 넘지 아니할 것

아. 암모니아성 질소는 0.5mg/L를 넘지 아니할 것

자. 질산성 질소는 10mg/L를 넘지 아니할 것

차. 카드뮴은 0.005mg/L를 넘지 아니할 것

카. 붕소는 1.0mg/L를 넘지 아니할 것(염지하수의 경우에는 적용하지 아니한다)

타. 브롬산염은 0.01mg/L를 넘지 아니할 것(수돗물, 먹는샘물, 염지하수·먹는염지하수, 먹는해양심층수 및 오존으로 살균·소독 또는 세척 등을 하여 먹는물로 이용하는 지하수만 적용한다)

파. 스트론튬은 4mg/L를 넘지 아니할 것(먹는염지하수 및 먹는해양심층수의 경우에만 적용한다)

하. 우라늄은 30㎍/L를 넘지 않을 것[수돗물(지하수를 원수로 사용하는 수돗물을 말한다), 샘물, 먹는샘물, 먹는염지하수 및 먹는물공동시설의 물의 경우에만 적용한다)]

1 평균유량이 $1.0\text{m}^3/\text{min}$인 Air sampler를 10시간 운전하였다. 포집 전 1,000mg이었던 필터의 무게가 포집 후 건조하였더니 1,060mg이 되었을 때, 먼지의 농도[$\mu\text{g}/\text{m}^3$]는?

① 25

② 50

③ 75

④ 100

2 호소의 부영양화로 인해 수생태계가 받는 영향에 대한 설명으로 옳지 않은 것은?

① 조류가 사멸하면 다른 조류의 번식에 필요한 영양소가 될 수 있다.

② 생물종의 다양성이 증가한다.

③ 조류에 의해 생성된 용해성 유기물들은 불쾌한 맛과 냄새를 유발한다.

④ 유기물의 분해로 수중의 용존산소가 감소한다.

ANSWER 1.④ 2.②

1 $\dfrac{(1,060-1,000)\text{mg}}{1.0\text{m}^3/\text{min} \times 60\text{min/h} \times 10\text{h}} = 0.1\text{mg}/\text{m}^3 = 100\mu\text{g}/\text{m}^3 \quad (1\text{mg} = 1,000\mu\text{g})$

2 수중 용존 산소량이 감소함에 따라 생물이 살기 어려운 환경이 되어 생태계가 파괴되며, 따라서 생물종의 다양성은 감소한다.

3 수중 용존산소(DO)에 대한 설명으로 옳지 않은 것은?

① 물에 용해되는 산소의 양은 접촉하는 산소의 부분압력에 비례한다.

② 수온이 높을수록 산소의 용해도는 감소한다.

③ 수중에 녹아 있는 염소이온, 아질산염의 농도가 높을수록 산소의 용해도는 감소한다.

④ 생분해성 유기물이 유입되면 혐기성 미생물에 의해서 수중의 산소가 소모된다.

4 호소에서의 조류증식을 억제하기 위한 방안으로 옳지 않은 것은?

① 호소의 수심을 깊게 해 물의 체류시간을 증가시킴

② 차광막을 설치하여 조류증식에 필요한 빛을 차단

③ 질소와 인의 유입을 감소시킴

④ 하수의 고도처리

ANSWER 3.④ 4.①

3 생분해성 유기물이 유입되면 혐기성 미생물이 아니라 호기성(好氣性, 산소를 좋아하는 성질) 미생물에 의해서 수중의 산소가 소모된다.

4 물의 흐름이 약하거나 정체되어 있으면 조류가 더 잘 증식할 수 있는 환경이 만들어진다.

※ 부영양화 방지대책

메커니즘	대책
질소/인 유입 방지	• 세제 사용량 억제 • 하수 고도처리 • 비료사용 억제 • 하천 내 침전된 퇴적층 제거
조류 제거	• 황산구리, 염소 투입 • 차광막 설치(빛 차단) • 활성탄 흡착

5 완전혼합반응기에서의 반응식은? (단, 1차 반응이며 정상상태이고, r_A : A물질의 반응속도, C_A : A물질의 유입수 농도, C_{A0} : A물질의 유출수 농도, θ : 반응시간 또는 체류시간이다)

① $r_A = \dfrac{C_{A0} - C_A}{\theta}$

② $r_A = \dfrac{C_{A0} - C_A}{C_A}$

③ $r_A = \dfrac{C_A - \theta}{C_A}$

④ $r_A = \dfrac{C_A - C_{A0}}{\theta}$

6 BOD_5 실험식에 대한 설명으로 옳은 것은? $\left(단,\ BOD_5 = \dfrac{(DO_i - DO_f) - (B_i - B_f)(1 - P)}{P}\right)$

① P는 희석배율이다.

② DO_i는 5일 배양 후 용존산소 농도이다.

③ DO_f는 초기 용존산소 농도이다.

④ B_i는 식종희석수의 5일 배양 후 용존산소 농도이다.

ANSWER 5.④ 6.①

5 완전혼합반응(1차 반응)의 물질수지식

변화량 = 유입량 − 유출량 + 생성량

$$V\frac{dC}{dt} = QC_{A0} - QC_A + r_A V$$

문제에서 정상상태라고 하였으므로 $\dfrac{dC}{dt} = 0$이다.

$$0 = QC_{A0} - QC_A + r_A V$$
$$Q(C_{A0} - C_A) = -r_A V$$
$$r_A = \frac{Q}{V}(C_A - C_{A0}) = \frac{C_A - C_{A0}}{\theta} \left(\because \theta = \frac{V}{Q}\right)$$

6 • P : 희석배율
- DO_i : 초기 용존산소 농도
- DO_f : 5일 배양 후 용존산소 농도
- B_i : 식종희석수의 초기 용존산소 농도
- B_f : 식종희석수의 5일 배양 후 용존산소 농도

7 대기오염 방지장치인 전기집진장치(ESP)에 대한 설명으로 옳지 않은 것은?

① 비저항이 높은 입자($10^{12} \sim 10^{13}\Omega \cdot$ cm)는 제어하기 어렵다.

② 수분함량이 증가하면 분진제어 효율은 감소한다.

③ 가스상 오염물질을 제어할 수 없다.

④ 미세입자도 제어가 가능하다.

8 입자상 오염물질 중 하나로 증기의 응축 또는 화학반응에 의해 생성되는 액체입자이며, 일반적인 입자 크기가 $0.5 \sim 3.0\mu$m인 것은?

① 먼지(dust)　　　　　　　　　　　② 미스트(mist)

③ 스모그(smog)　　　　　　　　　　④ 박무(haze)

ANSWER 7.② 8.②

7　수분함량이 증가하면 분진제어 효율은 오히려 증가한다.

8　입자상 오염물질

㉠ 먼지(dust) : 콜로이드보다 큰 고체입자로서 공기나 가스에 부유할 수 있으며, 입자의 크기가 비교적 큰 고체입자로 석탄, 재, 시멘트와 같이 물질의 운송처리과정에서 방출되며, 톱밥, 모래흙과 같이 기계적 작동 및 분쇄에 의해서도 방출된다. 입자의 크기는 $1{\sim}100\mu$m 정도이다.

㉡ 분진(particulate) : 자동차, 공장, 화력발전소, 난방, 쓰레기 소각 등의 인위적 배출원과 바다의 물보다, 화산재, 도로의 먼지, 산불, 꽃가루 등 자연적 배출원에서 생성된 입자상 물질로 미세한 독립 상태의 액체 또는 알갱이이다.

㉢ 에어로졸(aerosol) : 입사장 물질을 한국 및 일본에서는 분진으로 부르며, 구미에서는 에어로졸로 사용한다.

㉣ 훈연(fume) : 용융된 물질이 휘발해서 생긴 기체가 응축할 때 생기는 고체입자로 상호응결하며 때로는 충돌 결합한다. 금속산화물과 같이 가스상 물질이 승화, 증류 및 화학반응 과정에서 응축될 경우 주로 생성되는 고체입자이다. 입자의 크기는 $0.03{\sim}0.3\mu$m 정도이다.

㉤ 미스트(mist) : 가스나 증기의 응축 또는 화학반응에 의해 생성되는 액체입자로 주성분은 물이며, 안개와 구별하여야 한다. 안개는 연무(aerosol)보다는 포괄적 개념이다. 연무는 안개보다는 투명하며, 전형적인 입자의 크기는 $0.5{\sim}3.0\mu$m이다.

㉥ 연기(smoke) : 연소시 발생하는 유리탄소를 주로 하는 미세한 입자상 물질로 불완전연소로 생성되는 미세입자로서 가스를 함유하며 주로 탄소성분과 연소물질로 구성되어 있다. 입자의 크기는 0.01μm 이상이다.

㉦ 안개(fog) : 아주 작은 물방울이 공기 중에 떠있는 현상으로 수평시정이 1km 이하이다. 습도는 100%에 가까운 현상으로 분산질이 액체이고, 눈에 보이는 연무질을 의미하며 통상 응축에 의해 발생한다.

㉧ 스모그(smog) : 대기 중 광화학적 반응에 의해 생성된 가스의 응축과정에서 생성된다. 크기는 1μm보다 작으며, smoke와 fog의 합성어이다.

㉨ 박무(haze) : 광화학 반응으로 생성된 물질로 아주 작은 다수의 건조입자가 부유하고 시야를 방해하는 입자상 물질이다. 수분, 오염물질 및 먼지 등으로 구성되어 있으며 크기는 1μm보다 작다.

㉩ 검댕(soot) : 탄소 함유물질의 불완전연소로 형성된 입자상 오염물질로서 탄소 입자의 응집체이다. 입자상 크기는 1μm 이상이다.

9 일반적인 매립가스 발생의 변화단계를 바르게 나열한 것은?

① 호기성 단계 → 혐기성 단계 → 유기산 생성 단계(통성 혐기성 단계) → 혐기성 안정화 단계

② 혐기성 단계 → 유기산 생성 단계(통성 혐기성 단계) → 호기성 단계 → 혐기성 안정화 단계

③ 호기성 단계 → 유기산 생성 단계(통성 혐기성 단계) → 혐기성 단계 → 혐기성 안정화 단계

④ 혐기성 단계 → 호기성 단계 → 유기산 생성 단계(통성 혐기성 단계) → 혐기성 안정화 단계

9 매립가스(LFG, Landfill Gas) 발생 메커니즘

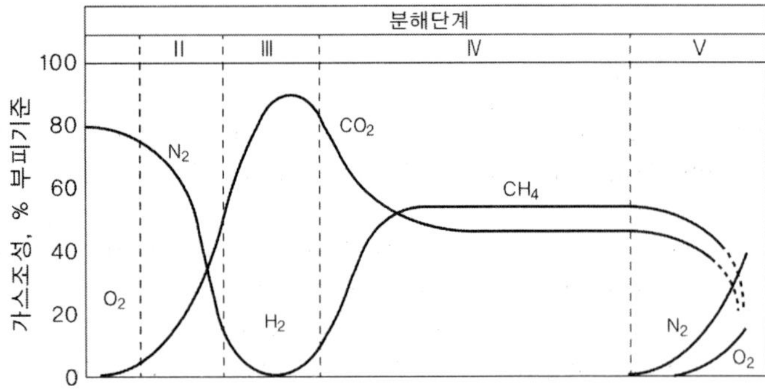

㉠ 1단계(초기조정 단계, Initial Adjustment) : 매립초기 단계로 쉽게 분해되는 물질이 CO_2로 전환되면서 매립지 내부의 산소를 소비하는 호기성 분해 단계이다.

㉡ 2단계(전이 단계, Transition Phase) : 매립층 내 산소가 대부분 소비되어 호기성에서 혐기성으로 전이되며, 산형성 미생물이 혐기성 조건하에서 지방산, CO_2, H_2를 형성하는 초기 산형성단계로 침출수의 pH가 유기산의 형성 및 CO_2의 증가로 하강하기 시작한다.

㉢ 3단계(산 형성 단계, Acid Phase) : 유기산의 생성이 급증하게 되고 CO_2, H_2가 점진적으로 감소하고 CH_4 발생량이 점차 증가하는 단계로 pH가 5.0 정도까지 하강하며, BOD 및 COD는 증가한다.

㉣ 4단계(메탄발효 단계, Methane Fermentation Phase) : 산형성 단계에서 생성된 Acetic Acid와 H_2가 미생물들에 의해서 CH_4와 CO_2로 전환된다. 이 단계의 미생물들은 완전한 혐기성 상태 하에서 생물학적 전환을 일으키는데, 이러한 과정에 참여하는 미생물들을 Methanogen 또는 Methane Former라 한다. 본 메탄발효 단계에서는 CH_4와 CO_2로 전환량이 커짐에 따라 산형성 비율이 현저히 감소된다.

㉤ 5단계(숙성 단계, Maturation Phase) : 메탄발효 단계에서 생분해 가능한 유기물질들을 CH_4와 CO_2로 전환시켜 안정적으로 발생하게 되며, 수분은 폐기물을 통하여 지속적으로 공급되고 생분해 정도가 늦은 유기물질도 분해되어 CH_4와 CO_2로 전환된다.

10 지하수에 대한 설명으로 옳지 않은 것은?

① 저투수층(aquitard)은 투수도는 낮지만 물을 저장할 수 있다.

② 피압면 지하수는 자유면 지하수층보다 수온과 수질이 안정하다.

③ 지하수는 하천수와 호소수 같은 지표수보다 경도가 낮다.

④ 지하수는 천층수, 심층수, 복류수, 용천수 등이 있다.

11 콜로이드(colloids)에 대한 설명으로 옳지 않은 것은?

① 브라운 운동을 한다.

② 표면전하를 띠고 있다.

③ 입자 크기는 $0.001 \sim 1\mu$m이다.

④ 모래여과로 완전히 제거된다.

12 해양에 유출된 기름을 제거하는 화학적 방법에 해당하는 것은?

① 진공장치를 이용하여 유출된 기름을 제거한다.

② 비중차를 이용한 원심력으로 기름을 제거한다.

③ 분산제로 기름을 분산시켜 제거한다.

④ 패드형이나 롤형과 같은 흡착제로 유출된 기름을 제거한다.

ANSWER 10.③ 11.④ 12.③

10 지하수는 통상적으로 지표수보다 경도가 높다.

11 콜로이드는 입경이 작아 모래여과로 완전히 제거하기 어렵다.

12 분산제나 유화제를 사용하여 기름을 분해하거나 물과 섞기 용이하도록 하는 것은 유류방제의 화학적 방법에 해당한다. 나머지 보기인 진공장치, 원심력(비중차), 흡착제 이용은 모두 물리적 방법에 속한다.

13 도시폐기물 소각로에서 다이옥신이 생성되는 기작에 대한 설명으로 옳지 않은 것은?

① 투입된 쓰레기에 존재하던 PCDD/PCDF가 연소 시 파괴되지 않고 대기 중으로 배출된다.

② 전구물질인 CP(chlorophenols)와 PCB(polychlorinated biphenyls) 등이 반응하여 PCDD/PCDF로 전환된다.

③ 유기물(PVC, lignin 등)과 염소 공여체($NaCl$, HCl, Cl_2 등)로부터 생성된다.

④ 전구물질이 비산재 및 염소 공여체와 결합한 후 생성된 PCDD는 배출가스의 온도가 600℃ 이상에서 최대로 발생한다.

14 지구 대기에 존재하는 다음 기체들 중 부피 기준으로 가장 낮은 농도를 나타내는 것은? (단, 건조 공기로 가정한다)

① 아르곤(Ar) ② 이산화탄소(CO_2)

③ 수소(H_2) ④ 메테인(CH_4)

15 환경위해성 평가와 위해도 결정에 대한 설명으로 옳지 않은 것은?

① 96 HLC_{50}은 96시간 반치사 농도를 의미한다.

② BF는 유해물질의 생물농축 계수를 의미한다.

③ 분배계수(K_{ow})는 유해물질의 전기전도도 값을 의미한다.

④ LD_{50}은 실험동물 중 50%가 치사하는 용량을 의미한다.

ANSWER 13.④ 14.③ 15.③

13 소각반응에서 dioxin/furan 화합물의 최적 생성온도는 230-350℃로 알려져 있으며, 온도가 낮아지면 형성이 저하된다.

14 지구 대기권 구성 물질의 부피 비율
질소(N_2) 78.084%, 산소(O_2) 20.946%, 아르곤(Ar) 0.934%, 이산화탄소(CO_2) 365ppmv, 네온(Ne) 18.18ppmv, 헬륨(He) 5.24ppmv, 메테인(CH_4) 1.745ppmv, 크립톤(Kr) 1.14ppmv, 수소(H_2) 0.55ppmv, 수증기(H_2O) 약 1%
※ ppmv … 부피에서의 100만분의 1을 말하며, 1ppmv=0.0001%

15 환경위해성 평가에서 사용되는 옥탄올-물 분배계수(octanol-water partition coefficient, K_{ow})는 두 혼합되지 않는 상(phase)인 옥탄올과 물에서의 용질의 분포를 나타내는 계수를 말하며, 비극성 화합물의 소수성 측정의 한 방법으로 사용된다. 통상적으로 이 값이 1보다 크면 소수성이 강하고, 1보다 작으면 친수성이 강하다고 평가한다.
$K_{ow} = C_o/C_w$(C_o : 옥탄올에서 용질 농도, C_w : 물에서 용질 농도)

16 온실효과와 지구온난화지수(GWP)에 대한 설명으로 옳지 않은 것은? (단, GWP의 표준시간 범위는 20년)

① 아산화질소(N_2O)의 지구온난화지수는 이산화탄소에 비하여 15,100배 정도이다.

② 수증기의 온실효과 기여도는 약 60%이다.

③ 메탄은 이산화탄소에 비하여 62배 정도의 지구온난화지수를 갖는다.

④ 온실가스가 단파장 빛은 통과시키나 장파장 빛은 흡수하는 것을 온실효과라 한다.

17 유해폐기물의 용매추출법은 액상폐기물로부터 제거하고자 하는 성분을 용매 쪽으로 이동시키는 방법이다. 용매추출에 사용하는 용매의 선택기준으로 옳은 것은?

① 낮은 분배계수를 가질 것

② 끓는점이 낮을 것

③ 물에 대한 용해도가 높을 것

④ 밀도가 물과 같을 것

18 Sone은 음의 감각적인 크기를 나타내는 척도로 중심주파수 1,000Hz의 옥타브 밴드레벨 40dB의 음, 즉 40phon을 기준으로 하여 그 해당하는 음을 1Sone이라 할 때, 같은 주파수에서 2Sone에 해당하는 dB은?

① 50   ② 60

③ 70   ④ 80

ANSWER 16.①   17.②   18.①

16 아산화질소(N_2O)의 지구온난화지수는 이산화탄소의 310배 정도이다.

※ 지구온난화지수(GWP) 크기 순위 ··· 이산화탄소(CO_2) (1) < 메테인(CH_4) (21) < 아산화질소(N_2O) (310) < 수소화불화탄소(HFC) (1,300) < 육플루오린화황(SF_6) (23,900)

17 용매추출에 사용하는 용매 선택기준
㉠ 높은 분배계수를 가질 것 = 소수성
㉡ 끓는점이 낮을 것 = 휘발성이 높을 것
㉢ 물에 대한 용해도가 낮을 것
㉣ 밀도가 물과 다를 것

18 관계식 $Sone = 2^{(Phon-40)/10}$에서 $2 = 2^{(Phon-40)/10}$를 풀면 2Sone = 50Phon이다. 이는 주파수 1,000Hz에서 50dB에 해당한다.

19 오염된 토양의 복원기술 중에서 원위치(in-situ) 처리기술이 아닌 것은?

① 토양세정(soil flushing)

② 바이오벤팅(bioventing)

③ 토양증기추출(soil vapor extraction)

④ 토지경작(land farming)

19 토지경작(land farming)은 비원위치(ex-situ) 처리기술에 속한다.

※ 오염된 토양의 복원기술 분류

Class		Remediation technology
In-situ treatment technology	Biological treatment	Bioventing
		Enhanced biodgradation
		Natural attenuation
		Phytoremediation
	Physical/chemical treatment	Chemical oxidation
		Electrokinetic separation
		Fracturing
		Soil flushing
		Soil vapor extraction
		Solidification/stabilization
	Thermal treatment	Thermal treatment
Ex-situ treatment technology	Biological treatment	Biopiles
		Land farming
		Composting
		Slurry-phase biological treatment
	Physical/chemical treatment	Chemical extraction
		Chemical reduction/oxidation
		Dehalogenation
		Soil washing
		Separation
		Solidification/stabilization
	Thermal treatment	Hot gas decontamination
		Incineration
		Open burn/open detonation
		Pyrolysis
		Thermal desorption

20 소음에 대한 설명으로 옳은 것은?

① 소리(sound)는 비탄성 매질을 통해 전파되는 파동(wave) 현상의 일종이다.

② 소음의 주기는 1초당 사이클의 수이고, 주파수는 한 사이클당 걸리는 시간으로 정의된다.

③ 환경소음의 피해 평가지수는 소음원의 종류에 상관없이 감각소음레벨(PNL)을 활용한다.

④ 소음저감 기술은 음의 흡수, 반사, 투과, 회절 등의 기본개념과 밀접한 상관관계가 있다.

ANSWER 20.④

20 ① 탄성파의 일종인 소리(sound)는 탄성 매질을 통해 전파되는 파동(wave) 현상의 일종이다.
② 소음의 진동수(주파수)는 1초당 사이클의 수이고, 주기는 한 사이클당 걸리는 시간으로 정의된다.
③ 환경소음의 피해 평가지수는 소음원의 종류에 따라 다르다.

1 온실가스로 분류되는 육불화황(SF_6), 이산화탄소(CO_2), 메탄(CH_4)을 지구온난화지수(Global Warming Potential, GWP)가 큰 순서대로 바르게 나열한 것은?

① $SF_6 > CH_4 > CO_2$

② $CO_2 > CH_4 > SF_6$

③ $SF_6 > CO_2 > CH_4$

④ $CH_4 > CO_2 > SF_6$

2 0.2N/m^{2}의 음압을 음압 레벨로 나타내면 몇 dB인가? (단, P_0(기준음압의 실효치)$=2 \times 10^{-5}$N/m^2)

① 40

② 80

③ 100

④ 60

ANSWER 1.① 2.②

1 지구온난화지수(GWP : Global Warming Potential)는 이산화탄소가 지구온난화에 미치는 영향을 기준으로 다른 온실가스가 지구온난화에 기여하는 정도를 나타낸 것으로, 단위 질량 당 온난화 효과를 지수화한 것이다. 교토의정서는 온실가스 배출량 계산에 이 지구온난화지수를 사용하고 있다.

※ 크기 순위 … 이산화탄소(CO_2) (1) < 메탄(CH_4) (21) < 아산화질소(N_2O) (310) < 수소불화탄소(HFC) (1,300) < 육불화황 (SF_6) (23,900)

2 음압 레벨(sound pressure level, Lp)은 음압(P)과 기준 음압(P_0)과의 비율을 로그 규모로 표현한 것이며, 이때 음압은 실효치(root mean square)를 사용한다.

$$L_p = 10\log_{10}\left(\frac{P^2}{P_0^2}\right) = 20\log_{10}\left(\frac{P}{P_0}\right) = 20\log_{10}\left(\frac{2 \times 10^{-1}\text{N/m}^2}{2 \times 10^{-5}\text{N/m}^2}\right) = 80$$

3 수용액에서 수소 이온과 음이온으로 거의 완전히 해리되는 산은 강산(强酸)에 속한다. 표준상태에서 강산에 해당하지 않는 것은?

① HF
② HI
③ HNO_3
④ HBr

4 수용액과 평형상태를 유지하고 있는 공기의 전압이 0.8atm일 때 수중의 산소 농도[mg/L]는?
(단, 산소의 헨리상수는 40mg/L · atm로 한다.)

① 약 3.2
② 약 6.7
③ 약 8.4
④ 약 32

5 다음 표시된 압력 중 가장 낮은 것은?

① 1atm
② $8mH_2O$
③ 700mmHg
④ 100,000Pa

ANSWER 3.① 4.② 5.②

3 할로겐화수소(HX) 중 HF(불화수소)만 약산이고 나머지(HCl, HBr, HI)는 모두 강산이다. 질산(HNO_3), 황산(H_2SO_4)은 대표적인 강산이다.

4 헨리의 법칙(Henry's law)은 "동일한 온도에서, 같은 양의 액체에 용해될 수 있는 기체의 양은 기체의 부분압력과 정비례한다."는 내용으로, 용해도가 낮고 반응성이 작은 기체에 적용된다($c = kp$, c는 용질의 농도, k는 헨리상수).

$c = kp = 40$mg/L · atm $\times (0.8 \times 0.21)$atm $= 6.72$mg/L(공기 중 산소의 비율은 약 21%)

5 압력단위별 크기 비교

1atm = 760mmHg = 10,332mmH_2O = 101,325Pa = 101.325kPa = 1013.25hPa

① 1atm

② $8mH_2O \times \dfrac{1atm}{10.332mH_2O} = 0.774atm$

③ $700mmHg \times \dfrac{1atm}{760mmHg} = 0.921atm$

④ $100,000Pa \times \dfrac{1atm}{101,325Pa} = 0.986atm$

6 대기오염 저감 장치인 습식 세정기에 대한 설명으로 가장 옳지 않은 것은?

① 분무세정기, 사이클론, 스크러버는 습식제거장치에 포함된다.

② 가연성, 폭발성 먼지를 처리할 수 있다.

③ 부식의 잠재성이 크고, 유출수의 수질오염 문제가 발생할 수 있다.

④ 포집효율에 변화를 줄 수 있고, 가스흡수와 분진포집이 동시에 가능하다.

7 동화작용과 이화작용에 대한 설명으로 가장 옳은 것은?

① 동화작용은 세포 내 미토콘드리아에서 일어난다.

② 이화작용은 흡열반응으로 ATP(Adenosine Triphosphate)에서 인산기 하나가 떨어질 때, 약 7.3kcal의 에너지를 흡수한다.

③ 이화작용은 CO_2를 흡수하고 O_2를 방출한다.

④ 호흡은 대표적인 이화작용으로 유기물과 산소를 필요로 한다.

8 대기오염물질 확산에 대한 설명으로 가장 옳지 않은 것은?

① 바다와 육지의 자외선 흡수차이에 의해서 낮에는 해풍이 불고 밤에는 육풍이 분다.

② 복사역전은 야간의 방사냉각에 의하여 지표면 부근의 공기가 냉각되어 생겨나는 역전층이다.

③ 침강역전은 고기압에서 하강기류가 있는 곳에 발생할 수 있다.

④ 지형역전은 산의 계곡이나 분지와 같이 오목한 지형에서 발생할 수 있다.

ANSWER 6.① 7.④ 8.①

6 ① 사이클론은 건식 세정기에 포함된다.
   ※ **집진장치의 종류**
   　ㄱ 습식 : 세정식 집진장치, 습식 전기 집진장치, 스크러버
   　ㄴ 건식 : 중력식 집진장치, 관성력 집진장치, 원심력 집진장치(사이클론)

7 ① 미토콘드리아는 이화작용이 일어나는 기관이다.
   ② 이화작용은 발열반응이다.
   ③ 이화작용은 O_2(산소)를 흡수하고 CO_2(이산화탄소)를 방출한다.

8 낮에 해풍이 불고 밤에 육풍이 부는 현상은 자외선 흡수 차이에 의해서 나타나는 것이 아니라 바다와 육지의 비열(열용량) 차이에 의한 것이다.

9 환경위해성평가의 오차발생요인과 한계점으로 가장 옳지 않은 것은?

① 유해작용에 대한 관찰 조건의 차이에 따른 어려움

② 실험모델의 부적절성

③ 불확실성 인자들 측정의 어려움

④ 너무 많은 유해물질에 관한 정보

10 물 속 조류의 생장과 관련된 설명으로 가장 옳은 것은?

① 조류가 이산화탄소를 섭취함에 따라 물 속의 알칼리도가 중탄산으로부터 탄산으로, 그리고 탄산으로부터 수산화물로 변화하는데, 이때의 총알칼리도는 일정하게 된다.

② 조류는 세포를 만들기 위해 수중의 중탄산이온을 이용하는 종속영양생물이다.

③ 조류가 번성하는 얕은 물에서는 물의 pH가 약산을 나타낸다.

④ 야간에는 조류의 호흡작용으로 인해 산소가 생성되고 이산화탄소가 소모되기에 pH가 높아지게 된다.

11 소각시스템에 대한 설명으로 가장 옳지 않은 것은?

① 폐기물처리시설은 반입·공급설비, 연소설비, 연소가스 냉각설비, 배가스 처리 설비, 통풍설비, 소각재 반출설비 등으로 구성되어 있다.

② 스토커 연소장비의 화격자는 손상이 적게 가도록 그 구조와 운동방식을 고려하여 내열, 내마모성이 우수한 재료를 사용한다.

③ 연소가스 냉각설비는 연소가스가 보유하고 있는 유효한 열에너지를 회수하는 것은 물론 연소가스 온도를 냉각시켜 소각로 이후의 설비를 부식으로부터 보호한다.

④ 유동상식 연소장치는 유동층 매체를 300~400℃로 유지하여 대상물을 유동상태에서 소각한다.

ANSWER 9.④ 10.① 11.④

9 유해물질에 관한 정보가 많다고 해서 환경위해성평가의 오차나 한계가 발생할 위험이 커지지 않는다.

10 ② 조류는 광합성을 하는 독립영양생물이다.
③ 수중에 조류가 번성하는 경우 광합성 과정이 수반되어 수중 이산화탄소 양이 감소하게 된다. 따라서 물의 pH가 증가하여 약염기성을 띠는 경우가 많다.
④ 야간에는 조류의 호흡작용으로 인해 산소가 소비되고 이산화탄소가 증가됨에 따라 pH가 낮아져 약산성을 띠게 된다.

11 유동상식 연소장치는 유동층 내 온도를 700~800℃ 정도로 유지한다.

12 도시 쓰레기의 성분 중 비가연성 부분이 중량비로 50%일 때 밀도가 100kg/m^{3}인 쓰레기 10m^{3}가 있다. 이때 가연성 물질의 양[kg]은?

① 300

② 500

③ 700

④ 1,000

13 오염된 지하수의 Darcy 속도가 0.1m/day이고, 공극률이 0.25일 때 오염원으로부터 200m 떨어진 지점에 도달하는데 걸리는 시간은?

① 약 0.9년

② 약 1.4년

③ 약 2.4년

④ 약 3.9년

14 1M 황산 100mL의 노르말 농도(normality, N)는 얼마인가? (단, 수소, 황, 산소 원자의 몰질량은 각각 순서대로 1g/mol, 32g/mol, 16g/mol이다.)

① 0.1N

② 0.2N

③ 1N

④ 2N

ANSWER 12.② 13.② 14.④

12 가연성 폐기물의 중량비 = 100% − 50%(비가연성 부분 중량비) = 50%
가연성 물질량 = 100kg/m^3 × 10m^3 × 50% = 500kg

13 오염된 지하수의 속도 $v = \dfrac{Darcy\ 속도}{공극률} = \dfrac{v_D}{n} = \dfrac{0.1\text{m/day}}{0.25} = 0.4\text{m/day}$

$t = \dfrac{s}{v} = \dfrac{200\text{m}}{0.4\text{m/day}} \times \dfrac{1\,\text{year}}{365\,\text{days}} = 1.37\,\text{years}$

14 노르말 농도 = 몰 농도 × 당량 수
황산(H_2SO_4)은 2가 산이므로 1M × 2 = 2N이다.

15 활성탄 흡착법을 이용한 오염물질 처리에 대한 설명으로 가장 옳지 않은 것은?

① 분자량이 큰 물질일수록 흡착이 잘 된다.

② 불포화유기물이 포화유기물보다 흡착이 잘 된다.

③ 방향족의 고리수가 많을수록 흡착이 잘 된다.

④ 용해도가 높은 물질일수록 흡착이 잘 된다.

16 기후에 영향을 미치는 다양한 요인들에 대한 설명 중 가장 옳지 않은 것은?

① 빛은 대기 중의 입자성 물질에 의해 반사되고, 반사가 많을수록 지구에 도달하는 빛 에너지는 적어지게 된다.

② 대기 중 이산화탄소에 의해 지구로부터 방출되는 적외선의 통과가 방해를 받게 되어 온실효과가 나타난다.

③ 염소원자들이 성층권에 유입되면 오존층을 분쇄시키는 반응의 촉매작용을 한다.

④ 성층권에 있는 오존은 태양으로부터의 자외선을 막아주는 차단막 역할을 하며, 낮은 대기층에서의 오존은 식물이 성장하는데 필요한 산소를 공급하는 역할을 한다.

15 용해도가 낮은 물질일수록 흡착이 잘 된다.

16 성층권에 있는 오존은 태양으로부터 자외선을 막아주는 차단막 역할을 하나, 낮은 대기층인 대류권에 있는 오존은 강한 산화력으로 인하여 일정 수준 이상으로 농도가 높아질 경우 호흡곤란, 메스꺼움, 기관지염, 눈따끔거림을 유발할 수 있으며, 농작물 수확량 감소 등을 나타내어 우리에게 해를 끼친다.

17 「지하수법 시행령」상 환경부장관이 수립하는 지하수의 수질관리 및 정화계획에 포함해야 할 사항으로 가장 옳지 않은 것은?

① 지하수의 수질보호계획

② 지하수 오염의 현황 및 예측

③ 지하수의 조사 및 이용계획

④ 지하수의 수질에 관한 정보화계획

18 수산화칼슘과 탄산수소칼슘은 〈보기〉와 같은 화학반응을 통하여 탄산칼슘의 침전물을 형성한다고 할 때, 37g의 수산화칼슘을 사용할 경우 생성되는 탄산칼슘의 침전물의 양[g]은? (단, Ca의 분자량은 40이다.)

〈보기〉
$Ca(OH)_2 + Ca(HCO_3)_2 \rightarrow 2CaCO_3(s) + 2H_2O$

① 50

② 100

③ 150

④ 200

17 지하수관리기본계획〈지하수법 시행령 제7조 제5항〉 … 지하수의 수질관리 및 정화계획에는 다음의 사항이 포함되어야 한다.
　㉠ 지하수의 수질관리 및 정화계획에 관한 기본방향
　㉡ 지하수 오염의 현황 및 예측
　㉢ 지하수의 수질보호계획
　㉣ 지하수의 수질에 관한 정보화계획
　㉤ 그 밖에 지하수의 수질관리 및 정화에 필요한 사항

18

	$Ca(OH)_2$	$+$	$Ca(HCO_3)_2$	$\rightarrow$	$2CaCO_3(s)$	$+$	$2H_2O$
분자량 비	74		162		2×100		2×18
사용량 비	37g				xg		

$74 : 37 = 200 : x$, $x = 100$g

19 라돈(Radon, Rn)에 대한 설명으로 가장 옳지 않은 것은?

① Rn-222는 Ra-226의 방사성 붕괴로 인하여 생성된다.

② 라돈은 알파 붕괴(alpha decay)를 통해 알파입자를 방출한다.

③ 표준상태에서 라돈은 공기보다 가볍기 때문에 대기 중에서 확산이 용이하다.

④ 라돈의 반감기는 대략 3.8일이다.

20 대기오염물질 배출원에 대한 설명으로 가장 옳지 않은 것은?

① 화산폭발, 산불, 먼지폭풍, 해양 등은 자연적 배출원에 해당한다.

② 배출원을 물리적 배출형태로 구분하면 고정배출원과 이동배출원으로 나눌 수 있다.

③ 이동배출원은 배출규모나 형태에 따라 점오염원과 면오염원으로 분류된다.

④ 일반적으로 선오염원은 배출구 위치가 낮아 대기확산이 어렵기 때문에 점오염원에 비해 지표면에 직접적인 영향을 미친다.

ANSWER 19.③ 20.③

19 라돈은 공기보다 무거운 기체로 대기 중에 지표 가까이에 존재한다.

※ 라돈의 특징

　㉠ 원소기호 Rn, 원자번호 86의 비활성기체

　㉡ 우라늄과 토륨의 붕괴 시 발생되는 방사성물질

　㉢ 가장 안정적인 동위원소는 Rn-222으로 Ra-226의 방사성 붕괴로 인해 생성될 수 있으며, 반감기는 3.8일

　㉣ 무색, 무취, 무미의 기체

　㉤ 밀도(9.73g/L)가 공기 평균(1.23g/L)보다 높아 지표 가까이에 존재하므로 쉽게 흡입

　㉥ 폐에 흡입되면 α선을 방출하여 폐암을 유발하는 1급 발암물질. 실내공기 중에서 흡연 다음으로 폐암을 유발하는 원인물질이며, 전 세계 폐암 발생의 3~14%가 라돈에 의한 것(WHO)

　㉦ 사람이 연간 노출되는 방사선의 82%는 자연방사선에 의한 것이고, 그 중에서 대부분은 라돈에 의한 것

　㉧ 암석(퇴적암〈화강암〉)에서 주로 발생하며, 배수구, 건물바닥, 지하실 벽의 갈라진 틈을 통하여 실내에 유입되며 건축자재를 통해 인체에 유입

　㉨ 지하 공간에서 라돈 농도가 높게 나타남(지하철 역사, 지하도상가, 반지하, 지하주차장 등)

20 이동배출원은 인위적 발생원으로 선오염원에 속한다.

※ 대기오염물질 발생원별 분류

　㉠ 자연적 발생원 : 인간의 활동과 관계없이 대기오염물질을 발생시키는 배출원

　㉡ 인위적 발생원

　　• 점오염원(Point Source) : 하나의 시설이 대량의 오염물질 배출(발전소, 대규모 공장 등)

　　• 면오염원(Area Source) : 일정면적 내에 소규모 발생원 다수가 모여 오염물질 배출(주택 등)

　　• 선오염원(Line Source) : : 이동하면서 오염물질을 연속적으로 배출(자동차, 기차, 비행기, 선박 등)

2020. 6. 13. 제1회 지방직/ 제2회 서울특별시 시행

1 토양오염 처리기술 중 토양증기 추출법(Soil Vapor Extraction)에 대한 설명으로 옳지 않은 것은?

① 오염 지역 밖에서 처리하는 현장외(ex-situ) 기술이다.

② 대기오염을 방지하려면 추출된 기체의 후처리가 필요하다.

③ 오염물질에 대한 생물학적 처리 효율을 높여줄 수 있다.

④ 추출정 및 공기 주입정이 필요하다.

2 염소의 주입으로 발생되는 결합잔류염소와 유리염소의 살균력 크기를 순서대로 바르게 나열한 것은?

① $HOCl > OCl- > NH_2Cl$

② $NH_2Cl > HOCl > OCl^-$

③ $OCl^- > NH_2Cl > HOCl$

④ $HOCl > NH_2Cl > OCl^-$

ANSWER 1.① 2.①

1 토양증기 추출법(SVE)은 진공추출이라고도 하며, 불포화대수층에 가스추출정을 설치하여 토양을 진공 상태로 만들어 휘발성 및 준휘발성 물질을 제거하는 원위치(in-situ) 지중처리 기술이다.

2 살균력 크기 … 하이포아염소산($HOCl$) > 하이포아염소산이온(OCl^-) > 클로라민*

　※ 클로라민(chloramine)은 수돗물의 정화에 쓰이는 암모니아와 염소가 반응하여 생성되는 무색의 액체로서 NH_2Cl, $NHCl_2$, NCl_3 형태로 나타난다. 하이포아염소산($HOCl$), 하이포아염소산 이온($OCl >$)를 유리염소라 부르고, 클로라민은 그와 구별해서 결합염소라고 부른다. 상수를 만드는 과정에서 쓰이는 클로라민은 오존, 하이포아염소산($HOCl$), 하이포아염소산이온(OCl^-)보다 살균력이 떨어진다. 그러나 클로라민을 쓰면 유리염소를 쓸 때보다 살균작용이 오래 지속되는 장점이 있다.

3 「신에너지 및 재생에너지 개발 · 이용 · 보급 촉진법」상 재생에너지에 해당하지 않는 것은?

① 지열에너지

② 수력

③ 풍력

④ 연료전지

4 연소공정에서 발생하는 질소산화물(NO_x)을 감소시킬 수 있는 방법으로 적절하지 않은 것은?

① 연소 온도를 높인다.

② 화염구역에서 가스 체류시간을 줄인다.

③ 화염구역에서 산소 농도를 줄인다.

④ 배기가스의 일부를 재순환시켜 연소한다.

ANSWER 3.④ 4.①

3 연료전지는 「신에너지 및 재생에너지 개발 · 이용 · 보급 촉진법」에 따른 재생에너지가 아니라 신에너지에 해당한다.

    2. 정의〈신에너지 및 재생에너지 개발 · 이용 · 보급 촉진법 제2조 제2호〉 … "재생에너지"란 햇빛 · 물 · 지열(地熱) · 강수(降水) · 생물유기체 등을 포함하는 재생 가능한 에너지를 변환시켜 이용하는 에너지로서 다음의 어느 하나에 해당하는 것을 말한다.

        가. 태양에너지

        나. 풍력

        다. 수력

        라. 해양에너지

        마. 지열에너지

        바. 생물자원을 변환시켜 이용하는 바이오에너지로서 대통령령으로 정하는 기준 및 범위에 해당하는 에너지

        사. 폐기물에너지(비재생폐기물로부터 생산된 것은 제외한다)로서 대통령령으로 정하는 기준 및 범위에 해당하는 에너지

        아. 그 밖에 석유 · 석탄 · 원자력 또는 천연가스가 아닌 에너지로서 대통령령으로 정하는 에너지

4 연소 온도를 높이면 NO_x 발생량은 증가한다. NO_x 발생량을 줄이기 위해서는 연소 시 저온, 저산소, 저질소 성분 연료를 사용하고 2단 연소를 하는 것이 중요하다.

5 지하수 흐름 관련 Darcy 법칙에 대한 설명으로 옳지 않은 것은?

① 다공성 매질을 통해 흐르는 유체와 관련된 법칙이다.

② 콜로이드성 진흙과 같은 미세한 물질에서의 지하수 이동을 잘 설명한다.

③ 유량과 수리적 구배 사이에 선형성이 있다고 가정한다.

④ 매질이 다공질이며 유체의 흐름이 난류인 경우에는 적용되지 않는다.

6 '먹는물 수질기준'에 대한 설명으로 옳지 않은 것은?

① '먹는물'이란 먹는 데에 일반적으로 사용하는 자연 상태의 물, 자연 상태의 물을 먹기에 적합하도록 처리한 수돗물, 먹는샘물, 먹는염지하수, 먹는해양심층수 등을 말한다.

② 먹는샘물 및 먹는염지하수에서 중온일반세균은 $100CFUmL^{-1}$을 넘지 않아야 한다.

③ 대장균 · 분원성 대장균군에 관한 기준은 먹는샘물, 먹는염지하수에는 적용하지 아니한다.

④ 소독제 및 소독부산물질에 관한 기준은 먹는샘물, 먹는염지하수, 먹는해양심층수 및 먹는물공동시설의 물의 경우에는 적용하지 아니한다.

ANSWER 5.② 6.②

5 다르시(Darcy) 법칙은 투수가 잘 되는 다공질 매질일 경우에 적용된다. 따라서 콜로이드성 진흙과 같은 미세한 물질에서의 지하수 이동은 잘 설명할 수 없다.

※ Darcy 법칙의 가정

ⓐ 다공층을 구성하고 있는 물질의 특성이 균일하고 동질이다.

ⓑ 대수층(aquifer) 내에 모관수대가 존재하지 않는다.

ⓒ 흐름은 층류이다.

[참고] Darcy 법칙은 유속이 느린 점성 흐름에 대해서만 유효한데, 대부분의 지하수의 흐름에는 Darcy 법칙을 적용할 수 있다. 일반적으로 레이놀즈 수가 1보다 작은 흐름은 층류이고 Darcy 법칙을 적용할 수 있으며, 실험에 의하면 레이놀즈 수가 약 10 정도인 흐름까지도 Darcy 법칙을 적용할 수 있다.

6 「먹는물 수질기준 및 검사 등에 관한 규칙」 제2조 및 [별표 1] 먹는물의 수질기준 중 일반세균에 대해서 "일반세균은 1mL 중 100CFU(Colony Forming Unit)를 넘지 아니할 것. 다만, 샘물 및 염지하수의 경우에는 저온일반세균은 20CFU/mL, 중온일반세균은 5CFU/mL를 넘지 아니하여야 하며, 먹는샘물, 먹는염지하수 및 먹는해양심층수의 경우에는 병에 넣은 후 4℃를 유지한 상태에서 12시간 이내에 검사하여 저온일반세균은 100CFU/mL, 중온일반세균은 20CFU/mL를 넘지 아니할 것"이라고 규정하고 있다.

7 25℃에서 하천수의 pH가 9.0일 때, 이 시료에서 $[HCO_3^-]/[H_2CO_3]$의 값은? (단, $H_2CO_3 \rightleftharpoons H^+ + HCO_3^-$ 이고, 해리상수 $K = 10^{-6.7}$이다)

① $10^{1.7}$ ② $10^{-1.7}$

③ $10^{2.3}$ ④ $10^{-2.3}$

8 고도 하수 처리 공정에서 질산화 및 탈질산화 과정에 대한 설명으로 옳은 것은?

① 질산화 과정에서 질산염이 질소(N_2)로 전환된다.

② 탈질산화 과정에서 아질산염이 질산염으로 전환된다.

③ 탈질산화 과정에 *Nitrobacter* 속 세균이 관여한다.

④ 질산화 과정에서 암모늄이 아질산염으로 전환된다.

ANSWER 7.③   8.④

7

$H_2CO_3 \rightleftharpoons H^+ + HCO_3^-$ 이고, 해리상수 $K = \dfrac{[H^+][HCO_3^-]}{[H_2CO_3]} = 10^{-6.7}$ 에서

$$\frac{[HCO_3^-]}{[H_2CO_3]} = \frac{K}{[H^+]} = \frac{10^{-6.7}}{10^{-9}} = 10^{2.3}$$

8

① 질산화 과정에서 질소 가스가 암모니아성 질소(암모늄염) → 아질산성 질소(아질산염) → 질산성 질소(질산염)로 전환된다.

② 탈질산화 과정에서 질산염 → 아질산염 → 질소 기체로 전환된다.

③ 탈질산화 과정에 관여하는 탈질산균에는 *Pseudomonas*, *Micrococcus*, *Achromobacter* 등이 있다. 질산화 과정에 관여하는 균으로는 아질산균(*Nitrosomonas*), 질산균(*Nitrobacter*) 등이 있다.

9 수도법령상 일반수도사업자가 준수해야 할 정수처리기준에 따라, 제거하거나 불활성화하도록 요구되는 병원성 미생물에 포함되지 않는 것은?

① 바이러스

② 크립토스포리디움 난포낭

③ 살모넬라

④ 지아디아 포낭

10 대기오염 방지장치인 전기집진장치(ESP)에 대한 설명으로 옳지 않은 것은?

① 처리가스의 속도가 너무 빠르면 처리 효율이 저하될 수 있다.

② 작은 압력손실로도 많은 양의 가스를 처리할 수 있다.

③ 먼지의 비저항이 너무 낮거나 높으면 제거하기가 어려워진다.

④ 지속적인 운영이 가능하고, 최초 시설 투자비가 저렴하다.

ANSWER 9.③ 10.④

9 일반수도사업자는 광역상수도와 지방상수도에 대하여 취수지점부터 정수장의 정수지 유출지점까지의 구간에서 바이러스, 지아디아 포낭, 크립토스리디움 난포낭을 일정 비율 이상 제거하여야 한다.
※ 정수처리기준 등〈수도법 시행규칙 제18조의2 제1항〉… 일반수도사업자가 지켜야 하는 정수처리기준은 다음 각 호와 같다.
  1. 취수지점부터 정수장의 정수지 유출지점까지의 구간에서 바이러스를 1만분의 9천999 이상 제거하거나 불활성화할 것
  2. 취수지점부터 정수장의 정수지 유출지점까지의 구간에서 지아디아 포낭(包囊)을 1천분의 999 이상 제거하거나 불활성화할 것
  3. 취수지점부터 정수장의 정수지 유출지점까지의 구간에서 크립토스포리디움 난포낭(卵胞囊)을 1백분의 99 이상 제거할 것

10 전기집진장치(electrostatic precipitator)는 코로나 방전을 이용하여 유입된 입자에 전하를 부여하고 극성을 가진 분진을 전기장 속으로 이동시켜서 부착 제거한다. 초기 시설비는 고가이나 입경 분포가 광범위한 입자의 제거에 효과적이며 압력손실이 적고 고온가스에도 유리하다.

11 연간 폐기물 발생량이 5,000,000톤인 지역에서 1일 작업시간이 평균 6시간, 1일 평균 수거인부가 5,000명이 소요되었다면 폐기물 수거 노동력(MHT) [man hr ton^{-1}]은? (단, 연간 200일 수거한다)

① 0.20

② 0.83

③ 1.20

④ 2.19

12 소리의 굴절에 대한 설명으로 옳지 않은 것은?

① 굴절은 소리의 전달경로가 구부러지는 현상을 말한다.

② 굴절은 공기의 상하 온도 차이에 의해 발생한다.

③ 정상 대기에서 낮 시간대에는 음파가 위로 향한다.

④ 음파는 온도가 높은 쪽으로 굴절한다.

13 활성슬러지 공정에서 발생할 수 있는 운전상의 문제점과 그 원인으로 옳지 않은 것은?

① 슬러지 부상 – 탈질화로 생성된 가스의 슬러지 부착

② 슬러지 팽윤(팽화) – 포기조 내의 낮은 DO

③ 슬러지 팽윤(팽화) – 유기물의 과도한 부하

④ 포기조 내 갈색거품 – 높은 F/M(먹이/미생물) 비

ANSWER 11.③ 12.④ 13.④

11
$$\text{MHT} = \frac{5,000\,\text{man} \times 6\text{hr/day} \times 200\text{day}}{5,000,000} = 1.2\text{MHT}$$

12 음파는 밀도가 큰 쪽, 온도가 낮은 쪽으로 굴절한다.

13 포기조 표면에 황갈색 내지는 흑갈색 거품이 짙게 나타나는 경우는 대개 너무 긴 SRT에 원인이 있다. 즉, 세포가 과도하게 산화되었음을 나타내는데 이는 매일 조금씩 SRT를 감소시켜 해소한다.

14 악취방지법령상 지정악취물질은?

① H_2S
② CO
③ N_2
④ N_2O

15 열분해 공정에 대한 설명으로 옳지 않은 것은?

① 산소가 없는 상태에서 열을 공급하여 유기물을 기체상, 액체상 및 고체상 물질로 분리하는 공정이다.
② 외부열원이 필요한 흡열반응이다.
③ 소각 공정에 비해 배기가스량이 적다.
④ 열분해 온도에 상관없이 일정한 분해산물을 얻을 수 있다.

ANSWER 14.① 15.④

14 보기 중 악취를 발생하는 물질로는 황화수소 밖에 없다.
※ 지정악취물질〈악취방지법 시행규칙 [별표 1] 제2조 관련〉

종류	적용시기
1. 암모니아 2. 메틸메르캅탄 3. 황화수소 4. 다이메틸설파이드 5. 다이메틸다이설파이드 6. 트라이메틸아민 7. 아세트알데하이드 8. 스타이렌 9. 프로피온알데하이드 10. 뷰틸알데하이드 11. n-발레르알데하이드 12. i-발레르알데하이드	2005년 2월 10일부터
13. 톨루엔 14. 자일렌 15. 메틸에틸케톤 16. 메틸아이소뷰틸케톤 17. 뷰틸아세테이트	2008년 1월 1일부터
18. 프로피온산 19. n-뷰틸산 20. n-발레르산 21. i-발레르산 22. i-뷰틸알코올	2010년 1월 1일부터

15 열분해 온도가 높을수록 기체상의 비율이 증가한다. 따라서 열분해 온도에 따라 분해산물이 달라지므로 ④는 틀린 설명이다.

16 미세먼지에 대한 설명으로 옳은 것만을 모두 고르면?

> ㉠ 미세먼지 발생원은 자연적인 것과 인위적인 것으로 구분된다.
> ㉡ 질소산화물이 대기 중의 수증기, 오존, 암모니아 등과 화학반응을 통해서도 미세먼지가 발생한다.
> ㉢ NH_4NO_3, $(NH_4)_2SO_4$는 2차적으로 발생한 유기 미세입자이다.
> ㉣ 환경정책기본법령상 대기환경기준에서 먼지에 관한 항목은 TSP, PM-10, PM-2.5이다.

① ㉠, ㉡

② ㉢, ㉣

③ ㉠, ㉡, ㉢

④ ㉠, ㉡, ㉣

17 폐기물 매립처분 방법 중 위생 매립의 장점이 아닌 것은?

① 매립시설 설치를 위한 부지 확보가 가능하면 가장 경제적인 매립 방법이다.

② 위생 매립지는 복토 작업을 통해 매립지 투수율을 증가시켜 침출수 관리를 용이하게 한다.

③ 처분대상 폐기물의 증가에 따른 추가 인원 및 장비 소요가 크지 않다.

④ 안정화 과정을 거친 부지는 공원, 운동장, 골프장 등으로 이용될 수 있다.

ANSWER 16.① 17.②

16 ㉢ 질산암모늄(NH_4NO_3)과 황산암모늄($(NH_4)_2SO_4$)은 1차 대기오염물질이다.
㉣ 환경정책기본법령상 대기환경기준에서 먼지에 관한 항목은 PM-10과 PM-2.5의 두 가지이다.

17 위생 매립지는 복토 작업과 차수 시설을 통해 매립지 투수율을 감소시킨다.

18 폐기물관리법령에서 정한 지정폐기물 중 오니류, 폐흡착제 및 폐흡수제에 함유된 유해물질이 아닌 것은?

① 유기인 화합물

② 니켈 또는 그 화합물

③ 테트라클로로에틸렌

④ 납 또는 그 화합물

ANSWER 18.②

18 지정폐기물에 함유된 유해물질(오니류 · 폐흡착제 및 폐흡수제에 함유된 유해물질)〈폐기물관리법 시행규칙 [별표 1] 제2조 제1항 관련〉

　가. 납 또는 그 화합물[「환경분야 시험 · 검사 등에 관한 법률」 제6조 제1항 제7호에 따라 환경부장관이 고시한 폐기물 분야에 대한 환경오염공정시험기준(이하 "폐기물공정시험기준"이라 한다)에 따른 용출시험 결과 용출액 1리터당 3밀리그램 이상의 납을 함유한 경우만 해당한다]

　나. 구리 또는 그 화합물[폐기물공정시험기준에 의한 용출시험 결과 용출액 1리터당 3밀리그램 이상의 구리를 함유한 경우만 해당한다]

　다. 비소 또는 그 화합물[폐기물공정시험기준에 의한 용출시험 결과 용출액 1리터당 1.5밀리그램 이상의 비소를 함유한 경우만 해당한다]

　라. 수은 또는 그 화합물[폐기물공정시험기준에 의한 용출시험 결과 용출액 1리터당 0.005밀리그램 이상의 수은을 함유한 경우만 해당한다]

　마. 카드뮴 또는 그 화합물[폐기물공정시험기준에 의한 용출시험 결과 용출액 1리터당 0.3밀리그램 이상의 카드뮴을 함유한 경우만 해당한다]

　바. 6가크롬화합물[폐기물공정시험기준에 의한 용출시험 결과 용출액 1리터당 1.5밀리그램 이상의 6가크롬을 함유한 경우만 해당한다]

　사. 시안화합물[폐기물공정시험기준에 의한 용출시험 결과 용출액 1리터당 1밀리그램 이상의 시안화합물을 함유한 경우만 해당한다]

　아. 유기인화합물[폐기물공정시험기준에 의한 용출시험 결과 용출액 1리터당 1밀리그램 이상의 유기인화합물을 함유한 경우만 해당한다]

　자. 테트라클로로에틸렌[폐기물공정시험기준에 의한 용출시험 결과 용출액 1리터당 0.1밀리그램 이상의 테트라클로로에틸렌을 함유한 경우만 해당한다]

　차. 트리클로로에틸렌[폐기물공정시험기준에 의한 용출시험 결과 용출액 1리터당 0.3밀리그램 이상의 트리클로로에틸렌을 함유한 경우만 해당한다]

　카. 기름성분(중량비를 기준으로 하여 유해물질을 5퍼센트 이상 함유한 경우만 해당한다)

　타. 그 밖에 환경부장관이 정하여 고시하는 물질

19 소음 측정 시 청감보정회로에 대한 설명으로 옳지 않은 것은?

① A회로는 낮은 음압레벨에서 민감하며, 소리의 감각 특성을 잘 반영한다.

② B회로는 중간 음압레벨에서 민감하며, 거의 사용하지 않는다.

③ C회로는 낮은 음압레벨에서 민감하며, 환경소음 측정에 주로 이용한다.

④ D회로는 높은 음압레벨에서 민감하며, 항공기 소음의 평가에 활용한다.

20 0℃, 1기압에서 8g의 메탄(CH_4)을 완전 연소시키기 위해 필요한 공기의 부피[L]는? (단, 공기 중 산소의 부피 비율 = 20%, 탄소 원자량 = 12, 수소 원자량 = 1이다)

① 56

② 112

③ 224

④ 448

ANSWER 19.③ 20.②

19 C회로는 거의 평탄한 주파수 특성이므로 주파수 분석에 주로 이용한다.

③ A회로에 대한 설명이다.

※ 청감보정특성

보정회로	음압수준	신호보정	특성
A특성	40phon	저음역대	청감과의 대응성이 좋아 소음레벨 측정 시 주로 사용
B특성	70phon	중음역대	거의 사용하지 않음
C특성	85phon	고음역대	- 소음등급평가에 적절 - 거의 평탄한 주파수 특성이므로 주파수 분석 시 사용 - A특성치와 C특성치 간의 차가 크면 저주파음이고, 차가 작으면 고주파음이라 추정할 수 있음
D특성		고음역대	- 항공기 소음 평가시 사용 - A특성 청감보정곡선처럼 저주파 에너지를 많이 소거시키지 않음 - A특성으로 측정한 레벨보다 항상 큼
L/F 특성			물리적 특성 파악

20 $CH_4 + 2O_2 \rightarrow 2H_2O + CO_2$

분자량 비 16g : 2몰

실제 기체 8g : x몰

$x = 1$몰 = 22.4L O_2가 필요한데, 문제에서 공기 중 산소의 부피 비율을 20%로 제시하였으므로 전체 공기는

$22.4 \times \dfrac{100}{20} = 112$L가 필요하다.

1 주파수의 단위로 옳은 것은?

① mm/sec^2

② cycle/sec

③ cycle/mm

④ mm/sec

2 어떤 수용액의 pH가 1.0일 때, 수소이온농도[mol/L]는?

① 10

② 1.0

③ 0.1

④ 0.01

3 적조(red tide)의 원인과 일반적인 대책에 대한 설명으로 옳지 않은 것은?

① 적조의 원인생물은 편조류와 규조류가 대부분이다.

② 해상가두리 양식장에서 사용할 수 있는 적조대책으로 액화산소의 공급이 있다.

③ 해상가두리 양식장에서는 적조가 발생해도 평소와 같이 사료를 계속 공급하는 것이 바람직하다.

④ 적조생물을 격리하는 방안으로 해상가두리 주위에 적조차단막을 설치하는 방법 등이 있다.

ANSWER 1.② 2.③ 3.③

1 주파수의 단위는 cycle/시간이다. 보기 중에서는 ② cycle/sec가 조건에 맞는 단위이다.

2 $[H^+] = 10^{-pH} = 10^{-1.0} = 0.1\,mol/L$

3 적조현상은 질소, 인 등의 영양염류가 물속에 풍부하게 용존되어 있고, 일사량, 수온, 염분 등의 환경조건이 적절할 경우 플랑크톤이 대량 번식하여 발생한다. 물고기의 사료에는 영양염류가 풍부하므로 적조가 발생할 경우 양식장에 사료를 공급하면 오히려 적조 발생을 심화시키므로 적조현상에 대한 적절한 대책이 될 수 없다.

4 수중 유기물 함량을 측정하는 화학적산소요구량(COD) 분석에서 사용하는 약품에 해당하지 않는 것은?

① $K_2Cr_2O_7$

② $KMnO_4$

③ H_2SO4

④ C_6H_5OH

5 폐기물의 고형화처리에 대한 설명으로 옳지 않은 것은?

① 폐기물을 고형화함으로써 독성을 감소시킬 수 있다.

② 시멘트기초법은 무게와 부피를 증가시킨다는 단점이 있다.

③ 석회기초법은 석회와 함께 미세 포졸란(pozzolan)물질을 폐기물에 섞는 방법이다.

④ 유기중합체법은 화학적 고형화처리법이다.

ANSWER 4.④ 5.④

4 물속에 존재하는 유기물 또는 환원성 무기물질이 화학적 산화제인 중크롬산 칼륨 또는 과망간산칼륨의 산소에 의하여 산화될 때 화학적으로 안정한 탄산가스와 물로 변환되는데 필요한 산화제의 양으로 나타낸 값이며, 이를 Chemical Oxygen Demand(화학적 산소요구량, COD)라 한다. 이러한 COD를 측정하기 위해서는 $K_2Cr_2O_7$, $KMnO_4$ 등의 강산화제를 사용하여 시험을 실시한다. 이때 시료를 산성 조건에서 준비하는 경우 황산을 주입하며, 염기성 조건에서 준비하는 경우 수산화나트륨을 사용하게 된다.

5 고형화란 고형물을 포함하여 물질을 고형화시키는 충분한 양을 유해한 물질에 첨가하여 고형화된 물질 덩어리로 만드는 공정을 말한다. 고형화의 목적은 1) 폐기물을 다루기가 용이하게 하며, 2) 폐기물 표면적의 감소에 따른 폐기물 성분의 유출을 줄이고, 3) 폐기물 내 오염물질 이동성을 감소시키며, 4) 폐기물의 독성 감소이다. 대표적인 고형화 처리 방법은 시멘트 기초법, 석회 기초법, 자가시멘트화법, 유리화법, 열가소성 플라스틱법, 유기중합체법, 피막형성법 등이 있다.

〈오답풀이〉

④ 고령화 처리 방법은 첨가제의 종류에 따라 무기성 고형화와 유기성 고령화 분류되고, 유기중합체법은 유기성 고형화 처리법에 속한다.

6 「실내공기질 관리법 시행규칙」상 다중이용시설에 적용되는 실내공기질 유지기준 항목이 아닌 것은?

① 총부유세균

② 미세먼지(PM−10)

③ 이산화질소

④ 이산화탄소

6 실내공기질 유지기준 항목은 미세먼지(PM-10), 미세먼지(PM-2.5), 이산화탄소, 폼알데하이드, 총부유세균, 일산화탄소이다.

※ 실내공기질 유지기준〈실내공기질 관리법 시행규칙 [별표 2] 제3조 관련〉

오염물질 항목 다중이용시설	미세먼지 (PM−10) (μg/㎥)	미세먼지 (PM−2.5) (μg/㎥)	이산화탄소 (ppm)	폼알데하이드 (μg/㎥)	총부유세균 (CFU/㎥)	일산화탄소 (ppm)
가. 지하역사, 지하도상가, 철도역사의 대합실, 여객자동차터미널의 대합실, 항만시설 중 대합실, 공항시설 중 여객터미널, 도서관·박물관 및 미술관, 대규모 점포, 장례식장, 영화상영관, 학원, 전시시설, 인터넷컴퓨터게임시설제공업의 영업시설, 목욕장업의 영업시설	100 이하	50 이하	1,000 이하	100 이하	−	10 이하
나. 의료기관, 산후조리원, 노인요양시설, 어린이집, 실내 어린이놀이시설	75 이하	35 이하		80 이하	800 이하	
다. 실내주차장	200 이하	−		100 이하	−	25 이하
라. 실내 체육시설, 실내 공연장, 업무시설, 둘 이상의 용도에 사용되는 건축물	200 이하	−	−	−	−	−

비고

1. 도서관, 영화상영관, 학원, 인터넷컴퓨터게임시설제공업 영업시설 중 자연환기가 불가능하여 자연환기설비 또는 기계환기설비를 이용하는 경우에는 이산화탄소의 기준을 1,500ppm 이하로 한다.

2. 실내 체육시설, 실내 공연장, 업무시설 또는 둘 이상의 용도에 사용되는 건축물로서 실내 미세먼지(PM-10)의 농도가 200μg/㎥에 근접하여 기준을 초과할 우려가 있는 경우에는 실내공기질의 유지를 위하여 다음 각 목의 실내공기정화시설(덕트) 및 설비를 교체 또는 청소하여야 한다.

   가. 공기정화기와 이에 연결된 급·배기관(급·배기구를 포함한다)

   나. 중앙집중식 냉·난방시설의 급·배기구

   다. 실내공기의 단순배기관

   라. 화장실용 배기관

   마. 조리용 배기관

7 조류(algae)의 성장에 관한 설명으로 옳지 않은 것은?

① 조류 성장은 수온의 영향을 받지 않는다.

② 조류 성장은 수중의 용존산소농도에 영향을 미친다.

③ 조류 성장의 주요 제한 원소에는 인과 질소 등이 있다.

④ 태양광은 조류 성장에 있어 제한 인자이다.

8 열섬현상에 관한 설명으로 옳지 않은 것은?

① 열섬현상은 도시의 열배출량이 크기 때문에 발생한다.

② 맑고 잔잔한 날 주간보다 야간에 잘 발달한다.

③ Dust dome effect라고도 하며, 직경 10km이상의 도시에서 잘 나타나는 현상이다.

④ 도시지역 내 공원이나 호수 지역에서 자주 나타난다.

ANSWER 7.① 8.④

7 어느 정도 온도(약 40℃)까지는 수온이 증가하면 조류 성장 속도가 증가하는 경향을 보인다.

8 열섬 현상(Heat Island)은 도심 변화가 지역의 기온이 주변 교외 지역에 비해 더 높게 나타나는 현상이다. 원인은 도시화로 인한 빗물이 침투하지 못하는 토지면적의 증가와 도시 내의 에너지 사용 증가 때문으로 분석된다. 도시의 인구 집중도가 심해짐에 따라 더 넓은 면적의 토지를 개발하게 되고, 결과적으로 빗물 침투가 가능한 녹지가 줄어드는 대신 아스팔트나 콘크리트, 건물 면적과 같이 빗물이 침투하지 못하는 불투수면이 증가한다. 또한 땅이나 수면, 그리고 식물의 잎으로부터 수분이 대기로 돌아가는 현상인 증·발산을 통해 주변의 온도를 떨어뜨리는 녹지가 줄어들고, 태양열을 흡수하는 아스팔트 및 콘크리트 면적이 증가하여 도시의 지표면 온도가 상승한다. 고층 빌딩 역시 바람을 막아 냉각효과를 방해하기 때문에 표면과 그 주변의 온도를 상승시킨다. 뿐만 아니라, 도시의 많은 사람들이 에너지를 소모하는 만큼 열섬 현상이 심화된다. 건물의 냉난방, 공장 가동, 자동차 운행 등으로 발생한 폐열이 도시의 기온을 높이기 때문이다.

〈오답 풀이〉

④ 열섬 현상은 공원이나 호수 지역보다는 인공열 발생과 반사율이 큰 아스팔트, 콘크리트가 많은 빌딩숲 등에서 더욱 잘 나타난다.

9 입경이 $10\,\mu m$ 인 미세먼지(PM-10) 한 개와 같은 질량을 가지는 초미세먼지(PM-2.5)의 최소 개수는? (단, 미세먼지와 초미세먼지는 완전 구형이고, 먼지의 밀도는 크기와 관계없이 동일하다)

① 4
② 10
③ 16
④ 64

10 퇴비화에 대한 설명으로 옳지 않은 것은?

① 일반적으로 퇴비화에 적합한 초기 탄소/질소 비(C/N 비)는 25~35 이다.

② 퇴비화 더미를 조성할 때의 최적 습도는 70% 이상이다.

③ 고온성 미생물의 작용에 의한 분해가 끝나면 퇴비온도는 떨어진다.

④ 퇴비화 과정에서 호기성 산화 분해는 산소의 공급이 필수적이다.

<hr>

ANSWER 9.④ 10.②

9

$$\text{질량} = \text{밀도} \times \text{부피} = \rho \times \frac{4}{3}\pi r^3 = \rho \times \frac{4}{3}\pi \times \left(\frac{d}{2}\right)^3 = \frac{\pi}{6}\rho d^3$$

N개 입자 질량 = 1개 입자 질량 × N

입경 $10\mu m$ 입자 질량 = (입경 $2.5\mu m$ 입자 질량) × N

$$\frac{\pi}{6}\rho \times 10^3 = \frac{\pi}{6}\rho \times 2.5^3 \times N$$

$$\therefore\ N = \left(\frac{10}{2.5}\right)^3 = 64$$

10 퇴비화(composting)는 비교적 고온(40~55℃)에서 이루어지는 호기성(aerobic) 분해 공정이며 보통 유기성 고형 폐기물 (organic solid wastes)의 처리에 이용하고 있다. 유기성 고형 폐기물은 수 주일에 걸쳐 서로 다른 미생물 개체군들에 의해 연속적으로 분해되어 퇴비라고 하는 짙은 갈색 입자상의 부식질 같은 최종산물을 생성한다. 이 퇴비는 토양 개량제(soil conditioner)로 유용하며 점토나 모래흙의 성질을 개선시킬 수 있다. 퇴비화될 수 있는 폐기물은 다양하며 음식물 쓰레기, 종이, 섬유, 나무로부터 하수 슬러지와 이것들의 혼합물 등을 포함한다. 퇴비화하는 1차 목적은 폐기물을 불안정하고 더러운 상태에서 안정된 최종산물로 전환하는 것이다. 퇴비화는 폐기물 선별, 분쇄, 분해, 양생, 건조 및 마무리 단계로 이루어져 있으며 전체 공정은 2~3개월이 소요된다.

〈오답 풀이〉

② 퇴비 중의 수분함량은 미생물의 활동에 결정적 영향을 미치는 환경요인이다. 퇴비화 과정 중 수분함량은 퇴비 내의 조건에 따라 증가하기도 하고 감소하기도 한다. 퇴비화에 적당한 수분함량은 50~60%이다. 40% 이하가 되면 분해효율이 감소하고 60% 이상이 되면 기공 내로 산소확산(oxygen diffusion)이 잘 되지않아 혐기성 발효가 일어나 악취가 발생하거나 퇴비화 효율이 떨어진다.

11 5L의 프로판가스(C_3H_8)를 완전 연소 하고자 할 때, 필요한 산소기체의 부피[L]는 얼마인가? (단, 프로판 가스와 산소기체는 이상기체이다)

① 1.11

② 5.00

③ 22.40

④ 25.00

12 마스킹 효과(masking effect)에 대한 설명으로 옳지 않은 것은?

① 두 가지 음의 주파수가 비슷할수록 마스킹 효과가 증가한다.

② 마스킹 소음의 레벨이 높을수록 마스킹 되는 주파수의 범위가 늘어난다.

③ 어떤 소리가 다른 소리를 들을 수 있는 능력을 감소시키는 현상을 말한다.

④ 고음은 저음을 잘 마스킹 한다.

13 해수의 담수화 방법으로 옳지 않은 것은?

① 오존산화법　　　　　　　　　　② 증발법

③ 전기투석법　　　　　　　　　　④ 역삼투법

ANSWER 11.④　12.④　13.①

11 프로판 가스의 연소 화학 반응식은 $C_3H_8 + 5O_2 \rightarrow 3CO_2 + 4H_2O$으로, 프로판 가스와 산소 기체의 반응비는 1:5이다. 따라서 5L의 프로판 가스를 완전 연소 시키기 위해서는 산소 기체 $5 \times 5 = 25L$가 필요하다.

12 마스킹 효과(Masking Effect)란 소리가 다른 소음, 잡음 등에 묻혀 들리지 않는 현상을 말한다. 음악 소리를 크게 틀어두면 주변 사람의 목소리가 잘 들리지 않는 것이 대표적인 예시이며, 이때 음악 소리를 방해음(Masker), 사람의 목소리를 목적음(Maskee)이라고 한다. 마스킹 현상은 두 소리의 주파수 영역이 가까우면 가까울수록 더 커진다. 또한, 방해음의 주파수가 목적음보다 높을 때보다는 낮을 때 마스킹 양이 더 커진다. 즉, 저음이 고음을 잘 마스킹 한다.

13 오존 산화법은 폐수의 처리 방법이지 해수의 담수화 방법이 아니다.

14 다음 중 물의 온도를 표현했을 때 가장 높은 온도는?

① 75℃

② 135°F

③ 338.15K

④ 620°R

15 염소의 농도가 25mg/L이고, 유량속도가 12m³/sec인 하천에 염소의 농도가 40mg/L이고, 유량속도가 3m³/sec인 지류가 혼합된다. 혼합된 하천 하류의 염소 농도[mg/L]는? (단, 염소가 보존성이고, 두 흐름은 완전히 혼합된다)

① 28

② 30

③ 32

④ 34

ANSWER 14.① 15.①

14 모두 섭씨 온도(℃)로 바꾸어 통일시킨 후 비교하면 다음과 같다.

① 75℃

② $135°F = \dfrac{5}{9} \times (135 - 32) = 57.2℃$

③ $338.15K = 338.15 - 273.15 = 65℃$

④ $620°R = \dfrac{5}{9} \times (620 - 492.69) = 70.73℃$

〈참고〉 여러 가지 온도

① 섭씨 온도(℃)

　1기압 하에서 물의 어는점을 0도, 끓는점을 100도로 정하고 두 점 사이를 100등분한 온도이다.

② 화씨 온도(°F)

　1기압 하에서 물의 어는점을 32도, 끓는점을 212도로 정하고 두 점 사이를 180등분한 온도이다. 단위는 파렌하이트 (Fahrenheit)로 읽는다.

③ 절대 온도(K)

　기체의 부피가 이론적으로 0이 되는 온도를 0도로 한 온도이다. 단위는 캘빈(Kelvin)이라고 읽는다.

④ 랭킨 온도

　화씨온도의 절대온도를 말한다.

　°R = °F + 459.69

15 일정한 수질의 오수가 하천에 일정 유량씩 유입할 때 하천에서 완전히 혼합된다면 혼합 후의 농도(C_m)는 다음과 같다.

$$C_m = \frac{Q_1 \times C_1 + Q_2 \times C_2}{Q_1 + Q_2} = \frac{25 \times 12 + 40 \times 3}{12 + 3} = 28 \, mg/L$$

Q_1 : 하천의 유량

Q_2 : 유입 오수의 유량

C_1 : 하천의 수질 농도

C_2 : 유입 오수의 수질 농도

16 관로 내에서 발생하는 마찰손실수두를 Darcy−Weisbach 공식을 이용하여 구할 때의 설명으로 옳지 않은 것은?

① 마찰손실수두는 마찰손실계수에 비례한다.
② 마찰손실수두는 관의 길이에 비례한다.
③ 마찰손실수두는 관경에 비례한다.
④ 마찰손실수두는 유속의 제곱에 비례한다.

17 폐기물 소각 시 발열량에 대한 설명으로 옳지 않은 것은?

① 연소생성물 중의 수분이 액상일 경우의 발열량을 고위발열량이라고 한다.
② 연소생성물 중의 수분이 증기일 경우의 발열량을 저위발열량이라고 한다.
③ 고체와 액체연료의 발열량은 불꽃열량계로 측정한다.
④ 실제 소각로는 배기온도기 높기 때문에 저위발열량을 사용한 방법이 합리적이다.

ANSWER 16.③ 17.③

16 달시−바이스바하 방정식(Darcy-Weisbach equation)은 일정한 길이의 파이프에서 유체가 흐를 때 따르는 마찰로 인한 압력 손실 또는 수두 손실과 비압축성 유체의 유체 흐름의 평균 속도를 관련시키는 상태 방정식이다. 마찰손실수두 형식으로 나타낸 방정식은 다음과 같다.

$h = f \dfrac{L}{D} \dfrac{V^2}{2g}$	f : 마찰손실계수
	L : 관의 길이
	g : 중력가속도
	D : 관의 직경
	V : 유속

위의 방정식에 따르면 마찰손실수두는 마찰손실계수, 관의 길이, 유속의 제곱에 비례하며, 관의 직경(관경)에 반비례한다.

17 고체와 액체연료의 발열량은 통열량계(bomb calorimeter)를 사용하여 측정한다.

18 순도 90% CaCO₃ 0.4g을 산성용액에 용해시켜 최종부피를 360mL로 조제하였다. 용해 외에 다른 반응이 일어나지 않는다고 할 때, 이 용액의 노르말 농도[N]는? (Ca, C, O의 원자량은 각각 40, 12, 16이다)

① 0.018 ② 0.020

③ 0.180 ④ 0.20

19 수중의 암모니아가 0차 반응을 할 때 반응속도 상수 k = 10[mg/L][d⁻¹]이다. 암모니아가 90% 반응하는데 걸리는 시간[day]은? (단, 암모니아의 초기 농도는 100mg/L이다)

① 0.9 ② 4.4

③ 9.0 ④ 18.2

20 「자원의 절약과 재활용촉진에 관한 법률 시행령」상 재활용지정사업자에 해당하지 않는 업종은?

① 종이제조업 ② 유리용기제조업

③ 플라스틱제품제조업 ④ 제철 및 제강업

ANSWER 18.② 19.③ 20.③

18 노르말 농도(Normality)는 용액 1L 속에 들어있는 용질의 당량 수로 정의된다. 예를 들어, 염산(HCl)은 단일 양성자 산이므로 1몰은 1당량을 가진다. 따라서 HCl 산 1M 수용액 1리터는 36.5g의 HCl을 포함하며, 1N 수용액이 된다. 문제에서 주어진 탄산 칼슘(CaCO₃) 1몰은 H⁺ 2몰과 반응하므로 다음과 같이 구할 수 있다.

$CaCO_3 + 2HCl \rightarrow CaCl_2 + H_2O + CO_2$

$$\text{노르말 농도}(N) = \frac{\text{용질의 당량 수}}{\text{용액의 부피}(L)} = \frac{0.9 \times 0.4g}{0.36L} \times \frac{2eq}{100g} = 0.02eq/L$$

19 화학 반응을 할 때 반응의 속도가 반응물의 농도와 관계없이 진행되는 반응을 0차 반응이라 하며, 0차 반응의 예로는 체내의 알코올 분해 반응, 포스핀의 촉매 분해 반응 등이 있다. 문제에 주어진 암모니아가 90% 반응했을 때는 잔여량이 10%인 상태이므로 다음 0차 반응식 공식에 대입해 답을 구하면 다음과 같다.

$C = C_0 - kt$ (C: 최종 농도, C_0: 초기 농도, k: 속도상수, t: 시간)

$10 = 100 - 10t$ ∴ $t = 9(\text{days})$

20 재활용지정사업자 관련 업종〈자원의 절약과 재활용촉진에 관한 법률 시행령 제32조〉

1. 종이제조업

2. 유리용기제조업

3. 제철 및 제강업

4. 합성수지나 그 밖의 플라스틱 물질 제조업

1 폐수처리 과정에 대한 설명으로 옳지 않은 것은?

① 천, 막대 등의 제거는 전처리에 해당한다.

② 폐수 내 부유물질 제거는 1차 처리에 해당한다.

③ 생물학적 처리는 2차 처리에 해당한다.

④ 생분해성 유기물 제거는 3차 처리에 해당한다.

2 미생물에 의한 질산화(nitrification)에 대한 설명으로 옳은 것은?

① 질산화는 종속영양 미생물에 의해 일어난다.

② *Nitrobacter* 세균은 암모늄을 아질산염으로 산화시킨다.

③ 암모늄 산화 과정이 아질산염 산화 과정보다 산소가 더 소비된다.

④ 질산화는 혐기성 조건에서 일어난다.

ANSWER 1.④ 2.③

1 생물학적 처리를 마치고 난 생분해성 유기물 제거 과정 또한 2차 처리에 해당한다.

※ 폐수처리 과정

　㉠ 전처리 및 1차 처리 : 폐수로부터 침전물 및 부유물 등의 큰 오염물질을 제거하는 물리적 처리

　㉡ 2차 처리 : 미생물의 분해 과정을 이용하는 생물학적 처리

　㉢ 3차 처리 : 1차 혹은 2차 처리 후에 남아있을 수 있는 부유 물질 및 콜로이드성 물질을 제거하는 고도 처리

2 ① 질산화는 독립영양 미생물에 의해 일어난다.

② *Nitrobacter* 세균은 아질산염을 질산염으로 산화시키는 아질산 산화 세균이다. 암모늄을 아질산염으로 산화시키는 세균은 아질산균 또는 암모니아 산화 세균이라 하며, 대표적인 예로 *Nitrosomonas* 세균이 있다.

④ 질산화는 혐기성 조건이 아닌 호기성 조건에서 일어난다.

3 폐기물의 자원화 방법으로 옳지 않은 것은?

① 유기성 폐기물의 매립   ② 가축분뇨, 음식물쓰레기의 퇴비화

③ 가연성 물질의 고체 연료화   ④ 유리병, 금속류, 이면지의 재이용

4 다음 설명에 해당하는 집진효율 향상 방법은?

> 사이클론(cyclone)에서 분진 퇴적함으로부터 처리 가스량의 5~10%를 흡인해주면 유효 원심력이 증대되고, 집진된 먼지의 재비산도 억제할 수 있다.

① 다운워시(down wash)

② 블로다운(blow down)

③ 홀드업(hold-up)

④ 다운 드래프트(down draught)

5 지하수의 특성에 대한 설명으로 옳은 것은?

① 국지적인 환경 조건의 영향을 크게 받지 않는다.

② 자정작용의 속도가 느리고 유량 변화가 적다.

③ 부유물질(SS) 농도 및 탁도가 높다.

④ 지표수보다 수질 변동이 크다.

ANSWER   3.①   4.②   5.②

3   폐기물을 매립하는 것은 자원으로 활용하는 것이 아니라 폐기하는 것이므로 자원화 방법으로 보기 어렵다.

4   ① 다운워시(down wash) : 세류현상이라고도 하며, 굴뚝의 수직 배출 속도에 비해 굴뚝 높이에서 평균 풍속이 크면 플룸(연기)이 굴뚝 아래로 흩날리는 현상을 말한다. 이를 막기 위해서는 수직 배출 속도를 굴뚝 높이에서 부는 풍속의 2배 이상 되게 한다.
    ③ 홀드업(hold-up) : 세정 집진장치에서 충전층 내의 액보유량을 말한다.
    ④ 다운 드래프트(down draught) : 오염 물질을 배출하는 굴뚝 높이가 장애물(건물, 산 등)보다 낮을 경우 난류가 발생하는데, 이 난류로 인하여 플룸(연기)이 건물 후면으로 흐르게 되는 현상을 말한다. 이를 막기 위해서는 굴뚝 높이를 주위 장애물의 약 2.5배 이상 되게 한다.

5   ① 국지적인 환경 조건의 영향을 크게 받는다.
    ③ 부유물질(SS) 농도 및 탁도가 낮다.
    ④ 지표수보다 수질 변동이 작다.

6 다음 설명에 해당하는 물리·화학적 개념은?

> 어떤 화학반응에서 정반응과 역반응이 같은 속도로 끊임없이 일어나지만, 이들 상호 간에 반응속도가 균형을 이루어 반응물과 생성물의 농도에는 변화가 없다.

① 헨리법칙   ② 질량보존

③ 물질수지   ④ 화학평형

7 음의 크기 수준(loudness level)을 나타내는 단위로 적합하지 않은 것은?

① Pa

② noy

③ sone

④ phon

ANSWER 6.④ 7.①

6 ① **헨리법칙**: 일정한 온도에서 일정 부피의 액체 용매에 녹는 기체의 질량, 즉 용해도는 용매와 평형을 이루고 있는 그 기체의 부분압력에 비례한다.

  ② **질량보존**: 닫힌 계(system)에서 화학 반응이 일어날 때, 화학 반응이 일어나기 전 반응물질의 총질량과 화학 반응 후 생성된 물질의 총질량은 같다.

  ③ **물질수지**: 외부로부터 어떤 계(system)에 유입되는 물질의 질량과 계로부터 주변으로 유출되는 물질의 질량 사이의 차이는 계의 경계 내부에 축적되거나 화학적 및 생물학적 반응에 의해 만들어지거나 소멸되는 물질의 질량과 같다.

7 Pa(파스칼)은 단위 면적(m^2)당 작용하는 힘(N)인 압력을 나타내는 단위이다.

  ※ 참고

    ② noy는 1,000Hz에서 40phon 크기의 소리를 들었을 때 시끄러움을 말한다.

    ③④ phon은 1,000Hz 기준음과 같은 크기로 들리는 다른 주파수의 음의 크기이며, 음의 상대적인 주관적인 크기를 표시할 수 없다. 이에 반해 sone은 상대적으로 느끼는 주관적 소리 크기를 나타낸 단위로 $sone = 2^{(phon-40)/10}$의 관계가 있다.

8 대기 중의 아황산가스(SO_2) 농도가 0.112ppmv로 측정되었다. 이 농도를 0°C, 1기압 조건에서 $\mu g/m^3$의 단위로 환산하면? (단, 황 원자량 = 32, 산소 원자량 = 16이다)

① 160　　　　　　　　　　　　② 320

③ 640　　　　　　　　　　　　④ 1280

9 분광광도계로 측정한 시료의 투과율이 10%일 때 흡광도는?

① 0.1　　　　　　　　　　　　② 0.2

③ 1.0　　　　　　　　　　　　④ 2.0

10 대기 안정도에 대한 설명으로 옳은 것은?

① 대기 안정도는 건조단열감률과 포화단열감률의 차이로 결정된다.

② 대기 안정도는 기온의 수평 분포의 함수이다.

③ 환경감률이 과단열이면 대기는 안정화된다.

④ 접지층에서 하부 공기가 냉각되면 기층 내 공기의 상하 이동이 제한된다.

ANSWER 8.② 9.③ 10.④

8 ppmv는 부피 기준 ppm(parts per million, 백만분의 일)을 말한다.

따라서, $\dfrac{0.112\,mL}{m^3} \times \dfrac{64\,mg}{22.4\,mL} \times \dfrac{1000\,\mu g}{1\,mg} = 320\,\mu g/m^3$

9 $A = -\log_{10} T = -\log_{10} 0.1 = 1$

10 ① 대기 안정도는 건조단열감률과 실제단열감률의 차이로 결정된다.

② 대기 안정도는 기온의 수직 분포의 함수이다.

③ 환경감률이 과단열이면 대기는 불안정하다.

11 총유기탄소(TOC)에 대한 설명으로 옳은 것은?

① 공공폐수처리시설의 방류수 수질기준 항목이다.

② 「수질오염공정시험기준」에 따라 적정법으로 측정한다.

③ 시료를 고온 연소 시킨 후 ECD 검출기로 측정한다.

④ 수중에 존재하는 모든 탄소의 합을 말한다.

12 「폐기물관리법 시행령」상 지정폐기물에 대한 설명으로 옳지 않은 것은?

① 오니류는 수분함량이 95% 미만이거나 고형물 함량이 5% 이상인 것으로 한정한다.

② 부식성 폐기물 중 폐산은 액체상태의 폐기물로서 pH 2.0 이하인 것으로 한정한다.

③ 부식성 폐기물 중 폐알칼리는 액체상태의 폐기물로서 pH 10.0 이상인 것으로 한정한다.

④ 분진은 대기오염방지시설에서 포집된 것으로 한정하되, 소각시설에서 발생되는 것은 제외한다.

13 실외소음 평가지수 중 등가소음도(Equivalent Sound Level)에 대한 설명으로 옳지 않은 것은?

① 변동이 심한 소음의 평가 방법이다.

② 임의의 시간 동안 변동 소음 에너지를 시간적으로 평균한 값이다.

③ 소음을 청력장애, 회화장애, 소란스러움의 세 가지 관점에서 평가한 값이다.

④ 우리나라의 소음환경기준을 설정할 때 이용된다.

ANSWER 11.① 12.③ 13.③

11 ② 「수질오염공정시험기준」에 따르면 총 유기탄소 측정은 고온연소산화법이나 과황산 UV 및 과황산 열 산화법으로 측정한다.

③ 총유기탄소 시험법 중 고온연소산화법은 시료 적당량을 산화성 촉매로 충전된 고온의 연소기에 넣은 후에 연소를 통해서 수중의 유기탄소를 이산화탄소로 산화시켜 정량하는 방법이다.

④ 총유기탄소는 수중에서 유기적으로 결합된 탄소의 합을 말한다.

12 지정폐기물의 종류(부식성 폐기물)〈폐기물 관리법 시행령 [별표 1] 제3조 관련〉

가. 폐산(액체상태의 폐기물로서 수소이온 농도지수가 2.0 이하인 것으로 한정한다)

나. 폐알칼리(액체상태의 폐기물로서 수소이온 농도지수가 12.5 이상인 것으로 한정하며, 수산화칼륨 및 수산화나트륨을 포함한다)

13 ③ 소음 평가지수(NRN, Noise Rating Number)에 대한 설명으로, 소음을 청력장애, 회화장애, 시끄러움의 3개 관점에서 평가하여 1961년 ISO가 제안하였다. NR곡선을 이용해 측정 옥타브별로 NR 곡선에 겹쳐서 가장 큰 값의 곡선과 접하는 값을 읽어서 구한다.

14 수중의 오염물질을 흡착 제거할 때 Freundlich 등온흡착식을 따르는 장치에서 농도 6.0mg/L인 오염물질을 1.0mg/L로 처리하기 위하여 폐수 1L 당 필요한 흡착제의 양[mg]은? (단, Freundlich 상수 k=0.5, 실험상수 n = 1이다)

① 6.0

② 10.0

③ 12.0

④ 15.0

15 수분함량이 60%인 음식물쓰레기를 수분함량이 20%가 되도록 건조시켰다. 건조 후 음식물쓰레기의 무게 감량률[%]은? (단, 이 쓰레기는 수분과 고형물로만 구성되어 있다)

① 40

② 45

③ 50

④ 55

16 대형 선박의 균형을 유지하기 위해 채워주는 선박평형수의 처리에 있어서 유해 부산물 발생이 없는 처리방식은?

① 염소가스를 이용한 처리

② 오존을 이용한 처리

③ UV를 이용한 처리

④ 차아염소산나트륨을 이용한 처리

ANSWER 14.② 15.③ 16.③

14

Freundlich 등온흡착식	k : Freundlich 상수
$\dfrac{C_0 - C}{m} = kC^{1/n}$	C0 : 오염물질 초기 농도(mg/L)
	C : 처리된 오염물질 농도(mg/L)
	m : 흡착제 투입량(mg/L)
	n : 경사의 역수(실험상수)

$$\frac{6.0 - 1.0}{m} = 0.5 \times 1^{1/1}$$

$$\therefore \ m = 10.0(mg/L)$$

15 건조 전과 건조 후의 음식물 쓰레기 건조 질량은 같다는 조건을 이용하면, 건조 전 쓰레기 질량을 100g으로 가정했을 때 건조 후 음식물 쓰레기 질량(x)과의 관계를 다음과 같은 방정식으로 풀 수 있다.

$$100 \times (1 - 0.6) = x \times (1 - 0.2)$$

$$x = 50(g)$$

$$\therefore \ 무게 감량률 = \frac{100 - 50}{100} \times 100 = 50(\%)$$

16 염소가스, 오존, 차아염소산나트륨 등과 같은 화학적인 처리를 할 경우 부산물이 발생한다.

17 「폐기물관리법」상 적용되는 폐기물의 범위로 옳지 않은 것은?

① 「대기환경보전법」 또는 「소음 · 진동관리법」에 따라 배출시설을 설치 · 운영하는 사업장에서 발생하는 폐기물

② 보건 · 의료기관, 동물병원 등에서 배출되는 폐기물 중 인체에 감염 등 위해를 줄 우려가 있는 폐기물

③ 사업장 폐기물 중 폐유, 폐산 등 주변 환경을 오염시킬 우려가 있는 폐기물

④ 「가축분뇨의 관리 및 이용에 관한 법률」에 따른 가축분뇨

18 「수질오염공정시험기준」에 따른 중크롬산칼륨에 의한 COD 분석 방법으로 옳지 않은 것은?

① 시료가 현탁물질을 포함하는 경우 잘 흔들어 분취한다.

② 시료를 알칼리성으로 하기 위해 10% 수산화나트륨 1mL를 첨가한다.

③ 황산은과 중크롬산칼륨 용액을 넣은 후 2시간 동안 가열한다.

④ 냉각 후 황산제일철암모늄으로 종말점까지 적정한 후 최종 산소의 양으로 표현한다.

ANSWER 17.④ 18.②

17 적용 범위〈폐기물관리법 제3조〉 ⋯ 이 법은 다음 각 호의 어느 하나에 해당하는 물질에 대하여는 적용하지 아니한다.

1. 「원자력안전법」에 따른 방사성 물질과 이로 인하여 오염된 물질

2. 용기에 들어 있지 아니한 기체상태의 물질

3. 「물환경보전법」에 따른 수질 오염 방지시설에 유입되거나 공공 수역(水域)으로 배출되는 폐수

4. 「가축분뇨의 관리 및 이용에 관한 법률」에 따른 가축분뇨

5. 「하수도법」에 따른 하수 · 분뇨

6. 「가축전염병예방법」 제22조 제2항, 제23조, 제33조 및 제44조가 적용되는 가축의 사체, 오염 물건, 수입 금지 물건 및 검역 불합격품

7. 「수산생물질병 관리법」 제17조 제2항, 제18조, 제25조 제1항 각 호 및 제34조 제1항이 적용되는 수산동물의 사체, 오염된 시설 또는 물건, 수입금지물건 및 검역 불합격품

8. 「군수품관리법」 제13조의2에 따라 폐기되는 탄약

9. 「동물보호법」 제69조 제1항에 따른 동물장묘업의 허가를 받은 자가 설치 · 운영하는 동물장묘시설에서 처리되는 동물의 사체

18 ② 화학적 산소요구량(COD) − 적정법 − 알칼리성과망간산칼륨법에 관한 설명이다.

19 BOD 측정을 위해 시료를 5배 희석 후 5일간 배양하여 다음과 같은 측정 결과를 얻었다. 이 시료의 BOD 결과치[mg/L]는? (단, 식종희석시료와 희석식종액 중 식종액 함유율의 비 f = 1이다)

시간 [일]	희석시료 DO [mg/L]	식종 공시료 DO [mg/L]
0	9.00	9.32
5	4.30	9.12

① 5.5

② 10.5

③ 22.5

④ 30.5

20 대기에 존재하는 다음 기체들 중 부피 기준으로 가장 낮은 농도를 나타내는 것은? (단, 건조 공기로 가정한다)

① 산소(O_2) ② 메탄(CH_4)
③ 아르곤(Ar) ④ 질소(N_2)

ANSWER 19.③ 20.②

19 〈수질오염공정시험기준〉 일반항목 ES 04305.1c 생물화학적 산소요구량
8.1.2 식종희석수를 사용한 시료
생물화학적산소요구량(mg/L) = [(D1-D2)-(B1-B2)×f]×P
여기서, D1 : 15분간 방치된 후의 희석(조제)한 시료의 DO(mg/L)
　　　　D2 : 5일간 배양한 다음의 희석(조제)한 시료의 DO(mg/L)
　　　　B1 : 식종액의 BOD를 측정할 때 희석된 식종액의 배양전 DO(mg/L)
　　　　B2 : 식종액의 BOD를 측정할 때 희석된 식종액의 배양후 DO(mg/L)
　　　　f : 희석시료 중의 식종액 함유율 (x %)과 희석한 식종액 중의 식종액 함유율(y %)의 비(x/y)
　　　　P : 희석시료 중 시료의 희석배수(희석시료량/시료량)
이상에서, 다음과 같은 결과를 얻을 수 있다.
BOD (mg/L) = [(D1 − D2) − (B1−B2) × f] × P
　　　　　　 = [(9 − 4.3) − (9.32 − 9.12) × 1] × 5 = 22.5(mg/L)

20 대기 부피농도는 질소 > 산소 > 아르곤 > 이산화탄소 > 네온 > 헬륨 > 메테인 > 크립톤 > 수소 > 제논 순으로 감소한다.

2023. 6. 10. 제1회 지방직 시행

1 흡착제가 아닌 것은?

① 활성탄

② 실리카 겔

③ 활성 알루미나

④ 수산화 나트륨

2 레몬주스의 수소 이온 농도가 6.0×10^{-3} M일 때, pH와 pOH는? (단, 온도는 $25\,^\circ$C, log6은 0.78이다)

	pH	pOH
①	2.22	10.78
②	6.00	14.00
③	2.22	11.78
④	7.80	10.78

ANSWER 1.④ 2.③

1 흡착제는 액체나 기체를 흡수하여 달라붙게 하는 물질을 말하며, 내부 표면적과 열전도도가 높다. 활성탄, 실리카 겔, 활성 알루미나는 대표적인 흡착제이다. 수산화 나트륨(NaOH)은 대표적인 강염기성 물질로 중화반응에 주로 이용된다.

2 $\text{pH} = -\log_{10}[H^+] = -\log_{10}(6.0 \times 10^{-3}) = -\log_{10}6 + 3 = -0.78 + 3 = 2.22$

$\text{pOH} = 14 - \text{pH} = 14 - 2.22 = 11.78$

3 소음공해의 특징이 아닌 것은?

① 감각적인 공해이다.

② 주위에서 진정과 분쟁이 많다.

③ 사후 처리할 물질이 발생하지 않는다.

④ 국소적이고 다발적이며 축적성이 있다.

4 폐수 내 고형물(solids)에 대한 명명으로 옳은 것은?

① TDS : 총 부유 고형물

② FSS : 강열잔류 용존 고형물

③ FDS : 강열잔류 부유 고형물

④ VSS : 휘발성 부유 고형물

5 물에서 기체의 용해도는 Henry 법칙($C=kP$)을 따른다. 대기 중 산소 부피가 20%일 때, 수중 포화 용존 산소 농도[$\mathrm{mgL^{-1}}$]는? (단, 25°C, 1기압이고 k는 $1.3 \times 10^{-3}\,\mathrm{mol\ L^{-1}atm^{-1}}$, C는 용존 기체 농도, P는 기체 부분 압력, O의 원자량은 16이다)

① 4.16

② 8.32

③ 13.00

④ 33.28

---

3 소음 공해의 특징

㉠ 축적성이 없다.

㉡ 감각적인 공해이다.

㉢ 국소적, 다발적이다.

㉣ 주위의 민원이 많다.

㉤ 사후에 처리할 물질이 발생하지 않는다.

4 ① TDS(Total Dissolved Solid) : 총 용존 고형물

② FSS(Fixed Suspended Solid) : 강열잔류 부유 고형물

③ FDS(Fixed Dissolved Solid) : 강열잔류 용존 고형물

④ VSS(Volatile Suspended Solid) : 휘발성 부유 고형물

5 $$C=kP=\frac{1.3\times10^{-3}\,mol}{L\cdot atm}\times1atm\times\frac{20}{100}\times32\frac{g}{mol}=0.00832\,g/L=8.32\,mg/L$$

6 유량 120,000m³d⁻¹, 체류시간 4hr, 표면부하율 30m³m⁻²d⁻¹인 하수가 8개의 침전조로 유입될 때, 침전조 1개의 유효 표면적[m²]은?

① 125

② 250

③ 500

④ 1,000

7 다이옥신에 대한 설명으로 옳지 않은 것은?

① 폐기물소각시설은 주요 오염원 중 하나이다.

② 수용성이다.

③ 생체 내에 축적된다.

④ 2, 3, 7, 8-TCDD의 독성이 가장 강하다.

ANSWER 6.③ 7.②

6

$$표면부하율 = \frac{유량}{침전면적} = \frac{30m^3}{m^2 \cdot d} = \frac{\frac{120,000m^3}{d}}{A}$$

위 식을 풀면 $A = 4,000\,m^2$ 인데, 문제에서 하수가 8개의 침전조로 유입된다고 하였으므로 침전조 1개의 유효 표면적은 $\frac{4000\,m^2}{8} = 500\,m^2$ 이다.

7 ① 다이옥신은 도시/산업폐기물 및 슬러지 소각에 따른 배출물이며, 따라서 폐기물소각시설은 주요 오염원 중 하나이다.
② 다이옥신은 상온에서 무색의 결정성 고체이며 유기용매에는 잘 용해되지만 물에는 잘 용해되지 않는 불용성이다.
③ 다이옥신은 화학적으로 매우 안정된 화합물로서, 분해되기 어려워 섭취 시 생체 내에 축적된다.
④ 다이옥신 중 2, 3, 7, 8-TCDD(2, 3, 7, 8-테트라클로로다이벤조-파라-다이옥신)는 베트남전에서 사용되었던 고엽제인 에이전트 오렌지에 포함된 불순물로서 고엽제 피해의 주원인이 되는 등 독성이 매우 강하다.

8 굴뚝에서 배출되는 연기의 형태는 기온의 연직분포에 따라 달라진다. 기온 연직분포에 따른 대기안정도와 연기의 형태로 옳은 것은? (단, 환경감률은 실선, 단열감률은 점선이다)

① 훈증형 - 역전

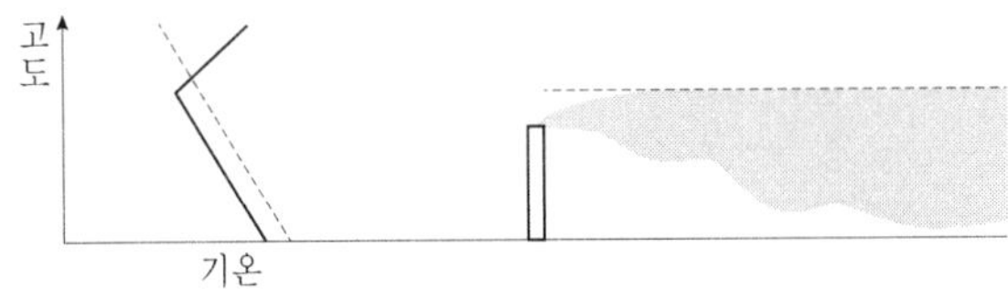

② 지붕형 - 지표역전

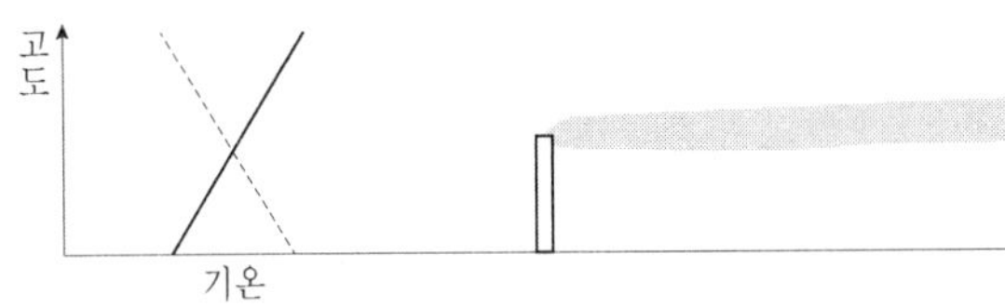

③ 원추형 - 역전

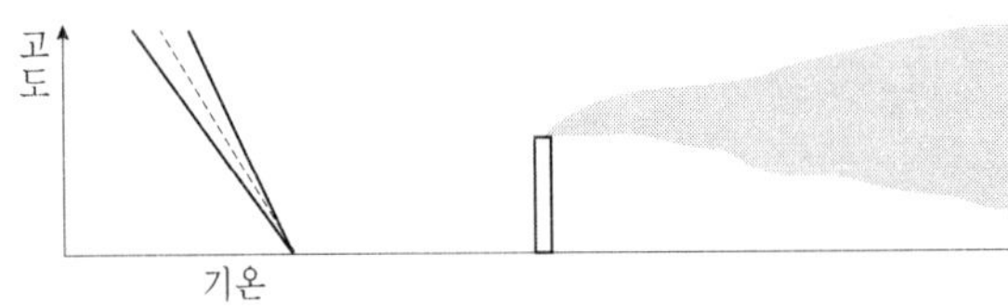

④ 구속형 - 중립안정

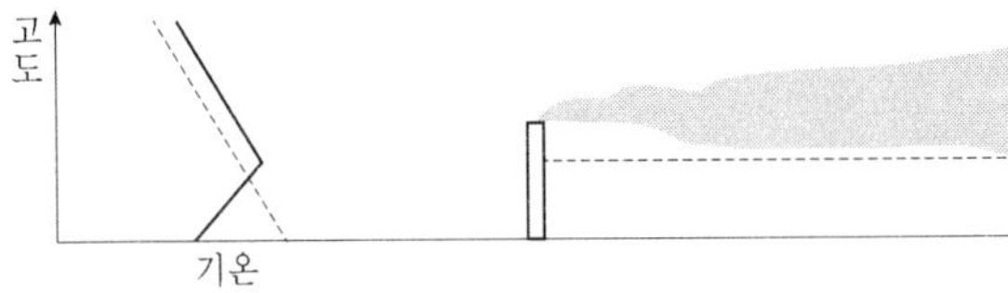

8 〈기온 연직분포에 따른 대기안정도와 연기의 형태〉

① **환상형**(Looping Type) : 대기의 상하층 모두 매우 불안정해지는 과단열적 상태. 청명하고 바람이 약한 한낮, 주로 태양 복사열이 강한 여름철에 발생

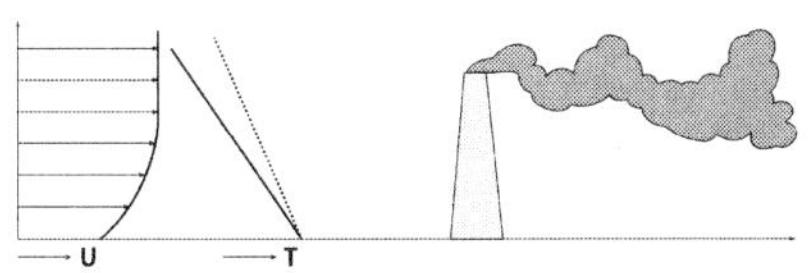

② **원추형**(Coning Type) : 대기의 상태가 중립 또는 미단열 상태로 바람이 다소 강하고 구름이 많이 낀 밤중에 주로 관찰됨.

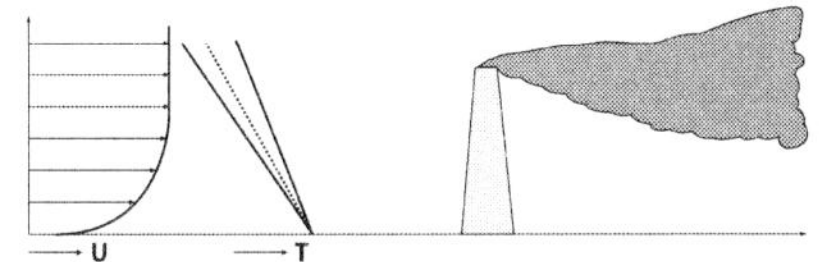

③ **부채형**(Fanning) : 대기의 상태가 굴뚝 위의 상당한 높이까지 강한 기온역전(접지역전, 지표역전)이 나타나는 상태. 쾌청한 날의 밤에서 새벽 사이에 주로 발생.

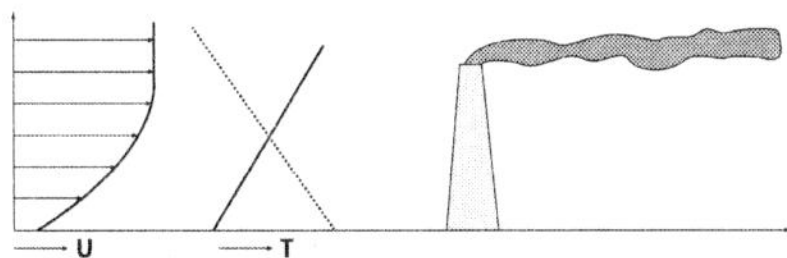

④ **지붕형**(Lofting Type) : 쾌청하고 바람이 약한 초저녁부터 이른 아침에 나타남. 상층은 불안정하고, 하층은 굴뚝 높이보다 낮게 역전층이 형성(안정)된 상태

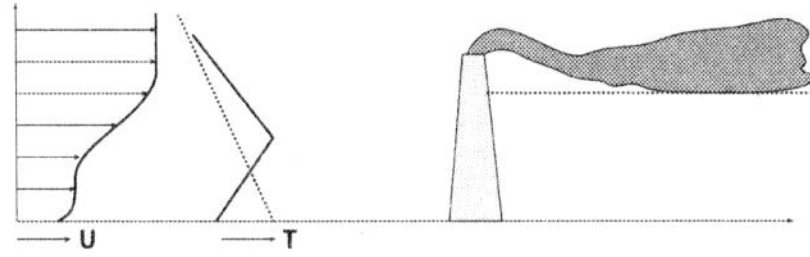

⑤ **훈증형**(Fumigation Type) : 지붕형과 반대의 형태로 대기상태가 일출 후 지표가 태양열을 받아 가열되어 나타남. 상층은 안정, 하층은 불안정한 상태

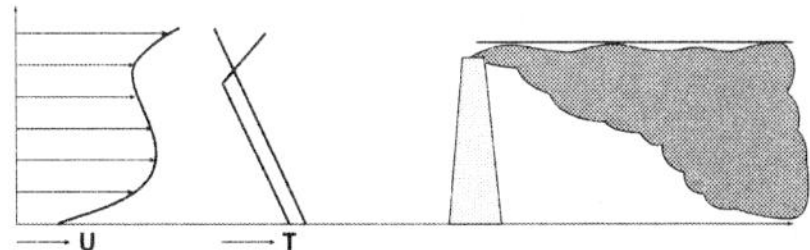

⑥ **구속형**(Trapping Type) : 상층은 침강역전, 하층은 복사역전이 형성되어 상하층 모두 역전(안정) 상태. 지표면의 오염도는 낮으나 확산이 되지 않는다.

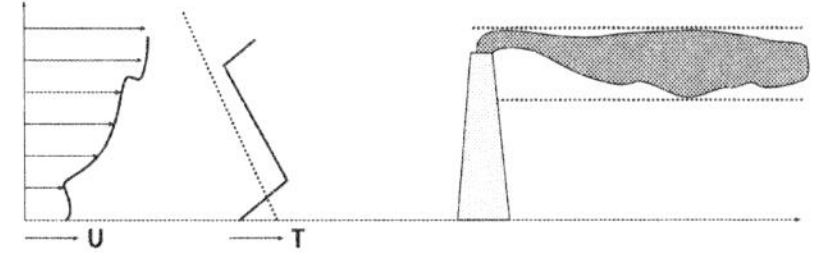

9 「대기환경보전법 시행규칙」상 기후 · 생태계 변화유발물질의 농도를 측정하기 위한 것은?

① 교외대기측정망   ② 유해대기물질측정망

③ 대기오염집중측정망   ④ 지구대기측정망

10 고형물 함량 2.5%인 슬러지 $2m^3$을 고형물 함량 4%로 농축할 때, 슬러지 부피 감소율[%]은? (단, 슬러지 밀도는 $1kgL^{-1}$이다)

① 22.5   ② 37.5

③ 45.5   ④ 0.5

ANSWER 9.④   10.②

9 측정망의 종류 및 측정결과보고 등〈대기환경보전법 시행규칙 제11조〉

① 수도권대기환경청장, 국립환경과학원장 또는 「한국환경공단법」에 따른 한국환경공단(이하 "한국환경공단"이라 한다)이 설치하는 대기오염 측정망의 종류는 다음 각 호와 같다.
  1. 대기오염물질의 지역배경농도를 측정하기 위한 교외대기측정망
  2. 대기오염물질의 국가배경농도와 장거리이동 현황을 파악하기 위한 국가배경농도측정망
  3. 도시지역 또는 산업단지 인근지역의 특정대기유해물질(중금속을 제외한다)의 오염도를 측정하기 위한 유해대기물질측정망
  4. 도시지역의 휘발성유기화합물 등의 농도를 측정하기 위한 광화학대기오염물질측정망
  5. 산성 대기오염물질의 건성 및 습성 침착량을 측정하기 위한 산성강하물측정망
  6. 기후 · 생태계 변화유발물질의 농도를 측정하기 위한 지구대기측정망
  7. 장거리이동대기오염물질의 성분을 집중 측정하기 위한 대기오염집중측정망
  8. 초미세먼지(PM-2.5)의 성분 및 농도를 측정하기 위한 미세먼지성분측정망

② 특별시장 · 광역시장 · 특별자치시장 · 도지사 또는 특별자치도지사(이하 "시 · 도지사"라 한다)가 설치하는 대기오염 측정망의 종류는 다음 각 호와 같다.
  1. 도시지역의 대기오염물질 농도를 측정하기 위한 도시대기측정망
  2. 도로변의 대기오염물질 농도를 측정하기 위한 도로변대기측정망
  3. 대기 중의 중금속 농도를 측정하기 위한 대기중금속측정망

③ 시 · 도지사는 상시측정한 대기오염도를 측정망을 통하여 국립환경과학원장에게 전송하고, 연도별로 이를 취합 · 분석 · 평가하여 그 결과를 다음 해 1월말까지 국립환경과학원장에게 제출하여야 한다.

10 슬러지의 고형물 함량이 변하더라도 고형물의 건조 질량은 같다는 조건을 이용하면, 고형물 함량 4%인 슬러지 부피(x)와 슬러지 부피 감소율을 다음과 같이 구할 수 있다.

$$2 \times \frac{2.5}{100} = x \times \frac{4}{100} \qquad\qquad \therefore \ x = 1.25 \ (m^3)$$

$$(슬러지 \ 부피 \ 감소율) = \frac{2-1.25}{2} \times 100 = 37.5(\%)$$

11 유량 $2m^3 s^{-1}$, 온도 $15°C$인 하천이 용존 산소로 포화되어 있다. 이 하천에 유량 $0.5\,m^3\,s^{-1}$, 온도 $25°C$, 용존 산소 농도 $1.5mgL^{-1}$인 지천이 유입될 때, 합류지점에서의 용존 산소 부족량$[mgL^{-1}]$은? (단, 포화 용존 산소 농도는 $15°C$에서 $10.2mgL^{-1}$, $17°C$에서 $9.7mg\,L^{-1}$, $20°C$에서 $9.2mgL^{-1}$이다)

① 1.24

② 3.54

③ 6.26

④ 8.46

12 프로페인(C_3H_8)과 뷰테인(C_4H_{10})이 80vol% : 20vol%로 혼합된 기체 $1Sm^3$가 완전 연소될 때, 발생하는 CO_2의 부피$[Sm^3]$는?

① 3.0

② 3.2

③ 3.4

④ 3.6

....

ANSWER 11.① 12.②

11 혼합공식 $C_m = \dfrac{C_1 Q_1 + C_2 Q_2}{Q_1 + Q_2}$ 를 이용하여 합류지점에서의 수온과 용존 산소 농도를 구한다.

① 합류지점에서의 수온 $= \dfrac{2 \times 15 + 0.5 \times 25}{2 + 0.5} = 17℃$

② 합류지점에서의 용존 산소 농도 $= \dfrac{2 \times 10.2 + 0.5 \times 1.5}{2 + 0.5} = 8.46\,mg/L$

위에서 합류지점의 수온 17℃에서의 용존 산소 부족량은 9.7 - 8.46 = 1.24mg/L임을 구할 수 있다.

12 프로페인과 뷰테인의 연소 반응식의 계수를 맞추면 다음과 같다.

$C_3H_8 + 5O_2 \rightarrow 3CO_2 + 4H_2O$

$2C_4H_{10} + 13O_2 \rightarrow 8CO_2 + 10H_2O$

아보가드로 법칙에 따라 온도와 압력이 일정할 때 모든 기체의 부피는 기체의 분자 수(몰수)에 비례한다. 따라서 프로페인 1몰이 연소하면 CO_2 3몰이 발생하며, 뷰테인 1몰이 연소하면 CO_2 4몰이 발생한다. 문제에서 주어진 조건에 따라 프로페인 0.8 Sm^3과 뷰테인 $0.2Sm^3$이 연소된다면 각각 CO2 $2.4Sm^3$과 $0.8Sm^3$이 발생하게 된다. 따라서 발생하는 총 CO_2의 부피는 3.2 Sm^3이다.

13 폐기물 매립지 선정 시 고려 사항으로 옳은 것만을 모두 고르면?

> ㉠ 경관의 손상이 적어야 한다.
> ㉡ 육상 매립자의 집수면적을 넓게 한다.
> ㉢ 침출수가 해수에 영향을 주는 장소를 피한다.
> ㉣ 해안 매립지의 경우 파도나 수압의 영향이 트지 않아야 한다.

① ㉠, ㉡   ② ㉠, ㉡, ㉢
③ ㉠, ㉢, ㉣   ④ ㉡, ㉢, ㉣

14 토양증기추출법(soil vapor extraction) 시스템의 구성요소에 해당하지 않는 것은?

① 추출정 및 공기주입정
② 진공펌프 및 송풍기
③ 풍력분별장치
④ 배가스 처리장치

ANSWER 13.③   14.③

13 ㉡ 육상 매립지의 집수면적을 넓게 하면 폐기물에서 나오는 침출수와 접하는 토양의 면적이 증가하여 토양 및 지하수 오염 가능성이 높아진다. 따라서 육상 매립지의 집수면적은 최대한 좁게 하여야 한다.

14 토양증기추출법(Soil Vapor Extraction, SVE)은 진공추출이라고도 하며, 불포화대수층에 가스추출정을 설치(필요 시 주입정도 설치)하여 토양을 진공상태로 만들어 오염물질을 제거하는 원위치(In-situ) 지중처리 공정이다. 오염물 처리기간이 짧고 오염물질이 휘발성 또는 준휘발성이고 오염지역의 대수층이 낮을 때 적용 가능하다.

※ 시스템의 구성요소
① 추출정 및 공기주입정
② 진공펌프 및 송풍기 : 송풍기는 토양재생용량이 큰 경우에 효율을 높이기 위하여 사용
③ 격리층(Seals) : 지표면으로의 지하수 유출을 방지하고, 오염층의 공기흐름효율을 제고
④ 기액 분리기 : 진공펌프와 송풍기를 보호하고, 배기가스 제거효율을 제고
⑤ 배가스 처리장치
     ㉠ 열적 처리 : 소각, 촉매산화
     ㉡ 물리화학적 처리 : 활성탄 흡착, 응축, 습윤세정
     ㉢ 생물학적 처리 : 바이오필터

15 지하수 모니터링을 위해 20m 간격으로 설치된 감시우물의 수위 차가 50cm일 때, 실질적인 지하수 유속[md^{-1}]은? (단, 투수계수는 0.2md^{-1}, 공극률은 0.2이다)

① 0.025
② 0.050
③ 0.075
④ 0.090

16 다음 분석 결과를 가진 시료의 SAR은?

성분	당량[g eq^{-1}]	농도[mg L^{-1}]
Ca^{2+}	20.0	100.0
Mg^{2+}	12.2	36.6
Na^+	23.0	92.0
Cl^-	35.5	158.2

① 0.5
② 1.2
③ 2.0
④ 3.6

15 토양 공극 내의 지하수 흐름은 Darcy 법칙으로 설명할 수 있다. 이 법칙은 다공성 매질을 통과하는 유체의 단위 시간당 유량과 유체의 점성, 유체가 흐르는 거리와 그에 따르는 압력 차이 사이의 비례 관계를 의미한다.

$$Q = -K \frac{\Delta h}{\Delta L} A = KIA = vA$$

Q : 유량, Δh : 두 점간 압력 또는 수두 차이, ΔL : 유체가 흐르는 길이
K : 투수계수, I : 수리경사도, A : 유체가 흐르는 매질의 내부 단면적

$$v_{이론} = -0.2m/day \frac{(-0.5m)}{20m} = 0.005m/day$$

$$v_{실제} = \frac{v_{이론}}{공극률} = \frac{0.005m/day}{0.2} = 0.025m/day$$

16

$$SAR = \frac{Na^+}{\sqrt{\dfrac{Ca^{2+} + Mg^{2+}}{2}}} = \frac{\dfrac{92.0}{23.0}}{\sqrt{\dfrac{\dfrac{100.0}{20.0} + \dfrac{36.6}{12.2}}{2}}} = 2.0$$

17 다음은 오염 물질의 시간에 따른 농도 변화를 나타낸 표와 그래프이다. 이에 대한 설명으로 옳지 않은 것은? (단, k는 속도 상수, t는 시간, C_0는 초기 농도이다)

$t\,[\mathrm{min}]$	$C\,[\mathrm{mg\,L^{-1}}]$
0	14.0
20	8.0
60	4.0
100	2.5
120	2.0

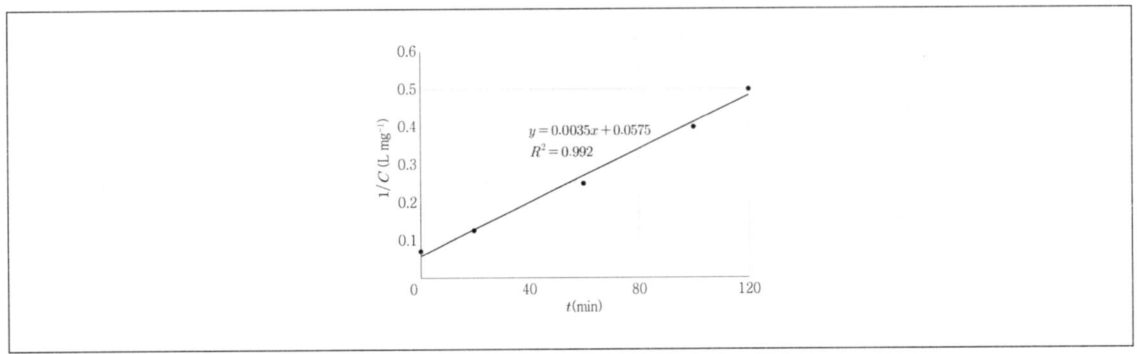

① 반응 속도를 구하기 위한 일반식은 $\dfrac{dC}{dt} = -kC$이다.

② 반응을 나타내는 결과식은 $C = \dfrac{C_0}{1 + kC_0 t}$이다.

③ 2차 분해 반응이다.

④ 속도 상수는 $0.0035\ \mathrm{Lmg^{-1}\,min^{-1}}$이다.

ANSWER 17.①

17 시간(t)과 농도의 역수(1/C)가 선형 관계를 이루는 것으로 보아 이 오염 물질의 농도 변화 반응은 2차 반응이다.

① 2차 반응의 속도를 구하기 위한 적분 속도식(일반식)은 $\dfrac{dC}{dt} = -kC^2$이다.

② ①의 적분 속도식을 적분하면 $\dfrac{1}{C} = kt + \dfrac{1}{C_0}$를 얻을 수 있다. 이를 정리하여 결과식 $C = \dfrac{C_0}{1 + kC_0 t}$를 얻는다.

③ 앞서 말한 바와 같이 이 반응은 2차 분해 반응이다.

④ 문제에서 주어진 그래프는 앞서 얻은 적분 속도식 $\dfrac{1}{C} = kt + \dfrac{1}{C_0}$를 도시한 것이다. 즉, y 절편은 초기 농도의 역수이며 기울기는 반응 속도 상수이다. 따라서 이 반응의 속도 상수는 $0.0035\ \mathrm{L\,mg^{-1}\,min^{-1}}$이다.

18 토양 오염에 대한 설명으로 옳지 않은 것은?

① 특정 비료의 과다 유입은 인근 수역의 부영양화를 초래하는 원인이 된다.

② 일반적으로 인산염은 토양입자에 잘 흡착되지 않는다.

③ 질산 이온은 토양에서 쉽게 용출되어 지하수 오염에 큰 영향을 미친다.

④ 토양 내 잔류농약 농도는 토양의 물리화학적 성질에 영향을 받는다.

19 주파수가 200Hz인 음의 주기[sec]는?

① 0.001

② 0.005

③ 0.01

④ 0.02

18 ② 일반적으로 인산염은 토양입자에 잘 흡착된다.

19 주기(Period, T)란 고전역학에서 한 번 진동할 때 걸리는 시간을 말하며, 진동수의 역수이다. 주어진 조건을 대입하여 문제를 해결하면 다음과 같다.

$$T = \frac{1}{f} = \frac{1}{200\,s^{-1}} = 0.005\,s$$

20 지정폐기물의 분류요건이 아닌 것은?

① 부패성

② 부식성

③ 인화성

④ 폭발성

---

20 부패성은 지정폐기물의 분류요건에 해당하지 않는다.

※ 지정폐기물의 분류체계

지정폐기물로의 분류요건은 폐기물이 가지는 유해성의 특징에 따라 분류되며, 다음과 같은 분류체계로 나눌 수 있다.

㉠ 부식성 : 산, 알칼리 등으로 부식의 우려가 있는 폐기물(폐산, 폐알칼리)

㉡ 반응성 또는 인화성 : 타 화학물질과 반응 시 위해성의 우려가 있으며, 인화 가능성이 있는 폐기물(폐유기용제, 폐유)

㉢ 유해성 : 인체에 직접적으로 해를 끼칠 수 있는 물질을 함유한 폐기물(PCBs 함유 폐기물, 폐농약, 폐석면)

㉣ 유해 가능성(용출 특성) : 유해물질이 함유된 폐기물은 폐기물 시험법에 의해 용출 실험한 결과 환경부령에 명시한 농도 이상의 화학물질을 함유한 경우에 지정폐기물로 간주(광재, 분진, 폐주물사 및 폐사, 폐내화물 및 도자기 편류, 소각 잔재물, 안정화 또는 고형화 처리물, 폐촉매, 폐흡착제 및 폐흡수제, 오니)

㉤ 난분해성 : 주로 인위적으로 합성된 고분자화합물로서 화학적·생물학적으로 분해되기 힘든 물질(폐합성수지, 폐합성고무, 폐페인트 및 폐래커)

㉥ 감염성 : 병원 등에 발생되는 것으로 병원성 미생물 등이 매개하여 병원성이 전이 될 수 있는 적출물 혹은 잔재물

1 「물환경보전법」상 점오염원과 비점오염원에 대한 설명으로 옳은 것은?

① 농지는 점오염원에 속한다.

② 도시, 도로, 산지는 점오염원에 속한다.

③ 폐수 배출시설의 관로는 비점오염원에 속한다.

④ 비점오염원은 불특정 장소에서 불특정하게 오염물질을 배출하는 오염원이다.

2 호수에서 부영양화가 증가하는 원인이 아닌 것은?

① 호수에 담긴 물의 체류 시간 감소

② 강우로 인한 영양염류의 유입 증가

③ 호수 주변에서 질소, 인의 유입 증가

④ 인간 활동에 의한 영양물질의 유입 증가

ANSWER 1.④ 2.①

1 ①② 도시, 도로, 농지, 산지, 공사장 등은 비점오염원에 속한다.

③ 폐수 배출시설은 점오염원에 속하고, 점오염원은 관로 등을 통하여 수질오염물질을 배출한다.

> 정의〈물환경보전법 제2조 제1의2호 및 제2호〉
>
> 1의2. "점오염원"(點汚染源)이란 폐수배출시설, 하수발생시설, 축사 등으로서 관로·수로 등을 통하여 일정한 지점으로 수질오염물질을 배출하는 배출원을 말한다.
>
> 2. "비점오염원"(非點汚染源)이란 도시, 도로, 농지, 산지, 공사장 등으로서 불특정 장소에서 불특정하게 수질오염물질을 배출하는 배출원을 말한다.

2 부영양화(富營養化, eutrophication) … 화학 비료나 오수의 유입 등으로 물에 인(P)과 질소(N)와 같은 영양분이 과잉 공급되어 식물의 급속한 성장 또는 소멸을 유발하고 조류가 과도하게 번식하게 하여 하천이나 호수 심층수의 산소를 빼앗아 용존산소량(DO)를 감소시켜 생물을 죽게 하는 현상을 말한다.

① 호수에 담긴 물의 체류 시간이 증가하는 경우 조류가 증식할 시간이 많아지므로 부영양화가 증가한다.

3 공장폐수의 BOD$_5$ 측정에 대한 설명으로 옳지 않은 것은?

① 시료를 결정된 희석 배율로 희석한다.

② 측정을 위해 호기성 미생물을 식종한다.

③ 질소산화물의 산화로 소비된 DO를 측정한다.

④ 20˚C에서 5일간 배양했을 때 소비된 DO를 측정한다.

4 폐기물 관리 시 폐기물 발생단계에서 최우선으로 고려해야 할 사항은?

① 폐기물의 소각

② 안정적인 매립

③ 발생 억제 및 최소화

④ 연소 시 발생하는 폐열 및 에너지의 회수

3 BOD(생물 화학적 산소 요구량) … 물 속의 호기성 미생물에 의해 유기물이 분해될 때 소모되는 산소의 양을 의미한다. 따라서 측정을 위해 호기성 미생물을 식종하여야 하며, 미생물의 유기물 분해를 촉진하기 위해 시료를 적절한 배율로 희석하여 측정하도록 표준 시험법에서 정하고 있다. BOD$_5$는 물 속의 호기성 미생물을 20℃에서 5일간 배양했을 때 소모된 산소의 양(DO)을 측정하여 구한다.

③ BOD$_5$를 측정할 때는 호기성 미생물이 탄소화합물을 분해하는 데에 따른 BOD만 측정하며, 질소화합물의 산화에 의한 오차를 줄이기 위해 미리 질소화합물을 산화시켜 오차를 줄인다. 따라서 질산화로 소비된 DO는 측정되지 않는다.

4 폐기물을 관리하는 방법 중 가장 효율적이며 최우선으로 고려해야 할 사항은 폐기물 자체를 발생시키지 않거나 최소화하는 것이다.

폐기물 관리 방법 우선 순위

억제 및 최소화 → 재이용 → 재활용 → 에너지 회수 → 소각 → 매립

5 해양유류오염 발생 시 방제 조치로 옳지 않은 것은?

① 유출된 유류를 유흡착재로 회수하여 제거한다.

② 유처리제를 살포하여 유류를 분산시킨다.

③ 유류제거 선박을 이용하여 유류를 흡입 회수한다.

④ 깨끗한 심층수로 희석 확산시켜 유류의 농도를 낮춘다.

6 수질오염물질 지표인 COD와 TOC에 대한 내용으로 옳지 않은 것은?

① TOC는 유기물질 내의 탄소량을 CO_2로 전환하여 측정한다.

② COD값이 작을수록 오염물질이 많아 수질이 나쁨을 의미한다.

③ COD는 수중 유기물을 강한 산화제로 산화시킨 후 측정된 산소요구량이다.

④ 2024년 현재, TOC가 물환경보전법령상의 배출허용기준 항목으로 적용되고 있다.

ANSWER 5.④ 6.②

5 ④ 기름은 물과 잘 섞이지 않으므로 심층수로 희석되지 않으며, 오히려 기름띠가 확산되어 유류오염을 가중시킬 위험이 있다.

   ※ 유류오염 발생 시 방제 조치

    ㉠ 유출 억제 및 최소화

    ㉡ 확산 방지 : 오일펜스, 또는 울타리 설치

    ㉢ 흡입 회수 : (유출량이 많을 경우) 방제선, 유회수기 사용

    ㉣ 흡착 회수 : (유출량이 적을 경우) 유흡착제, 흡수포 사용

    ㉤ 분산 및 분해 : (유출된 기름이 미량인 경우) 유화제, 유처리제 사용

    ㉥ 침강 : 응집제

6 ② COD 값이 클수록 산화된 유기 오염물질이 많아 수질이 나쁨을 의미한다.

   ① 총 유기탄소(TOC, Total Organic Carbon)는 수중에 존재하는 유기 물질 중 탄소의 양을 mg/L로 나타낸 것으로, 연소 – 적외선 분석법이 사용된다. 소량의 시료를 고온(900~950 °C)에서 연소시켜 발생한 이산화탄소량을 측정하고 이로부터 전체 탄소량을 구한다.

   ③ COD는 수중 유기물을 과망간산 칼륨($KMnO_4$), 중크롬산 칼륨($K_2Cr_2O_7$)과 같은 강한 산화제로 산화시킨 후 측정된 화학적 산소요구량이다.

   ④ 물환경보전법 제34조 및 같은 법 시행규칙 별표 13에 따르면 수질오염물질의 배출허용기준으로 2019년 12월 31일까지는 생물화학적산소요구량(BOD), 화학적산소요구량(COD), 부유물질량(SS)이 적용되었으나, 2020년 1월 1일부터는 화학적산소요구량(COD)이 총 유기탄소(TOC)로 변경되어 적용되고 있다. 따라서 2024년에는 TOC가 물환경보전법령상의 배출허용기준 항목으로 적용되고 있다.

7 유기성 폐기물을 혐기성 소화 시 나오는 가스의 성분 중 에너지로 사용되는 것은?

① NO₂

② CH₄

③ HCHO

④ PAN

ANSWER 7.②

7 이산화질소(NO_2), 폼알데하이드(HCHO), PAN(Peroxy Acetyl Nitrate)는 모두 대표적인 대기 오염 물질로 알려져 있다.
※ 혐기성 소화 단계

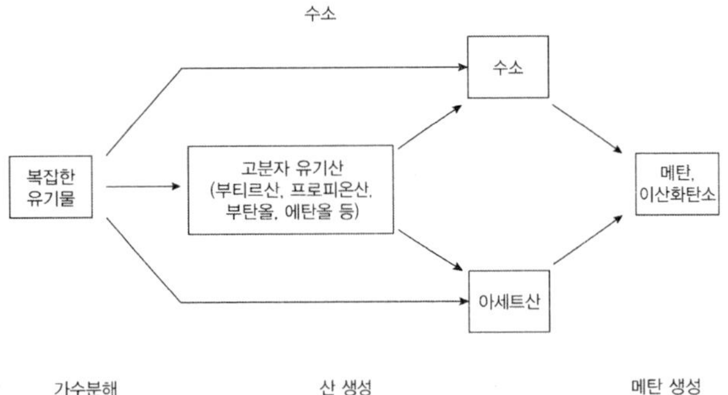

혐기성 소화는 유기물을 여러 미생물의 분해작용에 의해 메탄으로 분해하는 프로세스이며, 크게 고형의 유기물을 액상화하는 과정(가수분해), 저급 지방산을 생성하고 이들을 아세트산 및 수소 기체로 분해하는 과정(산 생성), 이들을 이용하여 메탄을 생성하는 과정(메탄 생성)으로 나누어진다. 각각의 반응과정에서 작용하는 미생물은 각기 다른 것으로 알려져 있으며, 실제로는 하나의 반응조 내에서 공생계를 만들어 연계된 메탄 발효를 진행한다. 이렇게 만들어진 메탄은 LNG의 주성분으로 좋은 에너지원이 될 수 있다.

8 폐기물의 열분해에 대한 설명으로 옳지 않은 것은?

① 다이옥신류의 발생량이 소각에 비해 많다.

② 열분해는 흡열반응이고 소각은 발열반응이다.

③ 열분해생성물 수율은 운전온도와 가열속도에 영향을 받는다.

④ 폐기물을 무산소 또는 저산소 상태에서 가열하여 연료를 생산한다.

9 단위 시간당 진동속도의 변화량인 진동가속도 1Gal과 같은 값은?

① $1cm/s^2$

② $1m/s^2$

③ $1mm/s^2$

④ $1dm/s^2$

ANSWER 8.① 9.①

8 ① 다이옥신은 도시/산업폐기물 및 슬러지 소각에 따른 배출물이며, 상온에서 무색의 결정성 고체이다. 유기용매에는 잘 용해되지만, 물에는 잘 용해되지 않는 불용성이다. 다이옥신은 화학적으로 매우 안정된 화합물로서, 분해되기 어려워 섭취 시 생체 내에 축적되는 생물 농축의 문제가 있다. 폐기물을 소각할 경우, 열분해할 경우보다 다이옥신류의 발생량이 훨씬 많다.

※ 열분해와 소각 비교

	열분해	소각
산소 공급	무산소 또는 저산소(환원성 분위기)	유산소(산화성 분위기)
열 출입	흡열 반응	발열 반응
에너지 회수 방법	연료	폐열
생성 물질의 상태	고체, 액체, 기체	기체

9 단위 시간당 속도의 변화량을 의미하는 진동가속도의 단위 1Gal은 $1cm/s^2$과 같다.

10 방음 대책 중 소음의 전파·전달 경로 대책으로 옳지 않은 것은?

① 음원을 제거한다.

② 음의 방향을 변경한다.

③ 발생원과의 거리를 멀리한다.

④ 방음벽을 설치하여 소리를 흡수한다.

ANSWER 10.①

10 ① 음원을 제거하는 것은 소음이나 진동이 발생하는 곳에서 취할 수 있는 소음원 대책에 속한다.
② 음의 방향을 변경하는 것은 소음으로 인한 영향 및 피해자가 가장 적은 쪽으로 지향성을 전환하는 전파/전달경로 대책에 속한다.
③ 발생원과의 거리를 멀리하는 것은 소음원과 수음자 사이의 거리감쇠를 증가시키는 전파/전달경로 대책에 속한다.
④ 방음벽을 설치하여 소리를 흡수하는 것 또한 소음이 전달되는 과정에서 소음을 일부 차단하고 흡수하는 것이므로 전파/전달경로 대책에 속한다.

※ **소음 방지대책**
　㉠ **소음원 대책**：소음이나 진동이 발생하는 곳에서 취할 수 있는 대책
　　• 소음 원인 제거
　　• 저소음 제품 구매 대체
　　• 기진력 저감(충격력 저감, 밸런싱, 윤활, 지지구조, 동흡진기 사용)
　　• 반응진폭 저감(구조부재의 감쇠력 증가, 고유진동수 튜닝)
　　• 음향방사 저감(판넬 두께 조절, 음향방사 효율 저감)
　　• 운전 스케줄 변경(고소음 장비 동시 운전 회피, 야간 운전 회피)
　㉡ **전파/전달경로 대책**：소음이나 진동이 전파되는 경로에서 취할 수 있는 대책
　　• 소음원 위치 변경(소음원－수음자 거리감쇠 증가)
　　• 소음원 지향성 전환(소음이 전파되는 방향 변화)
　　• 차음벽(방음벽), 차음상자, 흡음재 설치
　　• 소음기, 덕트 내 흡차음재, 공명기, ANC 설치
　　• 임피던스 부정합부 설치(에너지 반사 유도)
　　• 장비의 탄성지지를 통한 구조물 전달 감소
　㉢ **수음자 대책**：소음이나 진동을 느끼는 곳에서 취할 수 있는 대책
　　• 이중창 설치, 흡음재 시방 등 건물의 차음성 증대
　　• 귀마개 등 청력 보호장비 착용
　　• 교대근무 등으로 소음 노출시간 조절(소음원에서 일하는 노동자)
　　• 정기적으로 청력검사 실시(소음원에서 일하는 노동자)

11 물의 경도(hardness)에 대한 설명으로 옳지 않은 것은?

① 경도가 큰 물은 물때(scale)를 생성하여 온수 파이프를 막을 수 있다.

② 경도가 50mg/L as $CaCO_3$ 이하인 물을 경수라 한다.

③ Ca^{2+}와 Mg^{2+} 등의 농도 합으로 구한다.

④ 알칼리도가 총경도보다 작을 때 탄산경도는 알칼리도와 같다.

---

11 ② 경도가 50mg/L as $CaCO_3$ 이하인 물은 연수이다. 통상적으로 경도가 75 mg/L as $CaCO_3$ 이상인 물을 경수라고 분류한다. 다음은 $CaCO_3$ 환산농도에 따른 물의 분류이다.

mg/L as $CaCO_3$	수질 경도
0~75	단물 또는 연수 (soft)
75~150	약한 센물 또는 적당한 경수 (moderately hard)
150~300	센물 또는 경수 (hard)
300 이상	대단히 센물 또는 강한 경수 (Very hard)

① 비탄산경도(영구경도)가 큰 물은 배관 내 물때(scale)를 생성하여 배관 구경을 감소시키고 심하면 온수 파이프를 막을 수 있다. 또한 열전도율을 감소시키는 문제점도 있다.

③ 물의 경도는 Ca^{2+}와 Mg^{2+} 등 2가 중금속 이온 농도의 합으로 구한다.

④ 경도 유발물질은 간단하게 끓임으로써 제거가 가능한 탄산경도(일시경도)와 그 밖에 끓여서는 제거할 수 없는 경도인 비탄산경도(영구경도)로 나뉜다. 총경도는 탄산경도와 비탄산경도의 합으로 정의된다. 알칼리도 유발 물질은 탄산경도를 유발하는 물질을 모두 포함하며, 따라서 알칼리도가 총경도보다 작을 때 탄산경도는 알칼리도와 같다. 반대로 총경도가 알칼리도보다 작은 경우에는 비탄산경도가 0이 되며, 따라서 총경도와 탄산경도가 같으며, 알칼리도는 탄산경보다 더 크게 나타난다. 이를 표로 정리하면 다음과 같다.

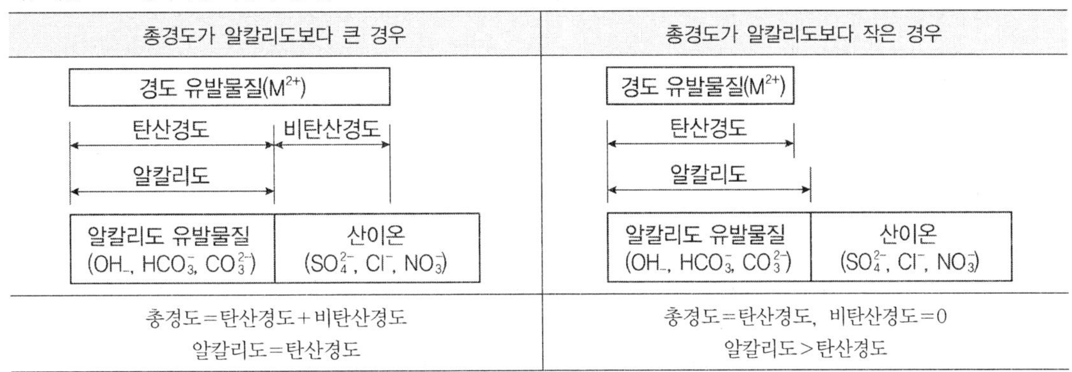

12 탄소중립 사회로의 이행에 대한 설명으로 옳지 않은 것은?

① 배출되는 온실가스를 흡수, 제거한다.

② 재생에너지인 천연가스 보급률을 높인다.

③ 탄소 순배출량을 0으로 하는 것이 목표이다.

④ 수력, 태양에너지를 이용해 탄소 배출량을 줄일 수 있다.

ANSWER 12.②

12 ② 신에너지 및 재생에너지 개발·이용·보급 촉진법 제2조에 따르면 신에너지와 재생에너지 모두 석유·석탄·원자력 또는 천연가스가 아닌 에너지로 정의된다. 따라서 천연가스는 재생에너지가 아니다.

① 탄소 순배출량을 줄이기 위해서는 온실가스 배출량을 줄이거나 이미 대기 중에 존재하는 온실가스를 흡수, 제거하는 것이 필요하다.

③ "기후위기 대응을 위한 탄소중립·녹색성장 기본" 제2조제4호에 따르면 "탄소중립"이란 대기 중에 배출·방출 또는 누출되는 온실가스의 양에서 온실가스 흡수의 양을 상쇄한 순배출량이 영(零)이 되는 상태를 말한다. 따라서 탄소 순배출량을 0으로 하는 것이 목표라는 선지는 맞는 설명이다.

④ 수소에너지, 연료전지, 석탄을 액화·가스화한 에너지 및 중질잔사유(重質殘渣油)를 가스화한 에너지 등의 신에너지와 태양에너지, 풍력, 수력, 해양에너지, 지열에너지, 생물자원을 변환시켜 이용하는 바이오에너지, 폐기물에너지와 같은 재생 에너지를 이용해 탄소 배출량을 줄일 수 있다. 따라서 "수력, 태양에너지를 이용해 탄소 배출량을 줄일 수 있다."는 선지는 맞는 설명이다.

※ 정의〈신에너지 및 재생에너지 개발·이용·보급 촉진법 제2조 제1호 및 제2호〉

1. "신에너지"란 기존의 화석연료를 변환시켜 이용하거나 수소·산소 등의 화학 반응을 통하여 전기 또는 열을 이용하는 에너지로서 다음 각 목의 어느 하나에 해당하는 것을 말한다.

    가. 수소에너지

    나. 연료전지

    다. 석탄을 액화·가스화한 에너지 및 중질잔사유(重質殘渣油)를 가스화한 에너지로서 대통령령으로 정하는 기준 및 범위에 해당하는 에너지

    라. 그 밖에 석유·석탄·원자력 또는 천연가스가 아닌 에너지로서 대통령령으로 정하는 에너지

2. "재생에너지"란 햇빛·물·지열(地熱)·강수(降水)·생물유기체 등을 포함하는 재생 가능한 에너지를 변환시켜 이용하는 에너지로서 다음 각 목의 어느 하나에 해당하는 것을 말한다.

    가. 태양에너지

    나. 풍력

    다. 수력

    라. 해양에너지

    마. 지열에너지

    바. 생물자원을 변환시켜 이용하는 바이오에너지로서 대통령령으로 정하는 기준 및 범위에 해당하는 에너지

    사. 폐기물에너지(비재생폐기물로부터 생산된 것은 제외한다)로서 대통령령으로 정하는 기준 및 범위에 해당하는 에너지

    아. 그 밖에 석유·석탄·원자력 또는 천연가스가 아닌 에너지로서 대통령령으로 정하는 에너지

13 황 함유 화석연료의 완전연소 시 주로 발생하는 1차 오염물질로서 황화합물에 해당하는 물질은?

① SO_2

② H_2S

③ CH_3SH

④ $(NH_4)_2SO_4$

14 수소 분자가 10wt%, 수분이 15wt% 함유된 도시 폐기물의 고위발열량이 3600kcal/kg일 때, Dulong식을 사용하여 계산한 저위발열량[kcal/kg]은? (단, 온도는 일정하고, 물의 증발열은 600kcal/kg이다)

① 2730

② 2850

③ 2970

④ 3150

ANSWER 13.① 14.③

13 황(S)이 완전연소하면 나오는 물질은 이산화황(SO_2)이다. 참고로 탄소(C)가 완전연소하면 이산화탄소(CO_2)가, 수소(H)가 완전연소하면 물(H_2O)이 생성된다.

14 문제에서 제시된 고위발열량(H_h)과 수소/수분 함량을 Dulong식에 대입하여 저위발열량(H_L)을 구하는 문제이다. 연료 중 성분 함량은 질량 기준이며, % 단위가 아닌 비율이므로 0과 1 사이의 값임에 유의한다.

$$H_L = H_h - 600(9H + W) = 3600 - 600(9 \times 0.10 + 0.15) = 2970[kcal/kg]$$

※ 고체/액체 연료의 고위발열량(H_h) 및 저위발열량(H_L) 계산

　㉠ 고위발열량(H_h) : C, H, S, O의 함량이 제시된 경우

$$H_h[kcal/kg] = 8100C + 34000\left(H - \frac{O}{8}\right) + 2500S$$

　㉡ 저위발열량(H_L) : 고위발열량(H_h)과 수소/수분 함량이 제시된 경우

$$H_L = H_h - 600(9H + W) \leftarrow \text{Dulong 식}$$

　• 연료 중 성분(C : 탄소, H : 수소, O : 산소, S : 황, W : 수분)의 함량

15 에틸렌 1mol이 완전연소될 경우, 부피 기준 공연비(AFR)는? (단, 모든 기체는 이상기체 상태이며, 온도와 압력은 일정하고 공기 중 산소의 부피비는 0.21이다)

① 3.0

② 9.5

③ 1.4 × 10

④ 2.4 × 10

....

ANSWER 15.③

15 공기연료비 또는 공연비(AFR, Air Fuel Raito)란, 연료의 연소 시 공기와 연료의 비율을 나타내는 수치로 공기와 연료의 이상적인 화학적 필요량으로 질량비와 부피비를 기준으로 한다. 최적의 공연비보다 공기주입량이 낮아지면 NOx는 감소, 일산화탄소와 탄화수소가 증가한다. 최적의 공연비보다 공기 주입량이 증가하면 산소량 급격히 증가하는데, 이때 과잉 공기 주입으로 인한 열 손실과 연료 손실이 발생한다. 일산화탄소와 탄화수소는 불완전연소 시에 배출율이 높고, NOx는 이론 AFR(최적 공연비) 부근에서 농도가 높게 나타나는 경향이 있다.

※ **공연비 계산법**

㉠ 질량 기준 AFR (중량 기준, 무게 기준, 중량비 등)

$$\text{질량기준 } AFR(W/W) = \frac{\text{산소몰수}mol\,O_2 \times \dfrac{32kg\,O_2}{1mol\,O_2} \times \dfrac{1kg\,Air}{0.232\,kgO_2}}{\text{연료 몰수}mol \times \dfrac{\text{연료의 분자량 } kg}{\text{연료 } 1mol}}$$

㉡ 질량 기준 AFR에서 0.232를 나눠주는(1/0.232를 곱해주는) 이유는 공기 중 산소의 질량비가 0.232이므로 산소를 산소의 공기에 대한 질량비로 나눠줌으로써 공기 질량으로 만들어주기 위함이다.

㉢ 부피 기준 AFR (체적 기준 등)

$$\text{부피기준}(Sm^3/Sm^3) = \frac{\text{산소 몰수}mol\,O_2 \times \dfrac{22.4Sm^3\,O_2}{1mol\,O_2} \times \dfrac{1Sm^3\,Air}{0.21\,Sm^3\,O_2}}{\text{연료 몰수}mol \times \dfrac{22.4Sm^3\,\text{연료}}{\text{연료} 1mol}}$$

㉣ 부피 기준 AFR에서 0.21을 나눠주는 (1/0.21을 곱해주는) 이유는 공기 중 산소의 부피비가 0.21이므로 산소를 산소의 공기에 대한 부피비로 나눠줌으로써 공기 부피로 만들어주기 위함이다.

㉤ 에틸렌의 연소 반응식 $C_2H_4 + 3O_2 \rightarrow 2CO_2 + 2H_2O$에서 연료와 산소의 몰수 비는 1:3이다. 따라서 위에서 언급한 부피 기준 AFR 공식에 넣고 계산하면 다음과 같다.

$$(\text{부피 기준 } AFR) = \frac{3 \times 22.4Sm^3 \times \dfrac{1}{0.21Sm^3}}{1 \times 22.4Sm^3} = 14$$

16 토양증기추출법(Soil Vapor Extraction, SVE)의 장점이 아닌 것은?

① 통기대 깊이에서 유용하다.

② 오염된 본래의 장소에서 현장처리가 가능하다.

③ 제거되는 물질 일부는 활성탄으로 흡착할 수 있다.

④ 휘발성이 낮은 물질의 제거 효율이 높다.

ANSWER 16.④

16 토양증기추출법(SVE : Soil Vapor Extraction)이란, 토양 지하수 상부에 있는 불포화 토양층(Vodose zone)이 유기물질에 오염되었을 때 in-situ로 처리하는 공법이다. 불포화 대수층 위에 추출정을 설치하여 강제 진공 흡입을 통해 토양으로부터 휘발성/준휘발성 오염 증기를 강제로 제거하는 물리화학적 기술이다. 이 공법의 특징은 추출된 오염물질의 재처리가 필요하지만 다른 기술들을 병행해서 사용할 수 있다는 장점이 있다. 다만, 오염 증기를 강제로 추출해야 하므로 토양의 통기성이 좋아야 한다.

장점	단점
• 가격이 싸고 관리비용이 저렴하다.	• 증기압이 낮은 물질은 제거 효율이 낮다.
• 단기간 내에 설치 가능하다.	• 투과성이 낮은 토양에서는 효과가 낮다.
• 처리시간이 짧으므로 즉시 복원효율을 기대할 수 있다.	• 추출된 증기의 재처리가 필요하다.
• 다른 시약이 필요 없다.	• 불포화 대수층에만 적용 가능하다.
• 영구적 재생이 가능하다.	• 지반구조가 복잡하면 예측이 힘들다.
• 생물학적 처리효율을 높여 다른 기술과 병행할 수 있도록 하는 역할도 가능하다.	

① 통기대란 지표면 아래층 가운데 토양 또는 사력층의 공극이 물로 완전히 채워지지 않고 공기를 포함하고 있는 부분으로, 지표로부터 지하수면(ground-water table)까지의 부분을 말한다. 오염 증기를 휘발시키기 위해서는 토양 사이의 공극이 있는 것이 유리하므로 통기대 깊이에서 유용하다.

② 오염된 증기를 흡입하여 오염된 본래의 장소에서 현장 처리가 가능하다.

③ 오염물질을 재처리하는 방법 중 제거되는 물질 중 활성탄에 잘 흡착되는 물질은 흡착 제거가 가능하다.

④ 앞서 설명한 바와 같이 휘발성이 높은 물질의 제거 효율이 높다.

17 「환경정책기본법 시행령」상 '수질 및 수생태계'에 대한 하천의 생활환경 기준에서 '좋음' 등급의 기준으로 옳지 않은 것은?

① 총유기탄소량(TOC) : 3mg/L 이하   ② 용존산소(DO) : 5.0mg/L 이하

③ 총인(total phosphorus) : 0.04mg/L 이하   ④ 총대장균군 : 500군수/100mL 이하

ANSWER 17.②

17 ② 용존산소(DO) : 5.0mg/L 이하 → 이상

※ 환경기준(수질 및 수생태계－하천－생활환경 기준)〈환경정책기본법 시행령 [별표 1] 제2조 관련〉

등급	상태 (캐릭터)	기준							대장균군 (군수/100mL)	
		수소이온 농도(pH)	생물 화학적 산소 요구량 (BOD) (mg/L)	화학적 산소 요구량 (COD) (mg/L)	총유기 탄소량 (TOC) (mg/L)	부유 물질량 (SS) (mg/L)	용존 산소량 (DO) (mg/L)	총인 (total phosphorus) (mg/L)	총 대장균군	분원성 대장균군
매우 좋음 Ia		6.5~8.5	1 이하	2 이하	2 이하	25 이하	7.5 이상	0.02 이하	50 이하	10 이하
좋음 Ib		6.5~8.5	2 이하	4 이하	3 이하	25 이하	5.0 이상	0.04 이하	500 이하	100 이하
약간 좋음 II		6.5~8.5	3 이하	5 이하	4 이하	25 이하	5.0 이상	0.1 이하	1,000 이하	200 이하
보통 III		6.5~8.5	5 이하	7 이하	5 이하	25 이하	5.0 이상	0.2 이하	5,000 이하	1,000 이하
약간 나쁨 IV		6.0~8.5	8 이하	9 이하	6 이하	100 이하	2.0 이상	0.3 이하		
나쁨 V		6.0~8.5	10 이하	11 이하	8 이하	쓰레기 등이 떠 있지 않을 것	2.0 이상	0.5 이하		
매우 나쁨 VI			10 초과	11 초과	8 초과		2.0 미만	0.5 초과		

18 다음 중 오존파괴지수(Ozone Depletion Potential, ODP)가 가장 큰 물질은?

① CFC-11

② CFC-113

③ CCl_4

④ Halon-1301

18 ① CFC-11 : 1.0

② CFC-113 : 0.8

③ CCl_4(Carbon tetrachloride) : 1.1

④ Halon-1301 : 10.0

※ 주요 물질의 ODP (오존파괴지수 : Ozone Depletion Potential)

화학물질	수명(Years)	오존파괴능력(ODP)	주요용도
CFC-11	60	1.0	발포제, 냉장고, 에어콘
CFC-12	120	1.0	발포제, 냉장고, 에어콘
CFC-113	90	0.8	전자제품 세정제
CFC-114	200	1.0	발포제, 냉장고, 에어콘
CFC-115	400	0.6	발포제, 냉장고
Halon 1301	110	10.0	소화기
Halon 1211	25	3.0	소화기
Halon 2402	28	6.0	소화기
Carbon tetrachloride	50	1.1	살충제, 약제
Methyl chloroform	6.3	0.15	절착제

19 공기희석관능법에 의한 복합악취의 악취판정에 대한 설명으로 옳은 것은?

① 악취강도별 기준용액은 n−발레르산(n−valeric acid)을 사용하여 제조한다.

② 악취강도 1은 감지 냄새(threshold)로서 무슨 냄새인지 알 수 있는 정도이다.

③ 악취강도 4는 극심한 냄새(very strong)로서 병원에서 크레졸 냄새를 맡는 정도이다.

④ 악취강도 5는 참기 어려운 냄새(over strong)로서 호흡이 정지될 것 같이 느껴지는 정도이다.

ANSWER 19.④

19　① 악취강도별 기준용액은 n−뷰탄올(n−butanol, 순도 최소 99.5% 이상)을 사용하여 제조한다. 이를 위하여 n−뷰탄올을 정제수로 악취강도에 따라 달리 희석하여 제조하며, 이때 사용하는 용기는 갈색병의 용량플라스크를 사용한다.

　② 악취강도 1은 감지 냄새(threshold)로서 무슨 냄새인지 알 수 없으나 냄새를 느낄 수 있는 정도이다. 무슨 냄새인지 알 수 있는 정도는 악취강도 2의 보통 냄새(moderate)이다.

　③ 악취강도 4는 극심한 냄새(very strong)로서 여름철에 재래식 화장실에서 나는 심한 정도이다. 병원에서 크레졸 냄새를 맡는 정도는 악취강도 3의 강한 냄새(strong)이다.

※ 악취 판정도

악취강도	악취도 구분	설명	노말뷰탄올 농도(ppm)
0	무취(none)	상대적인 무취로 평상시 후각으로 아무것도 감지하지 못하는 상태	0
1	감지냄새(threshold)	무슨 냄새인지 알 수 없으나 냄새를 느낄 수 있는 정도의 상태	100
2	보통냄새(Moderate)	무슨 냄새 인지 알 수 있는 정도의 상태	400
3	강한냄새(Strong)	쉽게 감지할 수 있는 정도의 강한 냄새를 말하며 예를 들어 병원에서 크레졸 냄새를 맡는 정도의 냄새	1,500
4	극심한 냄새 (Very Strong)	아주 강한 냄새, 예를 들어 여름철에 재래식화장실에서 나는 심한 정도의 상태	7,000
5	참기 어려운 냄새 (Over Strong)	견디기 어려운 강렬한 냄새로서 호흡이 정지될 것 같이 느껴지는 정도의 상태	30,000

20 환경오염도 조사에 적용되는 방법 중 산화-환원 반응을 이용하지 않은 것은?

① 유리막 전극전위에 의한 pH 측정

② 중화 적정법에 의한 알칼리도 측정

③ 과망간산칼륨법에 의한 화학적 산소요구량 측정

④ Winkler 아지드화나트륨변법에 의한 용존산소 측정

20 ② 산-염기 중화반응, 이온 간 결합에 따른 앙금 생성 반응 등은 산화-환원 반응이 아니다. 따라서 중화 적정법에 의한 알칼리도 측정은 산화-환원 반응을 이용한 것이 아니다.

① 유리막 전극을 사용하는 pH 미터는 유리막 내부에 충전된 일정한 pH를 유지하는 완충용액과 측정하고자 하는 외부 용액의 산화-환원 전위차를 이용하여 측정한다.

③ **과망간산칼륨법에 의한 화학적 산소요구량 측정** : 시료를 황산 산성으로 하여 과망간산칼륨 과량을 넣고 30분간 수욕 상에서 가열하여 산화-환원 반응을 일으킨 후 소비된 과망간산칼륨량으로부터 이에 상당하는 산소의 양을 측정하는 방법이다.

④ **Winkler 아지드화나트륨변법에 의한 용존산소 측정** : 황산망간과 알칼리성 아이오딘화칼륨 용액을 넣을 때 생기는 수산화제일망간이 시료중의 용존산소에 의하여 산화되어 수산화제이망간이 되고, 황산 산성에서 용존산소량에 대응하는 아이오딘을 유리한다. 유리된 아이오딘을 티오황산나트륨으로 적정하여 용존산소의 양을 정량하는 방법이다.

1 기상오염물질(gaseous pollutant) 제거에 적합한 처리설비는?

① 사이클론집진기　　　　　　　② 여과집진기

③ 중력침강기　　　　　　　　　④ 흡수 및 흡착장치

2 다음 설명에 해당하는 연기 확산 모형은?

> • 대기안정도가 중립인 약안정상태에서 발생한다.
> • 굴뚝에서 배출된 연기는 지표 가까이에는 도달하지 않고, 연기 속의 오염농도 분포는 가우시안 (Gaussian) 분포로 나타난다.

① 부채형　　　　　　　　　　　② 상승형

③ 원추형　　　　　　　　　　　④ 환상형

ANSWER 1.④　2.③

1　기상오염물질은 가스(기체) 형태의 오염물질을 말한다. 흡수 및 흡착장치는 이러한 가스 형태의 오염물질을 제거하는 데에 효과적이다. 흡수(Absorption)장치는 스크러버와 같이 오염물질을 액체(주로 물이나 화학 용액)에 녹여 제거하는 방식이다. 반면, 흡착(Adsorption)장치는 오염물질을 고체 흡착제(활성탄 등)의 표면에 달라붙게 하여 제거하는 방식이다.
사이클론집진기, 여과집진기, 중력침강기는 주로 입자상 물질(먼지, 미세먼지 등 고체 또는 액체 미립자)을 제거하는 데 사용되는 장치이며, 물리적인 힘(원심력, 여과, 중력)을 이용하여 입자를 분리한다.

2　대기오염 확산 모형 중 연기 형태는 대기 안정도에 따라 다양하게 나타난다.
① **부채형**(Fanning) : 대기가 매우 안정하여 역전층이 강하게 형성된 경우 발생하며, 연기가 수평으로 넓게 퍼지는 형태이다. 지표면 농도는 낮지만 장거리 오염 문제가 발생할 수 있다.
② **상승형**(Lofting) : 굴뚝 상부에 안정층이 있고 하부에 불안정층이 있을 때 발생한다. 연기가 위쪽으로 퍼지며 상승하고, 지표면에는 거의 도달하지 않아 지표 오염 농도가 매우 낮다.
③ **원추형**(Coning) : 대기 안정도가 중립 상태일 때 발생한다. 연기가 굴뚝을 중심으로 원추형으로 확산되며, 오염농도 분포가 가우시안 분포를 따르는 것이 특징이다.
④ **환상형**(Looping) : 대기 안정도가 매우 불안정할 때 발생한다. 연기가 위아래로 심하게 요동치며 퍼지는 형태이다.

3 매립물질의 생분해 안정화 단계를 순서대로 바르게 나열한 것은?

> (개) 메탄 생성 단계
> (내) 산 생성 단계
> (대) 호기성 단계

① (개) − (대) − (내) ② (내) − (대) − (개)
③ (대) − (개) − (내) ④ (대) − (내) − (개)

4 음의 세기(sound intensity)에 정비례하는 물리량은?

① 음속의 제곱 ② 음압의 제곱
③ 주파수 ④ 파장

ANSWER 3.④ 4.②

3 매립지 내 유기물의 생분해 과정은 산소 유무와 시간 순서에 따라 다음과 같이 크게 세 단계로 나뉜다.
　① **호기성 단계(Aerobic Phase)** : 매립 초기 매립지 내에 존재하는 산소에 의해 호기성 미생물들이 유기물을 분해하는 단계이다. 이 과정에서 이산화 탄소와 물이 주로 생성되며 열이 발생한다.
　② **산 생성 단계(Acid Phase)** : 호기성 미생물들이 산소를 모두 소모하면 산소가 없는 혐기성 상태로 전환된다. 이 단계에서는 혐기성 미생물 중 유기산을 생성하는 세균들이 유기물을 분해하여 유기산, 수소, 이산화탄소 등을 만들며, 이로 인해 pH가 낮아진다.
　③ **메탄 생성 단계(Methane Fermentation Phase)** : 산 생성 단계 이후, 메탄 생성균들이 활성화되어 유기산과 이산화탄소, 수소를 이용하여 메탄과 이산화탄소를 만든다. 이 단계에서 매립가스(메탄과 이산화탄소의 혼합 가스)가 대량 발생하며, 매립물이 장기적으로 안정화된다.

4 음의 세기(Sound Intensity, I)는 단위 면적당 전달되는 음향 에너지의 양을 말하며, 음압(Sound Pressure, P)은 음파가 매질을 통과할 때 발생하는 압력 변화를 의미한다.

음의 세기(I)와 음압(P) 사이에는 $I = \dfrac{P^2}{\rho c}$ (ρ : 매질의 밀도, c : 음속)의 관계가 성립한다. 따라서 일정한 매질에서는 ρ, c가 상수이므로, 음의 세기(I)가 음압의 제곱(P^2)에 정비례하며, 음속(c)에 반비례한다.

나머지 보기에 나와 있는 주파수, 파장은 음의 세기에 직접적으로 정비례하는 관계가 아니다. 음속은 매질의 특성에 따라 결정되며, 주파수와 파장은 음의 높이와 관련이 있다.

5 다음 설명에 해당하는 소각로는?

> • 소각로 하단에 가스를 주입하여 모래를 띄운 후, 이를 약 700°C로 가열하고 폐기물을 투입하여 소각한다.
> • 열용량이 커서 운전 중단 상황에서도 대처할 수 있으며, 주로 슬러지류 등의 소각에 사용된다.

① 다단로식(multiple hearth) 소각로

② 유동상(fluidized bed) 소각로

③ 화격자(stoker) 소각로

④ 로타리킬른(rotary kiln) 소각로

5 소각로는 폐기물을 고온으로 태워 부피를 줄이고 유해 물질을 처리하는 시설이다.

① 다단로식(Multiple Hearth)소각로
- 여러 개의 원형 또는 직사각형 로(hearth)가 수직으로 쌓여 있는 형태로서 폐기물은 상단 로에서 투입되어 회전하는 경작기(rabble arm)에 의해 교반되면서 아래 로로 점차 이동한다. 각 단의 로는 온도가 다르며, 상단에서는 건조 및 휘발성분 증발, 중간에서는 연소, 하단에서는 완전 연소 및 회화(재로 만드는 과정)가 이루어진다. 연소 온도는 보통 700~900 ℃ 정도이다.
- 폐기물의 건조, 소각, 회화 과정을 독립적으로 제어할 수 있어 효율적인 연소가 가능하며, 폐기물의 종류 변화에 비교적 강하다.
- 주로 슬러지(하수처리장 찌꺼기), 제지 폐기물, 산업 폐기물 등 습윤한 폐기물 소각에 적합하다.

② 유동상(Fluidized Bed) 소각로
- 소각로 하단에서 공기(또는 가스)를 주입하여 모래, 실리카겔, 알루미나 등의 불활성 물질 입자들을 띄워 마치 액체처럼 움직이는 유동층(fluidized bed)을 형성한다. 이 유동층을 약 700℃ 정도로 가열하고 폐기물을 투입하면, 유동층과의 활발한 접촉을 통해 빠르게 건조 및 연소된다.
- 높은 열용량 : 유동층이 큰 열용량을 가지고 있어 폐기물 종류나 양의 변화에 대한 운전 안정성이 매우 높으며, 운전 중단 상황에서도 대처하기 용이하다.
- 균일한 온도 분포 : 유동층 내에서 온도가 균일하게 유지되어 완전 연소에 유리하다.
- 높은 연소 효율 : 폐기물이 유동층과 잘 혼합되어 연소 효율이 높다.
- 공해 물질 저감 : 유동층 내에 석회석 같은 물질을 혼합하여 산성 가스(SOx 등)를 제거하는 데 효과적이다.
- 슬러지, 폐타이어, 의료 폐기물, 특정 산업 폐기물 등 다양한 종류의 폐기물 소각에 사용되며, 특히 균일한 연소가 필요한 경우에 적합하다.

③ 화격자(Stoker) 소각로
- 가장 일반적으로 사용되는 소각로 형태로서, 폐기물이 이동하는 화격자(grate) 위에서 연소되는 방식이다. 폐기물은 투입구에서 화격자 위로 공급되어 화격자의 이동과 함께 건조, 연소, 후연소 과정을 거치면서 재로 변한다. 도시 생활 폐기물 소각에 가장 널리 적용된다.
- 다양한 폐기물 처리 : 생활 폐기물, 산업 폐기물 등 고형 폐기물 소각에 널리 사용된다.
- 간단한 구조 : 다른 소각로에 비해 구조가 비교적 간단하고 운전이 용이하다.
- 전처리 필요 : 폐기물의 크기와 발열량에 따라 전처리가 필요할 수 있다.

④ 로타리 킬른(Rotary Kiln) 소각로
- 약간 경사지고 회전하는 원통형의 소각로로, 폐기물이 로터리 킬른 내부로 투입되면 회전 운동과 경사에 의해 점차 이동하면서 고온에서 연소된다. 연소 가스는 후연소실로 이동하여 추가 연소가 이루어진다.
- 다양한 성상 폐기물 처리 가능 : 고형, 액상, 페이스트형 등 다양한 형태의 폐기물 소각이 가능하며, 특히 유기성 슬러지, 유해 폐기물 등에 효과적이다.
- 높은 연소 온도 : 고온 연소가 가능하여 유해 물질의 완전 분해에 유리하다.
- 밀폐성이 우수하여 유해 물질의 누출 위험이 적다.
- 주로 유해 폐기물, 산업 폐기물, 의료 폐기물, 액상 폐기물 등 처리하기 어려운 폐기물 소각에 주로 사용된다.

6 해수의 물성에 대한 설명으로 옳지 않은 것은?

① 기체의 용해도는 수온이 낮을수록 증가한다.

② 염분의 농도는 전기전도도로 측정할 수 있다.

③ 해수의 음파 전달 속도는 수온에 영향을 받는다.

④ 염분(salinity)이란 해수 100mL에 녹아 있는 염류(고형물질)의 총량을 의미한다.

7 혐기성 암모늄이온 산화(Anammox)공정에 대한 설명으로 옳은 것은?

① 기존 질산화－탈질화 공정보다 산소소모량이 많다.

② 최적 운전조건은 고온(50~55℃)조건이다.

③ 안정적인 운전을 위해 메탄올을 외부탄소원으로 주입해야 한다.

④ Anammox균은 암모늄이온(NH_4^+)을 전자공여체로, 아질산이온(NO_2^-)을 전자수용체로 사용한다.

ANSWER 6.④ 7.④

6 ④ 염분(salinity)은 해수 질량 1kg(1000g)에 녹아 있는 모든 고형 물질의 총량을 g 단위로 나타낸 것을 의미한다. 일반적으로 퍼밀(‰) 또는 PSU(Practical Salinity Unit) 단위를 사용한다. 보기에서 제시된 100mL는 부피를 나타내는 단위이므로 잘 못된 설명이다.

① 액체에 대한 기체의 질량 용해도는 온도가 낮을수록 증가한다. 이는 기체 분자의 운동 에너지가 감소하여 액체 분자와의 인력이 상대적으로 강해지기 때문이다. 해수에서도 마찬가지로 수온이 낮을수록 기체 용해도가 증가한다.

② 해수에 녹아 있는 염분은 Na^+, Cl^- 등과 같은 다양한 이온 형태로 존재한다. 이러한 이온들은 해수 내에서 전하를 운반하는 전해질로 작용하여 전기전도도를 증가시키며, 이온의 종류에 따라 전기전도도 증가의 정도 또한 달리 나타난다. 따라서 해수의 이온 조성을 알고 있다면 전기전도도를 측정함으로써 염분 농도를 간접적으로 추정할 수 있다.

③ 해수에서 음파의 전달 속도는 수온, 염분, 수압(수심) 등에 의해 영향을 받는다. 이 중에서 수온이 음속에 가장 큰 영향을 미치며, 수온이 높을수록 음속은 증가한다.

7 Anammox(Anaerobic Ammonium Oxidation) 공정은 혐기성 조건에서 암모늄 이온과 아질산 이온을 직접 질소 기체로 전환시키는 생물학적 질소 제거 공정이다. Anammox 반응의 화학반응식은 $NH_4^+ + NO_2^- \rightarrow N_2 + 2H_2O$이다. 이 반응에서 암모늄 이온은 산화되면서 전자를 내어주는 전자공여체로 사용하고, 아질산 이온은 환원되면서 전자를 받는 전자수용체로 사용한다.

① 기존 질산화－탈질화(Aerobic nitrification) 공정은 암모니아를 질산염으로 산화시키는 과정에서 많은 산소를 필요로 한다. Anammox 공정은 암모늄의 절반만 아질산으로 산화시키고, 나머지 암모늄과 아질산을 직접 반응시켜 질소 기체를 생성하므로, 기존 공정 대비 산소 소모량이 약 60% 적다.

② Anammox균은 중온성(mesophilic) 미생물이므로 최적 활성 온도는 일반적으로 30~40℃ 범위이다. 따라서 보기와 같이 고온인 50~55℃에서 운전할 경우 Anammox균의 활성을 저해할 수 있다.

③ 기존의 탈질화(denitrification) 공정은 질산염을 질소 기체로 환원하기 위해 메탄올 등의 외부 탄소원을 주입해야 한다. 그러나 Anammox 공정은 암모늄이 전자공여체로 작용하고, 아질산이 전자수용체로 작용하여 반응이 진행되므로, 별도의 외부 탄소원이 불필요하다.

8 「수질오염공정시험기준」상 산성과망간산칼륨법(COD분석)에 대한 설명으로 옳은 것은?

① 아질산염의 방해가 우려되면 황산은을 첨가한다.

② 염소이온의 방해가 우려되면 설파민산을 첨가한다.

③ 반응시료(100 mL)의 염소이온 농도가 2,000mg/L 이상인 경우에 적용한다.

④ 정밀도는 측정값의 상대표준편차로 산출하며 측정한 결과 25% 이내이어야 한다.

9 25°C에서 pH 9.0인 물속에 존재하는 NH_4^+과 NH_3의 비 $\left(\dfrac{NH_4^+}{NH_3}\right)$는? (단, 25°C에서 K_a는 5.6×10^{-10}이며, 소수점 둘째 자리에서 반올림한다)

① 1.8   ② 3.8

③ 6.4   ④ 9.3

ANSWER 8.④ 9.①

8 화학적산소요구량–적정법–산성과망간산칼륨법은 물속에 존재하는 화학적 산소요구량(COD)을 측정하기 위하여 시료를 황산 산성으로 하여 과망간산칼륨 일정과량을 넣고 30분간 수욕상에서 가열반응 시킨 다음 소비된 과망간산칼륨량으로부터 이에 상당하는 산소의 양을 측정하는 방법이다. 이는 국립환경과학원 고시에 따른 「수질오염공정시험기준」 ES 04315.1b로 규정되어 있다.

산성과망간산칼륨법에 따르면 정확도는 첨가한 표준물질의 농도에 대한 측정 평균값의 상대 백분율로서 나타내고 그 값이 75~125% 이내이어야 하며, 정밀도는 측정값의 상대표준편차(RSD)로 산출하며 측정한 결과 25% 이내이어야 한다.(기준 6.2)

① 아질산염은 아질산성 질소 1mg당 1.1mg의 산소를 소모하여 COD 측정값의 오차를 유발한다. 아질산염의 방해가 우려되면 아질산성 질소 1mg당 10mg의 설파민산을 넣어 간섭을 제거한다.(기준 1.3.3)

② 염소이온은 과망간산에 의해 정량적으로 산화되어 양의 오차를 유발하므로 염소이온의 방해가 우려되면 황산은을 첨가하여 염소이온의 간섭을 제거한다.(기준 1.3.2)

③ 산성 과망간산칼륨법의 적용범위는 지표, 하수, 폐수 등에 적용하되, 반응시료(100mL)의 염소이온 농도가 2,000mg/L 미만인 경우에 적용한다.(기준 1.2) 염소이온 농도가 2,000mg/L를 초과하는 경우에는 염소 이온의 영향이 커서 정확한 COD 측정이 어렵기 때문에 중크롬산칼륨법 등의 다른 방법을 고려해야 한다.

9 암모늄 이온(NH_4^+)과 암모니아(NH_3)의 산–염기 평형은 $NH_4^+ \rightleftharpoons NH_3 + H^+$과 같고,

이때의 이온화 상수 $K_a = \dfrac{[NH_3][H^+]}{[NH_4^+]} = 5.6 \times 10^{-10}$이다. 문제에서 pH 9.0이라고 했으므로

수소이온농도 $[H^+] = 10^{-pH} = 10^{-9} M$이다. 이를 위의 이온화 상수 식에 대입하면, $\dfrac{[NH_3]}{[NH_4^+]} \times 10^{-9} = 5.6 \times 10^{-10}$에서

$\dfrac{[NH_3]}{[NH_4^+]} = 0.56$이다. 문제에서 구하라고 요구한 것은 이것의 역수이므로 $\dfrac{[NH_4^+]}{[NH_3]} = \dfrac{1}{0.56} = 1.8$임을 얻을 수 있다.

10 기체연료인 프로판(C_3H_8) $1Sm^3$를 공기비 2.0으로 완전연소시킬 때 실제공기량[Sm^3]은? (단, 공기 중 산소의 부피비는 0.2로 가정한다)

① 10.0

② 20.0

③ 40.0

④ 50.0

11 BOD 200mg/L인 폐수 1,000 m^3/day를 처리하기 위한 폭기조의 적정 용적[m^3]은? (단, BOD 용적부하는 0.5 $kg/m^3 \cdot day$이다)

① 20

② 40

③ 200

④ 400

ANSWER 10.④ 11.④

10 프로판의 완전 연소 반응식 $C_3H_8 + 5O_2 \rightarrow 3CO_2 + 4H_2O$에서 프로판 1몰이 완전 연소하는 데에 산소 5몰이 필요하다는 점을 알 수 있다. 기체의 경우 반응하는 부피 비는 몰수 비와 같으므로 프로판 $1Sm^3$가 완전 연소하는 데에 필요한 이론적인 산소의 양은 $5Sm^3$이다. 그런데, 공기 중 산소의 부피비는 0.2이므로. 이론적인 공기량은 $\dfrac{5}{0.2} = 25Sm^3$이다. 여기에서 공기비가 2.0이라고 하였으므로 주어진 프로판의 완전 연소 반응에서의 실제 공기량은 이론 공기량에 공기비를 곱하여 $25 \times 2.0 = 50Sm^3$임을 구할 수 있다.

11 일일 유입 BOD 부하량은 폐수량과 BOD 농도를 곱하여 계산하는데, 이를 위해서는 문제에서 주어진 조건의 단위를 통일해야 한다. 이를 위해 BOD 농도 단위를 kg/m^3로 변환하면 BOD 농도 $= \dfrac{200mg}{1L} \times \dfrac{10^{-6}kg}{1mg} \times \dfrac{1L}{10^{-3}m^3} = 0.2kg/m^3$이 된다. 따라서 일일 유입 BOD 부하량은 $1,000m^3/day \times 0.2kg/m^3 = 200kg/day$이다. 폭기조의 적정 용적은 이렇게 계산한 일일 유입 BOD 부하량을 BOD 용적부하로 나누어 다음과 같이 계산하면 된다.

$$\text{폭기조 용적} = \frac{200kg}{1day} \times \frac{1m^3 \cdot day}{0.5kg} = 400m^3$$

12 수처리 공정에서 발생하는 침전현상의 종류를 옳게 짝지은 것은?

① Type Ⅰ - 압축침전　　　　　　　　② Type Ⅱ - 독립입자침전

③ Type Ⅲ - 간섭침전　　　　　　　　④ Type Ⅳ - 응집침전

13 기체크로마토그래피(gas chromatography)로 측정하기 부적합한 오염물질은?

① 벤젠　　　　　　　　　　　　　② 시안

③ 트리클로로에틸렌　　　　　　　　④ 페놀

12　수처리 공정에서 침전은 주로 입자의 농도와 응집 특성에 따라 다음과 같이 4가지 유형으로 분류된다.

　ⓐ Type I 독립입자침전(Independent or Discrete Particle Settling) : 입자 농도가 매우 낮아서 입자들이 서로 간섭하지 않고 개별적으로 침전하는 현상으로 스토크스 법칙(Stokes' Law)을 적용할 수 있다. 예) 모래 입자의 침전

　ⓑ Type II 응집침전(Flocculent Settling) : 입자 농도가 낮거나 중간 정도일 때, 침전 중에 입자들이 서로 응집하여 더 큰 플록을 형성하고 침전 속도가 가속화되는 현상이다. 예) 응집제를 주입한 후의 침전

　ⓒ Type III 간섭침전(Hindered Settling or Zone Settling) : 입자 농도가 높아져서 입자들이 서로 간섭하고, 전체 입자 덩어리가 하나의 덩어리처럼 일정한 속도로 침전하는 현상이다. 상층액-슬러지 경계면이 명확하게 형성된다. 활성슬러지 공정의 최종 침전지에서 주로 관찰된다.

　ⓓ Type IV 압축침전(Compression Settling) : 입자 농도가 매우 높아서 입자들이 서로 압축되어 슬러지 층이 형성되고 압축되는 현상이다. 주로 농축조나 슬러지 저장조에서 발생한다.

13　② 시안화물 이온(CN⁻)은 보통 수용액 상태에서 존재하며, 휘발성이 낮아 GC로 직접 분석하기에는 부적합하다. 보통 전처리 과정을 거쳐 휘발성 시안 화합물로 전환하거나, 이온 크로마토그래피(IC)나 분광광도법 등 다른 분석 방법으로 측정한다.

　※ 기체크로마토그래피(Gas Chromatography, GC) : 시료를 기화시켜 운반 기체와 함께 컬럼을 통과시키면서 각 성분을 분리하고 검출하는 분석 기법이다. 따라서 GC로 분석 가능한 물질은 분석 온도에서 쉽게 기화되는 휘발성(volatility)과 높은 온도에서도 잘 분해되지 않는 열적 안정성(thermal stability)을 가져야 한다. 벤젠, 트리클로로에틸렌, 페놀은 휘발성이 있고 열적 안정성도 높은 편이라 GC나 GC-MS 등으로 잘 분석된다.

14 밀도가 0.2ton/m³인 폐기물을 0.8ton/m³로 압축하였을 때 부피 감소율[%]은? (단, 압축 전후 폐기물의 질량 변화는 없다)

① 25

② 40

③ 75

④ 80

15 호소의 부영양화도를 평가하는 Carlson 지수 산정에 적용되는 항목만을 모두 고르면?

> ㉠ 투명도
> ㉡ 클로로필－a(Chl-a)
> ㉢ 총인(TP)
> ㉣ 총질소(TN)

① ㉠, ㉡, ㉢

② ㉠, ㉡, ㉣

③ ㉠, ㉢, ㉣

④ ㉡, ㉢, ㉣

....

ANSWER 14.③ 15.①

14 밀도(ρ)=$\dfrac{질량(m)}{부피(V)}$ 의 관계에서 부피(V)=$\dfrac{질량(m)}{밀도(\rho)}$ 이므로, 압축 전후 폐기물의 질량 변화가 없는 상태에서 밀도가 $0.2\,\text{ton/m}^3$

인 폐기물을 $0.8\,\text{ton/m}^3$로 압축하면 부피는 $\dfrac{m}{0.2}$ 에서 $\dfrac{m}{0.8}$ 로 $\dfrac{1}{4}$ 로 감소한다.

따라서 부피 변화율의 공식에 따라 $\dfrac{\text{나중 부피} - \text{처음 부피}}{\text{처음 부피}} \times 100 = \dfrac{V_f - V_i}{V_i} \times 100 = \dfrac{V - 4V}{4V} \times 100 = -75[\%]$ 임을 구할 수 있다.

15 칼슨의 영양 단계 지수(Carlson's Trophic State Index, TSI)는 호수의 영양 상태를 평가하는 지표로서 일반적으로 TSI 값이 높을수록 부영양화가 심한 상태를 의미한다. 칼슨 지수를 산정하는 데에 사용되는 주요 항목은 다음과 같다.

- **투명도**(Secchi Depth, SD) : 물 속에 빛이 얼마나 잘 투과되는지를 나타내는 지표로, 수심이 깊을수록 투명도가 낮아지고 부영양화가 진행될 가능성이 높다.
- **클로로필-a**(Chlorophyll-a, Chl-a) : 식물 플랑크톤의 양을 나타내는 지표로, 클로로필-a 농도가 높을수록 조류 번식이 활발하여 부영양화가 진행된 상태임을 의미한다.
- **총인**(Total Phosphorus, TP) : 호수 내 조류 성장의 주요 영양소인 인의 총량을 나타내는 지표로, 총인 농도가 높을수록 부영양화가 심해질 수 있다.

16 지하수 상류와 하류 두 지점의 수두차 2.0m, 두 지점 사이의 수평거리 100m, 투수계수(permeability coefficient) 50m/day일 때, 대수층의 단면적이 10m^{2}인 지하수의 유량[m^3/day]은? (단, Darcy 법칙을 이용하고, 공극률은 고려하지 않는다)

① 1

② 5

③ 10

④ 20

16 Darcy 법칙은 지하수 흐름의 유량을 계산하는 데에 사용되는 기본 원리로 $Q = K \times I \times A$로 나타낼 수 있다.

Q(유량)

K(투수계수) $= 50\,m/day$

I(동수경사) $= \dfrac{\Delta h(수두차)}{L(수평거리)} = \dfrac{2.0m}{100m} = 0.02$

A(대수층의 단면적) $= 10\,m^2$

위에서 언급한 Darcy 법칙 공식에 문제에서 주어진 조건들을 대입해서 지하수의 유량을 구하면 다음과 같다.

$Q = K \times I \times A = 50\,m/day \times 0.02 \times 10\,m^2 = 10\,m^3/day$

17 다음 제시문 중 ㈎, ㈏에 들어갈 숫자를 바르게 연결한 것은?

> 파리협정은 산업화 전 수준 대비 지구 평균 기온 상승을 [㈎] °C 보다 현저히 낮은 수준으로 유지하고
> [㈏] °C 이하로 제한하기 위한 노력을 추구한다.

㈎	㈏
① 1.5	1.0
② 2.0	1.5
③ 2.5	2.0
④ 3.0	2.5

ANSWER 17.②

17 파리협정(Paris Agreement)은 기후 변화에 대한 국제 협약으로, 장기 목표는 지구 평균 기온 상승을 산업화 이전 수준 대비 2℃보다 훨씬 낮게 유지하고(well below 2℃), 나아가 1.5℃ 이하로 제한하기 위한 노력을 추구(pursuing efforts to limit the temperature increase to 1.5℃) 하는 것이다.

※ 파리협정 번역본 제2조
1. 이 협정은, 협약의 목적을 포함하여 협약의 이행을 강화하는 데에, 지속 가능한 발전과 빈곤 퇴치를 위한 노력의 맥락에서, 다음의 방법을 포함하여 기후 변화의 위협에 대한 전 지구적 대응을 강화하는 것을 목표로 한다.
   가. 기후 변화의 위험 및 영향을 상당히 감소시킬 것이라는 인식하에, 산업화 전 수준 대비 지구 평균 기온 상승을 섭씨 2도보다 현저히 낮은 수준으로 유지하는 것 및 산업화 전 수준 대비 지구 평균 기온 상승을 섭씨 1.5도로 제한하기 위한 노력의 추구
   나. 식량 생산을 위협하지 아니하는 방식으로, 기후 변화의 부정적 영향에 적응하는 능력과 기후 회복력 및 온실가스 저배출 발전을 증진하는 능력의 증대
   다. 온실가스 저배출 및 기후 회복적 발전이라는 방향에 부합하도록 하는 재정 흐름의 조성
2. 이 협정은 상이한 국내 여건에 비추어 형평 그리고 공통적이지만 그 정도에 차이가 나는 책임과 각자의 능력의 원칙을 반영하여 이행될 것이다.

18 토양의 이온교환(ion exchange)에 대한 설명으로 옳지 않은 것은?

① 양이온 교환반응은 비가역적이다.

② pH가 감소하면 토양의 양이온 교환용량도 감소한다.

③ 토양 1kg이 보유하는 교환성 양이온의 총량은 cmol(centimole)로 표시한다.

④ 콜로이드 표면에 대한 흡착력이 큰 양이온을 순서대로 나열하면 Al^{3+}, Mg^{2+}, NH_4^+, Na^+이다.

ANSWER 18.①

18 ① 토양 콜로이드 표면에서 일어나는 양이온 교환 반응은 가역적(reversible)이다. 즉, 흡착된 양이온은 다른 양이온에 의해 교환될 수 있으며 이는 토양의 비옥도와 양분 공급에 중요한 역할을 하는데, 이것이 비가역적이라면 식물이 양분을 흡수할 수 없게 된다.

  ② 토양의 양이온 교환용량(Cation Exchange Capacity, CEC)은 일정량의 토양이 가지고 있는 교환성 양이온의 총량을 나타낸다. 이는 토양 콜로이드 표면의 음전하량과 관련이 있으며, pH가 감소하면(산성도가 증가하면) 콜로이드 표면의 양전하가 증가하거나 음전하가 감소하여 양이온 흡착 부위가 줄어들고, 결과적으로 CEC가 감소한다.

  ③ 양이온 교환용량은 토양 1kg당 교환 가능한 양이온의 총량으로, 주로 cmol(+)/ kg (센티몰 전하/킬로그램) 또는 meq/100g(밀리당량/100그램) 단위로 표시된다. 따라서 "토양 1kg이 보유하는 교환성 양이온의 총량은 cmol(centimole)로 표시한다."는 보기는 맞는 설명이다.

  ④ 양이온의 토양 콜로이드 흡착력은 주로 전하량(원자가)이 클수록, 이온 반경이 작을수록 커진다. 일반적으로 3가 이온 > 2가 이온 > 1가 이온의 순서로 흡착력이 강하며, 같은 전하에서는 이온의 수화(수분 결합) 정도나 반경에 따라 달라진다. 일반적인 양이온 교환 서열은 $Al^{3+} > Ca^{2+} > Mg^{2+} > K^+ = NH_4^+ > Na^+$ 순으로 알려져 있으며, 따라서 보기는 맞는 설명이다.

19 진동에 대한 설명으로 옳지 않은 것은?

① 주파수가 높은 파동일수록 진동레벨의 거리감쇠가 작다.

② 지반을 통해 전파되는 진동파의 종류에는 종파, 횡파, 표면파가 있다.

③ 지반 내에서 파동이 전파될 때, 진동원에서 멀어지면 파동의 진폭이 작아진다.

④ 철도 궤도에 자갈을 두는 것은 진동 제어를 위해 유효한 방법이다.

ANSWER 19.①

19　① 일반적으로 진동이나 소음은 주파수가 높을수록 매질 내에서 감쇠(attenuation)가 더 크게 일어난다. 즉, 고주파 진동은 에너지를 더 빨리 잃어버리므로 진동원에서 멀어질수록 감쇠가 심해져 진동 레벨이 급격히 감소한다. 따라서 주파수가 높은 파동일수록 진동레벨의 거리감쇠가 크다.

　② 지반을 통해 전파되는 진동파의 종류에는 종파, 횡파, 표면파가 있으며, 각 진동파의 특징에 대한 설명은 다음과 같다.
　• 종파(P-wave, 압축파) : 입자 운동 방향이 파의 진행 방향과 평행하며, 고체, 액체, 기체 모두에서 전파된다.
　• 횡파(S-wave, 전단파) : 입자 운동 방향이 파의 진행 방향과 수직이며, 고체에서만 전파된다.
　• 표면파(Surface wave) : 지표면을 따라 전파되는 파동으로, 대표적인 예로 레일리파(Rayleigh wave)와 러브파(Love wave)를 들 수 있다. 진폭이 크고 감쇠가 느려서 지진 발생 시 큰 피해를 유발하는 원인이 된다.

　③ 진동 에너지는 전파되면서 매질에 흡수되거나 퍼져나가기 때문에 진동원으로부터 멀어질수록 파동의 에너지가 감소하고 진폭이 작아지며, 이를 거리 감쇠라고 한다. 따라서 지반 내에서 파동이 전파될 때, 진동원에서 멀어지면 파동의 진폭이 작아진다.

　④ 철도 궤도 아래의 자갈(도상 자갈)은 열차 운행 시 발생하는 진동을 흡수하고 분산시켜 지반으로 전달되는 진동 에너지를 줄이는 역할을 한다. 따라서 진동 제어의 효과적인 방법 중 하나이다.

20 「환경영향평가법 시행령」상 환경영향평가의 생활환경 분야 세부평가항목에 해당되지 않는 것은?

① 소음 · 진동

② 악취

③ 위락 · 경관

④ 친환경적 자원 순환

ANSWER 20.②

20 ② 악취는 환경영향평가 대기환경 분야의 세부평가항목이다.

※ 환경영향평가등의 분야별 세부평가항목〈환경영향평가법 시행령 [별표 1]〉

  2. 환경영향평가

    가. 자연생태환경 분야

      1) 동 · 식물상

      2) 자연환경자산

    나. 대기환경 분야

      1) 기상

      2) 대기질

      3) 악취

      4) 온실가스

    다. 수환경 분야

      1) 수질(지표 · 지하)

      2) 수리 · 수문

      3) 해양환경

    라. 토지환경 분야

      1) 토지이용

      2) 토양

      3) 지형 · 지질

    마. 생활환경 분야

      1) 친환경적 자원 순환

      2) 소음 · 진동

      3) 위락 · 경관

      4) 위생 · 공중보건

      5) 전파장해

      6) 일조장해

    바. 사회환경 · 경제환경 분야

      1) 인구

      2) 주거(이주의 경우를 포함한다)

      3) 산업

1 도수관 및 송수관과 같은 관수로에서 손실수두에 영향을 미치는 인자에 대한 설명으로 옳지 않은 것은?

① 관의 길이가 증가하면 손실수두가 증가한다.

② 관의 직경이 증가하면 손실수두가 증가한다.

③ 마찰계수가 증가하면 손실수두가 증가한다.

④ 물의 유속이 증가하면 손실수두가 증가한다.

2 정수시설에서 전염소처리의 목적에 해당하지 않는 것은?

① 세균 제거 ② 철과 망간 제거

③ 맛과 냄새 제거 ④ 부유물질 제거

ANSWER 1.② 2.④

1 ② Darcy Weisbach 공식에 따르면 관의 직경(D)이 증가하면 손실수두(h_f)는 감소한다. 관의 직경이 증가하면 마찰로 인한 에너지 손실이 줄어들어 손실수두는 감소하게 된다.

※ 유체는 점성(끈적임)을 가지고 있어 유체가 관로를 따라 흐를 때 관 내벽과의 마찰이나 유체 입자 간의 마찰 때문에 에너지를 잃게 된다. 손실수두는 유체가 관로를 따라 흐를 때 유체와 관의 마찰로 인해 유체의 에너지 일부가 소모되는 것을 물의 높이(수두, head)로 표현한 값이다. 이중 마찰에 의해 발생되는 손실수두는 일반적으로 다음의 Darcy Weisbach(다르시-바이스바흐) 공식에 따라 계산한다.

$$h_f = f \cdot \frac{L}{D} \cdot \frac{u^2}{2g}$$

이 공식에 따르면 관의 길이(L)가 증가할수록, 마찰계수(f)가 증가할수록, 또한 유속(v)이 증가할수록 손실수두는 증가한다.

2 ④ 부유물질(SS) 제거는 주로 응집/침전/여과 등 물리적 처리 과정의 주된 목적이다. 전염소처리는 세균, 맛/냄새, 철/망간 등의 중금속을 제거하는 데에 주요한 목적이 있다.

※ **전염소처리(Pre-chlorination)** : 정수처리 과정에서 정수장 유입수(원수)에 염소를 주입하여 물의 수질을 개선하는 초기 소독 단계이다. 전염소처리를 하는 이유는 원수 내 세균 제거, 응집 효율 향상, 유기물 산화, 철/망간 등의 중금속 산화 및 제거, 조류 제거, 맛과 냄새를 유발하는 물질 제거 등에 목적이 있다.

3 폐기물 발생량 조사법이 아닌 것은?

① 경향법

② 직접계근법

③ 물질수지법

④ 적재차량 계수분석법

ANSWER 3.①

3   ① 경향법은 폐기물 발생량 조사법이 아니라, 조사된 데이터를 이용하여 장래 발생량을 예측법(시계열 분석) 중 하나이다. 예
측법에 사용되는 대표적인 방법론으로는 회귀분석법, 계층분석법(AHP), 시계열 분석(ARIMA) 등이 있다.

※ 폐기물 발생량 조사법은 현재 및 장래의 폐기물 처리 계획을 수립하기 위해 폐기물 발생량을 측정하고 예측하는 방법이다.
다음과 같이 직접 조사법과 간접 조사법으로 나뉘며, 대표적인 조사법은 다음과 같다.

㉠ **직접 조사법** : 직접계근법, 적재차량 계수분석법
- 직접계근법(Direct Weighting Method) : 입구에서 쓰레기가 적재되어 있는 차량과 출구에서 쓰레기를 적하한 공차량을
재어 쓰레기량을 산출한다. 비교적 정확한 쓰레기 발생량을 파악할 수 있다는 장점이 있으나, 적재차량 계수분석법에
비하여 작업량이 많고 번거로움이 있다.
- 적재차량 계수분석법(Load-Count Analysis) : 차량의 대수에 폐기물의 겉보기 비중을 선정하여 중량으로 환산하는 방법이
다. 조사장소는 중간적하장이나 중계처리장이 적합하다. 쓰레기의 밀도 또는 압축 정도에 따라 오차가 큰 단점이 있다.

㉡ **간접 조사법** : 물질수지법, 원단위법
- 물질수지법(Material Balance Method) : 유입/유출되는 모든 폐기물의 양에 대하여 물질수지를 세움으로써 폐기물 발생
량을 추정하는 방법이다. 주로 산업폐기물 발생량을 추산할 때 이용한다. 우선적으로 조사하고자 하는 계의 경계를 정
확하게 설정해야 하며, 물질수지를 세울 수 있는 상세한 데이터가 있는 경우에 가능하다. 비용이 많이 소요되고 작업량
이 많아 널리 이용되지는 않는다.
- 원단위법 : 특정 활동이나 시설의 면적, 생산액, 인구 등 기준값에 업종별·시설별 폐기물 발생량(원단위)을 곱해 폐기물
발생량을 산정하는 방식으로 환경부와 한국환경공단 등에서 업종별·시설별 원단위 자료를 제공하며, 전국폐기물통계조
사 등 공식 통계에 활용된다.

4 음폐효과(마스킹 효과)에 대한 설명으로 옳지 않은 것은?

① 두 음의 주파수가 비슷할 때 마스킹 효과가 크다.

② 주파수가 낮은 저음은 주파수가 높은 고음을 잘 마스킹한다.

③ 큰 음과 작은 음이 동시에 들릴 때 나타나는 음의 회절현상이다.

④ 어떤 소리가 또 다른 소리를 들을 수 있는 능력을 감소시키는 현상을 말한다.

5 적조현상의 발생 원인이 아닌 것은?

① 정체해역

② 고농도 염분

③ 높은 일사량

④ 영양염류 과다 유입

4　③ 음폐효과는 소리의 크고 작음에 따른 청각 현상일 뿐, 소리가 장애물을 돌아 전달되는 음의 회절현상이 아니다. 음폐효과
는 큰 소리가 작은 소리를 덮어버리는 심리음향학적(psychoacoustic) 현상이다.

　　※ **음폐효과**(Masking Effect) : 하나의 소리가 다른 소리에 의해 덮여버려, 원래 들리던 소리보다 더 큰 소리여야만 들리게 되
는 현상으로 차폐 효과라고도 한다. 이는 큰 소리(음폐음)가 특정 주파수 대역의 청각 감수성을 떨어뜨려, 그 주파수 대역
의 작은 소리(피음폐음)를 듣기 어렵게 만들기 때문에 나타난다. 시끄러운 환경에서 다른 사람의 말을 알아듣기 어려워지
는 것이 마스킹 효과의 대표적인 예이다.

5　② 적조는 주로 부영양화된 해역에서 발생하며, 염분 농도가 급변하는 해역(특히 담수 유입부)에서 특정 종의 조류 증식이 일
어날 수 있다. 일반적으로 적조 생물은 넓은 염분 범위에서 생존 가능하지만, 고농도 염분의 물에서 생존하기는 쉽지 않다.
따라서 고농도 염분이 적조현상의 발생 원인은 아니다.

　　※ **적조현상** : 해수나 기수($\H2$水, 바닷물과 민물이 서로 섞여 염분이 적은 물. 곧, 강어귀에 있는 바닷물) 지역에서 플랑크톤이
나 미세조류가 대량으로 증식하여 물의 색깔이 붉게 변하는 현상이다. 이는 주로 영양염류(N, P 등)의 과다 유입으로 인한
부영양화, 높은 일사량, 따뜻한 수온, 조류가 잘 분산되지 못하는 정체 해역 등 복합적인 환경 요인이 작용할 때 발생하
며, 바다에 사는 어패류에 피해를 주고 산소를 고갈시키는 등 심각한 해양 생태계 문제를 일으킬 수 있다.

6 생태계 질소순환에 대한 설명으로 옳지 않은 것은?

① 질산염이 질소가스로 변환되는 것이 탈질 과정이다.

② 나이트로박터(*nitrobacter*)는 암모늄염을 아질산염으로 산화시킨다.

③ 암모니아가 질산염으로 변환되는 것이 질산화 과정이다.

④ 대기 중 질소분자가 암모니아로 변환되는 것이 질소고정이다.

ANSWER 6.②

6 ② 나이트로박터(Nitrobacter)는 아질산염(NO_2^-)을 질산염(NO_3^-)으로 산화시키는 박테리아이다. 암모늄염(NH_4^+)을 아질산염
으로 산화시키는 것은 니트로소모나스(Nitrosomonas)이다.

※ 질소는 모든 살아있는 조직의 주성분인 단백질의 필수 구성요소이다. 지구에서 질소의 가장 큰 저장고는 대기에 존재하는
질소이나 이는 식물이 바로 흡수할 수 없다. 일반적으로 식물은 질소를 암모늄 이온과 질산 이온의 형태로만 이용할 수 있
다. 따라서 생태계 내에서 대기 중의 질소 기체를 식물이 이용할 수 있는 형태로 변환하고, 다시 이를 질소 기체의 형태로
변환하는 끊임 없는 일련의 과정이 바로 질소 순환 과정이다. 질소 순환과정은 다음과 같은 과정을 거쳐 일어난다.

  ㉠ **탈질**(Denitrification) **과정** : 탈질 세균(pseudomonas)에 의해 토양 내 질산 이온(NO_3^-)이 환원되어 질소 가스(N_2)로 변
   환되어 대기 중으로 배출된다.

  ㉡ **질산화**(Nitrification) **과정** : 암모니아(NH_3)나 암모늄 이온(NH_4^+)이 질산화 세균에 의해 산화되어 질산염(NO_3^-)으로 변
   환된다.

  ㉢ **질소고정**(Nitrogen Fixation) : 대기 중의 질소 분자(N_2)를 암모니아(NH_3)나 암모늄 이온(NH_4^+) 형태로 변환하는 과정이
   다. 뿌리혹박테리아 같은 질소고정세균에 의해 일어난다.

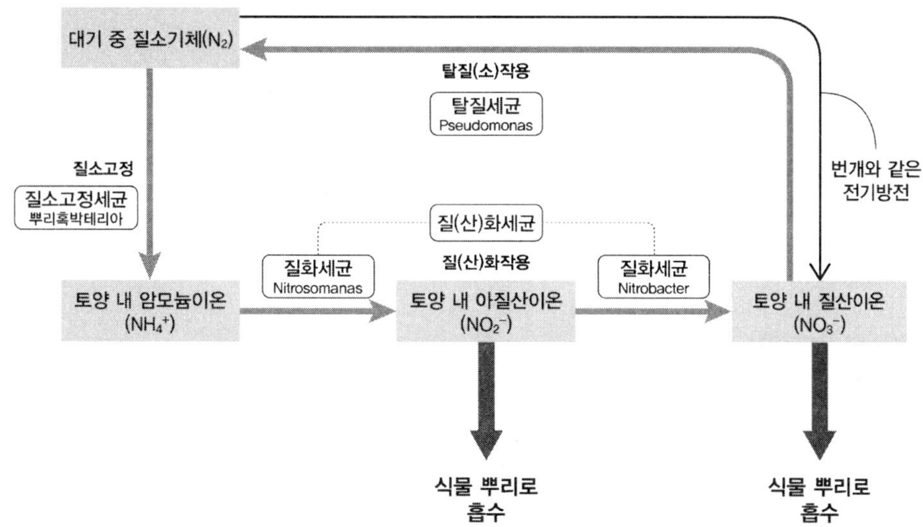

7 음압(sound pressure)의 단위에 해당하는 것은?

① Pa

② W

③ N/m^3

④ W/m^2

8 폐수처리 공정 중 물리적 처리는?

① 스크린

② 염소소독

③ 살수여상법

④ 활성슬러지법

7 ② W(Watt) : 음향 출력(음력, Sound Power) 또는 일률의 단위이다.

　　③ N/m^3 : 밀도나 농도의 단위에 가깝다.

　　④ W/m^2 : 단위 면적당 음향 출력 즉, 음의 세기(Sound Intensity)의 단위이다.

　　※ **음압**(Sound Pressure) : 소리가 매질을 통해 전달될 때 발생하는 압력 변화를 말한다. 음압 또한 압력의 일종이며, 압력은 단위 면적당 작용하는 힘으로 정의되므로, 음압의 단위는 N/m^2나 Pa(Pascal) 등을 사용한다.

8 ① **스크린**(Screen) : 폐수 중 비교적 큰 부유물질을 걸러내는 물리적 처리 공정이다.

　　② **염소소독** : 염소(Cl_2)의 산화력을 이용한 화학적 처리 공정이다.

　　③ **살수여상법** : 미생물막을 이용해 유기물을 분해하는 생물학적 처리 공정이다.

　　④ **활성슬러지법** : 미생물(활성슬러지)을 이용해 유기물을 분해하는 생물학적 처리 공정이다.

　　※ **폐수 처리 공정** : 일반적으로 물리적, 화학적, 생물학적 처리로 나눌 수 있다.

　　　㉠ 물리적 처리 : 물리적 힘을 이용하여 오염물질을 제거

　　　　예) 스크린, 침전, 여과, 부상 등

　　　㉡ 화학적 처리 : 화학약품의 첨가 또는 다른 화학 반응을 통해 오염물질을 제거

　　　　예) 중화, 산화, 환원, 응집, 이온교환 등

　　　㉢ 생물학적 처리 : 생물학적 활성을 이용하여 오염물질을 제거

　　　　예) 호기성 처리(활성슬러지법, 살수여상법, 호기성산화지법, 회전원판법 등), 혐기성 처리(혐기성소화법, 혐기성산화방지법 등)

9 태양으로부터 오는 자외선을 가장 많이 차단하는 대기권은?

① 열권

② 중간권

③ 대류권

④ 성층권

10 오존층 파괴물질이 아닌 것은?

① 할론

② 이산화탄소

③ 메틸클로로포름

④ 염화불화탄소

9 ① **열권**(thermosphere) : 대기권의 가장 바깥층으로 공기가 희박하다.

② **중간권**(mesosphere) : 성층권의 위층으로 유성(별똥별)이 타는 곳이다.

③ **대류권**(troposphere) : 지표면에 가장 가까운 층으로, 기상 현상이 발생한다.

④ **성층권**(stratosphere) : 고도 약 15~30km에 오존층이 존재하며, 자외선을 효과적으로 차단한다.

※ 태양으로부터 오는 자외선(UV)을 가장 많이 흡수하여 생명체를 보호하는 층은 오존층이며, 이 오존층은 성층권(stratosphere)에 위치한다.

10 ② **이산화탄소**(CO_2) : 지구 온난화를 유발하는 주요 온실가스이지만, 오존층을 직접 파괴하는 물질은 아니다.

① **할론**(Halon) : 냉매 및 소화기 등에 사용되었으며, 할로젠 원소인 염소나 브롬을 포함하고 있어 오존 파괴 지수(ODP)가 매우 높다.

③ **메틸클로로포름**(CH_3CCl_3) : 유기용제이며, 오존 파괴 지수(ODP)가 높다.

④ **염화불화탄소**(CFCs, Freon) : 프레온 가스로 불리며, 염소를 포함하는 대표적인 오존층 파괴 물질이다.

※ 오존층을 파괴하는 물질은 보통 염소(Cl)나 브롬(Br) 원자를 포함하고 있다. 대표적인 물질로는 프레온 가스(염화불화탄소, CFCs), 할론(Halon), 사염화 탄소 등이 있다. 이 물질들은 냉장고나 에어컨의 냉매, 스프레이 분사제, 소화기, 세정제 등으로 사용되었으나 대기 중에서 분해되어 매우 안정한 염소나 브롬 원자를 생성하고, 이 원자들이 성층권의 오존 분자와 연쇄 반응을 일으켜 오존 분자를 파괴하면서 오존층을 심각하게 훼손한다. 몬트리올 의정서를 통해 이러한 오존층 파괴 물질의 생산과 사용이 국제적으로 규제되고 있다.

11 아세톤(C₃H₆O) 1몰(mol)이 완전히 분해되는 데 필요한 이론적 산소요구량[g]은?

① 64

② 96

③ 128

④ 160

12 호기성 퇴비화에 대한 설명으로 옳은 것은?

① 퇴비화 시 적정 온도는 20~35°C이다.

② 혐기성 퇴비화에 비해 소요 기간이 길다.

③ C/N비는 퇴비화가 진행될수록 증가한다.

④ 퇴비화 시 발생하는 물질은 유기물, 이산화탄소, 물 등이다.

ANSWER 11.③ 12.④

11 아세톤이 완전히 분해되는 데 필요한 이론적 산소요구량을 구하기 위하여 완전 산화 반응식을 세워 계수를 맞추면 다음과 같다.

$$C_3H_6O + 4O_2 \rightarrow 3CO_2 + 3H_2O$$

이에 반응식에 따르면 아세톤 1몰이 완전히 분해(산화)되는 데 산소 분자 4몰이 필요하다. 산소(O_2)의 분자량은 32이므로 산소 분자 4몰의 질량은 $32g/mol \times 4mol = 128g$이다.

12 ① 퇴비화 시 적정 온도는 유기물 분해가 활발한 중온(20~45℃) 및 고온(55~65℃ 이상) 범위이다. 보기에 주어진 20~35℃는 다소 낮은 온도이다.

② 혐기성 퇴비화는 산소 없이 유기물을 분해하며 메탄이나 이산화탄소 등을 배출하는 과정을 말한다. 호기성 퇴비화는 혐기성 퇴비화에 비해 미생물의 활성이 높아 유기물 분해 속도가 빠르므로 소요 기간이 짧다.

③ C/N비(탄소/질소비)는 퇴비화 과정에서 탄소(C) 성분이 이산화탄소로 휘발되면서 감소하므로, 퇴비화가 진행될수록 감소한다.

※ 호기성 퇴비화 : 산소(공기)가 있는 환경에서 호기성 미생물이 유기물을 분해하여 안정된 유기질 비료(퇴비)를 생성하면서 부산물로 이산화 탄소, 물, 열 등이 배출되는 과정이다. 이 과정에서 발생하는 열(60~70℃)로 병원균이 죽고, 혐기성 퇴비화보다 메탄 가스 발생량이 적으며, 최종적으로 흙냄새가 나는 짙은 갈색의 퇴비가 만들어진다. 호기성 퇴비화는 매립지 쓰레기를 줄이고 토양 비옥도를 높이는 효과가 있다.

※ 호기성 퇴비화와 혐기성 퇴비화 비교

구분	호기성 퇴비화(산소 이용)	혐기성 퇴비화(산소 미이용)
주요 미생물	호기성 미생물	혐기성 미생물
분해 속도	빠름	느림
부산물	CO2, 고품질의 퇴비	메탄가스 등 다양한 부산물
온도	60~70°C까지 상승하여 병원균 사멸	고온에 도달하지 않음
악취	비교적 적음	발생 가능성 있음
주요 용도	정원 폐기물, 음식물 쓰레기 등	하수 슬러지, 축산 폐수 등 고농도 유기물 처리

13 직경 2cm인 원형 관에서의 평균유속이 8cm/sec일 때, 레이놀즈수는? (단, 물은 만관으로 흐르고, 동점
성계수는 0.01cm^2/sec이다)

① 800

② 1,600

③ 3,200

④ 6,400

14 휘발유를 사용하는 자동차가 공회전 시 가장 많이 발생하는 배출가스는?

① HC

② CO

③ SO$_2$

④ NO$_x$

13　레이놀즈 수는 유체 흐름의 관성을 나타내는 무차원의 수로 다음과 같이 정의된다.

$$Re = \frac{\rho v D}{\mu} = \frac{vD}{\nu}$$

(ρ : 유체의 밀도, v : 유속, D : 관의 직경, μ : 유체의 점성계수, ν : 동점성계수(kinematic viscosity))

위의 레이놀즈 수식은 분모 ν가 점성력을, 분자 vD가 관성력을 의미한다. 즉 물체의 관성이 점성에 비해서 얼마나 큰가를 나
타내는 척도로 이 레이놀즈수가 작을수록 층류(laminar flow, 유체의 유선이 유지되면서 흐르는 유동)가, 클수록 난류
(turbulent flow)가 형성된다.

주어진 조건에 맞춰 레이놀즈 수를 계산하면 다음과 같다.

$$Re = \frac{vD}{\nu} = \frac{(8cm/\text{sec}) \times (2cm)}{0.01\,cm^2/\text{sec}} = \frac{16}{0.01} = 1,600$$

14　① 탄화수소(HC, Hydrocarbon) 또한 엔진 공회전으로 인해 불완전연소가 이루어질 때 배출되는 양이 증가되나, 가장 많이 발
생하는 배출가스는 일산화탄소이다.

③ 황산화물(SOx)은 연료 내 황의 성분이 높게 나타나는 디젤 차량의 배출 가스에 많이 나타나지, 휘발유를 사용하는 자동차
의 배출 가스에서는 거의 포함되지 않는다.

④ 질소산화물(NOx)은 고온/고압의 연소 조건(정속 주행, 급가속 등)과 이론 AFR(최적 공연비) 부근에서 농도가 높게 나타나
는 경향이 있다.

※ 자동차 배출가스는 운전 조건(공회전, 가속, 정속 등)과 공기연료비(AFR)에 따라 배출 농도가 달라진다. 공회전 시에는 엔
진 부하가 낮고 공기 흡입량이 적어 상대적으로 연료의 농도가 높은 상태가 되기 쉽다. 따라서 이 상태에서는 연소가 불완
전해지면서 일산화탄소(CO)와 탄화수소(HC, Hydrocarbon)의 배출량이 증가한다. 이 중 공회전 시 가장 많이 발생하는 것
은 일산화탄소이다.

15 함수율 70%인 슬러지 3m³를 40%로 탈수하였을 때, 슬러지 부피[m³]는? (단, 슬러지 밀도는 1g/cm³이
다)

① 0.67

② 1.0

③ 1.5

④ 2.0

16 하천의 용존산소에 대한 설명으로 옳은 것은?

① 재폭기율은 용존산소량에 비례한다.

② 탈산소계수와 재폭기계수는 무차원이다.

③ 용존산소 농도는 온도, 기압의 영향을 받는다.

④ $0\,^\circ C$, 1atm에서 이론적 용존산소 포화농도는 약 9mg/L이다.

15 질량 보존의 법칙에 따라 슬러지의 탈수 여부와 관계 없이 슬러지의 고형물량(질량)은 변하지 않는다. 그러면 함수율 70%의
슬러지 $3m^3$에서 고형물의 부피와 탈수하여 함수율이 40%가 된 슬러지에서의 고형물의 부피는 같다. 또한 슬러지의 밀도도

$1g/cm^3 = \dfrac{10^{-3}kg}{(10^{-2}m)^3} = 10^3 kg/m^3$에서 변하지 않는다고 가정한다면 다음 식에서 탈수하였을 때의 슬러지의 부피

$V_{탈수} = 1.5m^3$임을 구할 수 있다.

$3m^3 \times 1,000kg/m^3 \times (1-0.7) = V_{탈수} \times 1,000kg/m^3 \times (1-0.4)$

16 ① 재폭기율은 용존산소량 자체에 비례하는 것이 아니라 하천의 용존산소 부족분($DO_{sat} - DO$)에 비례한다.

② 탈산소계수(K_1)는 미생물이 유기물을 분해하여 제거할 때 필요한 산소의 소비 속도를, 재폭기계수(K_2)는 하천의 표면을
통해 대기 중의 산소가 물속으로 재공급되는 속도를 나타낸다. 탈산소계수와 재폭기계수 모두 무차원이 아니며, day-1 등
의 단위를 가지는 차원(dimension)을 가진 계수이다.

④ 0℃ 1기압에서 이론적 용존산소 포화 농도는 약 14.6 mg/L으로 알려져 있다. 보기에서 주어진 9mg/L는 약 20℃에서의 포
화 농도에 가깝다.

※ 하천의 용존산소(DO, Dissolved Oxygen) : 물속에 녹아 있는 산소의 양으로, 수생 생물의 생존과 수질을 나타내는 중요한
지표이다. 용존산소는 대기 중 산소와 접촉(재폭기 또는 재포기), 물의 낙차를 통하거나(유수) 수중 식물성 플랑크톤의 광
합성 활동 등으로 공급되지만, 미생물의 유기물 분해 활동, 수온 상승, 부영양화 등으로 인해 소모되기도 한다. 일반적으
로 용존산소량이 많을수록 깨끗한 물이며, 4ppm 이상이면 물고기가 살 수 있다. 아울러 용존산소 농도의 포화도는 수온이
낮을수록, 또한 기압이 높을수록 증가한다.

17 밀도가 500kg/m^{3}인 도시폐기물 200kg을 800 kg/m^{3}으로 압축했을 때, 부피감소율[%]은?

① 16.5

② 37.5

③ 50.5

④ 60.0

<hr>

17 도시 폐기물의 질량은 압축 전후에 변하지 않는다. 질량(M), 부피(V), 밀도(ρ) 사이에는 $M = \rho V$의 관계가 성립한다. 따라서 압축 전후의 부피와 압축했을 때 부피 감소율을 구하면 다음과 같다.

압축 전 부피 $V_1 = \dfrac{M}{\rho_1} = \dfrac{200\,kg}{500\,kg/m^3} = 0.4\,m^3$

압축 후 부피 $V_2 = \dfrac{M}{\rho_2} = \dfrac{200\,kg}{800\,kg/m^3} = 0.25\,m^3$

$(\text{부피 감소율}) = \dfrac{V_1 - V_2}{V_1} = \dfrac{0.4 - 0.25}{0.4} \times 100 = 37.5(\%)$

$2 \times \dfrac{2.5}{100} = x \times \dfrac{4}{100}$ $\therefore\ x = 1.25\ (\text{m}^3)$

$(\text{슬러지 부피 감소율}) = \dfrac{2 - 1.25}{2} \times 100 = 37.5(\%)$

18 「환경정책기본법 시행령」상 대기 환경기준으로 옳지 않은 것은?

① 아황산가스(SO2) : 연간 평균치 0.02ppm 이하

② 이산화질소(NO2) : 연간 평균치 0.03ppm 이하

③ 미세먼지(PM−10) : 연간 평균치 50μ g/m^3 이하

④ 초미세먼지(PM−2.5) : 연간 평균치 25μ g/m^3 이하

<hr>

ANSWER 18.④

18 ④ 초미세먼지(PM-2.5)의 대기 환경기준 중 연간 평균치 기준은 15μg/m^3 이하이다.

※ 대기 환경기준〈환경정책기본법 시행령 [별표 1]〉

항목	기준
아황산가스(SO₂)	연간 평균치 0.02ppm 이하
	24시간 평균치 0.05ppm 이하
	1시간 평균치 0.15ppm 이하
일산화탄소(CO)	8시간 평균치 9ppm 이하
	1시간 평균치 25ppm 이하
이산화질소(NO₂)	연간 평균치 0.03ppm 이하
	24시간 평균치 0.06ppm 이하
	1시간 평균치 0.10ppm 이하
미세먼지 (PM−10)	연간 평균치 50μg/m^3 이하
	24시간 평균치 100μg/m^3 이하
초미세먼지 (PM−2.5)	연간 평균치 15μg/m^3 이하
	24시간 평균치 35μg/m^3 이하
오존(O₃)	8시간 평균치 0.06ppm 이하
	1시간 평균치 0.1ppm 이하
납(Pb)	연간 평균치 0.5μg/m^3 이하
벤젠	연간 평균치 5μg/m^3 이하

19 다르시(Darcy)의 법칙에 대한 설명으로 옳지 않은 것은?

① 동수경사는 수두차에 반비례한다.

② 투수계수의 단위는 속도의 단위와 동일하다.

③ 모래의 투수계수는 자갈의 투수계수보다 작다.

④ 투수계수는 다르시(Darcy)의 법칙을 만족시키는 비례상수를 의미한다.

ANSWER 19.①

19

① 동수경사는 수두차(Δh)를 흐르는 거리(ΔL)로 나눈 값($\frac{\Delta h}{\Delta L}$)으로, 수두차($\Delta h$)에 비례하고 흐르는 거리($\Delta L$)에 반비례한다.

② 투수계수(k)의 단위는 $k = -\frac{Q}{A} \times \frac{\Delta L}{\Delta h} = \frac{(길이)^3/(시간) \times (길이)}{(길이)^2 \times (길이)} = 길이/시간$에서 유속의 단위(길이/시간)와 동일하다.

③ 입자 크기가 클수록 물의 투과성이 좋아져 투수계수가 커진다. 따라서 자갈의 투수계수가 모래의 투수계수보다 크다.

④ 투수계수는 다르시의 법칙 좌변과 우변을 같게 만족시키는 비례상수이며, 매질의 특성과 유체의 특성(점성 등)에 따라 결정된다.

※ **다르시 법칙** : 다공성 매질(다공성 물질)을 통과하는 유체의 유량은 유체의 점성, 압력 차이, 흐르는 거리에 비례하고, 유속은 압력 차이에 비례하며 거리에 반비례한다는 법칙이다. 이는 유체가 흙, 암석과 같이 구멍이 많은 물질을 통과할 때의 흐름을 설명하는 데 사용되며, 다음과 같이 나타낼 수 있다.

$$Q = -kA\frac{\Delta h}{\Delta L}$$ (Q : 유량, k : 투수계수, A : 단면적, Δh: 수두 손실(수두차), ΔL : 흐르는 거리)

20 「폐기물관리법 시행령」상 지정폐기물 종류에 대한 설명으로 옳지 않은 것은?

① 광재는 철광 원석의 사용으로 인한 고로슬래그를 포함한다.

② 오니류는 수분함량이 95퍼센트 미만이거나 고형물함량이 5퍼센트 이상인 것으로 한정한다.

③ 분진은 대기오염 방지시설에서 포집된 것으로 한정하되, 소각시설에서 발생되는 것은 제외한다.

④ 폴리클로리네이티드비페닐 함유 폐기물 중 액체 상태의 것은 1리터당 2밀리그램 이상 함유한 것으로 한정한다.

ANSWER 20.①

20 ① 광재는 유해물질 함유 폐기물로 분류되며, 철광 원석의 사용으로 인한 고로슬래그는 제외한다.

※ 지정폐기물의 종류〈폐기물관리법 시행령 [별표 1]〉

  1. 특정시설에서 발생되는 폐기물

   가. 폐합성 고분자화합물

     1) 폐합성 수지(고체상태의 것은 제외한다)

     2) 폐합성 고무(고체상태의 것은 제외한다)

   나. 오니류(수분함량이 95퍼센트 미만이거나 고형물함량이 5퍼센트 이상인 것으로 한정한다)

     1) 폐수처리 오니(환경부령으로 정하는 물질을 함유한 것으로 환경부장관이 고시한 시설에서 발생되는 것으로 한정한다)

     2) 공정 오니(환경부령으로 정하는 물질을 함유한 것으로 환경부장관이 고시한 시설에서 발생되는 것으로 한정한다)

   다. 폐농약(농약의 제조 · 판매업소에서 발생되는 것으로 한정한다)

  2. 부식성 폐기물

   가. 폐산(액체상태의 폐기물로서 수소이온 농도지수가 2.0 이하인 것으로 한정한다)

   나. 폐알칼리(액체상태의 폐기물로서 수소이온 농도지수가 12.5 이상인 것으로 한정하며, 수산화칼륨 및 수산화나트륨을 포함한다)

  3. 유해물질함유 폐기물(환경부령으로 정하는 물질을 함유한 것으로 한정한다)

   가. 광재(鑛滓)[철광 원석의 사용으로 인한 고로(高爐)슬래그(slag)는 제외한다]

   나. 분진(대기오염 방지시설에서 포집된 것으로 한정하되, 소각시설에서 발생되는 것은 제외한다)

   다. 폐주물사 및 샌드블라스트 폐사(廢砂)

   라. 폐내화물(廢耐火物) 및 재벌구이 전에 유약을 바른 도자기 조각

   마. 소각재

   바. 안정화 또는 고형화 · 고화 처리물

   사. 폐촉매

   아. 폐흡착제 및 폐흡수제[광물유 · 동물유 및 식물유[폐식용유(식용을 목적으로 식품 재료와 원료를 제조 · 조리 · 가공하는 과정, 식용유를 유통 · 사용하는 과정 또는 음식물류 폐기물을 재활용하는 과정에서 발생하는 기름을 말한다. 이하 같다)는 제외한다]의 정제에 사용된 폐토사(廢土砂)를 포함한다]

  4. 폐유기용제

   가. 할로겐족(환경부령으로 정하는 물질 또는 이를 함유한 물질로 한정한다)

   나. 그 밖의 폐유기용제(가목 외의 유기용제를 말한다)

5. 폐페인트 및 폐래커(다음 각 목의 것을 포함한다)

　가. 페인트 및 래커와 유기용제가 혼합된 것으로서 페인트 및 래커 제조업, 용적 5세제곱미터 이상 또는 동력 3마력 이
　　　상의 도장(塗裝)시설, 폐기물을 재활용하는 시설에서 발생되는 것

　나. 페인트 보관용기에 남아 있는 페인트를 제거하기 위하여 유기용제와 혼합된 것

　다. 폐페인트 용기(용기 안에 남아 있는 페인트가 건조되어 있고, 그 잔존량이 용기 바닥에서 6밀리미터를 넘지 아니하
　　　는 것은 제외한다)

6. 폐유[기름성분을 5퍼센트 이상 함유한 것을 포함하며, 폴리클로리네이티드비페닐(PCBs)함유 폐기물, 폐식용유와 그 잔
　　재물, 폐흡착제 및 폐흡수제는 제외한다]

7. 폐석면

　가. 건조고형물의 함량을 기준으로 하여 석면이 1퍼센트 이상 함유된 제품 · 설비(뿜칠로 사용된 것은 포함한다) 등의 해
　　　체 · 제거 시 발생되는 것

　나. 슬레이트 등 고형화된 석면 제품 등의 연마 · 절단 · 가공 공정에서 발생된 부스러기 및 연마 · 절단 · 가공 시설의 집
　　　진기에서 모아진 분진

　다. 석면의 제거작업에 사용된 바닥비닐시트(뿜칠로 사용된 석면의 해체 · 제거작업에 사용된 경우에는 모든 비닐시트) ·
　　　방진마스크 · 작업복 등

8. 폴리클로리네이티드비페닐 함유 폐기물

　가. 액체상태의 것(1리터당 2밀리그램 이상 함유한 것으로 한정한다)

　나. 액체상태 외의 것(용출액 1리터당 0.003밀리그램 이상 함유한 것으로 한정한다)

9. 폐유독물질[「화학물질관리법」 제2조 제2호 · 제2호의2 · 제2호의3 및 같은 조 제3호부터 제6호까지에 따른 인체급성유해
　　성물질, 인체만성유해성물질, 생태유해성물질, 허가물질, 제한물질, 금지물질 및 사고대비물질을 폐기하는 경우로 한정
　　하되, 제1호 다목의 폐농약(농약의 제조 · 판매업소에서 발생되는 것으로 한정한다), 제2호의 부식성 폐기물, 제4호의 폐
　　유기용제, 제8호의 폴리클로리네이티드비페닐 함유 폐기물 및 제11호의 수은폐기물은 제외한다]

10. 의료폐기물(환경부령으로 정하는 의료기관이나 시험 · 검사 기관 등에서 발생되는 것으로 한정한다)

10의2. 천연방사성제품폐기물[「생활주변방사선 안전관리법」 제2조 제4호에 따른 가공제품 중 같은 법 제15조제1항에 따른
　　　안전기준에 적합하지 않은 제품으로서 방사능 농도가 그램당 10베크렐 미만인 폐기물을 말한다. 이 경우 가공제품으
　　　로부터 천연방사성핵종(천연방사성핵종)을 포함하지 않은 부분을 분리할 수 있는 때에는 그 부분을 제외한다]

11. 수은폐기물

　가. 수은함유폐기물[수은과 그 화합물을 함유한 폐램프(폐형광등은 제외한다), 폐계측기기(온도계, 혈압계, 체온계 등),
　　　폐전지 및 그 밖의 환경부장관이 고시하는 폐제품을 말한다]

　나. 수은구성폐기물(수은함유폐기물로부터 분리한 수은 및 그 화합물로 한정한다)

　다. 수은함유폐기물 처리잔재물(수은함유폐기물을 처리하는 과정에서 발생되는 것과 폐형광등을 재활용하는 과정에서 발
　　　생되는 것을 포함하되, 「환경분야 시험 · 검사 등에 관한 법률」 제6조 제1항 제7호에 따라 환경부장관이 고시한 폐기
　　　물 분야에 대한 환경오염공정시험기준에 따른 용출시험 결과 용출액 1리터당 0.005밀리그램 이상의 수은 및 그 화합
　　　물이 함유된 것으로 한정한다)

12. 그 밖에 주변환경을 오염시킬 수 있는 유해한 물질로서 환경부장관이 정하여 고시하는 물질

환경공학개론 기준 법령

- 폐기물관리법 : [시행 2025. 8. 7.] [법률 제20231호, 2024. 2. 6., 타법개정]
- 폐기물관리법 시행령 : [시행 2025. 8. 7.] [대통령령 제35274호, 2025. 2. 18., 일부개정]
- 폐기물관리법 시행규칙 : [시행 2025. 10. 5.] [환경부령 제1168호, 2025. 4. 4., 일부개정]
- 공동주택 층간소음의 범위와 기준에 관한 규칙(약칭 : 공동주택층간소음규칙) : [시행 2023. 1. 2.] [국토교통부령 제1185호, 2023. 1. 2., 일부개정][시행 2023. 1. 2.] [환경부령 제1019호, 2023. 1. 2., 일부개정]
- 실내공기질 관리법(약칭 : 실내공기질법) : [시행 2024. 3. 15.] [법률 제19720호, 2023. 9. 14., 일부개정]
- 실내공기질 관리법 시행령(약칭 : 실내공기질법 시행령)[시행 2024. 3. 15.] [대통령령 제34290호, 2024. 3. 5., 일부개정]
- 실내공기질 관리법 시행규칙(약칭:실내공기질법 시행규칙) : [시행 2025. 4. 11.] [환경부령 제1169호, 2025. 4. 11., 타법개정]
- 대기환경보전법 : [시행 2025. 3. 25.] [법률 제20852호, 2025. 3. 25., 일부개정]
- 대기환경보전법 시행령 : [시행 2025. 6. 30.] [대통령령 제35616호, 2025. 6. 30., 일부개정]
- 대기환경보전법 시행규칙 : [시행 2025. 9. 1.] [환경부령 제1176호, 2025. 5. 23., 일부개정]
- 소음·진동관리법 : [시행 2024. 6. 14.] [법률 제19468호, 2023. 6. 13., 일부개정]
- 소음·진동관리법 시행령 : [시행 2023. 7. 1.] [대통령령 제33480호, 2023. 5. 23., 일부개정]
- 소음·진동관리법 시행규칙 : [시행 2025. 6. 2.] [환경부령 제1179호, 2025. 6. 2., 일부개정]
- 먹는물 수질기준 및 검사 등에 관한 규칙(약칭 : 먹는물검사규칙) : [시행 2023. 11. 17.] [환경부령 제1061호, 2023. 11. 17., 타법개정]
- 지하수법 : [시행 2025. 8. 7.] [법률 제20231호, 2024. 2. 6., 타법개정]
- 지하수법 시행령 : [시행 2025. 1. 24.] [대통령령 제35218호, 2025. 1. 21., 일부개정]
- 지하수법 시행규칙 : [시행 2025. 1. 24.] [환경부령 제1151호, 2025. 1. 24., 일부개정]
- 신에너지 및 재생에너지 개발·이용·보급 촉진법(약칭 : 신재생에너지법) : [시행 2025. 11. 28.] [법률 제20967호, 2025. 5. 27., 일부개정]
- 신에너지 및 재생에너지 개발·이용·보급 촉진법 시행령(약칭 : 신재생에너지법 시행령) : [시행 2025. 3. 12.] [대통령령 제35382호, 2025. 3. 12., 타법개정]
- 신에너지 및 재생에너지 개발·이용·보급 촉진법 시행규칙(약칭 : 신재생에너지법 시행규칙) : [시행 2022. 1. 21.] [산업통상자원부령 제448호, 2022. 1. 21., 타법개정]
- 수도법 : [시행 2025. 8. 17.] [법률 제19662호, 2023. 8. 16., 일부개정]
- 수도법 시행령 : [시행 2025. 8. 17.] [대통령령 제34831호, 2024. 8. 13., 일부개정]
- 수도법 시행규칙 : [시행 2025. 8. 7.] [환경부령 제1184호, 2025. 8. 7., 타법개정]
- 악취방지법 : [시행 2023. 9. 29.] [법률 제19310호, 2023. 3. 28., 일부개정]
- 악취방지법 시행령 : [시행 2024. 11. 12.] [대통령령 제34988호, 2024. 11. 12., 타법개정]
- 악취방지법 시행규칙 : [시행 2023. 9. 29.] [환경부령 제1055호, 2023. 9. 27., 일부개정]
- 자원의 절약과 재활용촉진에 관한 법률(약칭 : 자원재활용법) : [시행 2025. 9. 26.] [법률 제20856호, 2025. 3. 25., 일부개정]
- 자원의 절약과 재활용촉진에 관한 법률(약칭 : 자원재활용법) : [시행 2025. 8. 7.] [법률 제20231호, 2024. 2. 6., 타법개정]
- 자원의 절약과 재활용촉진에 관한 법률 시행규칙(약칭 : 자원재활용법 시행규칙) : [시행 2025. 4. 1.] [환경부령 제1167호, 2025. 4. 1., 일부개정]
- 물환경보전법 : [시행 2025. 8. 7.] [법률 제20231호, 2024. 2. 6., 타법개정]
- 환경정책기본법 : [시행 2025. 1. 1.] [법률 제20626호, 2024. 12. 31., 타법개정]
- 환경정책기본법 시행령 : [시행 2023. 7. 4.] [대통령령 제33591호, 2023. 6. 27., 일부개정]
- 환경정책기본법 시행규칙 : [시행 2021. 7. 6.] [환경부령 제927호, 2021. 7. 6., 일부개정]

환경공학개론 기준 규칙

- 수질오염공정시험기준 : [시행 2024. 12. 27.] [국립환경과학원고시 제2024-72호, 2024. 12. 27., 일부개정]

시사용어사전 | 경제용어사전 | 부동산용어사전

시사용어사전 1228

매일 접하는 각종 기사와 정보! 공기업/언론사/기업체/공무원 채용을 준비하는 수험생과
현대인이 꼭 알아야 할 최신 시사상식을 쏙쏙 뽑아 이해하기 쉽도록 영역별로 정리

경제용어사전 1050

주요 경제용어는 거의 다 실었다! 금융권/공기업/언론사/기업체/공무원 채용을 준비하기 전에,
경제 공부를 시작하기 전에 읽어보면 경제가 쉬워지도록 사전식으로 구성

부동산용어사전 1310

부동산에 대한 이해를 높이고 부동산의 개발과 활용, 투자 및 부동산 용어 학습에도
적극적으로 이용할 수 있는 교재, 공인중개사 출제용어도 수록

합격으로 가는 하이패스
2024
동물보건사
실력평가모의고사
3회
SEOWONGAK

합격으로 가는 하이패스
2024
신변보호사
1차 필기
민간경비론
경호학
경비업법
SEOWONGAK

2025
2급 생활·전문
스포츠지도사
한 권으로 준비하기
황태식 정재영 공저
SEOWONGAK

2급 생활·전문
스포츠지도사
한 권으로 준비하기
황태식, 정재영 공저

자격증 한 번에 따기
생활스포츠지도사
전문스포츠지도사
국민체육진흥공단 체육지도사 자격검정
2급(생활/전문) 스포츠지도사 대비
스포츠교육학, 스포츠사회학,
스포츠심리학, 스포츠윤리, 운동생리학,
운동역학, 한국체육사 전과목 수록
출제예상문제로 실력점검에 도움
2022~2024년 최근 3개년
기출문제 분석 및 수록
SEOWONGAK (주)서원각